JN127813

음식

飲食朝鮮

帝国の中の「食」経済史

조선

林采成［著］ Lim Chaisung

名古屋大学出版会

飲食朝鮮——目　次

第Ⅱ部　滋養と新味の交流

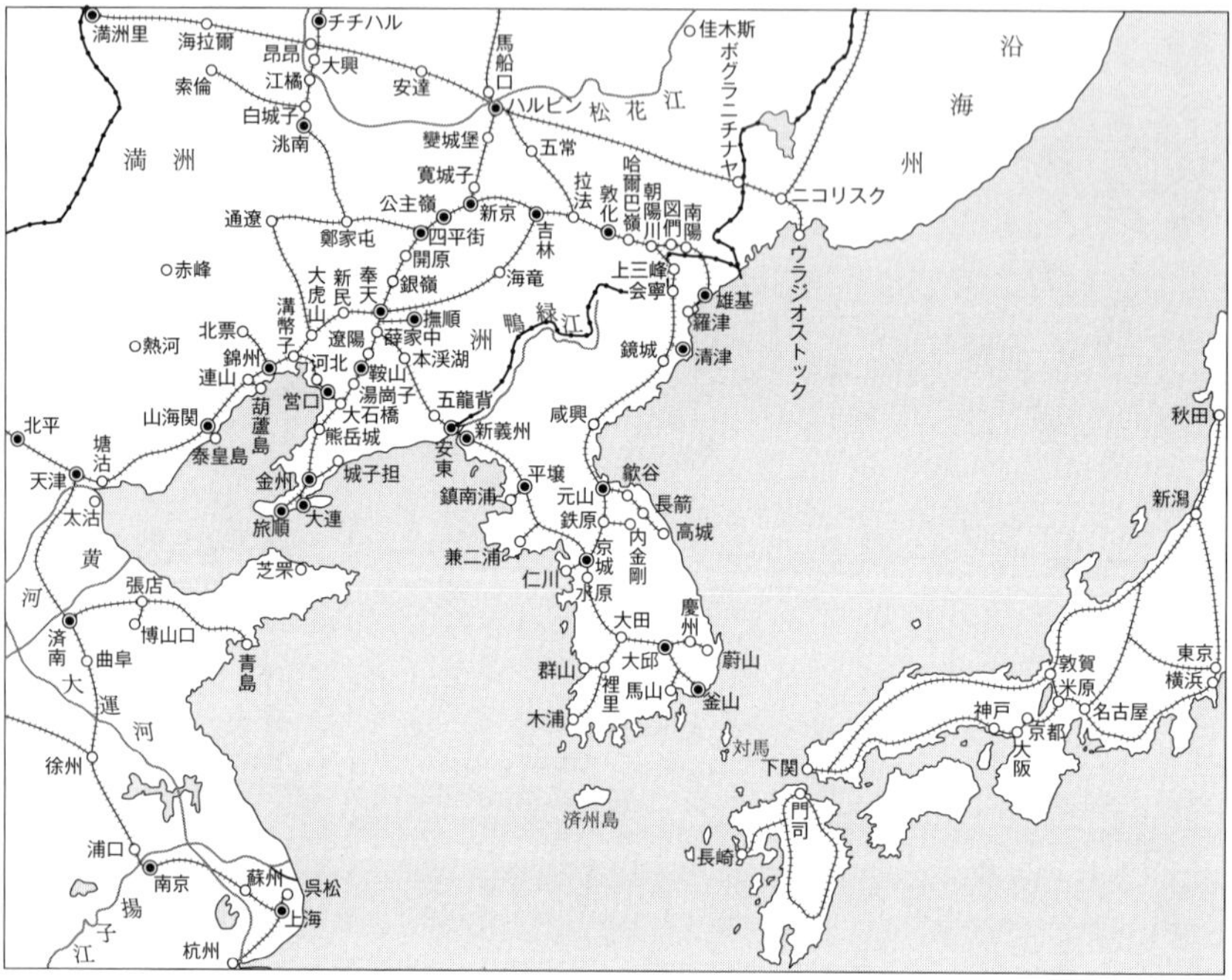

地図1　西日本・朝鮮・満洲・華北

出所）南満州鉄道株式会社東京支社『満鮮支旅の栞』1939年などより作成。

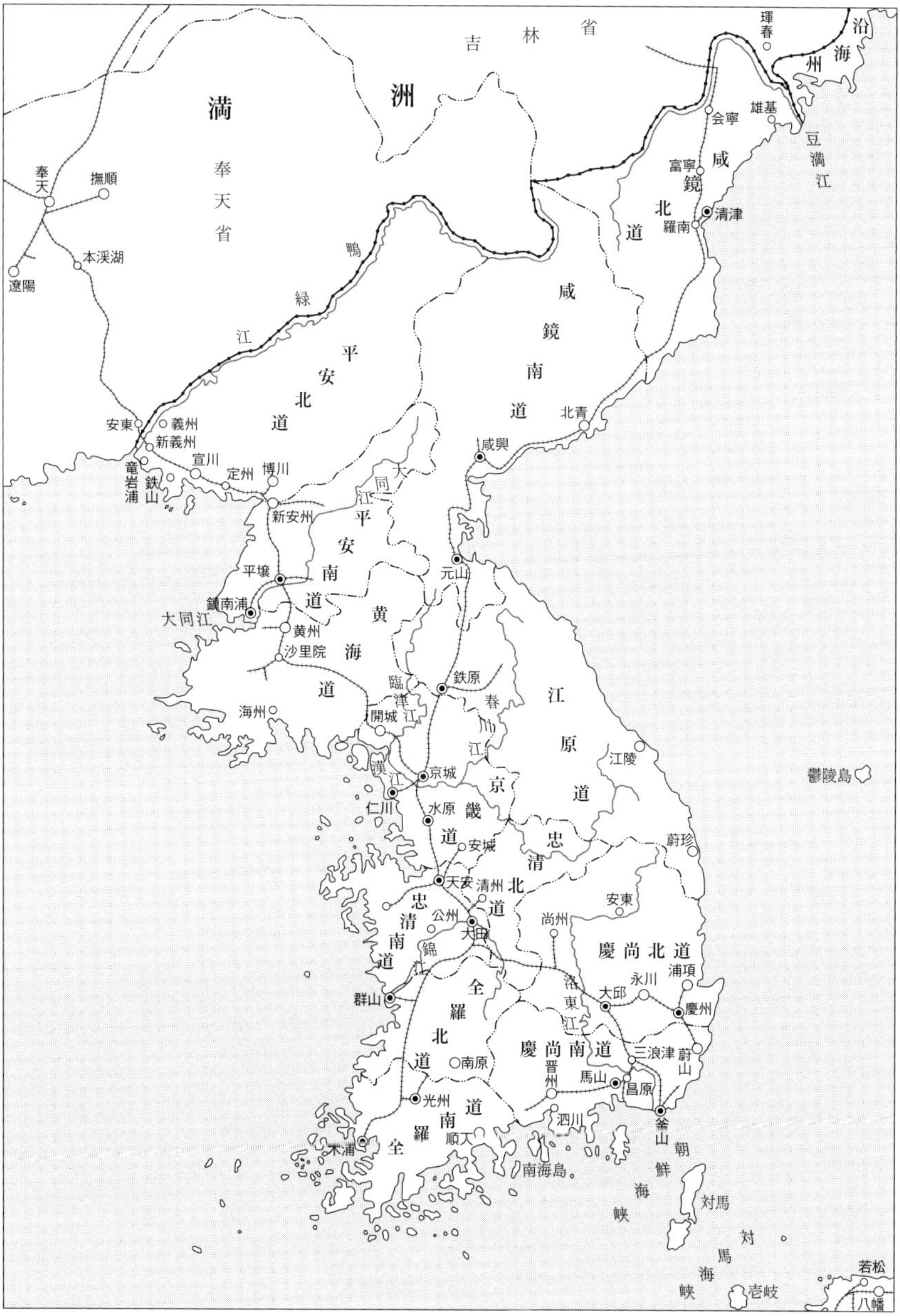

地図 2　朝鮮

出所）下田将美『南島経済記 附朝鮮』大阪屋号書店，1929 年，325-326 頁。

序　章　食料帝国と朝鮮

1　「食料帝国」としての日本と朝鮮——研究課題

本書の課題は、日本帝国の中での植民地朝鮮の食料経済史を考察し、在来の食料産業の再編と新しい食料産業の移植がいかに進められ、地域内の需要を満たし、さらに帝国内外への輸移出をも成し遂げたのかを明らかにすることである。それを通じて、植民地と本国との食文化交流を支える産業的基盤や植民地統治の財政基盤の一面が明らかになるとともに、独立後の韓国経済に対してこれらが有する強い規定力が示されるだろう。

人間は生存のために一定の栄養を定期的に摂取し、身体の成長と維持を図らなければならない。すなわち、食生活は生存の基本条件であるから、それを満たすべく、食料の取得・分配をめぐる社会経済単位が構築されてきた。フィールドハウスによれば、食物は「生物学的な側面の他に、多くの社会的な意味」をもっている[1]。その維持が不可能となり、食料危機が生じると、大正期日本の米騒動に象徴されるような内外の不安が起こり、もしこれが調整できなければその社会は崩壊に向かっていく[2]。それを避けるために、通常は食料増産に加えて、貿易、経済援助などを通じて外部から足りない食物を調達するか、それが困難であった場合、ジャガイモ大飢饉時のアイルランドのように内部人口の大量送出を実行しなければならない。[3]「緑の革命」のような技術革新を通じてマルサスの罠を人類が突破してきたことは事実であるが、短期的に食物の追加確保や人口送出ができない場合、アジア・太平洋戦争下の日本帝国圏や大躍進運動下の中国、そして「苦難の行軍」下の北朝鮮のように、食料分配の不平等化を前提に、民衆の食生活に対して社会政治的な統制ないし抑圧を加えざるを得ない。[4]

ところで、「食物の分配と消費」について文化人類学的にみると、「非分配社会」「わずかに消極的な分配しか行わない社会」「必要に応じた相互援助と分配が行われる社会」「食物の交換と分配が日常的に行われている社会」という四つのパターンが想定されるが、[5]前近代までは食料に関していえば「生産者が同時に消費者である」人口が大半を占めており、「食物の交換と分配」が市場メカニズムを通じて日常的に行われるようになったのは資本主義が登場してからであった。さらにその取引の範囲も局地市場に限られる必要はまったくなくなり、地域や国の境界を超えて、世界市場へと拡大された。[6]生産プロセスも市場の拡大に対応して工場制への展開を経験した。他方、食料には文化的装置による加工がなされる。すなわち、食料は料理にされるとある民族にとって文化を示すコードになり、それは一つの自己認識の道具ともなる。[7]たとえば、ホルホグ、トムヤムクン、キムチ、味噌汁、すき焼き、北京ダックなどいわゆる「国民食」がそれに当たる。とはいえ、食料の生産と流通は在来のまま固定されているわけではなく、それを摂取する有機体たる人間とともに変わっていくものである。一つの社会単位がもつものは別の社会単位との交流の中で変容しうるし、自分のものを外部へと伝播することもありうる。

近代朝鮮は開港後に西欧からの「先進文物」の一つとして洋食などに接する機会を得たものの、食料の生産から分配を経て消費に至るフードシステム（food system）の本格的な構造変化を経験したのは、植民地化にともなって日本帝国圏に包摂されてからだった。朝鮮内部の食資源はもはや朝鮮のものとは限定されず、日本内地や関東州をはじめとする満洲、そして山海関以南の中国にも流通していった。これが市場メカニズムを媒介として行われたことはいうまでもないが、その市場は競争的なものに限定されず、国家権力によって需要独占あるいは生産独占的に再編されることもあり、場合によっては特定の企業による支配力を受けるものでもあった。

このような生産・流通システムの登場は朝鮮在来の食料産業を変えた。もはや自給自足は不可能となり、都市部のみならず農山漁村にも産業化の大きな波が押し寄せ、朝鮮社会経済の基底となる民衆の日常生活は変容を被った。飲酒、喫煙習慣の変化や、西洋りんご、牛乳の消費からわかるように、生活様式の西洋化が進み、今日、それを洋式のものと感じることはない[8]。こうして植民地期に食文化が変容し、新しい食料が取り入れられるようになると、植民地住民の栄養摂取の構成も変わり、朝鮮人の体位にも影響を及ぼした[9]。もっとも、それは必ずしも身長など体格の向上を意味するとは限らない。このような日常生活への刻印は解放後にも残され、また政府の財源確保に影響されて、むしろ増幅された側面もある。ともあれ総じて、朝鮮における西洋化とは、日本帝国の支配を媒介とする近代化であった[10]。

新しい食生活を支えるため、当時としては大規模な工場が建設され、果樹園の造成なども行われた。輸移出をめぐっては日本内地との競争が激しくなり、場合によっては帝国圏内でのカルテル提携が試みられた。また、朝鮮の食産業の変容は内外の企業家にとって新しい資本蓄積の機会にもなっていた。内外地の価格差を利用して、朝鮮産の食資源を日本内地などへ移動させることによっても多額の利益をあげることができた。それに刺激された日本人企業家が、朝鮮内の食物の生産プロセスへ介入し、自ら生産者へ転じることがあり、その際、日本内地から資本投下も行われた。これに対して朝鮮人の企業家も登場し、新技術を導入して事業の展開を試みた。これが朝鮮内で土着化して、帝国の崩壊後に日本とは違う成長軌道を描くこともあった。さらに、朝鮮の食文化が日本内地に導入され、日本で独自の食産業として展開されたり、あるいは食料生産自体が日本内で定着し、日本のものとなっている場合もある[11]。明太子や赤牛がそのような例であろう[12]。

このように帝国のフードシステムは食物の消費の局面まで包摂するが、さらにその政治的含意はフードシステムを越えて広がっている。一般に、植民地統治の背後では巨額の資金が動いており、植民地財政にもとづいて、総督府自身を含む、司法、警察、監獄、神社、学校といった統治機構や、病院、逓信、鉄道、港湾などの社会経済インフラストラクチャーが運営された[13]。本来の政府部門の付加価値生産がGDPに占める比重は、一九一一～四〇年で平均四・三%に過ぎなかったものの、固定資本形成における政府の役割はきわめて大きかった。すなわち、公企業や特別会計部門を含む政府部門による固定資本形成の比率は、同期間全体で四三・五%に達したのである。しかし、朝鮮はいち早く財政独立をはたした台湾とは異なり、財政赤字からなかなか抜けだせなかった[14]。当然、日本内地の中央政府、とくに大蔵省は租税や専売益金を増やして植民地財政の健全化をはかるよう要請し、日本内地からの補助なしに植民地が財政的に自立するよう促した。しかしながら、開発とそれが効果を生むまでのあいだには常にタイムラグがあり、朝鮮の植民地開発が拡大されるにつれ、さらなる財政補助が必要とされた。酒類、朝鮮紅蔘、煙草に見られるように、朝鮮総督府も人々の楽しみや「保養」に直結する食物をコントロールし、新たな財源拡充の契機とした[15]。嗜好品への課税を国家の財源とする枠組みは戦後にも引き継がれている。

帝国の統治機構は食料の需給バランスの維持によって、植民地住民の不満・不安を緩和し、権力の正統性を創出、宣伝して、帝国の支配力を保つことができる。もしそれが不可能であれば、現地住民の不満は高まり、統治機構に対する抵抗・離脱が進むだろう。日本帝国において、これは実際に戦時下で現実化した。日本内外地や占領地は食料不足を免れず、帝国の全域にわたって節米運動とともに配給量の制限を余儀なくされた。とりわけ占領地の南方では極端な需給バランスの崩壊に直面し食料管理制度が実施されたものの、多くの人々が飢餓に苦しみ、闇米の流通と米価の高騰が避けられなかった[16]。それは「自活自戦」を強いられた日本軍にとっても過酷なものであり、食料問題に苛まれながら帝国の勢力圏は崩壊過程に入っていったのである[17]。

以上のように、植民地期朝鮮の「食」に対する経済史的分析とはすなわち、朝鮮が日本帝国の一部として統合されるにつれて在来の食産業が再編され、さらに新産業も移植されて定着し、従来存在しなかった大市場が浮上してくる状況に対応していく史的展開を明らかにすることであり、またそれが植民地住民の生活や総督府財政にとって有した意義を探ることでもある。しかし、植民地経済史の先行研究で、そうした論点を全面的に打ち出し、そのロジックの史的展開を把握する試みはなされてこなかった。

2　植民地近代化論と植民地収奪論を超えて——既存研究

ここで、これまでの植民地経済史研究を振り返ってみたい。まず、「朝鮮社会停滞論」への批判から、「内在的発展論」「資本主義萌芽論」が主張され、これが当時の民族解放運動の視角と関連づけられて、一九八〇年代までの実証研究を促した[18]。とりわけ、朝鮮王朝の末期、すなわち開港後の時期において推進された社会経済改革や新しい近代文物の導入が強調され、内在的発展の可能性が論じられたため、植民地期の経済変動への評価は、内在的発展のコースが外圧によって否定されたとして、収奪論的立場から行われざるを得なかった[19]。また、同じく日本帝国の植民地であった台湾経済史において、「土着資本」の対応あるいは「土着性」が注目されたように[20]、朝鮮史においても対外従属的な経済構造を克服するロジックとして「民族経済論」が朴玄埰によって提示され、日本帝国主義の経済利害が貫徹されない「民族経済」の成立が梶村秀樹によって強調された[21]。

これらの歴史認識は「講座派」的見解が強く反映された植民地半封建論をそのベースとしたものである。また「民族経済」も、「非民族経済」と分離されて二重経済として存在するというより、帝国と植民地との経済連鎖の中に位置付けられるものとして認識されなければならない。総督府を通じた植民地支配を所与の条件とし、新しい資本蓄積とさらなる出世の機会を摑むのが民族資本家の実態であっただろう[22]。松本俊郎が「侵略と開発」という概念によって取り上げたように、「日本の植民地侵略がどのように拡大されていったのか、それによって植民地側の歴史と経済とがどのように変容されてしまったのかということを、今後の日本とアジアの近代化との関わりで解明することがさらに深く追求される必要がある」[23]。

その後、韓国、台湾を含むＮＩＥｓの登場や社会主義の没落という歴史の激変を目のあたりにして中村哲の「中進資本主義論」が現実的な説明力をもち、それが植民地経済史に反映され、実証研究の進展を促した[24]。安秉直・中村哲らは韓国のＮＩＥｓ化の歴史的前提として植民地工業化に注目し、それによって資本主義生産様式が確立したと見て、その中で解放後韓国の経済成長を支える新産業の移植、朝鮮人資本家の登場、朝鮮人技術者の育成、インフラストラクチャーの整備、近代的経済制度の構築が行われたと指摘した[25]。このような開発論的歴史認識は植民地収奪論を通じては把握できなかった新たな歴史像を示した[26]。

その後の植民地経済史研究は、植民地近代化論を継承する立場をとるにしても、批判的立場をとるにしても、この議論を前提にする他はなく、従来の一方的収奪論によっては説明しきれない歴史像が描かれてきた[27]。このような新しい動きは新古典派経済学が経済史分析の方法論として導入されたこととも関連している。金洛年は植民地期朝鮮経済のＧＤＰ推計を行い、従来の推計[28]では活用されなかった一次資料を利用して当時の過少申告あるいは重複掲載問題を是正し、ＧＤＰとＧＤＥをともに提示して両者間の「不一致」を減らし、これまでの推計より信頼性を高めた[29]。それによって、当時朝鮮において年間三・七％の経済成長が達成されていたことを示し、「近代的経済成長」(Modern Economic Growth)[30]を見出すにいたった。これに対し、許粹烈は統計的検証を通じて、日本統治下の開発が朝鮮人の生活向上と関係をもたない「開発なき開発」であり、むしろ朝鮮人の窮乏化をもたらしたと主張した[31]。さらに、一九一〇年代の農業生産推計の信頼性を問題視し、当時の農業生産の増加が総督府の集計ミスであるとする許粹烈に対し、生産増は産米増殖計画実施前の土地生産性の向上によるものであるとして、李栄薫、車明洙、朴燮が批判している。以後、品種改良による経済効果の如何が争点として取り上げられ、論争には次々と研究者が加わって議論が深化している[32]。

このように、植民地経済の歴史像をめぐって近代化論と収奪論は相容れず、単なる折衷も難しいことから、両者間での論争は続くだろう。とはいえ、植民地経済史の中で、食料の生産・流通・消費を総合的にとりあげて分析する試みはほとんど確認できない。各食料別先行研究についての具体的な検討は各章で行うが、全体的には植民地農業史研究のなかでは主に米を中心として考察が行われ、それも生産を中心とするものが多かったといわざるを得ない。水利組合の組織や朝鮮産米増殖計画の実施にともなって朝鮮人の中小土地所有者は没落し、米の商用生産に特化できる大地主への土地集中が発生した。張矢遠、洪性讃などは植民地地主のなかでも、米の商品化のため、種子の選択や施肥などで小作農の経営に積極介入した者たちが、日本人地主とともに「動態的地主」として台頭したと見ている(33)。

ところで、実際の食料消費を念頭に置くとき、流通分析が不可欠であることはいうまでもない。河合和男や飯沼二郎によれば、産米増殖計画の進行にともなって「朝鮮の対日本米穀モノカルチュア貿易構造」が強化された(34)。それに適応して「優良品種」の普及と米穀検査制度が導入され、日本人の嗜好にあう米作りが強制された。しかし、一九二〇年代末の世界大恐慌に際して日本内地の米穀関係者が供給過剰に反発したため、産米増殖計画が中止となり、米穀流通の組織化が進められた(35)。さらに、李熒娘は、朝鮮米の検査が流通業者の自主制度から道営検査制度を経て国営となり、これをふまえて戦時下での食管制度が導入されたと分析している(36)。このような日朝間の米穀流通をめぐっては、かつて東畑精一・大川一司や菱本長次が試みたように、朝鮮と日本の米市場の連動の結果、植民地朝鮮と日本内地における米消費(より正確にいえば、他の穀物や芋類を含む)によって充分な熱量が確保されたか否かについて検討する余地はある(37)。具体的には、朝鮮内の米消費量の低下が満洲粟の移入によって代替され、一定の熱量の摂取が可能であったとされるが、それがはたして本当に妥当であるかは、新たな研究水準で、実際に熱量ベースで再検証してみる必要があるだろう。

また先行研究では米穀を主な対象として進められた帝国圏内の「食物の分配と消費」に関する検証作業を、さらに他の作物や畜産物、魚介類などにも適用してみなければならない。もちろん、米穀が農業生産額のなかでもっとも大きなシェアを占めており、またいち早く換金性の高い商品として認識されたことは確かであるが、分析の対象を広げることによって植民地地主制の分析のみからは捉えられない歴史像がみえてくる可能性がある。

たとえば、朝鮮牛の場合、食肉用としても重要であるが、農業の機械化が本格化する以前は生産財としての性格をもち、日本中で好まれて多くの朝鮮牛が朝鮮海峡を渡った。この点からみれば、朝鮮牛は日本農業を支える存在であった上に、屠殺後には日本人の貴重な蛋白源にもなったことになる。このような貿易関係が両地域の畜産業にどのような変化をもたらしたのかは重要な問題だろう。これについては真嶋亜有、野間万里子の研究があり、多くの日本人に食肉経験をもたらしたことを明らかにした[38]。ただいずれの研究においても、朝鮮牛の分析はあくまで日本内地側の食肉経験や資源開発の面から論じられている。しかし、牛をめぐる日朝関係史では、それだけでなく、新しい品種のホルスタイン種が朝鮮にも導入され、都市部を中心に牛乳供給がはじまって食生活の西洋化を促し、これにより解放後には牛乳の消費が本格化したことにも注目すべきである。

園芸作物の場合、在来の品種が商業性をもたないため、海外、主に日本を経由して新しい品種が導入され、朝鮮内で土着化し、日本内地や中国への輸移出がはたされるプロセスが確認できる。その分析はりんごについては李鎬澈の研究があるが[39]、分析の対象は事実上慶尚北道のりんご生産のみであって、また戦時下のりんご産業が壊滅的な打撃を受けたと誤認するなど、多くの問題を抱えている。とくに、青森りんごにとっての競争者となっていた朝鮮りんごの浮上についてはより詳細に検討されなければならない。

水産業では吉田敬市の「水産開発」的歴史認識に対し、呂博東、金秀姫、金泰仁らが日本人漁民の移民と漁業支配という歴史像を描いて批判的立場をとっている[40]。もちろんこうした民族間競争関係もあるが、「食」の交流もあり、その代表的事例が明太子であった。日本人の移住者のあいだでも朝鮮の明太子が消費され始め、その後彼らが伝えることによって日本内地でも広く普及した。これについては、今西一・中谷三男が明太子開発史を執筆しているものの、植民地朝鮮の明太子加工業に関する考察は部分的にしか行われていない[41]。朝鮮のなかでも咸鏡道の特産品が、帝国圏の形成を通じて輸移出され、戦後には日本の食物として完全に定着した事例は興味深い。

日常生活と密接な関係をもつ食料品加工業に関する考察も、植民地工業化への経済史的アプローチにおいてあまり重視されてこなかった。農業からの直接的な調達によって食料供給が担われているという側面が強いからであろうが、それでも米穀経済の一環たる精米業が加工業としては主に検討されている[42]。そのほか、醸造業が朱益鍾、李承姸、八久保厚志、朴柱彦、金勝、また煙草業が李永鶴によってそれぞれ分析されてきた[43]。これらの先行研究に対する考察は各章で行うが、両部門が在来的な流通経路をもつ一方、日本の統治下で再編されて植民地期だけでなく解放後にも国家財政と関連してきわめて重要な役割をはたすことから、実証水準を高めて、フードシステムの視点からの再検討を行う必要がある。

植民地朝鮮における食料産業の再編に対して、日本内地の財閥系資本も深くかかわった。朝鮮麦酒や昭和麒麟麦酒が進出しただけでなく、総合商社たる三井物産は酒精式焼酎の一手販売権を確保して焼酎業の再編過程に介入したほか、国家独占の商品たる朝鮮紅蔘を中国などに輸出し、総督府財政にも深く関与した。木山実や春日豊によれば、多様な業種や商品にわたって貿易・販売・商社金融を担当する総合商社は、日本内地で経営基盤を固めたのち、帝国の膨張とともに植民地台湾・朝鮮などへ事業範囲を拡大していったのである[44]。とりわけ、谷ヶ城秀吉は、台湾の日本領有にともなって中国との経済関係を中心とする流通ネットワークが日本帝国内で再編されるなか、総合商社がはたした役割を考察している[45]。朝鮮でも総合商社が米穀などの穀物取引や木材の販売、そして鉱物の採掘にも介入したことからみれば、朝鮮側に即した総合商社の活動による帝国内流通ネットワークの形成を再評価する必要があるのではないだろうか。

3　フードシステムと帝国の形成・崩壊――分析視角

農民の場合、食料の生産・消費が農家あるいは共同体のレベルで行われるが、市場メカニズムによる資源配分が一般化し、さらに都市化が進展して食料加工業が発展すると、生産者と消費者の「社会的分離」が進み、「食物の分配と消費」は複雑にならざるを得ない。そこで、本書はフードシステムについて注目したい。この概念は食料の生産から流通・加工を経て消費行為に至るまでの全過程を意味し、食料の生産と分配によって人間の身体の活動を維持するという生物学的側面だけでなく、異なる社会グループによってフードシステムのさまざまな異なる部分がコントロールされるという政治・経済的側面や、食料の利用をめぐる個人的関係や共同体の価値そして文化的伝統などの社会文化的側面も有する。(46)

フードシステムの仕組みと構成は食物の種類や地理的要因によって異なっており、農家、貿易業者、流通業者、加工業者、外食業者、消費者などといった多様な経済主体がかかわっている。(47) 範例的に述べれば、前近代の自給自足的な社会では、生産者と消費者があまり分離されておらず、生産者が同時に消費者であることがほとんどであった。これが市場経済の形成にともなって流通業者などを媒介とした複雑なフードシステムへと進展していく。米や生鮮食料の場合、農家（あるいは漁民）から流通業者を経由して消費者へと流通していくのに対し、加工食料は農家から原材料が流通業者によって加工業者に渡されて新しい商品として加工され、これが流通業者の手を経て消費者に配分された。食の外部化が進むと、さらに消費者に至る手前で、外食業者の一段階が設けられることもある。実際にフードシステムは取扱食料や地域ごとに複雑であり、さらに流通経路が地域ないし国を跨ると、多岐的な流通段階を経て食料が消費者に届けられることになる（図序-1）。

「飲食朝鮮」を分析する本書では、植民地朝鮮をめぐるフードシステムの経済構造と歴史性が考察される必要が

農家（生産者≒消費者）

農家 → 流通業者 → 貿易業者 → 流通業者 → 消費者

農家 → 流通業者 → 貿易業者 → 卸売業者 → 加工業者 → 小売業者 → 消費者

農家 → 流通業者 → 貿易業者 → 卸売業者 → 加工業者 → 卸売業者 → 外食業者 → 消費者

図序-1　フードシステムの流れ

出所）筆者作成。

ある。もちろん、朝鮮産食料が帝国へ統合されるにつれ、そのシステムの範囲は朝鮮から日本、さらに台湾や満洲・華北などへ広がった。堀和生はマクロデータにもとづいて朝鮮、台湾、満洲の貿易を分析し、第一次産品の対日移出と工業製品の対日移入の「植民地的貿易」が、一九二〇年代末から三〇年代初頭にかけて、第一次産品だけでなく工業製中間財を日本へ移出する第二の「植民地工業化」段階へ転換したと指摘している[48]。植民地工業化の側面は確かに新しい動きであり、見逃してはならないものの、工業化のなかにあっても、一九三九年の大旱魃が発生する以前は、植民地からの食料調達は日本にとって依然として重要であり、むしろ拡大するものと把握されてきた。さらに、総力戦体制により求められた日本帝国圏の農林資源開発に着目したのが野田公夫である。野田はドイツやアメリカとの比較をふまえて、日本内地の都市・農村格差、とりわけ農村過剰人口問題に対する農業生産構造の抜本的改革が困難であったのに対して、日本内地の農林資源開発の限界を突破するための帝国圏農林業への期待が高まったとみた[49]。そのために、共同研究を通じて日本帝国圏における農林資源開発の実態を具体的に研究するとともに、「日本帝国圏諸地域の多様性と相互補完性」を考察している。人口、森林、馬、牛肉、綿花、農業技術などが「資源化」の対象となったことを実証しているものの、総力戦の遂行のための必須条件たる人的資源の身体活動を支える食料全般に対する視点はあまりみられない。

これと関連し、「食料帝国」（Empire of Food）という概念を提示したのがフレイザーとリマスである。彼らは「古代エジプトからヴィクトリア朝時代のイギリスに至るまで」、「余剰食料の生産、保存と輸送、取引の仕組み」といった三つの機能によって食料帝国は支えられてきたと見、「食料なくして人間が生きてはいけないのと同じく、食料帝国なくして文明は成立しない」と指摘している。[50] 縦横無尽のオムニバスな記述を通じて、帝国内外に蓄積された余剰食糧が、輸送手段を確保し市場取引などによって帝国内へ適時に配分されなければ、帝国とその文明は没落せざるをえないと強調している。帝国圏内外からの食料資源をいかに発見し、圏内へ調達するかというフードシステムの帝国的展開とは、帝国全体にとっての特定地域に限定されない切実な課題であったといえよう。

朝鮮の場合、農業人口が全人口の八〇％を占めるなか（一九三三年）、農民の経営規模は零細であって、農地も分散しているため、大規模な農業経営が難しく作業効率も劣っていた。[51] この零細性の上に植民地地主制が成立し、一〇〇町歩を超える日本人大地主も登場したことは周知の事実である。当然降雨量が比較的豊富で人口が密集している朝鮮中南部には水稲を中心とする作付けが行われ、いちはやく「鮮米」は主要移出品となっていった。藤原辰史は「肥料に高反応な品種」が日本内地だけでなく朝鮮、台湾、満洲にも普及し、それぞれの農事試験場でさらに改良され、帝国日本版「緑の革命」が実現したとみた。[52] とはいえ、土地生産性からみて、日本内地と植民地との間では大きな生産性格差があり、「緑の革命」は限定的な意味しかもたないことも見逃してはならない。その格差の解消は、「奇跡の稲」と呼ばれたＩＲ８をベースとし、一九七一年に開発された「統一稲」（ＩＲ６６７）によってはじめて可能となった。[53] いずれにせよ、藤原の立論は水稲品種が帝国圏の食料調達にとって大きなインパクトを与えたことを示し、日本帝国圏内の「相互補完性」（野田公夫）の一面を明らかにしている。

こうした米のほか、朝鮮では麦類、豆類、[54] 芋類が熱量を得られる食物として耕作され、野菜栽培や園芸も行われた。今日まで続く肉食文化の伝統は強く残るものの、とりわけ朝鮮牛は農作業の生産財としての性格が強かっただけに、動物性蛋白質の主な供給源は魚介類であった。これらの生鮮食料は腐敗するために、広域的取引は当初多くなかったが、朝鮮内の鉄道網の構築と朝鮮内外の海運業の振興によって空間的距離が大幅に縮まるようになり、貯蔵・保管技術も改善されたため、生産と消費の時間的分離も徐々に拡大していき、食料価格の季節変動も緩和されつつあった[55]。出荷者の市場調査や流通業者との提携を通じて情報からの分離が克服されるにつれ、生産者が不利になりがちな食料価格の変動性も縮小へ転じる。

生産と消費の場の「空間的分離」は朝鮮内の農村部と都市部に止まらず、日本帝国圏にも生じていた。朝鮮内消費に加えて、海外輸移出のための米、麦、豆、牛、果実などが生産者から日本内地などの消費者に送り届けられた。その間、卸売業者、仲卸業者、鉄道・海運業者、小売業者からなる流通網が輸送、保管、商取引を担い、商品の特性に応じた市場（委託取引、公開競り、予約相対取引）を通じて食料を配分した。多数の生産者や流通業者が介入することで、食料の市場価格は競争過程を経て形成される場合が多く、総じて食料加工業でも中小企業の比率が大きいものの、日本帝国圏では規模の経済が追求される製粉業、精糖業、ビール業において寡占的市場も成立していた[56]。これが朝鮮にも影響を与え、焼酎業においては工場建設を前提とした酒精式焼酎生産が実現すると、大企業と中小企業の併存状況が生じた。一方、専売が実施された煙草、塩、阿片、紅蔘などは国家独占の下に置かれ、総督府財政の観点から取引されることとなった[57]。

以上のように、植民地朝鮮のフードシステムは地域内に限定されず、帝国内の消費市場に対応して拡大され、日本内地にとって砂糖や米の台湾とともに重要な食料供給源となっていた[58]。しかし日中全面戦争が勃発すると帝国内の食料は不足しはじめ、アジア・太平洋戦争の開戦後、食料不足がさらに深刻さを増したため、これらのフードシステムも新たな変容を余儀なくされた。

たとえば、その代表的食料である米についてみると、日本内地では米穀法が一九二一年に制定され、米穀需給調節特別会計の創設を通じて米穀市場の需給調整が行われていたが、日中全面戦争が勃発してからは不足の経済（shortage economy）のため、農業部門への資材および労働力の投入量が低下し、農業生産基盤が弱くならざるを得なかった。そうしたなか、一九三九年の朝鮮大旱魃のために需給逼迫が発生すると、外国からの米輸入を実施するとともに、流通機構の一元化が着手された[59]。米穀配給統制法が実施され、主要都市の米穀取引所が廃止されて、新設の日本米穀株式会社が配給統制にあたった。日米開戦後には食料不足がより著しくなったことから、一九四二年には食糧管理法が実施され、米だけでなく他の主要食料に対しても、政府によって生産から流通を経て消費に及ぶ全面的統制が始まった。このような食料問題は敗戦後においていよいよ深刻となり、国家統制は再編の上、戦後にも継続された[60]。こうしたフードシステムへの戦時統制が植民地にも適用されたことはいうまでもない。

これらの実態は、戦前帝国圏の「食物の分配と消費」が市場メカニズムのみによっては説明できないことを意味する。原朗によれば、日中全面戦争が勃発して以来、「平時経済から戦時統制経済へ、ないし市場経済から計画経済への移行」が進み、政府指令による資源配分が市場メカニズムにとって代わって、人的・物的資源の戦争動員が図られた[61]。それにともない、食料配分の主な原理も「市場」から「計画」へと変わった。本書は戦時体制論を重視しており、まさにその移行過程において朝鮮の植民地としての特徴が鮮明になると考えている[62]。もちろん、食料加工業のうち、煙草、塩、紅蔘などは総督府専売の対象となっており、民間会社の独占より規制力の強い国家独占であって、戦時経済との整合性がそもそも高かった。しかし、ここで注意すべきなのは平時経済において価格を基準として消費者の選択が保障され、一定の購買力があれば自由に購入できたものが、戦時期になると、国家の管理が需要側にまで拡大され、場合によっては「消費規制」を余儀なくされたことである。これらの点で、コルナイ・ヤーノシュ、レシェク・ハルツェロヴィチ、盛田常夫などの「体制転換の経済学」あるいは「移行の経済学」は日本帝国圏の戦時体制への転換プロセスを理解するのに有意義な論点を提示している[63]。

とはいえ、これが市場メカニズムを完全に駆逐するというわけではない。なぜならば、食料不足が飢饉へと深刻化する時点で、「計画」はその実効性を失ってしまうからである。ヤマシタは疎開した児童の食料問題を取り上げて、食料不足による栄養失調やサバイバルのための自発的調達などに言及している[64]。これと関連し、加瀬和俊は闇市場が機能しており、生鮮食料品の出荷割当制が適用・強化されたにもかかわらず、一九四三年以降の深刻な「食糧不足を前にして原理的対応が不足となり」「実質的には市場メカニズムに追随する方向に進んでいった」とみて

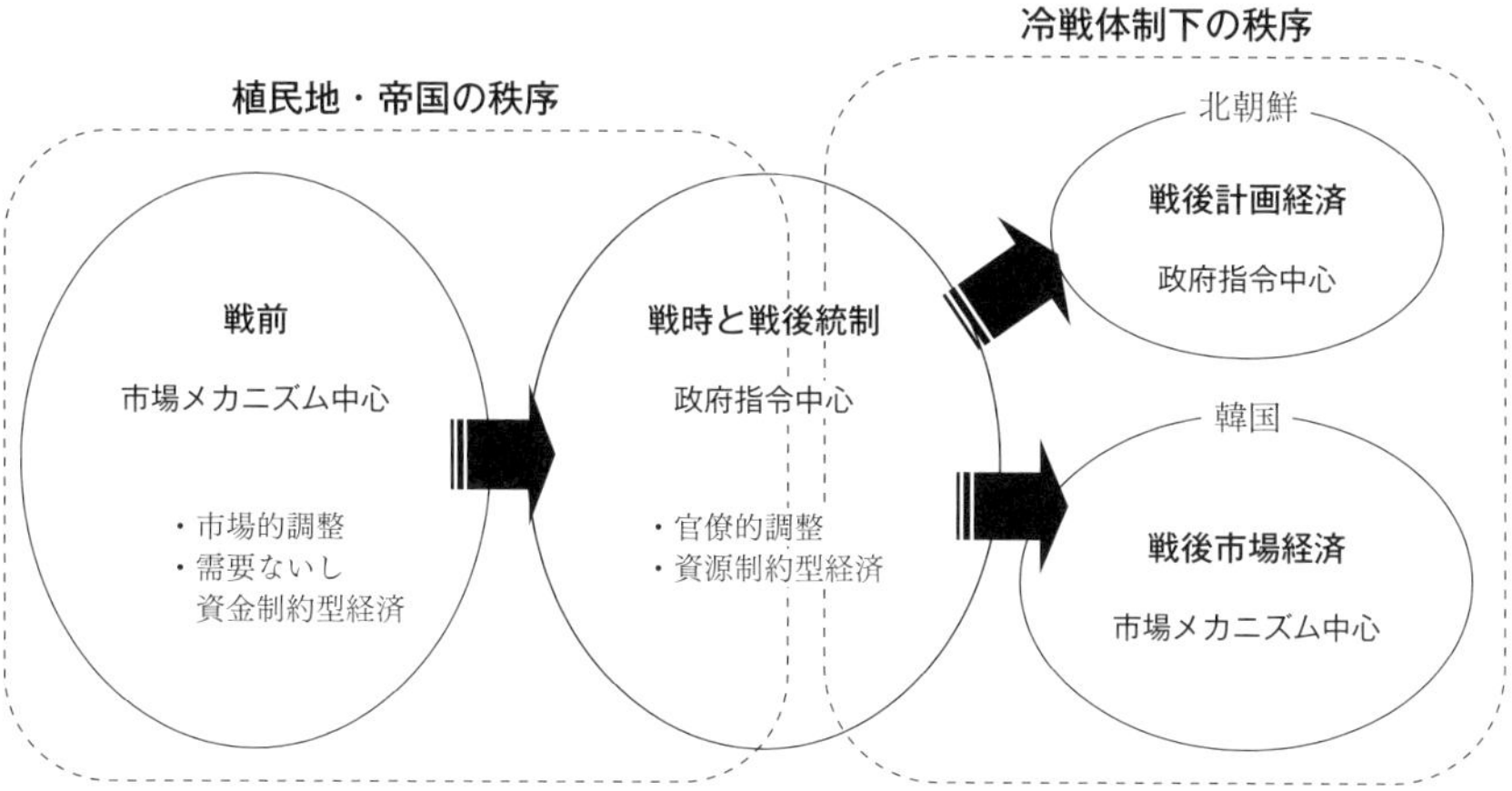

図序-2　朝鮮経済の戦時経済への体制転換と戦後再編

出所）筆者作成。

いる[65]。また、パク・キョンヒは戦時下の朝鮮で総督府から末端の愛国班（＝日本内地の町内会）に至る食料配給制度が整えられたものの、それが機能せず、植民地朝鮮の現地住民は闇市場で公定価格の数倍から十数倍も高い価格で食料を調達しなければならなかったと指摘している[66]。戦時下ながら、ソ連体制のように第二経済（second economy）が帝国圏全般にわたって存在したこともまた見逃してはならない。

このような「計画」にもとづく資源配分は戦後統制を経て「市場」へ復帰することになった。周知のように朝鮮半島は北緯三八度線を基準として米ソ両国によって分割・占領され、さらに朝鮮戦争が勃発して、図序-2のように社会主義体制の北朝鮮と資本主義体制の韓国という二つの異なる経済体制が成立した。このような経済体制の地域的分立は、国共内戦を経た社会主義体制の中国大陸と資本主義体制の台湾としてもあらわれた。本書では韓国に焦点を絞ってフードシステムの戦後再編過程を検討する。帝国からの解放にともなうフードシステムの戦後再編により、韓国は内外からの「食物の分配と消費」を新しく構築しなければならなかった。このような戦後再編を検証し、さらに高度成長期への展望を探ることで、帝国の中でのフードシステムの形成がもった歴史的意味を明確にできるだろう。この再編は韓国では断絶の側面が強いとはいえ、戦時中の食料需給調整の経験は戦後韓国でも生かされており、アメリカの経済援助によって食料が導入されると、その配分を市場メカニズムに委ねず、国家が担当する「計画」の要素が残った。この点で、単純な連続と断絶をこえた複雑な歴史過程を検討してみる必要がある。

4　本書の構成

以上の分析視角にもとづいて、本書はフードシステムの形成が帝国を支える基盤の一つであり、それが戦争の勃発にともなって生産から消費に至るまでさらに再編されたことを重視する。その上で、第一に、在来のものが帝国の枠組みのなかで再発見され、日本内地や中国などへ輸移出される史的展開、第二に植民地朝鮮にはなかった新しい食料が植民地本国を経由して導入されるか、あるいは日本内地にはなかった味の食料が日本へ導入されるプロセス、第三にアルコールと煙草の再編が植民地財政と朝鮮人の食生活に及ぼす影響という三点に着目し、三部構成の下で個別食料の経済史ないし産業史を検討する。

まず「第Ⅰ部　在来から輸出へ」では朝鮮米、朝鮮牛、朝鮮紅蔘を取り上げる。

第一章においては、先行研究で多く分析されてきたものの、新しい視点から在来的作物であった朝鮮米に注目し、これが帝国の米として品種改良され、その増産が産米増殖計画に促されて、流通過程を経て朝鮮と日本内地で消費される史的展開を考察する。とくに、朝鮮米移出の決定要因について回帰分析を行い、さらに熱量推計を通じて移出米が他の穀物や芋類によって補われ得たか否かを検証し、植民地住民のカロリー摂取において生じた変化を吟味する。

第二章では、日本帝国の中で行われた朝鮮牛の畜産と移出を分析し、それが家畜衛生に及ぼした影響を明らかにする。日本との比較を通じて朝鮮農業における畜牛の意義を考察し、そこで発達した牛市場を通じて朝鮮牛の輸移出が行われ、朝鮮牛が半島の牛から帝国の牛にならざるを得なかった理由を検証し、日本での飼育と屠殺といった日本側の要請によって、朝鮮牛への検疫と獣疫予防が進められ、これが朝鮮の畜牛の体格にも影響を及ぼしたと指摘する。

第三章では、朝鮮人蔘が総督府の専売体制の下で耕作・収納されて紅蔘として加工され、三井物産の一手販売を経由して中国をはじめとする海外へ輸出されたことを検討し、こうした紅蔘専売が総督府財政に寄与した効果を測り、その経験が戦後の展開を含めて蔘業史に残した影響を探る。この分析を通じて、三井物産が総督府の介入を経ながら耕作資金を提供し、生産過程にもかかわり、紅蔘販売の飛躍的増加にともなう収益の拡大を、総督府とシェアしたことが明らかにされるだろう。

つぎに「第II部　滋養と新味の交流」では牛乳、りんご、明太子を取り上げて食文化交流について考える。第四章で、植民地朝鮮における「文明的滋養」たる牛乳の導入と普及を、飲用の牛乳、練乳、バターの需給構造から分析する。さらに衛生上の要請から牛乳生産が社会問題として浮上し、それに衛生警察が介入したものの、業者側の反発によって共同精乳場が実現しなかったことを検討する。これは戦時配給統制の一環として生産販売組合として実現し、解放後に市場支配力をもつ京城牛乳同業組合が設立されるに至ったものの、需要の増加に対する供給不足を免れず、牛乳を優先的に配給しなければならなかったことを指摘する。

第五章では、近代的園芸作物の一つである洋式りんごがいかに朝鮮へ導入・栽培され、帝国の商品として浮上し、朝鮮内外での競争を行ったのかを分析する。朝鮮のりんごは宣教師によって導入されたものの、商業的生産としてはそれほど成功せず、日露戦後の農業移民によって普及し始め、特産地域が形成され、同業組合を通じて品質の改善を図りながら、朝鮮内外での市場開拓に注力し、西日本では青森りんごへの脅威となるほどの商品として朝鮮りんごは成長した。この「苹果戦」に対応して、朝鮮の業者たちは産地ごとの出荷統制を全朝鮮レベルにまで高めようとしたのである。

第六章では、在来の食べ物として朝鮮内で加工され、日本内地を含む帝国の中で消費され始めた明太子について検討する。従来咸鏡道で自家用として作られ、一部のみが現地で販売されていた明太子は、日本人の嗜好品となることによって商品化され、衛生および品質管理が行われ、戦時下では国家の管理対象ともなった。朝鮮の味は帝国の味となり、戦後の解放と分断のなかでもその新しい味だけは消えることなく、食生活に深く残っていく。ここから、日韓の両地域における食の交流史の一面が明らかにされるだろう。

最後に「第III部　飲酒と喫煙」において、焼酎、ビール、煙草を取り上げる。

第七章では、植民地期朝鮮の焼酎醸造業が在来産業から工場生産を中心とする産業へと脱皮し、総督府の財政を支えながら、植民地住民の「味覚の近代化」に与えた影響を検討する。総督府の酒税令によって焼酎醸造場が整理されていくなか、酒精式焼酎が登場し、カルテル組織の設立をみて、これに対応して在来式焼酎も黒麹焼酎への転換を図った。市場の組織化を成し遂げた酒精式焼酎会社の経営状態は良好なものになっており、焼酎に対する植民地住民の味覚も変わったことを指摘したい。

第八章では、朝鮮酒と呼ばれた在来の濁酒、薬酒、焼酎とは異なり、外来の飲酒文化であったビールの生産と消費について考察する。ビールの消費は居留民によって始まり、それが都市部へと普及し、ビール会社間の競争と価格引下げを通じてさらに広がると、日本内地からのビール会社の進出計画が立てられ、工場敷地の購入まで実現したものの、その工場建設はなかなか進まなかった。しかし、満洲国の成立にともなって巨大市場が現れたため、ビール工場の建設が実現し、これらが会社経営だけでなく総督府財政をも安定化し、支えたことを検証する。

第九章においては総督府の産業育成政策とそのための財源調達の必要性から、煙草専売業が展開され、葉煙草の耕作や煙草製造の効率化が実現し、さらに財政的効果も生じたことを分析する。しかし戦争の勃発は朝鮮内の葉煙草の耕作、煙草の製造と販売に変容をもたらし、帝国の中でも朝鮮専売が重要となった。このため、煙草専売業は煙草業の合理化と収益化に対して肯定的に作用し、総督府財政の中心軸となり、朝鮮煙草が朝鮮半島を超えて「大東亜共栄圏」へ広がったことが明確になるだろう。

終章では、第一章から第九章までの実証分析を踏まえて、①食料市場としての帝国、②植民地在来産業論の可能性、③国家の収入源としての食料システム、④身体への食料供給の影響、⑤戦時下の食料統制、⑥食料経済の戦後再編の六つのテーマについて総括し、最後に「生産者と消費者の分離」から始まるフードシステムの形成と展開を朝鮮を含めた東アジアの視点から議論して、「消費者」の近代的始まりが、国家の物理的強制力をともない得る生産過程からの「消費者の分離」にあったことを検討し、戦後の東アジア・フードシステムがグローバルな市場メカニズムに埋め込まれていく過程を展望したい。

第I部　在来から輸出へ

第一章　帝国の朝鮮米
——“colonizing the rice”——

はじめに

本章の課題は、在来的作物であった朝鮮米が帝国の米として品種改良された後、どのように流通し消費されたのかを検討して、植民地住民のカロリー摂取において生じた変化を吟味することである。

米はアッサム・雲南の野生稲からその栽培が始まったといわれ、これが南アジアへ、また東南アジアから東北アジアへ広がり、小麦、玉蜀黍とともに、人類の三大穀物となっている。現在でも世界中でもっとも広範囲にわたって取引される一次商品の一つである。[1] 朝鮮半島と日本列島そして中国北部では粒が丸く短いジャポニカ種（*Oryza sativa subsp. japonica*）が栽培されており、中国華南以南のインディカ種（*indica*）やジャバニカ種（*javanica*）に比べて粘り気があり、炊飯時に水分が多く、もっちりした食感に優れている。そのため、朝鮮米はインディカ種の台湾米に比べて帝国の商品として注目された。乾燥調製や精米技術に劣っており、不純物の混入があったものの、品種改良も行われたため、米の質それ自体は大きな遜色がなく内地米の中級に相当した。[2] そのため、朝鮮米は日本内地で市場開拓の可能性の高い潜在的商品として高く評価された。

とりわけ、植民地化にともなって多く敷設された鉄道網は米移出の輸送費を節減させ、朝鮮米の日本内地市場へのアクセスを容易にした(3)。その結果、朝鮮と日本における米市場の統合が進められ、朝鮮内でも地域間価格の連動性が強くなっていく。当然、輸送費も織りこんだ価格差が朝鮮から日本への米移出の動因となると、もはや朝鮮米は構造的に朝鮮内の流通に限定されなくなった。さらに、この統合を政策的にプッシュしたのは産米増殖計画であった。米騒動の発生に対して日本政府は植民地からの移出米の供給を増やすため、朝鮮や台湾における米生産の拡大を進めたのである。それによって朝鮮からの低廉かつ食味のよい米が日本、とくに西日本を中心に供給されるようになり、産業化に必要な低賃金労働者の生活基盤を支えたことはよく知られている(4)。

そのため、朝鮮米に関する研究は当時より進められてきたが、本章では流通と消費に注目して既存の研究を整理すると、東畑精一・大川一司は朝鮮米の生産および移出と消費を検討し、産米が地主中心に分配され、米穀の商品化が進み、日本内地への過度な米移出がおこなわれ、結果的に朝鮮内での米穀消費量の激減を余儀なくされたことを明らかにした(5)。さらに、米穀移出が輸入雑穀で埋めあわされたとする代替性について疑問を提起し、移出米の比重が低い北部地域の朝鮮人は畑作が多く、米だけでなく雑穀をも多く食べたため、満洲粟を消費できた反面、移出米の比重が高い南部ではそれほど満洲粟を消費せず、穀物の消費構造が南北で異なっているとする。すなわち、米穀の輸移出により、朝鮮内の一人当たり米穀消費量が減少したため、これを補うために雑穀による代替消費が行われる必要があったにもかかわらずそれは実現せず、事実上の米穀の飢餓輸出であったと述べる。結果的に全農家戸数の半分程度が春窮期を経験していると指摘した。

これに対し、菱本長次は生産・配給・需給統制といった三つの観点から朝鮮米についての包括的な検討を行い、検査、保管、輸送、統制などを論じた(6)。本章が重視している消費について、菱本は朝鮮米の移出高が満洲粟の輸入高によって左右されるところが多かったとする議論に対し、年度別統計を分析し満洲粟の輸入が多い年に必ずしも朝鮮米の輸移出が多かったとはいえないと反論している。菱本はむしろ満洲粟の輸入は前年度朝鮮粟の生産量や、満洲粟と朝鮮粟との価格差によって決定されるとみた。

こうした戦前の研究を踏まえて、河合和男は朝鮮産米増殖計画に注目し、これが原敬内閣の食料政策の一環として立案されるプロセスやその計画の内容および成果を分析することで、朝鮮総督府がこの計画を日本の食料・米価政策の根本的解決策と位置づけたことを示した。また植民地支配体制の危機への対応としても把握し、植民地支配のための社会的支柱として、朝鮮の地主層を経済的に日本に結びつけることができたとみた[7]。さらに、更新計画に際しては食料供給の増大とともに、国際収支の改善のために外国米輸入を抑制しようとし、そのために「朝鮮の対日本米穀モノカルチュア貿易構造を強化し」たことを明らかにして、朝鮮農民の深刻な食料不足・経済的破壊を引き起こしたことを指摘した。

一方、田剛秀は世界大恐慌後の総督府の米穀政策を検討している。田は、一九二〇年代末に帝国内の米の過剰が著しくなり、朝鮮の米穀貯蔵奨励政策が推進され、さらに稲検査制度の実施を通じて米穀商や仲買人などの中間マージン取得行為が制約を受けて、共同販売の重要性が高まったことを明らかにした[8]。とはいえ、こうした米の共販はあくまでも農民と地主の稲出荷段階の共同化に過ぎなかったため、戦時米穀統制に際しては食糧営団などの別途の集荷機関を必要とし、それが実現されたことを考察した。

飯沼二郎は朝鮮総督府の農政がもつ植民地的性格を明らかにするため、朝鮮人農民に対する日本人農学者の歪められた認識にもとづいて「優良品種」の普及推進と米穀検査制度の導入がなされ、日本人の嗜好にあう米作りが強制されたとみた[9]。これに対し、李熒娘は飯沼が米穀商人の主体的ダイナミズムを分析の視野に入れなかったと批判する。五つの時期区分（植民地化以前、植民地初期、産米増殖計画期、世界大恐慌期、戦時期）を行い、日本内地の米市場を前提とする朝鮮米の検査が、流通業者の自主制度から道営検査制度となり、さらに市場動向からの要請を踏まえて検査の国営化が実施され、戦時下での食管制度が導入されたことを分析し、内外流通業者と国家（総督府）との相互連関性から米穀検査制度を解明した[10]。呉浩成は朝鮮王朝時代の米穀流通システムを考察し、在来の米穀市場が植民地化にともなう米穀取引所の設置によって再編され、先物市場が導入されることとなり、さらに産米増殖計画の実施と移出米の増加を通じて市場の拡大がもたらされ、朝鮮米をめぐる競争構造の形成とともに、総督府と中央政府とのあいだでの対立が生じたことを指摘した(11)。このような米穀市場の展開は戦時下の統制のために解体せざるを得なかった(12)。

以上のように、朝鮮米に関する史的考察は生産から流通・配給を経て消費に至るまで包括的に行われ、その全体像が明らかにされてきた。しかし、朝鮮米と内地市場との連動性や栄養学的視点からの植民地住民の熱量確保問題が充分に検討されたとは言い難い。米消費量の減少を補った雑穀の消費はどれほどの効果をもっているのか、一九三〇年代後半に朝鮮内の米消費量がなぜ急増したのかなどといった点も明らかにされていない。また、一人当たりの米消費量の推計に際しての人口の年齢・男女構成比について、たとえば幼年女子と青年男子の熱量消費を同じものとして計算を行うのは問題があるといわざるを得ない。一人当たり米消費量の検討は単なる人口ではなく、熱量消費を基準とする人口をもって推計すべきである。

1　稲作の日本化と産米増殖

日本内地を市場とする移出米の供給は、当然日本人の朝鮮進出と密接な関係をもつ。植民地化以前の日本人居住をみれば、主として開港地を拠点とし、内陸部には不法に定住するという様相を示した(13)。一八七六年に釜山開港地に日本人は五四人しかいなかったが、定住者が増加して日清戦争後には一万二千人を上回った。この段階でも、依然として日本人の居住地は開港地に限定されていた。しかし、日露戦争の結果、日本人が朝鮮に対する独占的支配力を確保するにしたがって、日本人は内陸部へと浸透していった。居住地域でも、朝鮮に居住する日本人は一九〇三年に二万四六二七人に達し、そのうち七％のみが内陸部で生活したが、一九〇九年になると一四万六一四七人（男子約八万人、女子約六万六千人）の内三七％が内陸部で生活したことがわかる。[14]その後も日本人の人口増加率は植民地化後の一九一〇年代に上昇し、自然増加ではない日本からの移住が相当あったと考えられる。

この過程で注目すべきなのは鉄道の開通にともない、沿線に新しい日本人の生活空間が形成されたことである。[15]至るところに日本人会と居留民会がつくられており、日本人商人が各種商品をもって集まってきた。朝鮮人商人の場合、貨物輸送方法として人力、畜力、自然力などにより、陸路・河川を利用していた関係で、産地と河川の要衝には「褓負商」や客主などが存在した。これに比べて日本人商人は鉄道を中心として各要衝に進出し、商圏を掌握して水運に頼ってきた朝鮮人商人にとって代わったりあるいは彼らを従属化したという。鄭在貞によれば、一九一六年頃には三二万二千人あまりの日本人の移住が実現し、そのうち七〇％が鉄道沿線に居住した。[16]

内陸部に進出した日本人は主として治安、教育、行政などを担当したほか、流通、工業、農業などに携わったが、一九一〇年代までの工場制工業生産額はごく一部に過ぎず、日本人資本の投資対象としては農業が注目された。[17]当時、最大輸出商品が米穀であったために、日本人資本が優先的に投下されたのはやはり稲作であった。日露戦争以前には開港地を拠点として、主に前払資金を通じて農民から移出用米穀を確保したが、それ以降は農業に直接進出して植民地地主として米穀を確保した。一九一五年に日本人が所有した耕作地は一七万町歩に達し、全耕作地の五・四％を占めた。[18]一九三二年になると、日本人が水田だけで二六万四千余町歩（水田全体の一六・一％）を所有し、そのうち八八・八％が小作地であって、ほとんどの日本人が植民地地主であった。小作米が商品化の対象となり、そのうち多くの米が日本へ移出されたのである。

土地調査事業が終わった後、日本人による耕作地所有面積が急増したが、表1-1をみれば五〇～一〇〇町歩の大地主は全体的に朝鮮人の数が多いものの、一〇〇町歩以上の場合、日本人の比重がむしろ朝鮮人を上回っている。朝鮮農業は所有構造面においても相当の変化が民族別にあったのである。その要因としては日本政府および総督府の日本人移民政策や東洋拓殖、不二興業といった国策農業会社の存在などがあげられるが、初期日本人の進出と居住地の形成が鉄道と密接な関連を有したことから、農事改良の普及も鉄道敷設と連動したと考えるのが妥当であろう。

　これに関連して、次の記録が注目される。「鉄道沿線を主として行はれた内地移住者の進んだ農耕法が旧来の朝鮮農業を改良するに役立ち、従って耕地の改良や多収穫を目的とする稲の優良品種の分布が、先づ鉄道沿線に初って漸次奥地へ普及した事実があり、其の例証は湖南線一帯、釜山、京義の大部分及び京元線（鉄原、平康、福渓付近）等に著明であり、又綿花の集散が湖南線の開通後活動を呈した事に寄っても挙げられる」[19]。すなわち、上の引用文からわかるように、鉄道は日本人による新しい農耕法が伝播する地理的経路としての役割もはたした。

　水稲の優良品種は急速に普及する。図1-1の作付面積比率をみれば、一九一五年に二一・九%であったのが一九二〇年五七・五%、二五年七一・六%へと急増したあと、三〇年七三・六%、三五年八二・二%、三七年八四・四%へ持続的に高まっていった。これは一九一〇年代から稲作改良として灌漑施設の整備、施肥の多投、乾燥調製の改善とともに、優良品種の普及が進められたからであるが、さらに一九二〇年代の産米増殖計画の政策意図が反映されている。米騒動（一九一八年）に直面した日本政府は「帝国食料問題ノ解決」のため朝鮮米の増産を決定したのである[20]。朝鮮でも三・一独立運動（一九一九年）が展開し、総督府政策の転換が必要とされ、一九二〇年には水田八〇万町歩の改良拡張を三〇カ年で完成することを目標として朝鮮産米増殖計画を樹立し、その第一期計画として一五カ年を期して四二万七五〇〇町歩の土地改良事業を推進するとともに、耕種法の改善による約九五〇万石の産

表1-1　地税納税義務者の所有面積別人員数

		1918	1926	1936	1942
100町歩以上	朝鮮人	328	391	385	545
	日本人	404	543	561	586
50〜100町歩	朝鮮人	1,424	1,689	1,571	1,628
	日本人	454	676	749	733

出所）張矢遠『日帝下 大地主의 存在形態에 関한 研究』서울大学校大学院経済学博士学位論文，1989年，60頁。

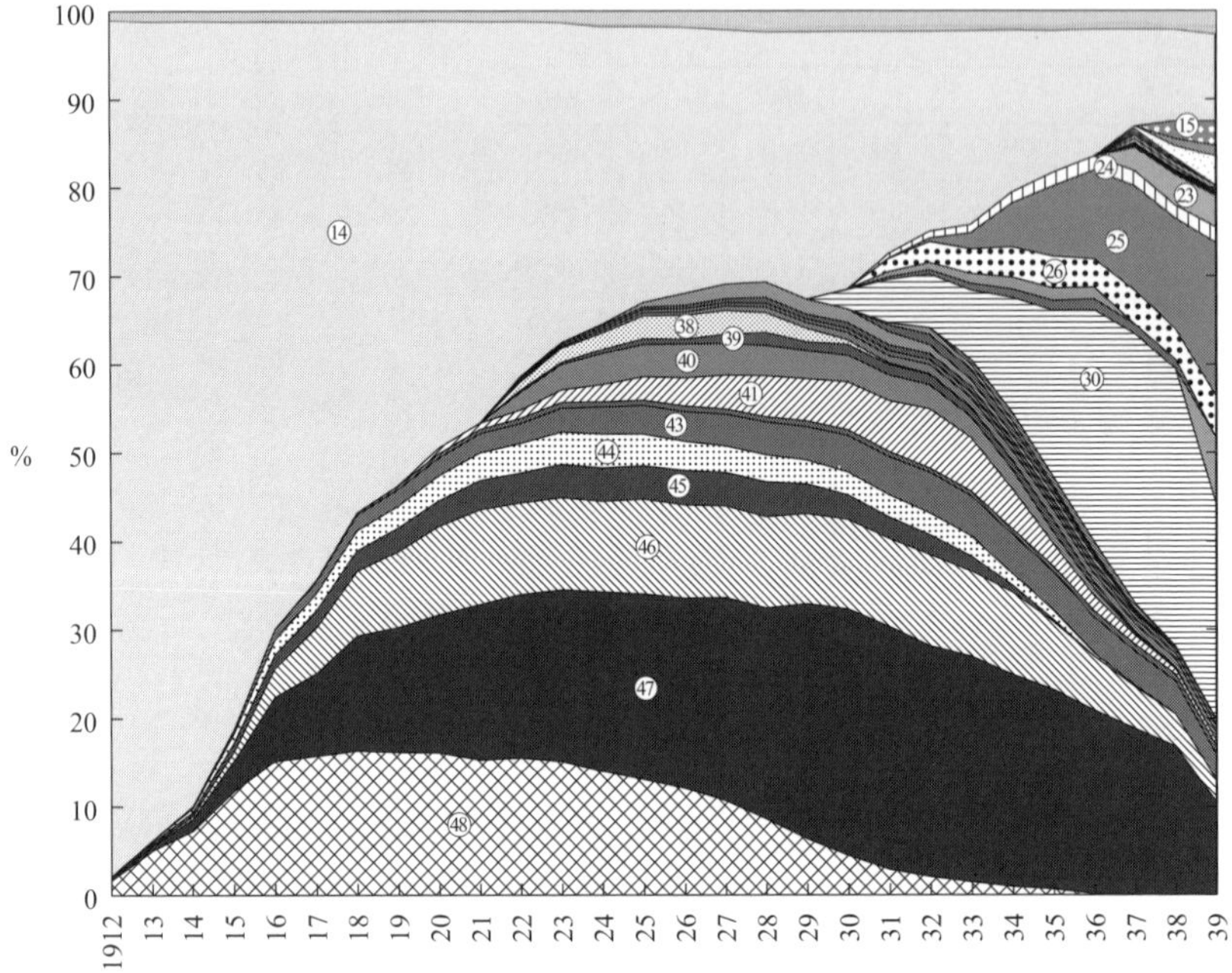

①陸稲在来種　②金光坊　③凱旋　④旭糯　⑤尾張糯　⑥羽二重　⑦金子　⑧浅賀　⑨旱不知　⑩奈良
⑪三石　⑫オイラン　⑬黒鬚　⑭□水稲在来種　⑮▣栄光　⑯日進　⑰豊玉　⑱早大関　⑲龍川
⑳陸羽137号　㉑中生神力　㉒芮租　㉓■愛国　㉔◫福坊主　㉕■陸羽132号　㉖⊡赤神力　㉗山口神力
㉘大場神力　㉙中生銀坊主　㉚⊟銀坊主　㉛畿内早22号　㉜早生旭　㉝多賀鶴　㉞辨慶　㉟小田代
㊱早生大野　㊲伊勢珍子　㊳▨石山租　㊴■中神力　㊵■雄町　㊶▨亀の尾　㊷関山　㊸■錦
㊹⊡日の出　㊺■都　㊻▧多摩錦　㊼■穀良都　㊽⊠早神力

図 1-1　稲品種別耕作面積

出所）朝鮮総督府農林局『朝鮮米穀要覧』各年度版；朝鮮総督府『農業統計表』各年度版。

注）主要銘柄のみ凡例を表示し，グラフ中に番号を付した。

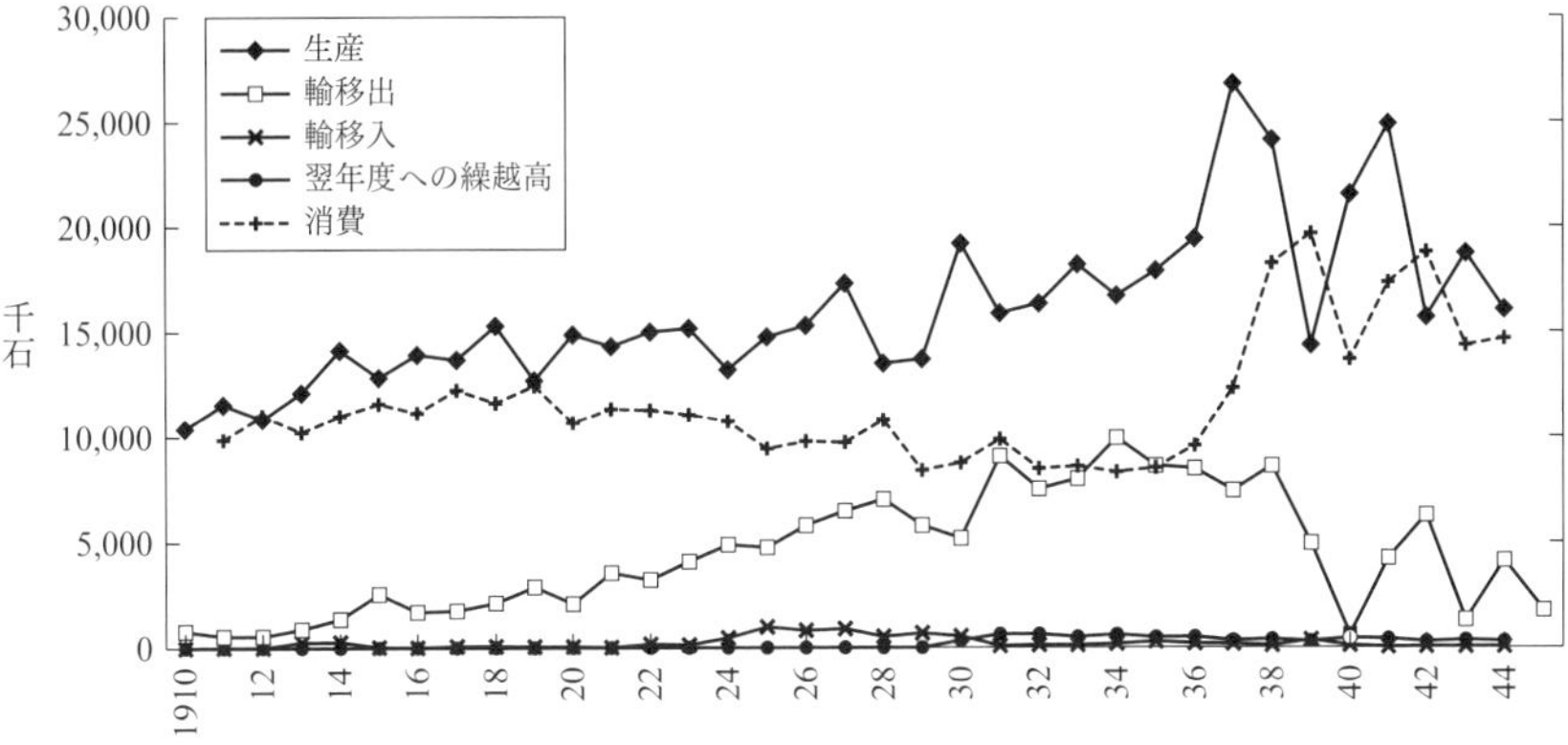

図 1-2　植民地朝鮮の米穀需給

出所）朝鮮総督府農林局『朝鮮米穀要覧』各年度版；朝鮮総督府『農業統計表』各年度版；朝鮮総督府『朝鮮総督府統計年報』各年度版。
注）米穀年度は前年度 11 月～当年度 10 月であるため，生産と輸移出の間には 1 年のタイムラグが発生する。

米増殖を図った。

とはいえ、図1-2では一九二〇年代前半の増産政策の効果を確認することができない。高率の金利のため農地改良事業の採算が取れず、耕種および施肥の方法が「幼稚」であったため、「増収予定に達し」なかった。これに対し、一九二六年に総督府は低利資金の斡旋供給、計画遂行を担当する土地改良部の新設、肥料増施計画の樹立などを内容とする更新計画を成立させた。本計画は一二カ年（完成一四カ年）を期して既成水田の灌漑改善一九万五千町歩、畑を水田とする地目変換九万町歩、開墾および干拓六万五千町歩、合計三五万町歩の土地改良を施行し、完成時に二八〇万石の増収を得られると想定されていた。さらに土地改良施行区域に対して施肥の増加ならびに耕種法の改良を通じて一九二万石、合計四七二万石の産米増殖を図るほか、既成水田一三九万町歩に対する農事改良によって追加的増収の約三四四万石を確保し、総計八一六万余石の産米増殖を期した。

しかしながら、大恐慌による米価の暴落にともなって日朝間の米販売が競合状態に陥ると、朝鮮米の台頭に対する内地側の不満は大きくなり、一九三二年七月に土地改良部が廃止され、一九三四年には計画自体が中止となり、事業代行機関たる朝鮮

表 1-2　朝鮮産米増殖計画の実績

（単位：町，石，％）

区分	総予定計画	1934 年度までの予定計画	1934 年度までの実績			総予定計画に対する実績の割合	1934 年度までの予定計画に対する実績の割合
			水利組合	水利組合によらないもの	計		
作付面積	350,000	188,600	121,485	9,512	130,997	37%	69%
増収量	4,720,000	2,466,656	1,192,263	69,650	1,261,913	27%	51%
反当増収量	1.35	1.31	0.96	0.73	0.96	71%	73%

出所）農林省米穀局『朝鮮米関係資料』1936 年，166-171 頁。

土地改良株式会社も解散された。そのため、土地改良事業は一九三四年度までに予定計画二四万九六〇〇町（着手基準）に対してその六二％に過ぎない一五万四九五〇町しか行われなかった。そのほか、指導監督職員を充実の上、水稲優良品種の改良、肥料改良増施計画の樹立をおこなうなどといった農事改良事業も、米価の暴落や農村不況のため資金融通からみて一九三三年度までに七八％しか実施されなかった。

はたして産米増殖計画は米生産にどのような結果をもたらしたのか。農地改良による増加分は一九三四年に一二六万一千余石であって、表1-2の全計画四七二万石の二七％、一九三四年度までの五一％にあたり、全収穫量一六七一万七千余石の七・五％に相当した。反当たり平均増収高が予定計画を下回ったのは土地改良から時間がそれほど経っておらず、土質の改善および農事改良などが充分ではなかったからである。そのほか、更新計画の実施前にすでに整備されていた土地改良施行地区では一九三四年度に米総収穫量が一一三万二千余石を記録し、その増収高が七五万七千余石に達した。こうして朝鮮で栽培される米の品種は、朝鮮総督府勧業模範場による日本品種の試験栽培とその結果にもとづく優良品種の採択・普及が進められ、前掲図1-1のように日本人の嗜好にあう「良質」のものに変えられて、生産増大とともに輸移出量の増加をもたらしたのである。このような変化は稲作だけでなく、日本の綿紡績にふさわしい陸地綿栽培事業が遂行されたところでも確認できる。

稲作の日本化はどのくらい効率的なものであったのか。土地生産性（図1-3）

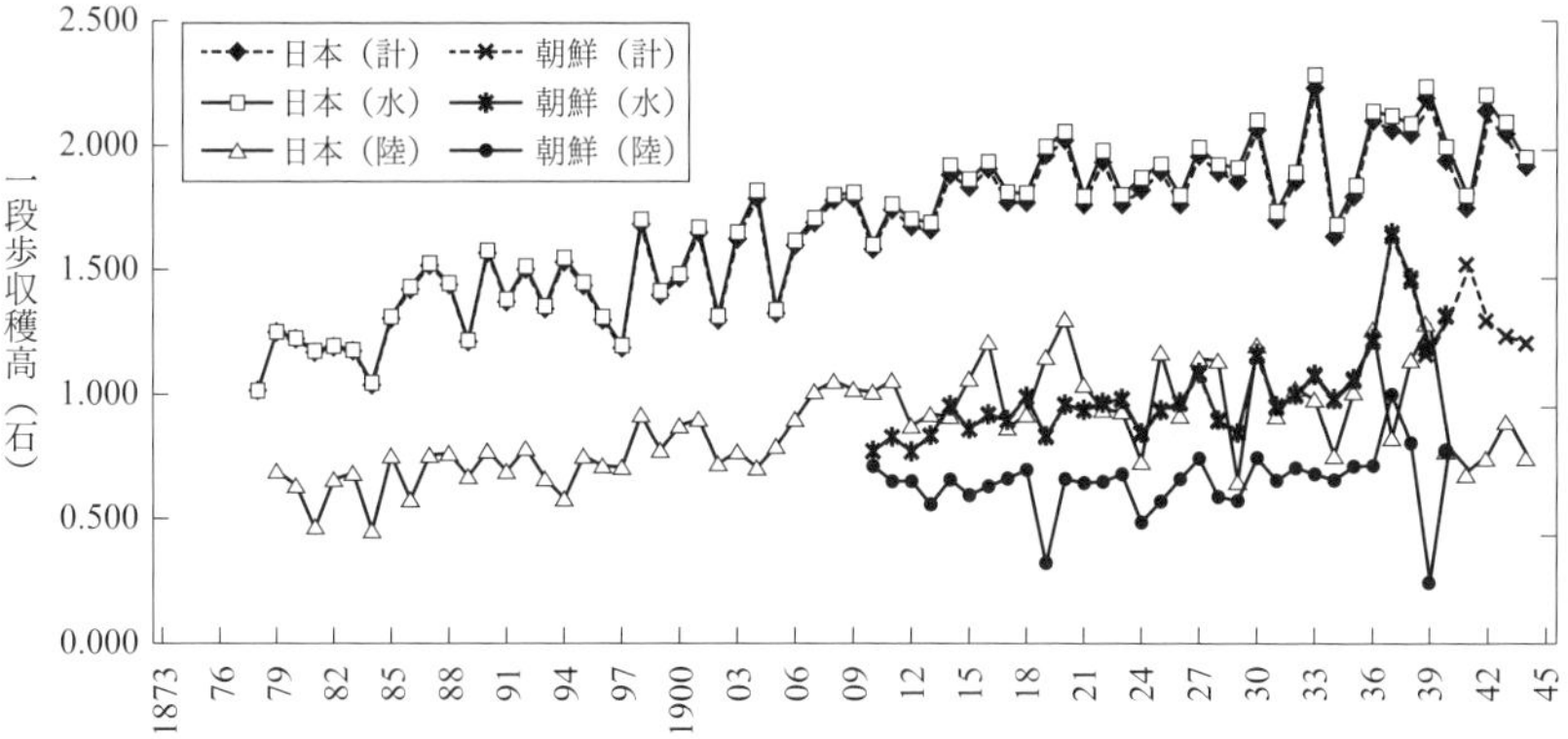

図 1-3　日本と朝鮮における米作の土地生産性

出所）農林大臣官房統計課『米統計表』各年度版；農林省農務局『米穀要覧』東京統計協会，各年度版；農林省農林経済局統計調査部『農林省統計表』各年度版；朝鮮総督府農林局『朝鮮米穀要覧』各年度版；朝鮮総督府『農業統計表』各年度版；朝鮮総督府『朝鮮総督府統計年報』各年度版。

に注目すると、一九二〇年代前半は停滞気味であったが、一九二〇年代後半から一九三〇年代にかけて上昇した。土地改良事業や農事改良事業がもたらした効果は一九三〇年代後半になって明確になった。大旱魃が発生した一九一九年と一九三九年に陸稲の生産性が著しく減退した反面、水稲の生産性の低下はそれに比べて小さい水準に留まった[21]。とはいえ、土地生産性において朝鮮の水稲は日本内地の陸稲に等しく、内地水稲の半分の水準に過ぎなかった。この日朝両地域の農業技術ギャップは一九三〇年代後半に至ってやや縮小傾向を示したが、植民地期に解消されることはなかったのを見逃してはならない。韓国が日本並みの土地生産性を達成できるようになるのは一九七〇年代末から一九八〇年代初頭にかけてである[22]。一方、植民地朝鮮のGDP推計と関連し、一九一〇年代の水稲生産性が論争の種となっているものの[23]、一九一〇年代、なかでも前半の生産性の効果は一九三〇年代後半に比べて微々たるものであったことを強調しておきたい。

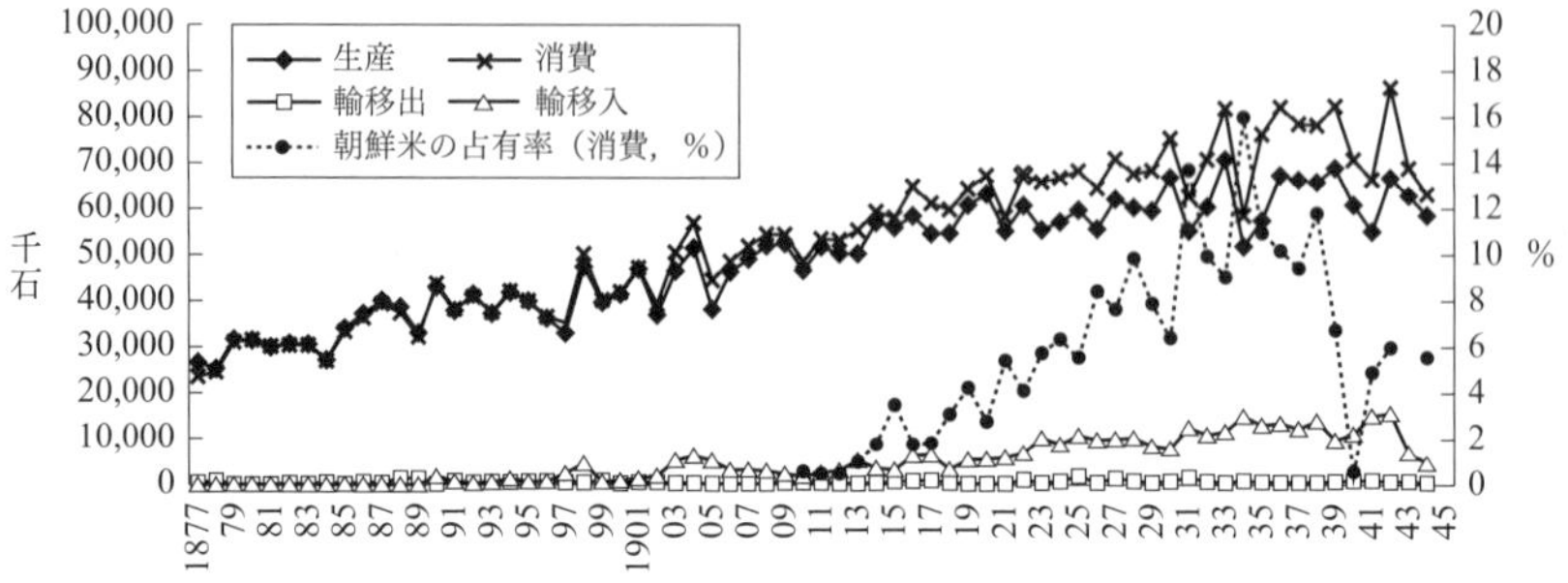

図 1-4　日本内地の米需給

出所）農林大臣官房統計課『米統計表』各年度版；農林省農務局『米穀要覧』東京統計協会，各年度版；農林省農林経済局統計調査部『農林省統計表』各年度版；民主主義科学者協会農業部会『日本農業年報 第1集』月曜書房，1948年，57頁。

2　朝鮮米の移出と流通

こうした生産性の向上にともなって米の増産が可能となり、その分を含めて大量の朝鮮米が日本に移出された。前掲図1-2で当初一千万石であった米穀生産量（供給）が一九一〇年代以降持続的に増加し始め、日本の「米騒動」という政治的危機状況に直面して樹立された産米増殖計画の実施によって急増し、一九三一年には一九〇〇万石を超えた。その後、農業恐慌のため産米増殖計画が中断された後でも、気候要因による作況の変化はあったものの、一九一〇～二〇年代に比べて三〇年代に米穀生産が大きく増えたことは既述の通りである。こうして生産された米穀の内、一九一二年に四・五％に過ぎなかった輸移出量は産米増殖計画が開始された一九二一年には二一・九％に達し、一九三六年には五一・四％を記録するに至った。その後、若干減少する趨勢を示したが、依然として高い水準を維持した。さらに、日本内地の米需給（図1-4）をみれば、朝鮮からの純移入（＝移入－移出）が一九二〇～三〇年代には日本内地の米消費量の五％以上となり、とりわけ一九三四年には一六％にも達した。生産量を基準とすれば、その比率はより大きくなる。主食たる米の不足を解決するため、外部から輸移入する米の半分以上を朝鮮が供給したのである。

米をめぐる「生産者と消費者の分離」が朝鮮と日本（とりわけ西日本）との間に進んでおり、朝鮮内部でもこの現象は都市化と植民地工業化の進展にともなって生じた。もちろん、なおほとんどの人々が農村地域に住んで稲作にかかわっており、この分離を過大評価することはできない。しかし、産米増殖計画を経験しながら、朝鮮米の取引が活発化したことは確かである。まず、朝鮮米の流通系統に注目すると、米穀の流通系統は大きくみて市場外取引と市場取引に区分できる。(24) 市場外取引とは生産者である農家あるいは地主の脱穀場、商人の店頭で行われた取引であり、通常客主と呼ばれる朝鮮人仲次人が集散地の米穀商の委託を受けて主として朝鮮人の地主と農民から米穀を買い入れていた。これを通じて購入した米穀を、集散地における日本人あるいは朝鮮人の米穀商が移出港の精米業者に売却した。この段階までの取引はあくまでも籾で行われた。大農場の地主の場合、取引量が多かったため、直接移出港の精米業者に直販した。

これに対し、市場取引は在来市場の取引、仁川米豆取引所、集散地の穀物商組合あるいは米穀商組合市場における現物および延取引であった。在来市場の取引は全国の非常設市場たる「場市」を通じて行われたが、穀物商組合市場取引は一九二〇年四月の市場規則の改正によってその設置が公認された京城、群山、木浦、大邱、鎮南浦、新義州、元山、江景などの九カ所の正米市場で行われた。「現物取引」では三日以内、「延取引」は六〇日以内に引渡しが行われた。在来市場あるいは穀物商組合市場の購買者は産地の穀物商で精米工場をもっており、地方の需要に対応したり、移出港の精米業者または輸出貿易商に仲立人を通して米穀を売却した。大部分の移出米は大農場あるいは大地主の小作米であり、自作農、小作農の保有米は少なかった。

このような流通過程を玄米と白米に分けてみると、次のようになっている。玄米は「生産者→産地仲買人→籾摺業者→玄米仲買人→日本卸売商→仲買人→精米兼小売業者→消費者」、白米は「生産者→地方米穀商→海港精米・移出業者→日本卸売商→小売業者→消費者」の流通過程を経ていた。(25) そのうち、籾摺業者→玄米仲買人または地方米穀商→海港精米・移出業者の朝鮮内流通段階では鉄道輸送が行われた。米穀形態別にみれば、表1-3のように、

表 1-3　玄米と稲の鉄道輸送と平均運賃

	取扱量（千トン）	延トンキロ（千トンキロ）	運賃総額（円）	平均輸送距離（トン当たりキロ）	平均運賃（トンキロ当たり銭）	玄米1石当たり平均負担運賃（銭）
玄米	786	101,462	1,774,689	129.1	1.75	33.040
稲	415	39,343	801,055	94.8	2.04	40.612

出所）木村和三朗『米穀流通費用の研究』日本学術振興会，1936年，133頁。

玄米は平均一二九・一キロメートルも輸送され、一石当たり三三・〇四銭の運賃を負担し、稲は平均輸送距離九四・八キロメートルで玄米換算一石当たり四〇・六一二銭の運賃を負担した。輸送量および輸送距離において玄米が大きいのは、運賃負担を減らすために玄米形態で米穀輸送が行われる一方、比較的港に近い地域に稲形態の鉄道輸送は限定されたからである。

これに関連し、朝鮮内の米輸送をみると、一九〇七年に五万六千トン規模に過ぎなかった米穀輸送は第一次世界大戦を経過して増加し、一九一九年には三五万三千トンに達する。さらに産米増殖計画の実施とともに急増し、一九三一年には一〇〇万トンを超え、一九三七年には一三二万八千トンに至った[26]。朝鮮国鉄の貨物全体に占める比重は一九一一年の七％から次第に高くなり、一九一五年に一六％に達した後、一九一九～二〇年には一〇％にまで低下したが、産米増殖計画が実施されるにしたがって再び上昇し、一九三〇年代には一五～一七％の水準に達した。しかし、一九三四年以降産米増殖計画が中断され、植民地工業化が進展して石炭などの関連貨物が増加する一方、米輸送の比重は急速に低下し、一九三九～四〇年には五％にまで縮小した。いずれにせよ、鉄道が通信の発達とともに、朝鮮と日本との米市場の統合基盤となったことは動かない[27]。

さらに輸送経路別動向に注目すれば、朝鮮内移動は産地から都市へ、産地から精米業地へ、または産地から定期的取引所の所在地、さらにまた他の取引所の所在地へ送られ、籾の形態で精米業地に送られて加工された後、精白米として消費地へ輸送された。また場合によっては、端境期中に大阪へ送られた朝鮮米が市価の逆転で産地での価格が高くなったため、仁川へ返送され、京城（ソウル）あるいは産地へ輸送されるなど多少複雑な様相も示した。[28] 一九二〇年代末から三〇年代中頃にかけては総収穫の四〇％以上が最終消費地たる日本へ輸送されたため、産地から移出港へ鉄道輸送が行われる傾向が目立った。したがって、発着駅は表1-4のように産地を後背地にもっている駅の発着トン数がもっとも大きかったが、大邱が三万六千トンと規模がもっとも大きく、次が仁川、金堤、南市、新泰仁などの二万トンであった。それ以外にも一万トン以上の駅が亀浦他一〇駅に達した。一万トン以上の発送駅はすべてで一六駅、二六万七千トンであり、朝鮮国鉄発送貨物の約五％に相当した。

表1-4　1928年度主要駅別発着トン数

（単位：トン）

駅名	数量	駅名	数量
発送			
大邱	36,025	群山	13,164
仁川	23,509	進永	11,051
金堤	22,882	松汀里	10,932
南市	21,288	井邑	10,899
新泰仁	20,511	平沢	10,735
亀浦	19,946	論山	10,558
水原	18,732	密陽	10,156
平壌	16,468	金泉	10,006
到着			
仁川	178,081	木浦	47,566
釜山（草梁含む）	135,713	京城	41,221
群山	131,821	大邱	26,337
鎮南浦	121,485	元山	11,929

出所）大村卓一「米の輸送上より観たる朝鮮鉄道」『朝鮮鉄道論纂』朝鮮総督府鉄道局庶務課，1930年，320-321頁。

到着駅については貨物量が多い駅は京城、大邱などの主要都市を除いてそのほとんどが港湾であった。①仁川は京釜線北部と京義線南部、それに隣接する私鉄線を主要後背地として到着量一七万八千トンを記録してもっとも多く、②京釜線南部とこれに隣接する私鉄線、東海中部線を主要圏域とする釜山（草梁、釜山鎮を含む）が一三万五千余トンであって、仁川に次ぎ[29]、③湖南線の大部分と京釜線大田・鳥致院付近、慶全北部線を主要圏域として群山一三万一千余トン、④京義線内陸部を主要圏域とする鎮南浦一二万一千トン、⑤湖南線南部とこれに隣接する光州線および私鉄線を主要圏域とする木浦四万七千トン、⑥咸鏡線南部と京元線北部を主要圏域とする元山約一万二千トンであった。それ以外に京城四万トン台、大邱二万トン台である。[30] 一万トン以上の到着駅は九駅、輸送貨物は六九万四千トン

表1-5　精米工場の経営主体（1926年度）

	工場数	馬力数	玄米調製石高	精白石数	1工場当たり生産高（石）	
					玄米	精米
日本人経営	148	5,619	1,524,235	2,190,925	10,366	14,871
朝鮮人経営	115	1,397	725,008	728,644	6,304	6,336
合計	263	7,016	2,249,243	2,919,569		
日本工場比率	56.3%	80.1%	67.8%	75.0%		

出所）東畑精一・大川一司『朝鮮米穀経済論』日本学術振興会，1935年，108頁。
注）精米工場の増加数は1904～1911年16カ所，12～16年40カ所，17～22年91カ所，23～30年113カ所。

資料図版1-1　精米工場の作業

出所）朝鮮興業株式会社編『朝鮮興業株式会社三十周年記念誌』1936年。

であって、全到着貨物の一三%に相当した。鉄道は良質米の栽培、米穀の商品化を可能とする基盤施設であったのである。

　このように、移出米はそのほとんどが産地で玄米として加工されるか、あるいは移出港で白米として加工され日本へ送られたが、表1-5を参照すると、大部分の精米工場が日本人によって掌握されていたという事実がわかる。日本人の工場はその数において過半数を超えるほどであったが、その規模が大きかったために、生産能力において七〇～八〇%を占めた。すなわち、残りの二〇～三〇%のみが朝鮮人工場によって加工されたのである。これは朝鮮米の流通機構の最終段階が日本人資本によって掌握されていたことを示している。

　これらの港湾から日本へと朝鮮米が移出された。表1-6をみれば、一〇〇万石以上の移出港である仁川、釜山、群山、鎮南浦の四港湾が全体の八〇%以上を占めている。ただし、ここで注意しなければならないのは、仁川は釜

表 1-6　朝鮮内移出港別米穀移出量

（単位：千石）

	仁川	群山	木浦	釜山	鎮南浦	龍岩浦	新義州	元山	その他	合計
1928	1,599	1,645	538	1,754	1,001	12	44	78	339	7,010
1930	1,331	1,078	418	1,109	902	26	55	55	193	5,166
1932	1,654	1,652	615	1,766	1,136	18	105	30	504	7,478
1934	2,028	2,345	688	2,018	1,445	62	108	73	1,075	9,843
1936	1,466	1,952	767	2,098	1,147	125	75	36	1,240	8,897
1938	1,847	1,830	946	2,815	983	110	62	89	1,092	9,774

出所）菱本長次『朝鮮米の研究』千倉書房，1938 年，547 頁；朝鮮総督府農林局『朝鮮米穀要覧』1942 年。

資料図版 1-2　群山港における米穀積出

出所）朝鮮興業株式会社編『朝鮮興業株式会社三十周年記念誌』1936 年。

山より鉄道輸送の米穀到着量が多かったにもかかわらず，釜山港には背後地たる金海平野からの多量の移出米が鉄道以外の交通手段を通じて輸送されたため，仁川より多い米穀が船舶によって日本へ移出された年度もあったという点である。次に朝鮮米が到着する日本の移入港（表 1-7）をみれば，下関の移入量が多少増加したとはいえ，依然として大阪が圧倒的地位を占めていたことがわかる。阪神と京浜の両地域をあわせると，移入量全体の七三％を占めた。鎮南浦，仁川の移出玄米は品種の性質上京浜，仁川白米は阪神，群山玄米は中京，釜山玄米はそのほとんどが阪神と下関に送られていた。朝鮮米は大阪を中心とする関西における低賃金労働力創出の基

資料図版 1-3　朝鮮米の宣伝ポスター

出所）朝鮮興業株式会社編『朝鮮興業株式会社三十周年記念誌』1936 年。

表 1-7　朝鮮米の移入港順位比較（1929～33 年 5 カ年平均）

	大阪・神戸	東京・横浜	下関・門司	名古屋・四日市	合計
移入港（千石）	4,025	1,147	289	239	7,073
比率（%）	56.9	16.2	4.2	3.4	100.0

出所）木村和三朗『米穀流通費用の研究』日本学術振興会，1936 年，160 頁。

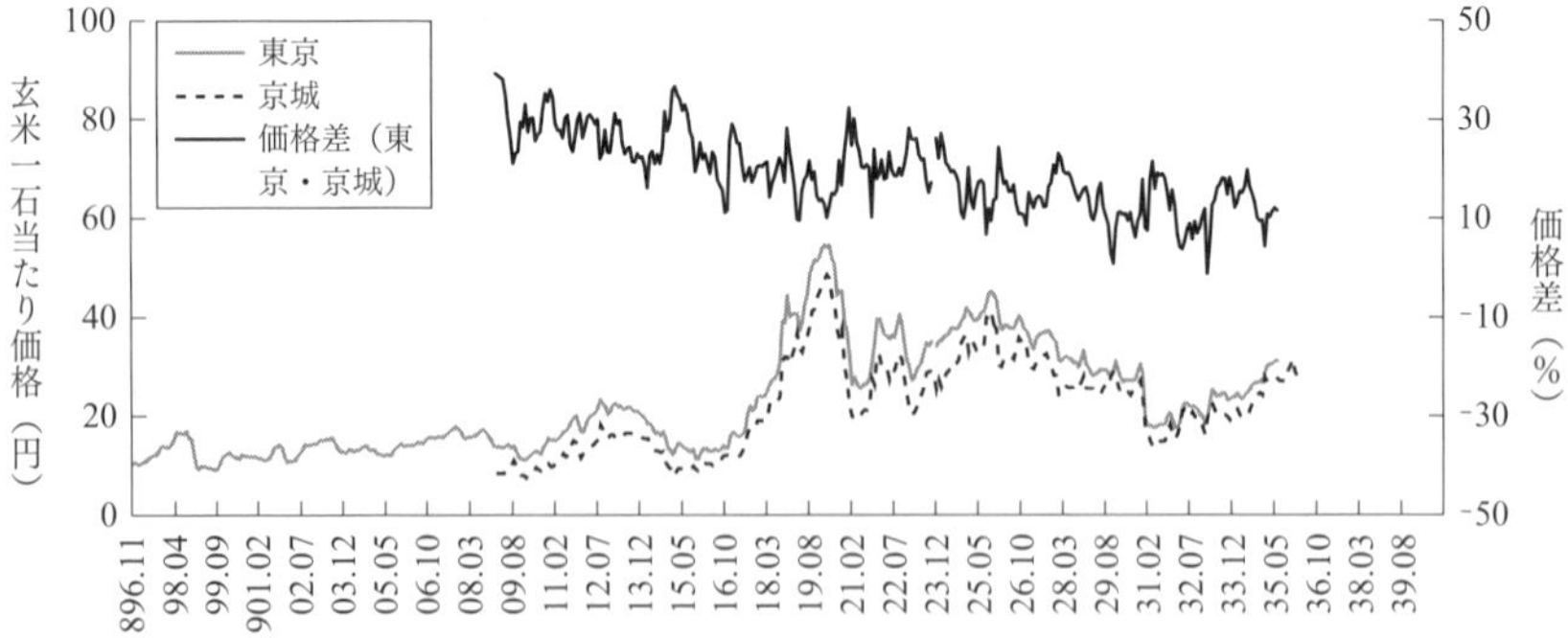

図 1-5　東京と京城の米価動向（玄米 1 石）

出所）農林省米穀部『米穀要覧』1933 年；石原保秀『米価の変遷 続篇』乾浴長生会，1935 年；朝鮮総督府『朝鮮総督府統計年報』各年度版。

注）東京は深川正米市場の内地玄米中米標準相場（1 石建），京城は玄米中米の卸売相場（1 石建）。

礎であったと、当時から認識されていた。[31]

鉄道・動力船による米穀輸送は従来の輸送費を大きく節減し、米穀の商品化を拡大させ、これを通じて各地域の局地的米穀市場を統合して、米価の平準化を促す基盤となった。交通が不便であると、地方相互間での需給均衡を達成し難かっただけでなく、地方ごとの経済状況を把握するのに長時間を要したため、地域間での物価不均衡が甚だしくなった。こうした状況で交通が発達すると、消費地の物価は下落する反面、生産地の物価は上昇し、両地域間の平衡が達成されることとなった。[32]もちろん、こうした現象が朝鮮内ではいち早く確認できるが、[33]日本と朝鮮の両地域でそれぞれ最大の消費地であった東京と京城での卸売玄米価格（図1-5）をみれば、東京のほうが京城よりやや高いものの、両方ともほぼ同様の動向を示している。ここで注目すべきなのは両地域の価格差が長期的に縮小したことである。米の品質改良が進んだ上、インフラストラクチャーが整備され、日本人の嗜好にあう朝鮮米の移出が大量化すると、両地域の価格の同調化が進展したのである。

3　米穀消費と代替穀物

はたして朝鮮米の輸移出はどのような要因によって行われたのか。それを統計的に検証するため、本章は表1-8のような計量モデルを設定する。観測数はやや少ないが、増産効果が反映される米穀生産量（①）、朝鮮内での米穀消費量（②）、朝鮮で米穀に対して代替性をもつと想定される麦類消費量（③）と雑穀消費量（④）、市場における需給関係を反映する米価上昇率（⑤）、産米増殖計画と増米計画を示す政策ダミー（⑥）という六つの説明変数が、被説明変数である米穀輸移出量にいかなる影響を及ぼしたのかを分析してみた。そのうち、米穀年度が前年度一一月から当年度一〇月までであり、朝鮮米は前年度の生産量から輸移出されることとなるため、米穀生産量は

表 1-8　米輸移出要因分析

	モデル 1		モデル 2		モデル 3		モデル 4	
	t-Statistics	Coefficient	t-Statistics	Coefficient	t-Statistics	Coefficient	t-Statistics	Coefficient
定数項	−29.760***	−5.098	−39.051***	−6.327	−19.186**	−2.451	−30.094***	−4.660
米穀生産量	2.239***	4.370	2.626***	5.227				
米穀消費量	−0.873***	−3.154			−1.235***	−3.218		
麦類消費量	0.863	1.182	0.110	0.162	3.034***	4.665	2.511***	2.779
雑穀消費量	1.808***	3.594	2.290***	5.141	1.182*	1.739	1.678**	2.081
米価上昇率	−0.003	−1.542	−0.003	−0.721	−0.005*	−2.044	−0.084*	−0.831
政策ダミー	0.109	0.658	0.076	0.431	0.301	1.013	0.364	1.316
R-squared	0.810		0.740		0.639		0.508	
観測期間	1911 1944		1911 1944		1911 1944		1911 1944	
観測数	34		34		34		34	

出所）朝鮮総督府農林局『朝鮮米穀要覧』各年度版；朝鮮総督府『農業統計表』各年度版；朝鮮総督府『朝鮮総督府統計年報』各年度版；朝鮮銀行調査部『朝鮮経済年報』1948 年。

注 1）*は水準 10 %，**は水準 5 %，***は水準 1 % で有意であった。

2）麦類は大麦，小麦，裸麦，らい麦，雑穀は粟，稗，黍，蜀黍，玉蜀黍，燕麦，蕎麦。

$$\ln(RICEEXPO_t) = \alpha + \beta_1 \ln(RICEPROD_{t-1}) + \beta_2 \ln(RICECONS_t) + \beta_3 \ln(BARLCONS_t) + \beta_4 \ln(MISGRACONS_t) + \beta_5 RICEPRINCRE_t + \beta_6 DUMMY_t + \varepsilon_{it}$$

ただし，$RICEEXPO_t$：当年度米穀輸移出量

$RICEPROD_{t-1}$：前年度米穀生産量

$RICECONS_t$：当年度米穀消費量

$BARLCONS_t$：当年度麦類消費量

$MISGRACONS_t$：当年度雑穀消費量

$RICEPRINCRE_t$：当年度米価上昇率

$DUMMY_t$：当年度政策ダミー（1911-20 年＝0，1921-33 年＝1，1934-39 年＝0，1940-44 年＝1）

前年度のものを利用している。このモデルで期待される係数の符合は米穀生産量（＋）、米穀消費量（－）、麦類消費量（＋）、雑穀消費量（＋）、米価上昇率（＋）、政策変数（＋）である。具体的な推計方法としてはＬＳ（White Heteroskedasticity - Consistent Standard Errors & Co-variance）分析を行うが、被説明変数間の相関関係（correlation）からみると、米穀生産量と米穀消費量とのあいだや米穀生産量・米穀消費量と麦類消費量[34]とのあいだには多重共線性（mul-ticollinearity）がある可能性があるため、モデル一から関連説明変数を削除し、モデル二、モデル三、モデル四をともに分析した。

　まず、モデル一の回帰係数についてみれば、米穀生産量（＋）二・二三九、米穀消費量（－）〇・八七三、麦類消費量（＋）〇・八六三、雑穀消費量（＋）一・八〇八、物価上昇率（－）〇・〇〇三、政策ダミー（＋）〇・一〇九であって、そのうち米穀生産量、米穀消費量、雑穀消費量は一％水準で有意であったが、麦類消費量、米

価上昇率、政策ダミーの係数は統計的有意性をもたない。米穀生産量がもっとも大きな影響を及ぼし、その生産量が増えれば増えるほど輸移出量も増加する結果となっている。その反面、朝鮮内の消費量が増えれば、輸移出量は減少する。

次に、多重共線性を勘案して分析したモデル二、三、四においては麦類消費量と雑穀消費量の係数がともに統計的に有意であり、なかでもモデル四では麦類消費量の係数が雑穀消費量より大きいことから、満洲粟の輸入が既存研究では強調されてきたが、麦類の確保如何が米の移出にも影響を及ぼしたといえよう。既述のように、東畑・大川は移出米の比重が低い北部地域では畑作が多かったことから、雑穀も大量に消費されたため、満洲粟が食料として輸入されえた反面、移出米の比重が高い南部ではそもそも米を主食としており、それほど満洲粟を消費せず、穀物の消費構造が南北ごとに異なっていたことを指摘している(35)。この点からみれば、雑穀より麦類が朝鮮全体では消費されたと考えるべきであり、それがモデル四の回帰係数でも確認できるだろう。

そのほか、価格上昇率はモデル三、四において一〇％水準で統計的有意性をもつが、（－）の符号になっている。これは世界大恐慌に至るまでの一九二〇年代に米価が低下し続けたにもかかわらず、むしろ朝鮮米の移出は増えており、一方三〇年代に入って価格上昇が続くなか、輸移出量が大きく上下変動したからであろう。また、政策ダミーも産米増殖計画の立案過程でみられるように米移出に対して大きく影響したと予想できるが、分析結果では統計的有意性がまったく確認できていない。産米増殖計画の終了後にも七〇〇～八〇〇万石の米移出が続き、さらに戦時下の食料不足を緩和するため、増米計画が実施されたとはいえ、米の輸移出はむしろ急減した。

以上の要因分析に対して本章は米穀消費量の低下が朝鮮米の移出を可能としたとみている。そこで、日本と朝鮮の米消費がいかなる推移を示したのかを検討したい。

図1-6で提示されている一人当たり米消費量は年齢別熱量消費を考慮した新しい人口推計にもとづいて計算したものである。さらに、米穀年度が一般会計年度とは異なるため、前年度と当年度の二カ年移動平均をもって一人

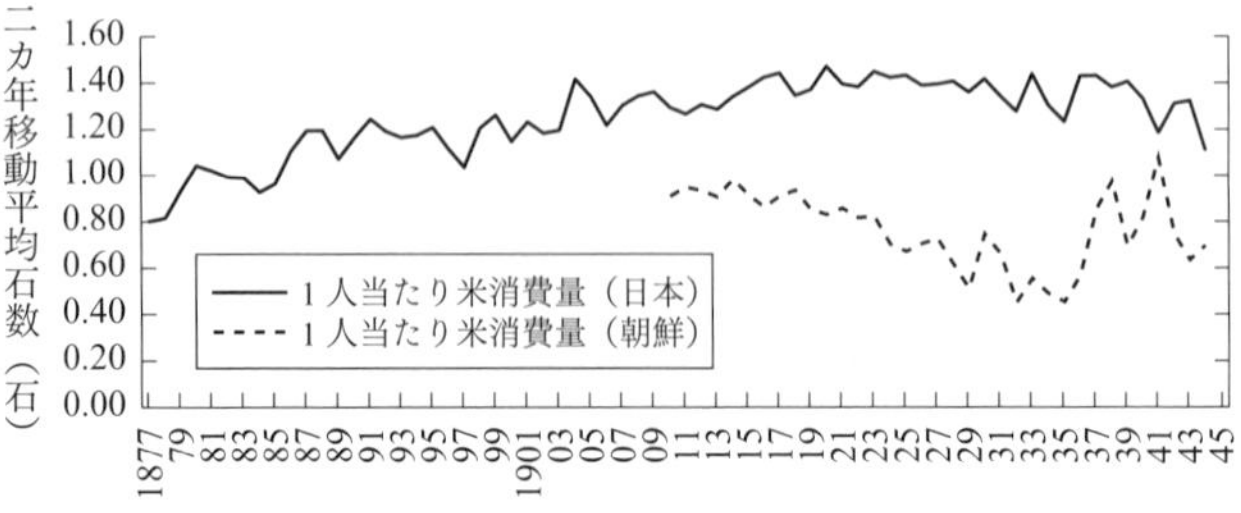

図 1-6　日本と朝鮮の年間 1 人当たり米消費量

出所）朝鮮総督府農林局『朝鮮米穀要覧』各年度版；朝鮮総督府『農業統計表』各年度版；朝鮮総督府『朝鮮総督府統計年報』各年度版；朝鮮銀行調査部『朝鮮経済年報』1948 年；朝鮮総督府『朝鮮国勢調査報告』1925, 30, 35, 40, 44 年度版；日本統計協会『日本長期統計総覧』2006 年；崔羲楹「朝鮮住民의 営養에 関한 考察」『朝鮮医報』1-1, 1946 年。

注 1）米穀年度が前年度 11 月～当年度 10 月であるため，前年度と当年度の 2 カ年移動平均をもって 1 人当たり米消費量を提示する。

2）年齢別食料消費量が異なるため，それにもとづいて推計された人口をもって，1 人当たり米消費量を計算した。その際，飲食物の熱量消費ウェイトは次のようである。男子は 0～1 歳 30，2～4 歳 40，5～7 歳 50，8～10 歳 70，11～14 歳 80，15 歳以上 100，女子は 0～1 歳 30，2～4 歳 40，5～7 歳 50，8～10 歳 70，11～14 歳 80，15 歳以上 90（崔羲楹，上掲論文を参照）である。

3）年齢別人口構成は毎年得られるわけではないため，人口センサスが行われた年をベンチマークとして推計した。朝鮮の場合，『朝鮮国勢調査報告』（1925, 30, 35, 40, 44 年度版）の年齢別人口比率をもって他の年度分を直線補間によって推計した。日本の場合，『日本長期統計総覧』に掲載されている年齢別人口比率をベンチマークとして熱量消費を考慮する人口推計を行った。

当たり米消費量を示した。そのため、当時の資料などで論じられている一人当たり米消費量より正確な推計であると判断できよう。

日本の場合、一八八〇年代から一九一〇年にかけて一人当たり米消費量が増えたものの、その後横ばいとなり、その状態が一九二〇年代まで続き、一九三〇年代に入ると低下することもあったが、長期的にみて三〇年代までは米消費量が一定の水準を維持したことがわかる。それとは対照的に、朝鮮では日本よりはるかに低い〇・九石程度の水準であったにもかかわらず、米消費量が一九三〇年代まで低下している。朝鮮は植民地化されたあと、本国の日本内地に対して食料の供給源となっていた。通常、食料は余剰地域から不足地域へ輸出されるべきであるが、植民地朝鮮は米消費量が少ないにもかかわらず、朝鮮内の消費を抑制し、日本内地における一定水準の米消費を維持させたのである。こうした特異な消費パターンは、小作地主制なくしては、不可能であっただろう。もちろん、米に代わって他の穀物を消費すれば植民地住民の栄養維持は論理的に可能であるし、とくに一九三〇年代後半には朝鮮内の米消費が増え、米不足問題が改善されるようにみえる。

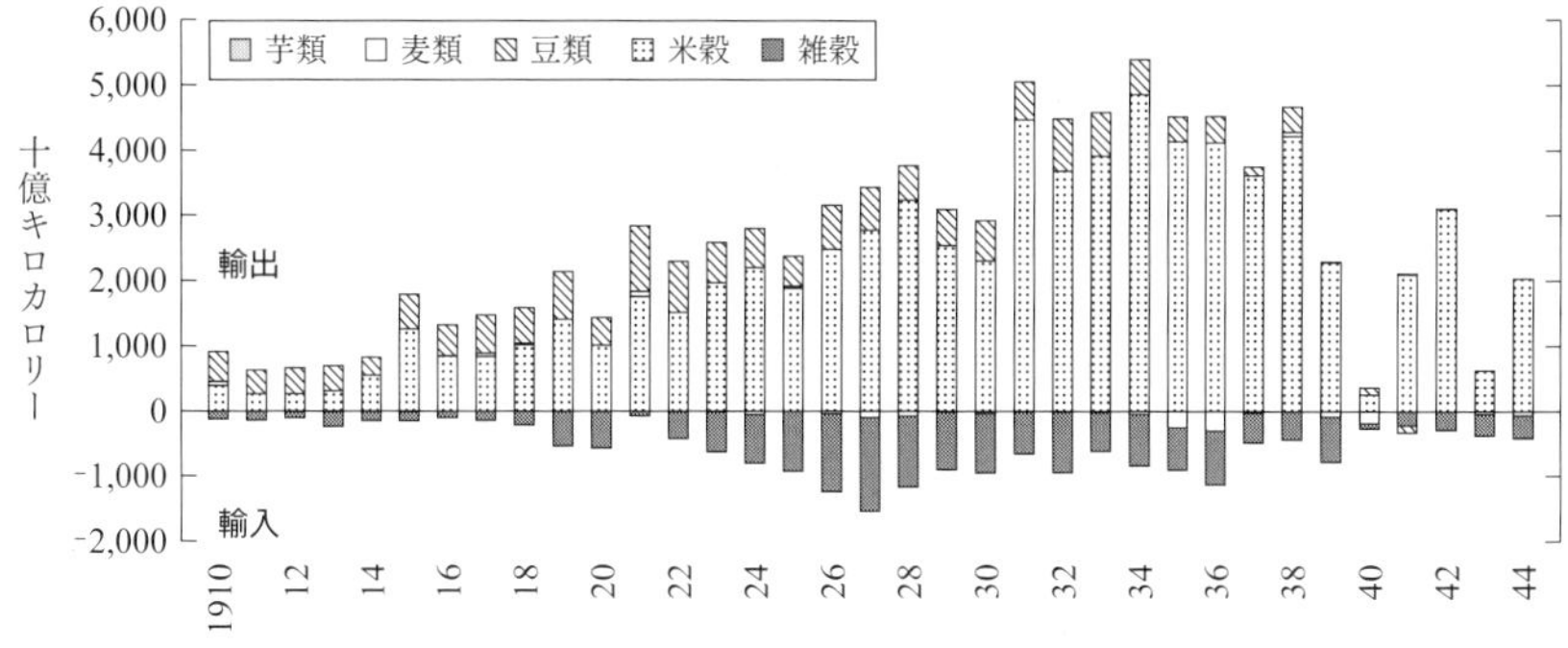

図 1-7　植民地朝鮮における食料の輸移出入

出所）朝鮮総督府農林局『朝鮮米穀要覧』各年度版；朝鮮総督府『農業統計表』各年度版；朝鮮総督府『朝鮮総督府統計年報』各年度版；朝鮮銀行調査部『朝鮮経済年報』1948 年；農村振興庁農業科学院『国家標準食品成分表Ⅰ 第 9 改正版』2017 年。

そこで、米穀、麦類、雑穀、豆類、芋類からなる食料を熱量に換算し、その輸移出入を示したのが図1-7である。既存研究では主に粟のみを強調しているが、実際には大麦や豆類が朝鮮人の熱量確保にとって重要であった。そのため、熱量を基準として米の代替品として麦類、雑穀、豆類をもとに検討する必要がある。全体的にみて、一九一〇年から一九三八年にかけて朝鮮から積極的な食料の輸移出が行われた反面、それを補うほどの雑穀（主に粟）が外部から輸移入されることは決してなかった。世界大恐慌によって日本内地でも農業恐慌が深刻化したため、米穀統制法が一九三三年に制定され、外地米に対する輸移出入制限の実施が可能となり、さらに米穀自治管理法が補完的法律として制定されると、生産者側に米の強制貯蔵を課して過剰米が統制された。それにともなう高米価の維持はかえって米穀流通業者の反発を引き起こし、米穀取引所の取引量が急減したため、米穀配給統制法にもとづいて取引所の代わりに半官半民の日本米穀株式会社が一九三九年に設立された。朝鮮でもこれに呼応して朝鮮米穀市場株式会社が同年設立され、取引所に代わって移出統制を実施した。一九四〇年には前年度の大旱魃のため移出量が減らざるを得なかった。一方、植民地工業化が本格化し、都市化の進展が著しくなったため、朝鮮内の食料需要が増加し、その傾向が戦時下でむしろ強くなった。これらの理由のため、一九三〇年

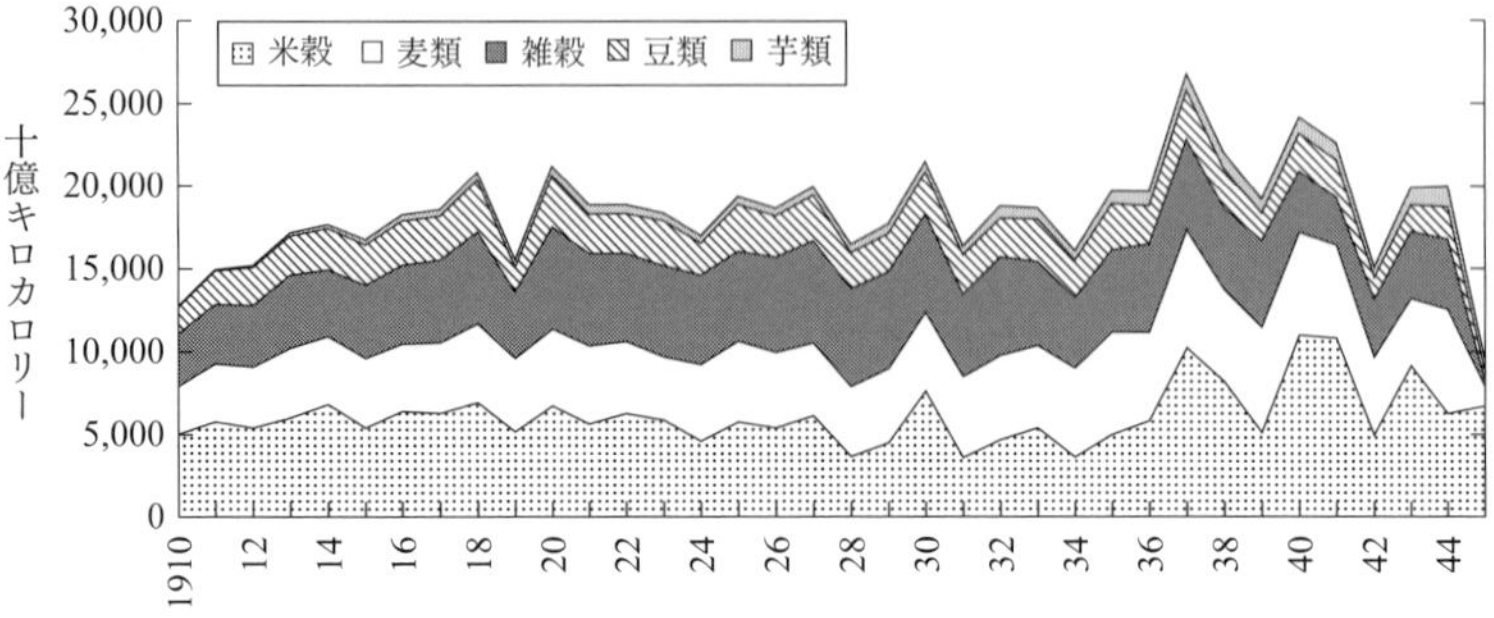

図 1-8　植民地朝鮮における穀物および芋類消費量

出所）朝鮮総督府農林局『朝鮮米穀要覧』各年度版；朝鮮総督府『農業統計表』各年度版；朝鮮総督府『朝鮮総督府統計年報』各年度版；朝鮮銀行調査部『朝鮮経済年報』1948 年；農林部『農林統計年報 糧穀編』1964 年；農村振興庁農業科学院『国家標準食品成分表 I 第 9 改正版』2017 年。

注 1）消費量＝生産量－輸出量＋輸入量。年々の繰越量はやや異なるが，資料上確認できるところより一定の比率を維持すると看做す。

2）容量と重量の変換比率は，農林部『農林統計年報 糧穀編』1964 年の生産実績をもって推計する。

3）麦類は小麦粉の輸移出入，芋類は澱粉の輸移出入をそれぞれ含む。

4）1945 年以降は韓国のみである。

代末から米移出が減った。[36] しかし同時に満洲国などからの粟の輸入も急減したことを見逃してはならない。海外からの熱量の調達が海外への熱量の流失を補えなかったのである。これらの結果として、朝鮮内で確保された食料を、熱量を基準として換算したのが図1-8である。

朝鮮内の食料調達は、一九一八年まで増加、一九一九年に大旱魃によって食料消費が急減し、回復するものの、その後緩やかではあるが、長期的には減少した。一九三七年は「未曾有の豊作」[37]となり、日本への米移出も少なくなったため、食料消費量が急増した。一九三九年には大旱魃の影響を受けながらも、[38]一定の水準を維持することができたが、一九四二年は米以外の穀物でも旱害が深刻であったため、消費量は減らざるを得なかった。もちろん、これらの穀物や芋類以外にも魚介類や肉類などが食品となっていたが、戦時期までの時系列データが確保できる食品が穀物および芋類に限られており、一九三三〜三五年平均でこれらの食材が全体の栄養源の九一・三%を占めていることから、[39]ほぼ植民地住民の食料消費状況を反映していると考えて大きな問題はないだろう。これに対し、朝鮮の人口は一九一〇年から四四年にかけてほぼ二倍に増えたため、一人当たり熱量の確保は深刻な問題にならざるを得なかった。

　そこで、人口をもって図1-8の植民地朝鮮における穀物および芋類消費量を割り、それを日数ベースに置きかえると、一人一日当たり穀物・薯類熱量指数が計算できる。実際の一人一日当たり供給エネルギーを計算するためには穀物・薯類から食料以外の飼料、種子、工業用、繰越などといった用途別比率を考慮すべきであり、野菜、肉類、魚介類の消費も取り入れるべきであるが、資料の制約上、年ごとの変化は確認できず、場合によっては強い仮定の下で推計作業を行わなければならない。ともあれ、韓国政府によって発表された一九六二年からの一人一日当たり供給エネルギーによれば、穀物・薯類が熱量摂取の九〇%以上を占めていることから、その長期的推移を把握するのには差し支えない(40)。図1-9の一人一日当たり熱量供給指数をみれば、一九三五年までは長期的低下を示し、その後一九三七年から一九四一年にかけて若干改善するような動きはあったものの、戦時下の一九四二年以降は一九三四~三五年水準を大きく下回っている。

　その趨勢線をみると、栄養状態の悪化がより明確になる。このような状況が朝鮮人の身体の発育に大きな影響を残したことはいうまでもない。人間にとって摂取栄養分は新陳代謝、労働および余暇、疾病への抵抗、身体の成長といった四つの目的のために使われる。食料消費量の低下は当然身体に否定的影響を及ぼすこととなる。崔ソンジンは身体測定学（anthropometry）の方法論により、医療保険管理公団の被

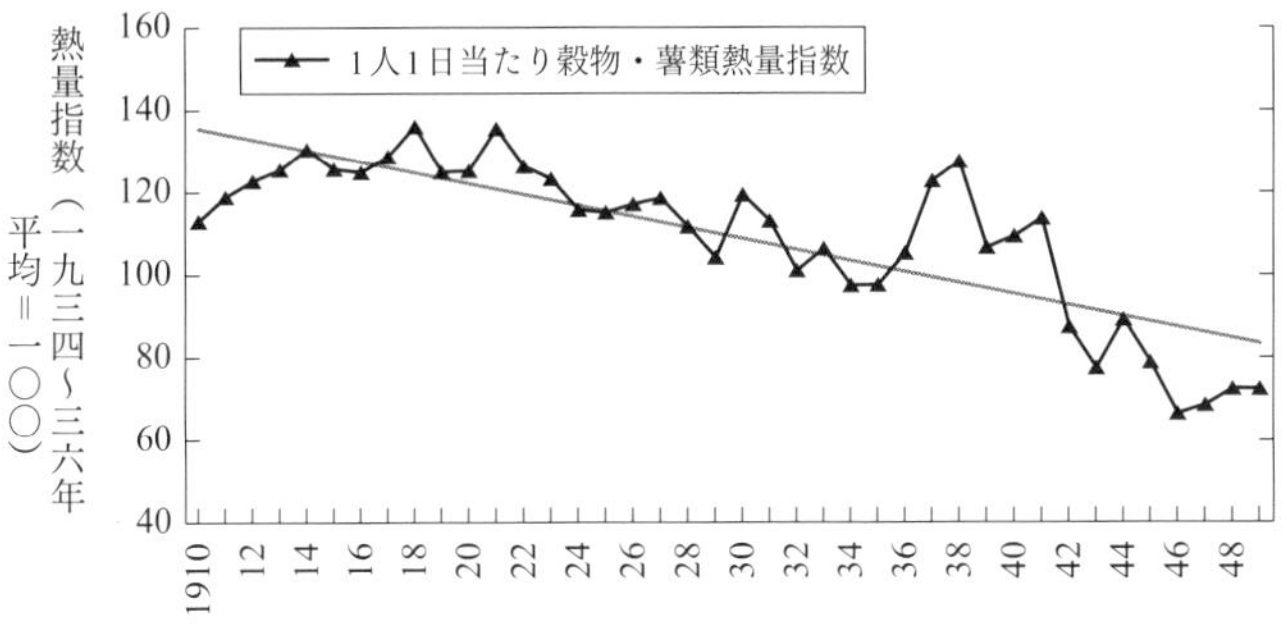

図1-9　植民地朝鮮における1人1日当たり熱量供給指数（穀物および芋類）

出所）図1-6と図1-8。
注）1946〜49年は韓国のみである。

保険者・被扶養者の健康診断記録や韓国産業資源部技術標準院の「国民標準体位調査」データを用いて骨密度に関する調整を行い[41]、植民地期朝鮮人の身長変化を推計している[42]。その結果によれば、成人男子の身長は一九〇〇年代から一九二〇年代半ばにかけて約二センチメートル伸びたが、一九二〇年代半ばから一九四五年まで約一〜一・五センチメートル低下したと推計している[43]。青少年期までの栄養摂取が身体の発達に大きな影響を及ぼし、それが人口全体の平均身長に影響を及ぼすのには一定のタイムラグがあることから、一人一日当たり熱量摂取指数は崔の研究と整合性をもつ。

朝鮮産米増殖計画に象徴される帝国内需給・調達の再編は朝鮮を日本内地にとっての食料基地として再定義し、満洲からの朝鮮への粟供給を促したものの、それは帝国内の栄養摂取の不均衡化をもたらす過程にならざるを得なかった。

おわりに

植民地鉄道網は在来の商品たる米穀の生産と流通に大きな影響を及ぼした。生産面では日本人が沿線地域を中心に進出して、商品流通を掌握し、当時最大産業であった農業に投資することによって、植民地地主として農場経営に従事した。このような日本人農業経営をはじめとして、水稲優良品種の作付面積が鉄道沿線に沿って拡大されるなど新しい農法が伝播していった。稲作の日本化が進んだのである。とはいうものの、朝鮮米の生産性は日本内地のそれに対して大きな格差を残すものであった。流通面において鉄道は、従来の牛馬車などに比して迅速かつ低廉な米穀の大量輸送を可能とし、米穀の商品化範囲を拡大し、各地域の局地的米穀市場を統合していった。その結果、米価の平準化を達成し、全国規模の米穀市場を創出した。これは産米増殖計画以降大幅に拡大され、米穀輸送が、一九三〇年代に入って工業化が本格化する以前は朝鮮国鉄の貨物輸送中もっとも大きな比重を占めていた。

移出米は主として大農場、大地主の小作米であり、自作農、小作農の保有米は重要ではなかった。また、産地仲買人あるいは地方米穀商を通じて収集された米穀は、産地が港から遠い場合、運送費の負担が少ない玄米形態に加工され、港へ鉄道輸送された。それほど港が遠くない場合には主として稲の形態で輸送されて、精米加工された後に輸移出された。移出米が植民地地主制によって供給され、日本人の精米業者と流通業者の加工・流通を経て移出されたのである。

仁川、釜山、群山、鎮南浦、元山などはそれぞれの主要後背地から米穀が輸送され、日本へ移出する港としての役割をはたした。これと相まって産地から都市、精米業地、取引所などへ米穀が移送されたあと、朝鮮内で消費される輸送経路があり、端境期中には市況が逆転して、かえって日本から朝鮮へ返送されることもあった。移出米は日本の阪神、京浜、下関、名古屋地域へ海上輸送されたあと、日本国鉄などを通じて消費地へ輸送された。交通・通信インフラの整備は朝鮮と日本の米穀市場の統合を支えたのである。移出米のなかでその半分以上が大阪を中心とする阪神地域へ移出され、関西地方の低賃金労働力創出の基礎となった。これは米をめぐる「生産者と消費者の分離」が帝国レベルで進んだことを意味し、朝鮮でもこのような分離現象は植民地工業化や都市化にともなって進展した。

また、米穀輸移出がいかなる要因によって決定されたのかを分析した結果、米穀生産がもっとも大きな影響を及ぼしており、朝鮮内の米穀消費を抑制して輸移出を行い、さらにそれを補うための麦類と雑穀の消費が行われたことが統計的に確認できた。そこで注意すべきなのは回帰係数の絶対値や、熱量を基準として換算された食料の輸移出入から判断して、既存研究で強調された満洲粟の輸入分を含めた雑穀の消費が麦類の消費よりも重要であったとはいえないことである。一人当たり米消費量に注目してみても、朝鮮内の一人当たり米消費量が抑制されて一九三〇年代まで低下したが、その反面、日本内地ではそれが一九二〇年代以来の水準を維持した。市場原理にもとづく朝鮮米の移出は朝鮮内の米不足をもたらし、その代替穀物としての麦類や雑穀の消費が行われ、さらに豆類や芋類の消費が行われたとはいえ、一人当たり熱量の低下は避けられなかった。既存研究では、米、麦、粟、大豆を中心にカロリー供給量が計算され、一九三〇年代半ばまでの一人当たり熱量の低下を論じてきたが[44]、本書で試みた穀物、雑穀、豆類、薯類から計算された熱量からみてもこのような傾向が確認できる。

一方で大恐慌以来、朝鮮米の移入によって内地米が圧迫を受け、帝国内での利害が衝突し、日本内地の関係者からの反対によって産米増殖計画は中止となり、朝鮮米の移入に対しても制限が加えられた。米穀統制法・米穀自治管理法によって始まった外地米への移入統制は米穀配給統制法を経て食糧管理法に至り、米の生産、流通、消費にわたる国家統制が実施された。もはや市場メカニズムによる朝鮮米の内地移出はできなくなったのである。すでに朝鮮でも植民地工業化や都市化の進展のため、地域内の米需要は拡大していた。そのため、一九三〇年代後半には一時の米消費の急増もあったが、戦時下において米生産は労働力と肥料などの不足に見舞われ、急減せざるを得なかった。

こうした帝国内の食料調達の分業構造は、日本内地を優先する栄養の再分配でもあったのである。それが植民地住民たる朝鮮人の身体に刻印されることとなる。解放後韓国は帝国のネットワークから切り離され、食料の自給化に加えて、海外輸出も期待されたが、実際には減産と人口増加にともなう食料難を経験し、増産計画を樹立したものの、朝鮮戦争の勃発によってアジア・太平洋戦争期より深刻な食料危機に直面した。そこで救護・援助を受ける一方、植民地期以来の食料に対する国家管理を強化した。しかし、アメリカの余剰農産物が本格的に導入されると、穀物価格の低下が一般化したため、食料管理にとっては農産物価格維持政策が重要となっていった。そこで緑の革命が進み、米作の生産性が急上昇し、一九七〇年代末には日本のそれと等しい水準に達して、米穀の自給化は達成できたものの、麦類、雑穀、豆類の輸入は避けられなかった。この国内増産と輸入増加、そして食生活の西洋化にともなって栄養摂取は大きく改善されることになった。すなわち、農業技術の進歩と食料輸入によってマルサスの罠から抜け出すこととなった。これにより食料をめぐる「生産者と消費者の分離」が著しくなり、人口の大半は食料の生産過程から隔離され、消費者として浮上したのである。

第二章　帝国の中の「健康な」朝鮮牛

——畜産・移出・防疫——

はじめに

本章の課題は、日本帝国の中で朝鮮牛の畜産と移出がいかに展開されたかを検討することによって、それが家畜衛生に及ぼした影響を明らかにすることである。

近代朝鮮を代表する画家の一人である李仲燮（一九一六〜一九五六）は、学生時代から解放と朝鮮戦争を経て死に至るまで朝鮮牛を描き続け、「立っている牛」「望月」「半牛半魚」「戦う牛」「動く牛」「牛と子供」「白い牛」など数多くの牛を画幅に残した。彼にとって牛は自分の分身であり、同時に民族でもあったので、それを通して懐かしさと憤怒、そして絶望を表現しており、ときには希望、愛、意志、力を象徴した。(1) 画家は自分の人生と民族の行方を重ねて物語っていたのかもしれない。それほど、牛は朝鮮民族の生活に深くかかわっており、これが画家の意識世界にも投影されたのだろう。

実際に朝鮮を植民地化した日本側は「従来朝鮮の如く諸種の生産事業萎靡して振興せざる地に於て独り産牛事業のみ超然として進捗せるは大に奇異とする所なり」と評価した。(2) このように賞賛された畜牛が日本帝国の支配によってはたしてどのように変容したのだろうか。毎年五～六万頭の牛が日本へ移出され、農村で鋤を引く耕起作業をはじめ、中耕、除草、籾摺、運搬などに使役され、採肥にも用いられて、肥育したあとは屠殺処分されていた。最終的には日本人の口に入り蛋白質の補給源ともなったのである。こうした大量の移出牛はどのように調達され、さらにそれを必要とした日本側の要因とはいかなるものであっただろうか。また、その結果としてどのような変容が朝鮮側にもたらされたのか。これらの疑問に答えるため、朝鮮内に限らない、朝鮮と日本の経済関係の視点から朝鮮牛の畜産および移出全般を検討する必要がある。

しかし、それに関する実証分析は既存研究には見当たらない。松丸志摩三は侵略主義への反省として朝鮮牛をとりあげ、朝鮮の実情を把握し、朝鮮人の心持ちを理解するため、古代からの朝鮮牛の歴史や特性、畜牛方法などを紹介した。とはいえ、植民地期の政策とその実態についての記述はほとんど見当たらない(3)。また、滝尾英二は「日本帝国主義・天皇制下での植民地において『朝鮮牛』がどのように管理・統制されたか」という課題を設定し、生牛、屠殺、牛皮、朝鮮皮革株式会社、畜牛改良増殖政策について分析を加える予定とした(4)。しかし、滝尾の課題設定は市場という視角を欠いており、また管見の限り、その成果はいまだ出されていない。

一方、芳賀登が若干の統計を使って明治期朝鮮牛の輸入状況を概略的に紹介しているが、本格的な分析とはいえない(5)。真嶋亜有は一八九〇年代から一九一〇年代にかけて朝鮮牛の輸入が増加する歴史的背景や朝鮮半島への移住者・来訪者の肉食経験を考察する。そのなかで日清・日露戦争期の食肉軍事需要が朝鮮牛輸入の契機となり、植民地化にともなって朝鮮牛は多くの日本人に食肉経験をもたらしたことを明らかにした(6)。そのため、分析の焦点が日本人の食肉文化に置かれ、朝鮮と日本を含む帝国レベルにおける朝鮮牛の生産・消費構造を明らかにしているわけではない。さらに野間万里子によっても朝鮮牛の研究がなされたが、その分析のポイントは日本内地、とりわけ滋賀県における食肉資源としての意義であった(7)。

むしろ、朝鮮牛の畜産と移出を直接の対象とする分析ではないが、獣医学史の李始永の研究は注目に値する。李は古代から解放後にかけての韓国の獣医学の発展過程を分析し、その通史のなかで植民地期における獣医学および獣医教育制度、家畜伝染病への防疫事業、検疫制度などを検討した。その結果、家畜伝染病の朝鮮半島への移入を遮断してその防疫に大きな成果を上げたものの、日中全面戦争以降、朝鮮の「畜産物は戦争用武器にばけて世界平和を煩わすのに使われた」と指摘した[8]。さらに、近代的獣医専門機関の設立と発展過程を分析したのが沈ユジョンと崔ジョンヨプである[9]。もちろん、輸出牛検疫所、牛疫血清製造所の設置など、制度的成果に対して評価を下すことは獣医学として必要な研究であるが、それがどのような歴史的文脈で成立したかについては、本格的に分析されてはいない。やはり市場と政策の両面から朝鮮内で畜牛がどのように行われ、それがいかに処理されたかを検討しなければならない。

1　畜産と取引——「粗笨」農業の必須条件

朝鮮牛はその起源が明確ではないものの、中国黄牛と同一系統に属すると考えられている。その体格と特性は総じて大同小異ではあったが、朝鮮内でも山地・平地ごとの環境による影響があり、「体格は概して京城以北のものは大で以南のものは小さき傾きはあるが、西鮮〔平安南北道：引用者注、以下同〕牛は体格大なるも緊縮に欠ぎ《ママ》、北鮮〔咸鏡南北道〕牛は大にして前躯の発育良好なるも後躯は貧弱である。又江原道牛は体緊りて堅実、慶北牛は稍少なるも敏捷」であった[10]。また、同一地方でも「山地のものは概して足長く平地のものは短き傾きであ」った。こうした体格の差はあるが、その大きさは牡成牛一・四〇メートル、牝一・一五〜一・三三メートル前後であり、また体重は牡三〇〇〜四〇〇キログラム、牝一八八〜三〇〇キログラムのものがもっとも多かった。朝鮮牛の性格はきわめて「静温順良にして制御し易」く、「性能怜悧にして能く命令を守り仕事に堪能」であり、さらに「負担及輓曳力強く歩行も比較的速か」であった[11]。また「体格偉大、体質強健にして罹病少な」く、「厳寒酷暑風雨」や「粗食」にも堪えられて「飼養管理の手数を省く」ことができた。さまざまな農作業や運搬作業に適しており、「生産費少なく牛価の〔が〕極めて低廉」であった。ほかにも、肥育や受胎が良好であったと指摘されている。

朝鮮牛の優秀性は日本側によっていち早く認められ、「朝鮮に於ける家畜中馬、豚、鶏等は其体質矮小劣等なるに拘はらず独り畜牛のみ其性能及体格の優秀なるは其間天然能力の大に存在するを知るべく又住民も古来の慣習より自然に発達したる造畜上巧妙なる技能を有することを認め得べし」と評価された[12]。それが可能となった要因としては、土地面積に対して朝鮮の人口が希薄であり、そのため「粗笨」な農業を行わざるを得ず、畜牛の利用が必要とされ、朝鮮の自然環境や牛の体質によって低廉な役牛の供給が可能であったことが指摘された[13]。ここで、朝鮮の農業が粗放なものとして認識されていたことは重要である。すなわち、「日本の農業は壱戸の労働者平均三人にして耕作面積約壱町歩なるに朝鮮は南朝鮮地方の如く集約農業法（朝鮮に於ける）なるも労働者平均二人耕作地面積壱町三反弐畝歩となり北朝鮮の如きは最も粗放にして労働者平均三人耕作地六町歩なりとす故に家畜の力を籍るにあらざれば到底農事を経営」できなかったのである。たとえば、田畑の耕耘は人力あるいは機械によることは朝鮮では稀であった。また、馬の頭数も少なかったので、ほとんど牛耕が行われた。

朝鮮ではいたるところで飼育が行われたが、そのなかでも西鮮（平安北道の義州、平安南道の平壌付近）、北鮮（咸鏡北道の吉州、明

資料図版 2-1　大同郡原種牡牛

出所）畑本實平編『平安南道大観』1928 年。

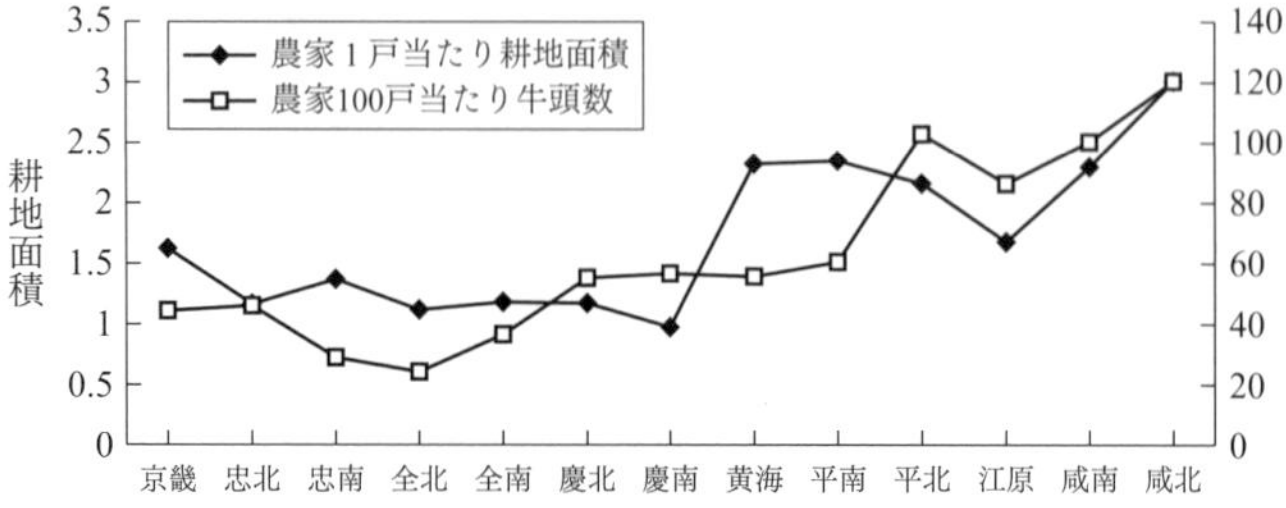

図 2-1　道別農家1戸当たり耕地面積と農家100戸当たり牛頭数（1926年）

出所）朝鮮総督府『朝鮮総督府統計年報』1926年度版。

川、咸鏡南道の咸興、永興）、江原（平康を中心として鉄原、伊川、淮陽）、慶北（慶尚北道の尚州、慶州）が有名であった(14)。そのほか、慶尚南道の晋州、全羅北道の錦山、京畿道の楊州なども牛の飼育地として代表的であった。牛の頭数別では一九二六年に平安北道が一九万三五九八頭でもっとも多く、続いて慶尚北道、江原道、咸鏡南道、慶尚南道の順であった。この五つの道は、年によって順序が変わることはあったが、いずれも牛の飼育が多い地域であった。一方、飼育頭数がもっとも少ない地域は全羅北道、忠清南道、忠清北道の三道であった。ところで、牛の頭数が多いからといって、粗放的農業が行われたとはいえない。なぜならば、農家一戸当たり耕地面積をみなければならないからである。図2-1は農家一戸当たり耕地面積と農家一〇〇戸当たり牛頭数を表したものである。これによれば、京畿道、忠清北道（以下、忠北）、忠清南道（忠南）、慶尚北道（慶北）、慶尚南道（慶南）、全羅北道（全北）、全羅南道（全南）の朝鮮南部と黄海道、平安南道（平南）、平安北道（平北）、江原道、咸鏡南道（咸南）、咸鏡北道（咸北）の朝鮮北部で労働集約型農業地帯と非労働集約型農業地帯に分かれており、ほぼそれに即して北部で牛が飼育されている。もちろん、農家一〇〇戸当たり牛頭数において黄海、平南は慶北、慶南とあまり変わらないが、これは慶尚南北道で牛の飼育が比較的盛んに行われていたことを意味するだろう。

朝鮮人の畜牛飼養の最大の目的は役用にあり、農家は農耕、駄用、輓用に用いると同時に、堆肥を得て、最後に屠牛として売却し、その代わりに犢牛を購入し、飼育した。そのため、朝鮮内では牛の取引が盛んに行われた。売

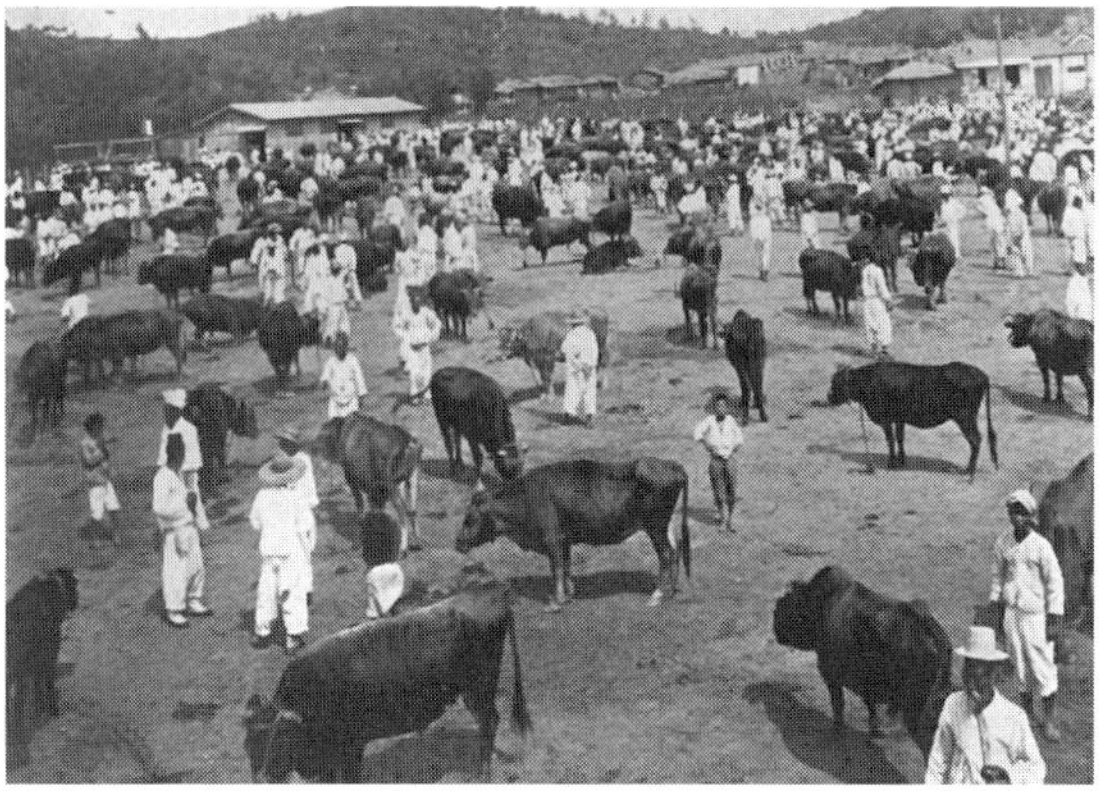

資料図版 2-2　平壌の牛市場

出所）朝鮮興業株式会社編『朝鮮興業株式会社三十周年記念誌』1936 年。

手と買手間の直接取引や、牛舎と飼料を有して牛の宿場を提供している牛宿が同時に牛売買をも斡旋する牛宿取引もあったものの、その比率はきわめて少なく、ほとんどの牛売買は市場取引によって行われた。農牛に関して朝鮮農民は生産者でありながら、消費者としても行動し、非常設市場を通じて頻繁に取引を行っていた。牛市場を媒介に「生産者と消費者の分離」が進んだものの、それはなお牛のライフサイクルと家計動向に応じた周期性を有し、農民は生産者と消費者の立場を行き来したのである。

表2-1のように、全国各地には従来より牛市場が成立していた。家畜市場は一九〇九年に八七二カ所あり、その後縮小することもあったが、一九二〇～三〇年代にかけて増加し、日中全面戦争が勃発する一九三七年には、一〇八四カ所に達した。「市日は京城及釜山は常日市場にして例外に属し、僅少の市場は月三回（一〇日目毎）開始するものあれども、殆ど全部は旧暦による月六回」であった[15]。「市場に於て売買せんとするものは、開市当日其の売却せんとする牛を市場に牽き、（市場入場料は一頭三銭乃至五銭）仲介人に売価を明示し又は仲介人の評価に従ひ、買手を待ち、又買手は自己の望む牛を選び売手の仲介者と商談するを普通とし、又時としては買手は自己の信ずる仲介者をして売手の仲介者と交渉せしむることもある。牛の仲介は殆んど畜産組合が之に当り其の手数料は大低売買価格の百分の三内外であ」った。取引の頭数は長期的に増加傾向を示し、入場対売買頭数比率は一九一〇年前後の三〇%台から第一次大戦後恐慌が発生する一九二〇年に二四・六%まで落ちたものの、再び上昇し、その後昭和恐慌の影響をうけた

表 2-1　家畜市場における牛取引の推移

（単位：頭，%，円）

	市場数	入場頭数	売買頭数				入場対売買頭数比率	売買総価額	1頭平均価格
			牝牛	牡牛	犢	計			
1909	872	710,088				248,452	35.0	5,422,466	21.8
1910	825	818,038				261,114	31.9	5,878,275	22.5
1920	764	2,342,450				575,456	24.6		
1933	963	2,382,794	405,553	360,586	362,069	1,128,208	47.3	57,950,695	51.4
1934	983	2,516,908	407,153	371,066	377,962	1,156,181	45.9	68,541,772	59.3
1935	1,010	2,321,085	374,356	370,978	379,166	1,124,500	48.4	71,829,952	63.9
1936	1,022	2,426,037	377,917	393,151	378,731	1,149,799	47.4	79,684,570	69.3
1937	1,084	2,778,256	386,917	394,957	378,509	1,160,383	41.8	99,697,774	85.9
1938	1,056	2,652,172	386,099	395,345	399,001	1,180,445	44.5	132,847,433	112.5
1939	1,071	2,842,158	411,273	442,852	463,625	1,317,750	46.4	158,059,791	119.9

出所）朝鮮総督府農商工部『朝鮮農務彙報』2，1910 年；朝鮮総督府農商工部『朝鮮農務彙報』3，1912 年；農商務省農務局『畜産統計 第 3 次』1912 年；防長海外協会（山口県山口町）編『朝鮮事情 其一』（『防長海外協会会報』第 9 号附録）1924 年；朝鮮総督府農林局『朝鮮畜産統計』各年度版。

が、景気回復にともなって四〇%台まで上昇した。

朝鮮牛はどのくらい飼育が行われ、そのうちどの程度が屠殺あるいは輸移出されただろうか。当時の総督府統計を集計して表示したのが図2-2である。ただし、一九〇八年の牛頭数は韓国側の農商工部調査であり、それ以降の頭数は『朝鮮総督府統計年報』などに掲載されている。それによれば、一九〇八年の四五万九四六二頭から一九一四年の一三三万八四〇一頭までのわずか六年の間に朝鮮牛が約三倍へと急増した(16)。その後は急に増加傾向が緩慢となり、年によって停滞することもあった。総督府の施政が本格的に行われる以前に畜牛産業が三倍も成長する一方、総督府の施策が本格的に展開されると、畜牛産業が停滞したのはなぜだろうか。「輸移出、屠殺、斃死及撲殺数は関税、衛生取締等の関係上正確なるものと見らるるも、各年末現在及出生数は従来朝鮮人の慣習上財産を隠匿するの風ありて畜牛数の報告を為さず又小数を報告せるに基因するものと見らる」との指摘がある(17)。すなわち、これは朝鮮王朝末期および総督府初期の集計体制が整備されなかったことから生じる現象であり、それだけに朝鮮末期の牛頭数を過小評価したものであると判断せざるを得ない(18)。

そのため、一九一三年以前の牛頭数は一九一四年から、総牛頭数が停滞する前の二二年までの牛頭数の年増加率（二・三五%）を

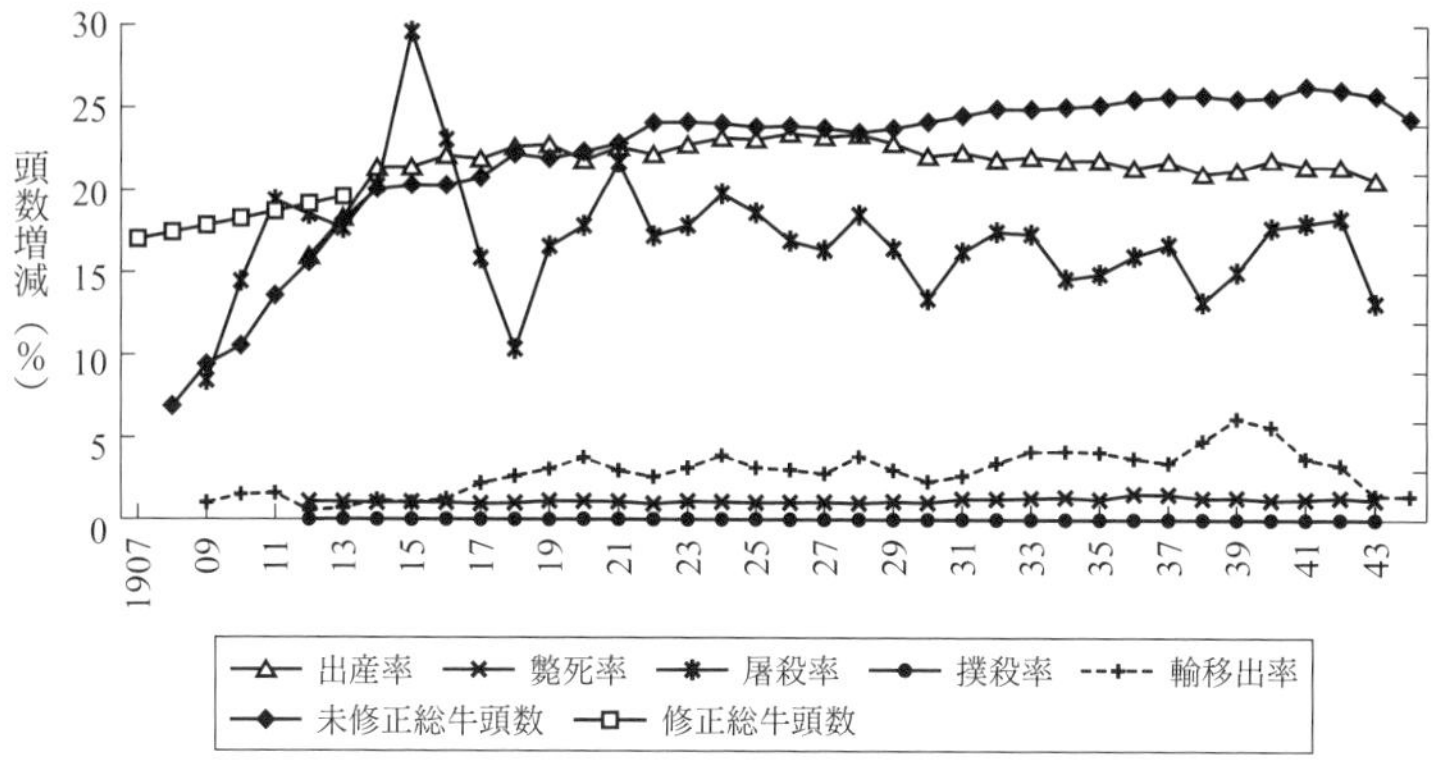

図 2-2　朝鮮牛の動態

出所）朝鮮総督府『朝鮮総督府統計年報』各年度版；南朝鮮過渡政府『朝鮮統計年鑑』1943 年度版；朝鮮総督府農林局『朝鮮畜産統計』各年度版；朝鮮総督府農林局（→農商局）『朝鮮家畜衛生統計』各年度版；朝鮮銀行調査部『朝鮮経済年報』1948 年度版；肥塚正太『朝鮮之産牛』有隣堂書店，1911 年；農林省畜産局『畜産提要』1948・1949 年度版。

注）1943〜44 年の輸移出比率は日本への移出のみの比率である。

もって修正することにした。一九一〇年に植民地化される以前、朝鮮の牛飼育は一九〇八年に一一六万五一四頭であって、すでに一〇〇万頭を越えたと推定できる。日本牛は一九一四年に一三八万七二三三頭であったが、一九〇八年に一二九万七九七四頭を記録したことからみれば、推計作業を終えても、朝鮮牛の頭数は依然として過小評価された可能性がある。ともあれ、朝鮮牛の頭数は一九二三年より停滞し、昭和恐慌期より再び増加して、一九四一年に一七五万三五五六頭の最多頭数に達した。性別構成では牝牛が牡牛の二倍に達した。飼育農家一戸当たり牛頭数には多少変動があったものの、たいてい一、二頭であった。

朝鮮牛の増減要因についてみよう。まず、出産率は全牛頭数の二〇%を超えており、輸移入があったとしても、ほとんど微々たる水準であったので、朝鮮牛の増加は基本的に出産によるものであった。これに対し、減少要因をみれば、毎年相当の相違があるが、屠殺が全体の一五〜二〇%を推移し、もっとも大きな減少要因であった。これは「移出精肉の消長に相当関係を有する」が、「其の最大原因は飼養農民の懐具合の如何に依る。即ち大正四〔一九一五〕年に四十万余頭の多きを見たるは、同年の米価安が主因となり、加ふるに牛皮は時局の為め騰貴し」その「結果肉価割安を告げ其の需要を喚起したるに基因し、翌五〔一九一六〕年も引続き相当多かりしは全く前年の惰性に依り、又大正十〔一九二一〕年の多かりしも米価安の為め農家の放賣を主因とす。尚大正十三〔一九二四〕年も相当多かりしは引続ける一般状況に伴ふ農民の放賣多かりしに依るものと見られて居る。大正六七〔一九一七～一八〕年の特に僅少なりしは米価高労銀の昇騰の為め農民の有福なりしと牛価漸騰に依る農民の売惜みに基因するもので」あった。その後、昭和恐慌や日中全面戦争直後の影響があり、一時的に屠殺の比率が減退した。屠殺頭数を道別にみれば、京畿がもっとも多く、次が慶北、慶南、平南、平北などの順であった。飼育数ではそれほど多くなかったが、京畿は朝鮮の首都たる京城府が位置したため、他の道に比べて二～五倍の牛を消費したのである。(19) また、注意すべきなのは毎年屠殺される牛の性別構成をみると、牡牛が半分以上を占め、全体の飼育牛の性別構成とはずいぶん異なっている点である。これは飼育や移出用として好まれなかった牡牛を多く屠殺処分したことを意味する。

出産と屠殺の差を斃死（普通の病死・老死）、撲殺（伝染病予防）、輸移出が埋めていた。そのうち、斃死が一％台であり、また撲殺は比較的微々たる水準であったため、輸移出が一％未満から年々増加し一九三九年には六・二％を記録するに至った。朝鮮牛の輸移出は、日本とロシアのウラジオストックに対して主に行われ、中国向の輸出は僅少であった。ウラジオストックへの輸出は、地理的関係上北鮮地方より船積で運送された。一九〇八年から一一年まで盛んに行われたが、その後輸出商人の破産とロシア政局の急変によって途絶し、その代わりに日本への移出が第一次世界大戦期を経て急増したのである。

次節では、朝鮮牛の大量輸移出がどのようにして行われたのかを検証する。

2　輸移出とその使途――半島の牛から帝国の牛へ

一八八四年に朝鮮牛二〇～三〇頭を釜山より大分県に輸入したことから、日本への移出が始まったが、それは当時としては低廉な朝鮮牛を試験的に飼育するものに過ぎなかった。その後、朝鮮牛の役牛としての優秀性が知られると、その需要が徐々に増加したが、輸送機関の不備と獣疫の発生のため、朝鮮牛の移出が阻害されたことがあった[20]。しかし、日露戦争の勃発によって軍需用牛肉の供給が増え、日本牛の不足を補う朝鮮牛への需要が急増し、さらに一九〇四年に福岡県輸入獣類検疫所が設けられたことで、以降年々、多数の移出をみた。一九〇八年には一万五八〇〇頭以上が移出されている。その後釜山にも検疫所が設けられ、検疫を受けてから朝鮮牛は移出されたものの、日本で牛疫が流行したため、移出は著しく減退せざるを得なかった。

この際、急速に伸びたのが、ウラジオストックへの輸出であった。ウラジオストックは毎年一〇万頭の牛を牛肉として消費していたが、現地の牛はわずかに一万頭余りに過ぎなかったので、北鮮、満洲および中国山東省から約九万頭を輸入しなければならなかった。北鮮からは元山と城津を経由して送られたが、一九〇八年から一九一一年九月にかけて六万一八〇〇余頭の輸出をみた。しかし、一九一一年に牛輸出を担当した商人崔鳳煥が事業の蹉跌のため廃業した結果、海路輸出は途絶し、一九一四年にはロシア官憲の要請による輸出もあったが、ロシア革命の発生などによってほとんど取引が中止された[21]。また、頭数ではきわめて微々たる規模ではあるものの、朝鮮との国境地帯と安奉線沿線を中心として中国への輸出も行われていた。これらの地域に対する輸出価格をみると、日本への移出牛の価格より高いことが注目される（図2-3、図2-4）。

その後、日本の牛疫が次第に終息すると朝鮮牛の移出は再び増加した。とくに第一次世界大戦期には「一般労銀昇騰の結果労力不足し役用として又内地肉牛の需要著しく増加せしに依り、勢ひ朝鮮牛の需要旺盛となり大正九

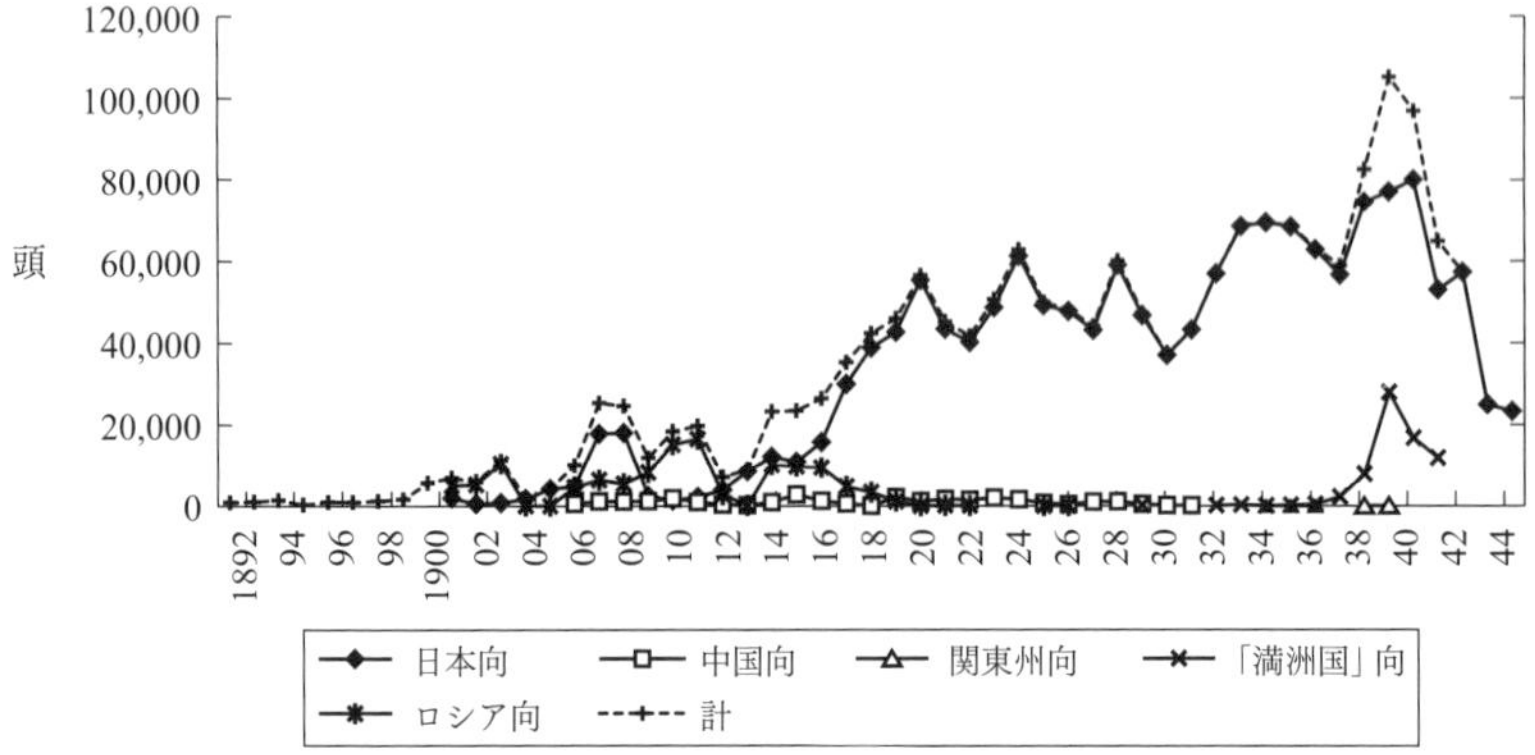

図 2-3　朝鮮牛の輸移出頭数

出所）朝鮮総督府『朝鮮総督府統計年報』各年度版；朝鮮総督府農林局『朝鮮畜産統計』各年度版；朝鮮総督府警務局『朝鮮家畜衛生統計』各年度版；朝鮮銀行調査部『朝鮮経済年報』1948 年度版；農商務省農務局『畜産統計 第 1-3 次』1909-12 年度版；農林省畜産局『畜産提要』1948・1949 年度版。

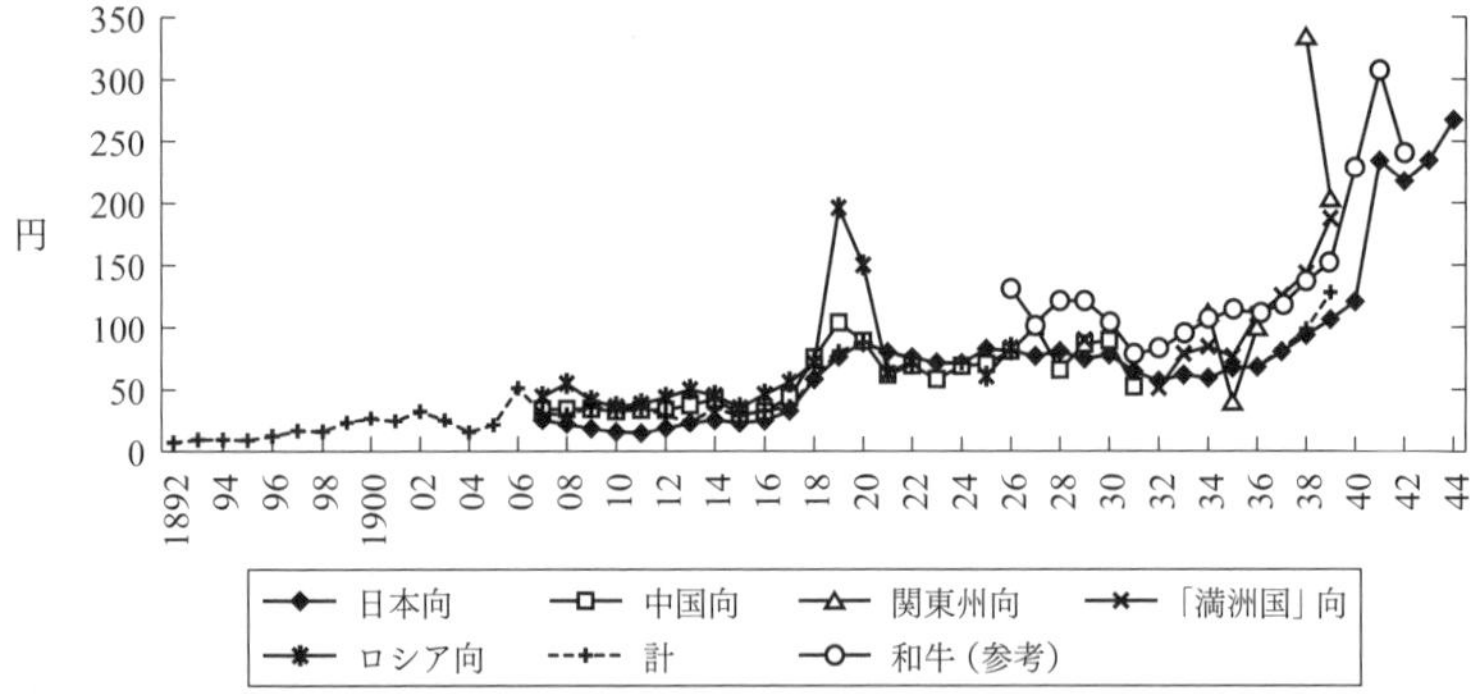

図 2-4　朝鮮牛の輸移出 1 頭当たり価格

出所）図 2-3 と同じ。

〔一九二〇〕年遂に六万頭を突破するの盛況を示した」。それにともなって、牛の価格も高騰し、第一次世界大戦を挟んで、輸移出の牛の一頭当たり価格は一九一四年一九・〇円から一九年七七・六円へと四倍以上急騰した。それ以来、朝鮮牛の移出は大震災、恐慌などの影響を被って減少することはあったが、おおむね五万頭前後を推移しており、日本国内で朝鮮牛に対する市場および消費構造が形成されていることを示す[22]。とくに、一九三〇年代後半に日中全面戦争が勃発し中国山東牛の輸入が途絶すると、朝鮮牛への日本の需要が拡大した[23]。さらに満洲国でも畜産拡充政策によって朝鮮牛への需要が急増して、一九三九年にはその数が二万七九三三頭に達し、その後も毎年一万頭以上の牛が満洲国に輸出された[24]。その一頭当たり輸出価格は、日本への移出価格が急騰するなか、それ以上に高くなっていった。帝国の拡大とともに、朝鮮牛の市場も拡大し、一九三九年には輸移出が一〇万五一二八頭にも達した[25]。すなわち、朝鮮牛はもはや「半島の牛」ではなく「帝国の牛」になったのである。

資料図版 2-3　移出牛の搭載

出所）朝鮮興業株式会社編『朝鮮興業株式会社三十周年記念誌』1936 年。

朝鮮牛は、一九〇九年に釜山牛検疫所が設置される以前は福岡県輸入獣類検疫所に送られたので、釜山以外でも仁川、鎮南浦などから自由に移出された。しかし、釜山牛検疫所が設置されると朝鮮牛はいったん釜山に送られることとなる。そのため直後は仕入先が京城以南に限定されたものの、朝鮮内の需給関係が逼迫するにつれ、次第に拡大して平南、平北の鉄道沿線からも移出牛が送り出されるようになる。ウラジオストックへの輸出が頓挫した北鮮牛の側でも、新しい販売先が模索されていた。そのような折、一九一五年に獣疫予防令が施行されると、再び釜山以外の港湾からも移出可能になり、日本で検疫を受けるようになった。とはいえ、釜山からの移出が圧倒的であったことは変わらない[26]。

そのため、仕入先としては釜山のある慶南が一万頭以上の牛を移出してもっとも規模が大きく、続いて慶北、黄海、江原、京畿、咸南などであった。逆に全北、平北、忠北などからの仕入れは月千頭にも達しなかった[27]。しかし、三〇年代後半より移出が拡大し、朝鮮牛の枯渇が懸念されると、たとえば、一九四二年には慶南の移出頭数が減少し、その代わりに黄海が最大の供給源として浮上して、一方で平北や咸北からの移出もほとんどなくなった。季節的には農耕、運搬などの農作業が少なくなる農閑期の七月中旬から九月末までと一二月から四月初めまでの二つの時期に、取引が盛んに行われた[28]。このような移出牛は朝鮮内の取引や屠殺とは違って、資料上確認できる一九二九〜三九年の一一年間、九八％以上が牝牛であった。日本では「牝は牡より使役し易く蕃殖を計る目的もあり価格が牡より高価であるのに朝鮮では之と反対に牝は牡より安価である為め、移出業者は安く買へて高く売れる牝牛の方を扱ひたがる」からであった[29]。朝鮮牛は普通二〜三歳で移出され、四〜五年間役牛として使われ、六〜七歳になると、仲買人の手を経て肉用として販売されていた[30]。

では、日本側による朝鮮牛の移入にはいかなる背景があっただろうか。図2-5に注目すれば、日本牛の出産率は一九三〇年代でも二〇％に達していなかった。これは朝鮮牛の出産率が二〇％を越えていたこととは対照的であった。一方で、日本牛の屠殺率は時期によって変動はあるものの、一九一〇年以降は平均的に二〇％を推移し、出産率を大きく上回ったのである。すなわち、牛の市場構造は慢性的供給不足であって、海外からの補給源が必要とされ、まさに朝鮮牛がその役割をはたしたのである。肥塚正太による日本の畜牛業に対する批判によれば、「畜牛頭数の寡少」「牛種の不良」「畜牛及生産物の価格不廉」「利用程度の低」さが取り上げられた[31]。たとえば、一九二三年に農家一〇〇戸当たり畜牛頭数は朝鮮五六頭、日本二四頭、耕地面積一〇〇町歩当たり畜牛頭数は朝鮮三五頭、日本二一頭であって、畜牛総数は朝鮮一六一万頭、日本一四三万頭であった[32]。

そのため、日本側は牛の品種改良と繁殖を図る一方、不足分を補う供給源を確保しなければならなかった。しか

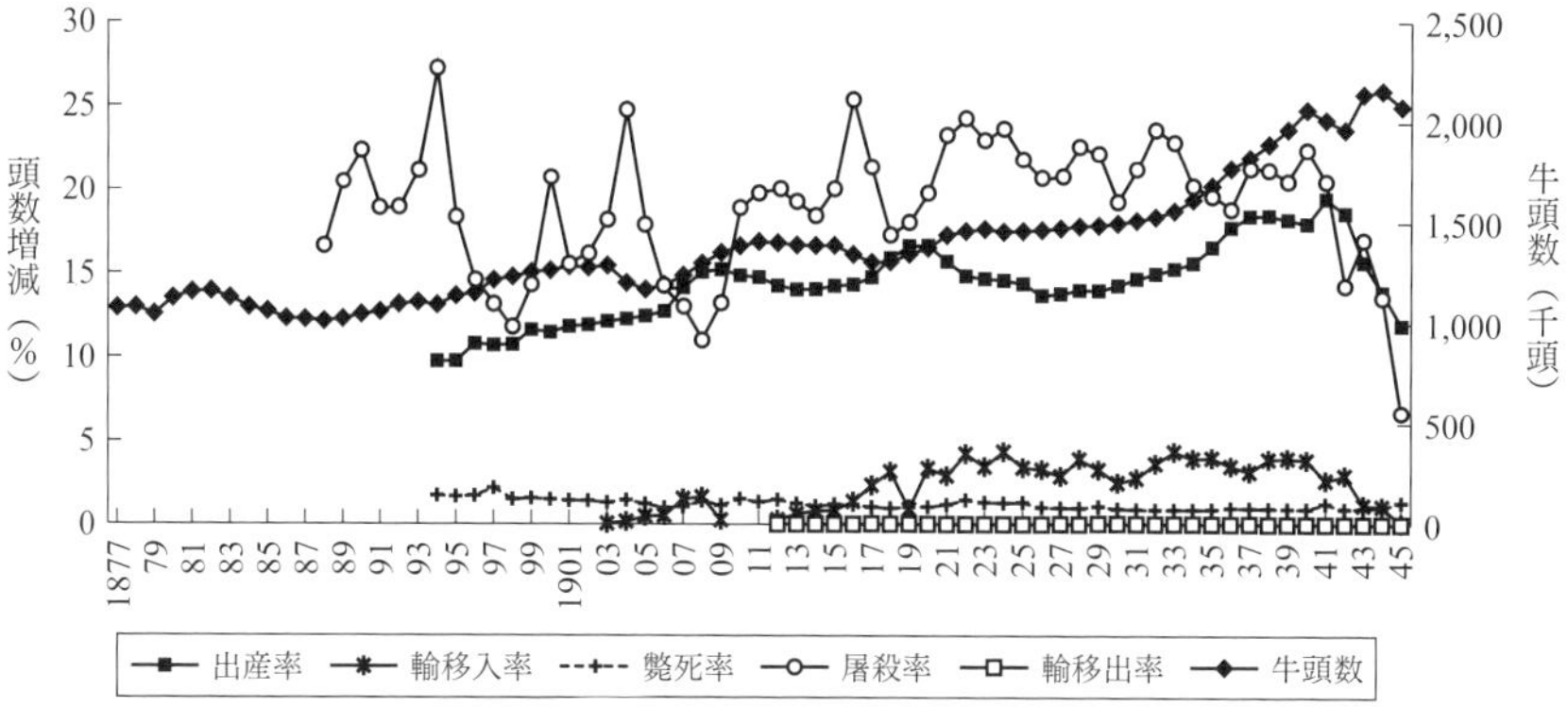

図 2-5　日本牛の頭数とその増減

出所）農林省畜産局『畜産摘要』各年度版；農林省農政局『畜産統計』各年度版；農林省農政局『家畜衛生統計』各年度版；農林大臣官房統計課『農林省累計統計表 明治6年-昭和4年』東京統計協会，1932年；農林省畜産局『本邦畜産要覧』各年度版；帝国農会『農業年鑑』各年度版；農林省畜産局『畜産提要』1948・1949年度版。

し、中国からの牛輸入は山東省などが牛疫の本場にもかかわらず、検疫施設が設けられず、輸送運賃が高かったので、大量輸入は望めなかった。そうしたなかでの、日本帝国圏への朝鮮の編入は、「天は祖国に一大好牧場を恵与せり」と唱えられるものであった。したがって、不足分を補う供給源という性格上、日本への牛移入は前掲図2-3のように景気動向によって影響されやすく、景気拡大とともに増加し、第一次大戦後恐慌や昭和恐慌によって急減する傾向を表した。

　朝鮮牛は一八七〇年代から一八八〇年代まで高知、佐賀、香川、山口、大分、愛媛、岡山および大阪といった大阪以西に移入され、その後東進して一八九〇年代までに兵庫、神奈川、静岡などへ、一九〇〇年代には広島、鳥取、滋賀、茨城、埼玉、群馬などのような近畿以西と関東の一部にも達し、さらに全国に普及して、宮崎、鹿児島、沖縄、および北海道を除いてほとんどの地域に分布した[33]。このように朝鮮牛が普及したのは価格面で低廉であり、その体格と性質が優れ、なおかつ疾病に対する抵抗力も強かったので、農作業に適していたからである。一九二五年末現在の農林省畜産局の調査によれば、朝鮮牛の飼育頭数は二一万四千頭にのぼり、全畜牛数の一四・七%に相当した[34]。一九三三年にも朝鮮牛二四万四三五二頭が飼育され、全体

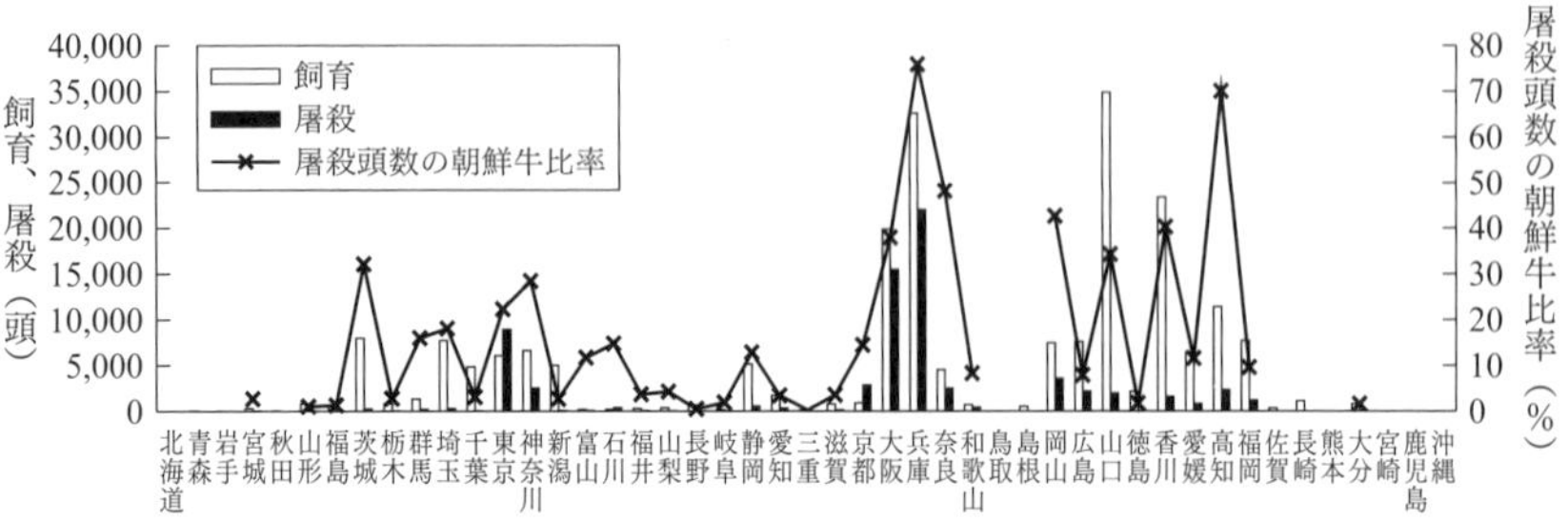

図 2-6　日本における朝鮮牛の分布（1925 年）

出所）吉田雄次郎編『朝鮮の移出牛』朝鮮畜産協会，1927 年。

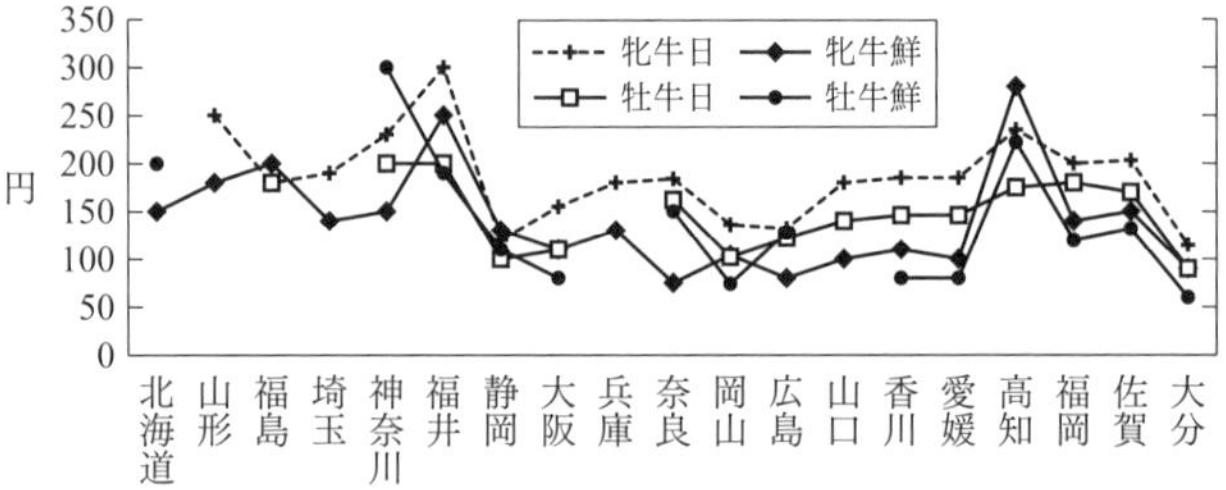

図 2-7　朝鮮牛と日本牛の価格（1921 年）

出所）朝鮮総督府勧業模範場『朝鮮牛の内地に於ける概況』1922 年。

の一五・六%を占めていた。地方別分布（図2-6）をみれば、「四国、山陽、阪神地方、東京を中心とする関東平野地方は密で、東北、北陸、東海、甲信、山陰、大阪以東の近畿、福岡以外の九州各地は概して希薄」であった。

　このような分布が生じたのは、朝鮮牛の移入が少ない地域が朝鮮牛を受け入れず、日本牛に固執したからではない。農業近代化を進めながらも、日本では畜力として牛とともに、馬が利用されたことを念頭に置かなければならない。北海道、東北、北陸、南九州は牛より馬を農作業に投入した馬耕地域であった[35]。その反面、「香川、高知及愛媛等四国の多きは従来四国一体が朝鮮牛の需要多きに基因し殊に香川の特に多きは同県が最も朝鮮牛の飼養の盛んなること朝鮮牛商多く一旦移入し更に他県に送るものあることに原因し山口及広島の多きは同地方自体に鮮牛の飼養盛なると、同地方とは鮮牛の取引古く従て之に従事する商人多く、且つ地理的関係上一旦之れ等の地方に陸上し更に他地方に転送するに依り、大阪、神戸、東京の多きは何れも其の地方が鮮牛飼育の盛んなるを、肉牛としての需要あること、及運送関係上之等の地に陸上し更に其の附近の地方に転送さるるものあることに又、福井の多きは全く北陸方面に仕向けられ鮮牛が一旦敦賀港に仕向けらるる基因するもの」であった[36]。移出牛の県別頭数から判断してこのような特徴はより強くなっていた[37]。

屠殺においても、朝鮮牛の飼育が多ければ、その屠殺が多く、その比率も高かった。ただし、東京は飼育より屠殺が多く、牛肉の消費地としての性格がみられる。全体的には一九二五年に屠殺された三二万九二一頭のうち七万一三〇一頭が朝鮮牛であって、これが全体の二二%を占めた。同年の飼育頭数のうち朝鮮牛の比率が一五%であったことを念頭に置けば、朝鮮牛が牛肉としても多く利用されたことがわかる。とはいえ、最初から肉牛として肥育することはほとんどなく、主に役用として使った後、自然の肥育を待って肉用として売却したのである。しかし、朝鮮牛は「肉は概して脂肪に乏しく肉味稍不良」であったため、図2-7のように価格面で低廉であって、日本牛肉に比べても下等品として消費された。また、場合によっては広島および宇品軍糧秣支廠の缶詰原料として朝鮮牛肉が使用されることもあった。このように朝鮮牛は、日本の牛肉消費の普及に大きな役割をはたしたものの、それでも総じて、日本人の肉消費量は欧米諸国に比べてはるかに低いものであった[38]。

以上のような朝鮮牛をめぐる「生産者と消費者の分離」が朝鮮と日本にまたがって進行したが、このような移出は朝鮮牛にいかなる変化をもたらしたのだろうか。

3　検疫と獣疫予防――「健康な」朝鮮牛の誕生

朝鮮牛の移出は、まず日本側に大きな衛生上のショックを与えた。図2-8にみられるように、一八九〇年代に

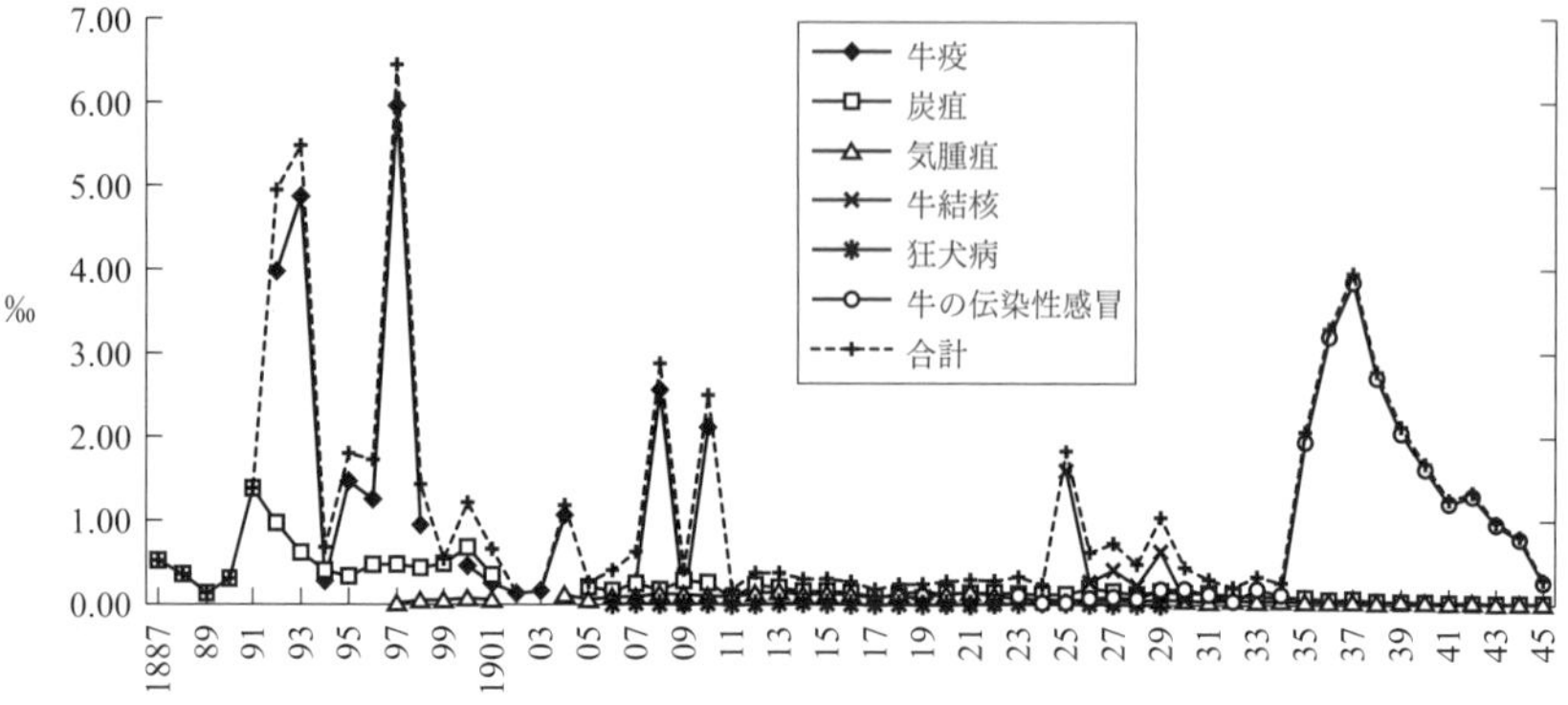

図 2-8　日本牛の伝染病発生率

出所）農林省畜産局『畜産摘要』各年度版；農林省農政局『畜産統計』各年度版；農林省農政局『家畜衛生統計』各年度版；農林大臣官房統計課『農林省累計統計表 明治 6 年-昭和 4 年』東京統計協会，1932 年；農林省畜産局『本邦畜産要覧』各年度版；帝国農会『農業年鑑』各年度版；山脇圭吉『日本帝国家畜伝染病予防史 明治編』獣疫調査所，1935 年。

注 1）伝染病発生率（‰）＝伝染病発生頭数÷全頭数×1000。

2）炭疽病には 1896 年まで気腫疽が含まれていた。

入って牛疫が多発したが、そのほとんどが朝鮮牛をはじめとする輸入された牛から始まり、それが日本中に広まった。朝鮮牛の輸出は、満洲およびモンゴルから侵入した家畜伝染病を日本にも伝播したのである。それにともない、日本内で輸入家畜に対する検疫制度と獣疫予防対策が整備されていく。一八九七年には牛疫検疫規則が制定され、長崎、横浜、神戸が家畜検疫指定港となると、該当港には検疫施設が設けられた。朝鮮牛に対しては役肉兼用としての需要が強かったので、一九〇九年に釜山検疫所が設置され、輸入国と輸出国の両方で検疫を行う二重検疫制度が実施された。同時に日本内で家畜伝染病予防対策も整備され、一八八六年に牛疫を含む六種類の家畜伝染病に対して獣類伝染病予防規則が制定され、これが一八九六年には獣疫予防法（一九二二年に家畜伝染病予防法）として改められ、一〇種類（→一六種類）の法定伝染病が指定された。

また、研究機関としては一八九一年に獣疫研究室（一九二一年に獣疫調査所）が農商務省仮農事試験場に設置され、牛疫の免疫血清製造などに携わった。しかし、製造量が限られていたため、一九〇八～一〇年に牛疫が多発したあとの一九一一年には農商務省牛疫血清製造所が釜山に設置され、世界初の牛疫ワクチン(39)を開発するなどさまざまな活動を展開し、その後一九一八年に朝鮮総督府に移管され、牛疫以外の家畜伝染病を取り扱う獣疫血清製造所（一九四二年に家畜衛生研究所）へと再編された。これらの対策が一定の成果をあげて、図2-8のように伝染病発生率が長期的に低下している。後年に牛結核と「牛の伝染性感冒」の発生がみられるが、これは二つの伝染病が改めて観測されたからである。

これに対応して、朝鮮でも検疫制度と防疫体制が整えられた。一九〇九年に輸出牛検疫法にもとづいて設置された輸出牛検疫所は、朝鮮総督府による設置によって釜山税関の所属（一九一二年以降は釜山警察署）となり、移出牛検疫所と改称された。一九一五年に朝鮮獣疫予防令の施行にともなって輸出牛検疫法（韓国）が廃止され、移出牛検疫規則が実施された。その後、移出牛の頭数が急増したので、釜山以外の諸港、馬山、元山、城津では日本側の陸揚げ地で検疫を受けることとなり、事実上の自由移出制度が実施された。しかし、一九二五年に移出牛検疫規則を改定して検疫制度を拡大すると、同年一〇月以降仁川、鎮南浦、元山、城津でも検疫所の検疫をうけなければ移出できなくなった。一九三二年には朝鮮家畜伝染病予防令が実施され、上記五カ所以外でも検疫が可能となり、木浦や浦項でも検疫所が設置された。このような検疫所の拡大が、移出牛の増加に対応する措置であったことはいうまでもない。

これにより、移出牛は買付地から汽車あるいはその他陸路を通って検疫所所在地に運送され、検疫手続、移送中の疲労回復、船待ちなどのため、問屋に牽き留め船積の都合も見計らって一三〜一四日前に検疫所に入所させた。これは移出牛検疫規則によって「検疫ハ畜牛ヲ繋留シテ之ヲ行フ繋留期間ハ十二日以上二十日以内トス」とされたからであって、検疫が終われば、船積みされて日本に送られ、日本側の港湾で再び三日間の検疫が実施され、仕向地に輸送された(40)。二重検疫制度は朝鮮からの獣疫「移入」を防ぐのに効果的であったといえよう。

一方、獣疫予防令にもとづき総督府警務局を中心として伝染病対策が講じられ、実施された。その下で道知事会議、道警察部長会議を通して中央方針が伝達され、議論されており、とくに一九二七年からは朝鮮家畜伝染病防疫官会議が実施された。会議の終了後には道別畜産技術員会議、農業技術官会議、家畜衛生技術官会議、獣医業務担当官会議、移出牛検疫所長および各道獣医務主任官事務打合会などが開かれ、実務的意思決定が下された。伝染病が発生した際には各郡の警察署あるいは臨時の防疫出張所が防疫作業に携わった。[41] さらに、獣疫の拡散を防ぐためにワクチン接種、汽車検疫、道界検疫、病牛の撲殺、屠畜検査、気腫疽免疫地帯や国境牛疫免疫地帯の設定などが実施された。

検疫と防疫を含む獣医部門に対して、日本で獣医師法による獣医師免許を受けた獣医師あるいは軍隊で獣医教育を履修した元獣医将校らが投入されたが、彼らのみで治療と防疫を行うことはできなかった。このため、伝統的獣医たる「牛医」を活用するための牛医講習会を始め、畜産関係者などを対象とする農事講習会、畜産講習会、朝鮮畜産協会の講習会、朝鮮農会の獣医畜産講習会、畜産修練所の畜産講習会が開かれ、獣医学の基礎科目が教えられた。当然、正規学校による獣医学の教育も行われ、韓国農商工部所管の農林学校に獣医促成科が設置されたが、その後身たる朝鮮総督府農林学校では獣医学講座が消えた。しかし農林学校が水原農林専門学校に改称された後の一九二二年に関連講座が復活し、三八年には正式に獣医畜産学科が新設された。そのほか、一九三一年には裡里農林学校と義州農業学校に獣医畜産学科が新設されており、水原農林専門学校に既述の獣医畜産学科が設けられた後には春川農業学校と咸興農業学校にも獣医畜産科が新設された。

このように、正規学校に獣医畜産学科が設置されると植民地でも朝鮮獣医師規則が制定され、一九四一年に第一回獣医師免許試験が実施された。そのほか、獣医業免許制度が設けられ、獣医業を営める免許証が一九三八年より資格試験の合格者に対して与えられた。また、伝統的獣医に対しても各道別に家畜医生規則が制定され、家畜の疾病に関する診療と治療を担当し、相当の技量をもつ者に対して家畜医生の資格が与えられたが、取り扱う医療品には獣医師に比べてさまざまな制限が加えられた。

さらに、畜牛改良および増殖政策が総督府当局によって推進された。[42] 種牛所および保護種牡牛制度が設けられ、体格の大きい北鮮牛[43]を改良し、種牛として巡回式で民間所用の牝牛と交配させて、改良をはかった。咸南と咸北では農家一戸当たり二頭、それ以外の道では農家一戸当たり一頭の増殖政策を推進した。そのため、畜産組合を設置するとともに、伝統的に有力者ないし地主が牛を小農に貸与して成牛を販売したり、あるいは犢牛が生産できると生じる利潤を分けるという「牛契」を奨励した。[44] 戦時下では「農業ノ普及並ニ食肉及皮革ノ資源涵養上朝鮮ニ於ケル役肉用牛ノ充実ヲ期スルト共ニ鮮外ノ需要ニ応ズルヲ目的トシ」一九三八年から五八年までの二〇年間、牛頭数を二五〇〇万頭へ増やそうとする「朝鮮牛増殖計画」が実施された。[45]

朝鮮内の検疫および防疫、そして獣医教育制度が整備されるにしたがって、家畜伝染病の発生にも大きな改善がもたらされた。まず牛疫（図2-9）をみれば、一九二〇年の〇・八‰（＝千分率）をもっとも高い発生率として記録するのみで、多発しなかった。また、炭疽は観測の資料をみる限り低下し続けており、一九一〇年代末から二〇年代末にかけて高かった気腫疽も三〇年代に入ると低下した。いずれの場合も高くても二‰以下であったが、口蹄疫は一九一五年に九一八二頭、六・八‰を記録したあと、多少収まるようにみえたが、一九一九年に三万六三九七頭が感染し、発生率二四・九‰に達した。そのため、一九一九年には伝染病の発生率は二七・三‰となった。伝染病に罹った朝鮮牛の頭数を道別にみれば、炭疽と気腫疽は全国的に分布したものの、牛疫と口蹄疫は主に朝鮮北部を中心として発生した。たとえば、一九一九年の道別口蹄疫の発生数をみれば、京畿一九五頭、忠南二三頭、慶北一六頭、慶南二三三三頭、黄海一一〇七頭、平南一六九九頭、平北九四四四頭、江原三七八頭、咸南五五四四頭、咸北一万五一四八頭、合計三万六三九七頭であった。

中国、とくに満洲、モンゴル、シベリアは伝染病の常在地であったため、これらの地域からの家畜輸入に対しては厳しく検疫制度を適用し、輸入停止措置も下されたにもかかわらず、伝染病の流入を完全には遮断できなかった。しかしともあれ、一九一九年に日本へ移出された牛の頭数は前年度の三万八八九五頭よりもさらに増加して四万二六七六頭を記録しており、移出牛に対する検疫制度は正常に作動したことがわかる。伝染病発生率の全体推移からみて、一九一九年の口蹄疫の流行以来、資料上観察できる一九四二年まで長期的な低下傾向が確認できる。

このように朝鮮牛の衛生は大きく改善されたものの、畜牛頭数において朝鮮と日本で対照的な結果がもたらされた。朝鮮の場合、一九一四年の一三三万八四〇一頭から一九四一年に一七五万三五五六頭に増えた後、戦時下の朝鮮牛増殖計画が実施されたにもかかわらず、一六二万八四七五頭へと減少した（前掲図2-2）。反対に、日本では牛頭数が一九一四年に朝鮮とほぼ同じであった一三八万七二三三頭から増え続け、一九四四年に二一五万九〇三九頭にも達したのである（前掲図2-5）[46]。受胎出産率は、朝鮮牛のほうが一貫して日本より高かったにもかかわらず、

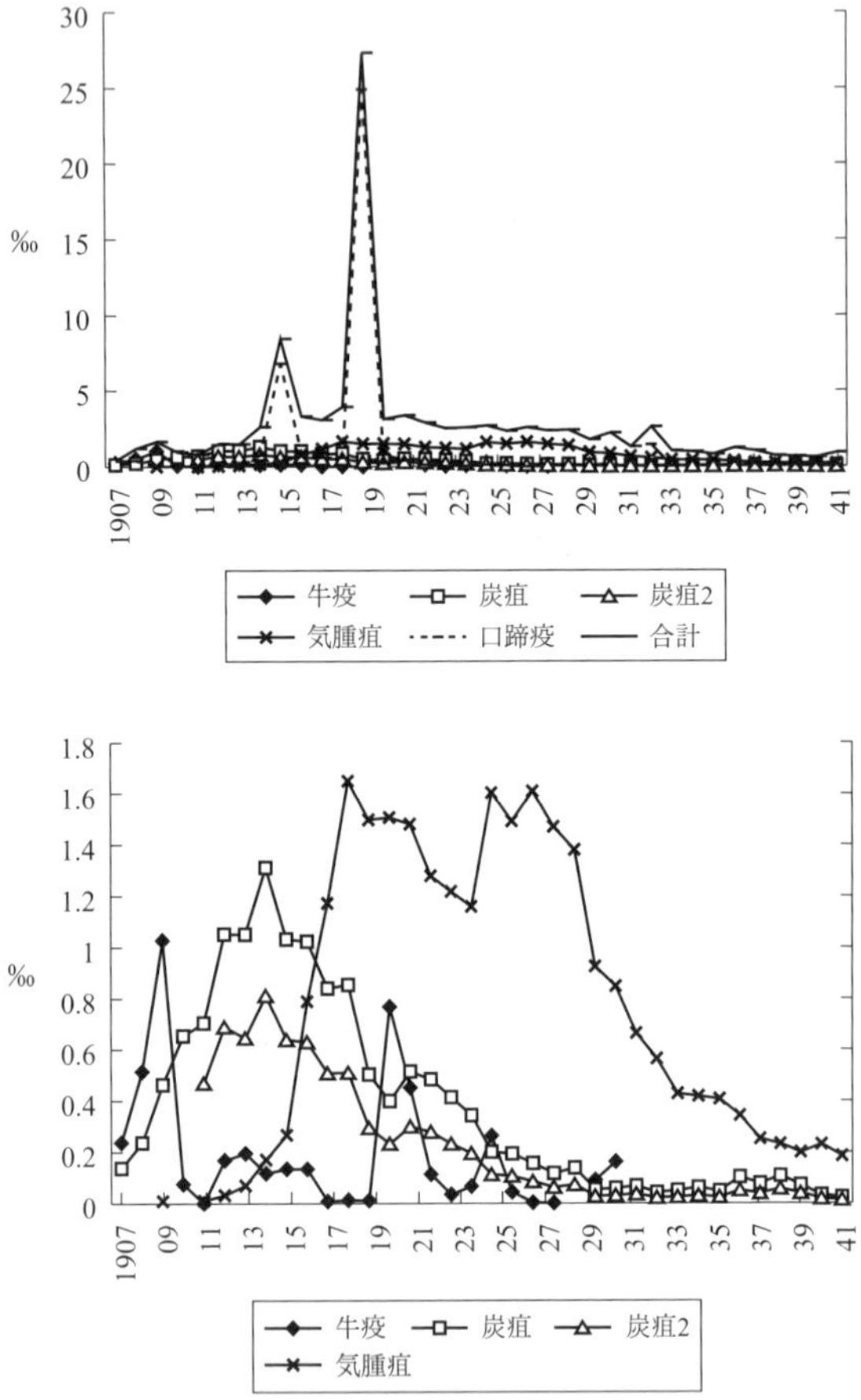

図2-9　朝鮮牛の伝染病発生率

出所）朝鮮総督府警務局『朝鮮家畜衛生統計』各年度版。
注）炭疽に罹った家畜頭数には資料上牛以外の家畜もあったと思われるので，炭疽は牛頭数のみで割り算した発生率であり，炭疽2は馬，豚，羊，山羊をも入れて計算した発生率である。

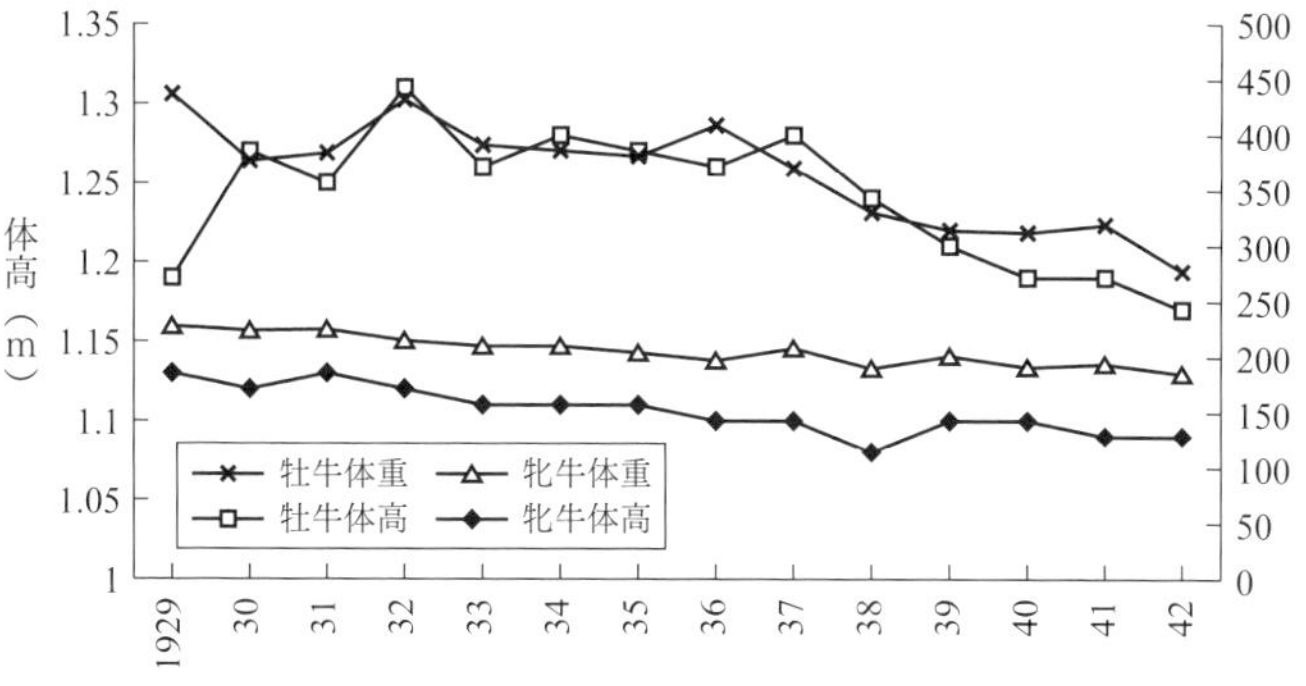

図 2-10　移出牛の平均体高と平均体重

出所）朝鮮総督府警務局『朝鮮家畜衛生統計』各年度版。

牛頭数では日本のほうが多くなったのである。これが朝鮮牛の大量移出の結果であることは否めない(47)。また、それが朝鮮牛の増殖を妨げただけでなく、朝鮮牛の体格にも大きな変化をもたらした。図2-10のように、移出牛の体高と体重が、資料上観測できる一九二〇年代から四〇年代初頭にかけて一貫して低下したのである(48)。総督府が畜牛改良を強調したにもかかわらず、実際には畜牛改悪が続けられたことになる。朝鮮内の取引や屠殺とは違って、九八%以上が牝牛を中心として移出が行われた結果、朝鮮牛の劣等化が進行したのである。

ここで、次のような文章が注目に値する。「李朝の末葉より、内地、浦塩方面及び国境支那方面に生牛の輸出を見、逐年其の数を増加し、而して之等輸移出牛の多くは、成牝牛の優良なるものを選びたる結果、鮮内の産出数を減退せしのみならず、犢牛漸次劣悪の傾向を生じ、漸く優良せらるるに至りしも、併合以前に於ては殆ど之が対策の見るべきものなくして経過し、新政後に及び種牛の選定保護、増殖の奨励、牛疫の予防等諸般の施設の進むに従ひ、頭数漸次増加し、牛の素質も亦改善せらるるに至りたる(49)」。朝鮮王朝末期の畜牛を批判して総督府の施政を評価した指摘は、牽強付会の感を否めない。植民地朝鮮社会は、伝染病には罹らなくなったものの、矮小化された「健康な」朝鮮牛の誕生を目睹するに至った。

おわりに

植民地朝鮮では日本に比べて「粗笨」な農業が行われ、人口三倍以上の日本とほぼ同数の牛を保有していた。朝鮮内部でも、「粗笨」な農業地帯であればあるほど、農家一戸当たりでより多くの牛が飼育されていた。すなわち、牛は朝鮮農業において欠かせないものであったため、大量の牛が取引される牛市場が発達してきた。このような取引があったからこそ、朝鮮末期以降、海外市場の出現に対応していったのだろう。それを可能にしたのが朝鮮牛の旺盛な出産力であった。統計の不正確な一九一〇年代前半までを除いて、出産力はすでに二〇%を超えており、屠殺の一五～二〇%を賄い、さらに輸移出の余力を有していた。まさに朝鮮牛は「厳寒酷暑風雨」や「粗食」にも堪えられる、逞しい生命力をもっており、日本帝国にとって植民地朝鮮は「天」から賜った「一大好牧場」であったのである。

そのためか、朝鮮牛に対する外需は増え続け、牛疫の発生とともに、一時的に日本への輸出が急減したこともあるが、第一次世界大戦期の好況を迎えて日本内の需要が急増すると移出牛は毎年四～六万頭で推移し、さらに日中全面戦争が勃発して山東牛の輸入が途絶してからはより拡大していった。それだけでなく、満洲国からの需要も拡大し、毎年一万頭以上の規模に達した。もはや、朝鮮牛は半島の牛から帝国の牛になっていた。検疫および地理的近接性のため、釜山が主な移出港となり、そのほかに仁川、元山、鎮南浦などから比較的小さい規模であるが、牛の移出が行われた。そのため、慶南を筆頭に慶北、黄海、江原、京畿、咸南などの仕入地から農閑期中に牛市場を通して移出業者によって購入されて釜山に送られ、検疫の上日本へ海送され、移入業者によって日本各地で販売された。それによって、朝鮮牛をめぐる「生産者と消費者の分離」が帝国内の地域をまたいで展開されることとなった。

日本では農家および耕地面積当たりの牛の頭数が朝鮮よりはるかに少なく、しかも出産率が二〇％を下回ったため、屠殺頭数を勘案すれば、牛は慢性的に不足していた。そのため、山東牛などの中国からの輸入もあったものの、地理的距離や検疫制度のため朝鮮牛が好まれた。二～三歳の牝牛が移出され、四～五年間役牛として飼われ、六～七歳ごろ仲買人を経て屠殺され、牛肉として消費された。四国、山陽、阪神、関東平野などでの飼育率が高く、とくに香川、山口、広島、大阪、兵庫、東京、福井の飼育頭数が多かった。それ以外の地域では日本牛が役用として使われたというよりは、むしろ馬耕地域として馬が農業に使われたために、朝鮮牛の普及率が低かったわけである。一九二〇年代後半から三〇年代前半にかけて朝鮮牛の飼育頭数は全頭数の一五％を占めたのに対し、その屠殺が全屠殺頭数の二二％を占めたことから、朝鮮牛の供給は農業だけでなく日本人の食生活にも欠かせなくなったことがわかる。

しかし、朝鮮牛は満洲、モンゴル、シベリアを常在地とする各種伝染病に曝露されやすかったため、移出は日本中の牛疫をはじめとする伝染病の伝播のルーツとなった。そのため、移出牛をめぐって検疫制度と防疫対策が朝鮮と日本の双方で整えられた。そのなかで総督府の防疫対策は警務局を中心に各種会議が開かれて具体策が模索され、獣疫の発生に備えてワクチン接種、汽車検疫、道界検疫、屠畜検査、免疫地帯の設置などが実施された。そのために日本からの獣医師らが投入されたが、それだけでは関連業務の増加に対応できず、朝鮮の伝統的獣医たる「牛医」を含む畜産関係者を対象とした各種獣医講習会が開催されるとともに、農林学校などに獣医畜産学科が設けられ、畜産および獣医専門家が育成された。さらに総督府当局からは種牛所、保護種牡牛制度の実施をはじめ、さまざまな形で畜牛改良および増産措置が取られた。それによって、朝鮮牛の伝染病発生率が一九一九年の口蹄疫の流行以降、長期的な低下傾向を示した。

とはいえ、朝鮮牛が帝国の牛となったのは、畜牛の増加が停滞し、牛自体が劣等化する過程でもあった。一九一〇年代には朝鮮のほうが日本より多かったが、その後日本のみ増え、朝鮮の牛は頭数増加が停滞したのである。この過程で朝鮮牛の体格は劣等化せざるを得ず、皮肉にもこれが「健康な」朝鮮牛の誕生の帰結であった。結果的にみれば、まさに朝鮮牛は日本牛の増殖のための補給源に過ぎなかったといわざるを得ない。

その後生じた帝国の崩壊にともなって、韓国側の畜牛は危機的状況に陥る。畜牛頭数が急減し、その回復が進まないうちに、朝鮮戦争のショックを受けて、農業経営の基盤も危うくなった。これに対し、韓国政府は屠殺禁止措置を取り、頭数の回復を図って、さらに畜産五カ年計画を二回にわたって実施した。制度的基盤を整えるとともに、畜牛改良措置を広範囲にわたって実施し、後には人工授精や近代的飼養方法を導入した。それによって畜牛頭数は急増し、動力耕耘機の増備にともなって役畜用としての「朝鮮牛」は、肉食用としての「韓牛」として位置づけられることとなった。これにより、「生産者と消費者の分離」が経済開発後の韓国で完全に行われることとなったが、この事情は戦後日本に残された朝鮮牛にもみられ、朝鮮牛は役畜用ではない完全な肉食用の「赤牛」となったのである。(50)

第三章　海を渡る紅蔘と三井物産

――独占と財政――

はじめに

本章の課題は、高麗蔘が総督府の専売体制下でどのように耕作・収納されて紅蔘として加工され、三井物産を経由して海外輸出されたのかを検討し、それが総督府財政にいかに寄与したのかを明らかにするとともに、その経験が蔘業史に残した影響を探ることである。

朝鮮人蔘はジンセノサイド（ginsenosides）とよばれるサポニン（saponin）群を含有し、糖尿病・動脈硬化の予防、滋養強壮の効能をもつため、古くから服用されてきた。「古来東洋随一の神剤として尊重せられ長寿保命の霊薬として崇信せられ、殊に支那〔中国〕に於ける信仰に至りては殆んど神秘的なりとの批評は寔に適評なりとして識者に是認せらる」こととなった。(1) それだけに、人蔘を蒸造したもので、長期保存が可能であった「紅蔘は古来高麗蔘と称し、中国においてその声価が極めて高く、毎年の製品は専ら同国に輸出せられ、旧韓国政府の所管」であった。(2) そのため、朝鮮の代表的商人集団であった松商の根拠地・開城を中心として、人蔘の耕作とそれを原料とする紅蔘の蒸造が発達していた。

ところで、元来人蔘は五加科に属する宿根草であり、播種の翌年三月中旬から四月上旬にかけてこれを本圃に移植した。通例苗圃一年、本圃五年、計六年を経て、はじめて収穫するもので、この生人蔘を水蔘と称する。そして人蔘は一般農作物と異なり、非常に脆弱で、常に病虫害に冒されやすかった(3)。大韓帝国期における蔘政の紊乱や蔘賊の多発に加えて、蔘圃の病虫害が広く蔓延すると、耕作者は相次いで蔘業から撤退した。

このような「頽廃」の実態に対し、旧韓国政府は帝室及国有財産調査局による調査結果にしたがって、財政改革を断行し、一九〇八年に該事業を皇室の財産を管理する宮内府より国家財政を管理する度支部に移管し、同年七月に紅蔘専売法を発布、その制度を確立した。朝鮮の植民地化後には総督府がその事業を継承し、特別耕作区域の指定、種苗の改良、病害虫の予防駆除、耕地の選定など蔘政改善の施政に努力し、また蔘政組合を組織させ、この産業の発達を後押しした。ついで一九二〇年一〇月には旧法を廃止して紅蔘専売令を公布し、いっそうこの産業の発展を図り、長足の進歩を実現した(4)。それによって、人蔘は総督府財政の安定化にも大きく寄与することになる。また、総督府は専売当局として紅蔘の製造まで担当したものの、その販売は三井物産に専ら委任されており、その営業力によって紅蔘は世界中に広がったのである。

しかし、既存研究は耕作から製造、その販売に至るまでの紅蔘専売業の全プロセスを明らかにしてこなかった。主に植民地化以前の開城松商の営業活動あるいは朝鮮王朝末期の財政との関連で、人蔘の耕作・商業や紅蔘専売業に言及されており、植民地期における紅蔘業への総督府の介入や三井物産の営業活動は分析対象として取り上げられなかった。それは開城松商の存在があまりにも大きく認識されてきたためである。その残影が植民地期紅蔘専売業にまで投影され、植民地権力による専売業のなかで受動的立場に立たされた人蔘耕作者の実態が解明されることなく、松商の役割を過大評価した「開城松商의〔の〕紅蔘로드〔ロード〕開拓記」のような幻想を生み出すこととなった(5)。また朝鮮総督府専売局からは『朝鮮専売史』が出されたものの、戦時期までを含めて植民地期全般をカバーしておらず、当局者としての主導性を強調するあまり、三井物産の経営をも視野に取り入れた紅蔘専売業の経

済構造が客観的に解明されていない。(6) こうした認識の限界を乗り越えるためには、客観的事実の確定と蓄積をすすめるとともに、定量的方法を通じて実態の長期的推移も観察しなければならない。

1　専売の実施と蔘業の発達——人蔘の耕作・収納から紅蔘の製造まで

(1) 紅蔘専売の実施

朝鮮では、清国や近世日本との貿易（密貿易を含む）が増えると、山蔘のみでは国内外の需要を到底充たすことができなくなり、一八世紀初めに至って「家蔘」という人蔘の栽培が始まった。それにともない、その加工技術も発達して、水蔘の皮を剝いて水蔘を乾かす白蔘や、水蔘をそのまま蒸して乾かすという蒸造方式による紅蔘が製造され、輸出された。ただ、日本で徳川幕府を中心とした奨励政策により人蔘栽培が成功すると、朝鮮紅蔘はもっぱら清国の需要にふりむけられるようになる。そのため、一八九四年に廃止されるまでは司訳院、すなわち訳官が紅蔘貿易を公式に主管したが、実際にはその原料となる家蔘の耕作と紅蔘の製造を担った開城松商らが紅蔘調達を掌握しており、義州商人の協力を得て中国との密貿易も行った。紅蔘はその特有の薬効が認められ、近世より「生産者と消費者の分離」が国際的ネットワークの中で進展したのである。

ところで、司訳院が一八九四年に廃止されると、紅蔘の輸出は許可を必要としなくなったため、松商が人蔘の栽培を拡大し富を蓄積していくなど、紅蔘の製造・販売をめぐる利権は大きくなる一方であった。これに対し、宮内府内蔵院卿の李容翊は一八九八年に紅蔘を皇室の収入源とするために開城に赴き、蔘業に介入し、その翌年には宮内府内蔵院が包蔘を専管することとなった。蔘政課長が開城に派遣され、蔘圃の取締りおよび紅蔘の製造を管掌した。これにより紅蔘の専売権は宮内府が握ることとなるものの、その結果、以下にみるように蔘業は急激な変動に翻弄されることとなる。まず宮内府内蔵院所属の蔘政課は、蔘圃の耕作者に対して水蔘賠償金（収納金）予定額の五〇～九〇％を、低利で貸与した。李容翊は「財源の涵養」ではなく皇室に専売収入を「収斂」させることを優先したのである。[7] そのため、一八九六～一九〇〇年に二万斤台に過ぎなかった紅蔘の製造は、蔘圃の拡大によって急増し、一九〇四年に七万四四〇〇斤を記録する。しかしその後一九〇五年には二万斤へ急減し、一九一〇年には八九五斤にまで減少した。[8] このような「蔘業上ノ大恐慌」は独占利潤の源泉となる需給調整に宮内府が失敗し、過剰生産となった影響が大きく、その後の制度的弛緩に加えて、蔘賊の横行、人蔘の病害の蔓延により、蔘圃の荒廃が避けられなかったことが原因である。[9]

これらの問題に対しては悪政の改革、賊漢の予防、病毒の撲滅が試みられる。[10] 開城の蔘業者による国民新報社への寄稿によれば、官吏の「侵奪剝割」によって蔘価が時価の三分の一～二に過ぎないと指摘した上で、伝染病の「紅腐」[11] が生じ、それを免れた業者が一〇分の二～三に過ぎず、さらに蔘賊の被害も多く、その防備にあたる兵丁の駐在による費用も多額であったため、一九〇六年には蔘価の時価が倍になったにもかかわらず、その供給が不足した。業者たちは収納価格について請願書を出し、三〇〇両を要望したが、経理院は収納価格として昨年の二〇〇両に一〇両を加えた二一〇両を提示し、これに業者が反発すると、二五〇両にしたという。[12] 以上のように、政府の「悪政」、官吏の「侵奪剝割」が蔘業の発展にネガティブな影響を及ぼしたといわざるを得ない。専売下での蔘業では、収納価格（当時の用語としては「賠償額」）がもっとも重要であったといえよう。

こうした状況への救済策として、財政改革が断行された。具体的には、一九〇七年に蔘税および紅蔘専売の事業収入はすべて国庫収入として扱うこととし、それは帝室および国有財産調査局による調査結果に従って、実施された。一九〇八年に紅蔘専売業を宮内府から度支部へ、すなわち皇室財政から国家財政に移管する。同年七月、紅蔘専売法の発布にともない、度支部司税局に蔘政課が設置され、国家独占としての紅蔘専売業が開始された。それによって、紅蔘の製造は政府の専属とし、政府または政府の命を受けた者でなければ、紅蔘の販売と輸出に携われなくなり、また紅蔘の耕作も政府が免許を与えた者に限定された。この専売法とともに、人蔘税法が公布され、耕作者の蔘圃一間に付き一〇銭の税率をもって人蔘税が賦課された。ところが、この課税対象の調査には手続きを要し、その実務的取扱が困難であり、また税額も僅少であったため、一九二〇年一一月の紅蔘専売令の制定に際して人蔘税は廃止された。

一九一〇年一月には蔘政局が開城に置かれ、従来の司税局蔘政課の業務を管掌したが、朝鮮の植民地化後に専売局が設置されると、蔘政局は専売局開城出張所となった。しかし、専売局が一九一二年三月に廃止されたため、専売局開城出張所は司税局開城出張所と改称され、さらに一九一五年の司税局の廃止にともなって度支部専売課開城出張所と再び改称された。その後も、一九一九年八月に度支部が廃止され、財務局が設置されると、財務局専売課開城出張所となったが、紅蔘専売令の公布によって、紅蔘およびその種子の輸移出入や紅蔘の製造・販売への政府許可制度が整備され、密造への制裁が強化される一方、減作・廃耕時のペナルティとして義務づけられていた水蔘価額の納付が廃止された。これにより、専売業の制度的な強化とともに、過剰な栽培量に対する生産調整ができるようになった。

またこの時期、第九章でもみるように、朝鮮においても煙草専売業が始まり、一九二一年三月に専売局が再び設置されるに及んで、財務局専売課開城出張所は京城専売支局開城出張所となった（のち、本局直轄となり、専売局開城出張所に改められた）。また中国では皮付白蔘を輸入し、それを水に浸して水蔘に戻し、紅蔘を蒸造するのに対し、総督府は一九二二年一一月に紅蔘専売令を改正し、その輸移出に関して制限を加えた。こうして、財政の観点から始まった紅蔘専売業は、総督府官制改正とともに、紅蔘の製造・取引をめぐる内外条件の変容にともなって、その体制も変えたのである。

表3-1　1940年における地域別人蔘耕作状況

（単位：人，坪）

	開城	開豊	長湍	金川	瑞興	鳳山	平山	計
耕作人員	2	141	102	20	23	2	5	295
耕作面積	72,880	759,870	528,882	98,698	111,767	21,742	22,934	1,616,773
1人当たり面積	36,440	5,389	5,185	4,935	4,859	10,871	4,587	5,481

出所）朝鮮総督府専売局『朝鮮総督府専売局年報』1940年度版。
注）同一人にして二種以上または二郡以上で耕作を行うものは耕作面積の多い方に掲載。

（2）蔘業の進展

このような専売業の実施が朝鮮蔘業にどのような影響を及ぼしたのかを検討してみよう。まず、人蔘耕作についてみると、「人蔘は各道においてこれを産出するが、なかでも京畿道開城附近に産出するもの、品質優良かつその形態需要者の嗜好に適応させ、同地方附近にその耕作をなすものが最も多い」[13]。そのため、紅蔘専売令の公布と同時に、度支部令をもってこれらの地域を中心とした人蔘の特別耕作区域を指定し、当該区域内において生産した水蔘を政府に納付させることにした。この区域としては京畿道開城、長湍、豊徳の三郡、黄海道金川、兎山、平山、瑞興、鳳山の五郡を指定したが、事業の発展にともない区域拡張の必要を認め、後に黄海道遂安、黄州、平安南道中和の三郡も追加した[14]。行政区域変更の結果、豊徳および兎山を除いた九郡を指定したが、一九二七年六月にいたって中和、遂安、黄州郡を除き、さらに一九三〇年には行政区域変更によってその指定区域が一府六郡に改められた[15]。その後、人蔘は、十数年間は同一圃地で耕作し得ない忌地性を有していたため、同一地方で適当な圃地を選定することは次第に困難となり、一九三九年には京畿道坡州、漣川の二郡を追加し、その全区域は一府八郡となった[16]。表3-1によれば、一九四〇年頃、開城よりはその周辺あるいはそれ以外の郡である開豊、長湍、金川、瑞興で多く耕作されたことがわかる。

さらに、総督府が病害の予防策や農工銀行からの低利貸出を進めるにつれ、「耕作熱」が勃興し、耕作者と蔘圃は一九一〇年の一二〇人、四〇四町歩から年々増加したが、人蔘品質の維持と中国需要の限界を勘案し、紅蔘の三万斤を標準として、毎年新設の蔘苗圃は四四万間以内、成苗移植蔘圃は三〇万間以内にして耕作の許可を出した。一九一九年には耕作者一二〇人、蔘圃一七〇七町歩に達した。中国における紅蔘需要状況調査の結果、需要増加を反映して生産量を拡大させ、紅蔘三万五千斤を標準とし、成苗移植蔘圃を増やし、一九二七年にはそれを三五万六千余坪にした。[17]さらに紅蔘の需要が中国で増えたので、これにあわせて、紅蔘の製造（一九二九年四万斤、三　年四万二千斤）とその原料たる人蔘の移植坪数の制限を緩和した。

ところが、一九三一年に満洲事変、その翌年に上海事変が勃発すると、日貨排斥運動が展開され、紅蔘の輸出も減少して滞貨が発生し、その消化のため、一九三四年春期移植より栽培面積の縮小を余儀なくされた。すなわち、植付坪数を三分の一減反とし、一九三四〜三六年の三カ年にわたって植付面積を二五万坪に止どめ、一九三七〜三八年になってようやく減反部分の半分、つまり六分の一の五万坪を増やし、新しい植付面積が三〇万坪となり、残りの六分の一の復旧は一九四〇年から可能となった。[18]そのため、一九三二年に耕作者二九九人、蔘圃一九四九町歩へと増加して以来、耕作者数に大きな変化はなかったが、一九四〇年代に入って三〇〇人を超えて、資料上確認できる一九四三年には三七四人を記録した。これに対し、耕作面積は減り始め、一九三八年までに一五〇〇町歩へと減少したが、その後は増えていった。[19]日中全面戦争の勃発後、中国占領地における治安確保にともない、滞貨が一掃され、売行きが増えたため、一九四一年に二万坪、四二年六月には六万坪の植付面積の拡張があり、一九四四年には全耕作面積が二一八四町歩に達した。[20]

耕作者数が大きく増えた反面、耕作者一人当たり面積は異なる動向を示した。「政府の保護奨励の周到なるに鑑み、これを専業となすもの続出し、したがって年々耕作坪数も増加を来たし」、とくに一九一六年以降それが著しかった。一九一〇年の三三六五坪から一九一九年には一万四二二二坪のピークに達した。しかし、その後急減し、一九二二年に六九六九坪を記録して以降、五千〜六千坪台を推移した。一九四〇年には開城での耕作者の規模が圧倒的に大きく、他の地域に比べて大規模業者が成立したことを示している。[21]

人蔘耕作者は蔘苗圃の位置・間数、成苗を移植する蔘圃の位置・間数および根数でもって申請書を作成し、許可を受けるようになった。一九一〇年には耕作者が翌年春期蔘圃を新設する予定地を申告すると、総督府開城出張所は職員を派遣し、その地勢、土質、前回からの耕作経過年数、前作物、夏期における日光消毒の方法・程度、その他交通、物資供給の便宜などについて実地調査して、不適地については蔘圃の新設を許可しなかった。この制度は、耕作者の多年の経験による好適地の選択が実現していくことによって、一九三一年限りで廃止された。指定耕作区域内の人蔘耕作の免許および犯則取締りの権限は専売局開城出張所に属し、他の地域ではその権限が府尹、郡守、島司にあったが、紅蔘専売令が制定されてからは、専売支局長が処理することとなった。政府は耕作者に対して耕作、病虫害の予防・駆除、水蔘の荷造・運搬などに関する指示を行った。

このような蔘業統制の傍ら、総督府専売局（あるいは財務局）は人蔘耕作奨励制度を整えた。蔘業の投資資金の回収には播種から収穫に至るまでの五〜七年もかかり、多額の資金が必要とされるだけに、水蔘賠償金を先に交付したが、収穫量が確定しないことから、一九一二年にはこの制度は廃止され、漢湖農工銀行（一九一八年一一月以降、朝鮮殖産銀行）を通じて当年の水蔘賠償金に対する低利の融資を提供することとした。耕作の成績、納付水蔘の品位、数量などを考慮し、優良耕作者に対して褒賞を行った。このような制度は人蔘の苗圃や耕作者の雇用人に対しても拡大された。

その上、各地の人蔘耕作法を調査するため、一九〇九年より職員が累次各産地に派遣されており、さらに人蔘の試作試験を通じて、土性、肥料、栽植の方法、苗の大小、産地育成法などについての研究調査が行われた。とくに、一九一〇年に人蔘特別耕作区域内の蔘業経営者を組合員として耕作改良を企画し、病虫害の駆除予防法を研究し、種子、肥料など経営に必要な事業を共同で行うことによって、組合員の共同利益を図る目的をもって開城蔘業組合が設置され、その事務所を開城蔘政局庁舎内に置いた。それにともない、この組合が蔘種の共同購入を実行し、さらに一九一二年より苗圃を経営し各蔘種を試作、一九一四年には蔘苗の育成を組合員に分割経営させた。そのほかにも、組合は蔘業資金の融通、蔘苗圃の経営、白蔘共同製造場の経営、人蔘の博覧会などを担当した。総督府専売局開城出張所は蔘苗に対する検査をも実行し、病害の拡散を防ぎ、品質の改良を図り、蔘苗検査所を開城に設置するに至った。朝鮮内外の研究機関にも依頼して細菌学的研究、土性調査、病害の実地調査を行い、さらに講習会を行って病害予防員を配置し、病害予防およびその治療や害虫の駆除にも注力した。

こうして、図3-1と図3-2のように、人蔘の収穫高が増加し、それに連動する形で、専売当局による収納も増えていった。そのなかで、土地生産性（一坪当たり収穫量）も大きく改善していく。紅蔘用の水蔘収納においても、専売当局は商品としての価値のある良好なものを適正価格で収納しようとした[22]。専売制の実施とともに、専売当局は人蔘の耕作に要する諸経費、金利などを調査し、従来の慣例および将来の物価騰貴を参酌し、水蔘の「片級」（大きさ・太さ）と品質ごとの賠償価格を公示し、耕作者の資本投下を誘導した[23]。それによって、訳官および宮内府当局者と耕作者との間で絶えなかった「紛擾」がなくなった。第一次世界大戦が勃発し、物価と賃金の騰貴が続くと、賠償価格が大幅に引き上げられ、適正利益が保障された。また、中国における紅蔘の売行きが滞る場合には、六年根の人蔘を収穫せず、七年根に繰越し、二割増の賠償価格で収納するなど、国家独占ならではの利点を生かし、専売当局は需給調整を行おうとした。世界大恐慌期には需要の減退にともなって賠償価格の一割引下げも断行された。その結果、賠償価格は一九一〇年代末に上昇、一九二一年にピークに達し、その後若干下がったのである。

その結果として、人蔘耕作者の経営収支はいかなるものとなったのか。それを把握できるのが表3-2である。詳しいことは後述するが、もっとも蔘業が危機に瀕した一九三〇年代中頃から、資材価格と労賃が急騰した戦時期までであっても、人蔘耕作一反当たり経営収支をみれば、一貫して黒字経営を達成したことがわかる。とはいうものの、戦前期には紅蔘用の原料として収納された水蔘の賠償金が白蔘の原料たる後蔘（紅蔘原料に適さないものは後蔘と称し、耕作者に還付し白蔘原料に充当させる）の販売価格より大きかったのに対し、一九三六年以降、著しくは戦時下に入ってから、賠償金より後蔘代のほうが大きくなっていた。賠償金が国家独占の専売局によって統制された反面、白蔘の製造と販売が自由市場に任され、数量の増加とともに、戦時下の物価上昇が耕作者と製造業者に

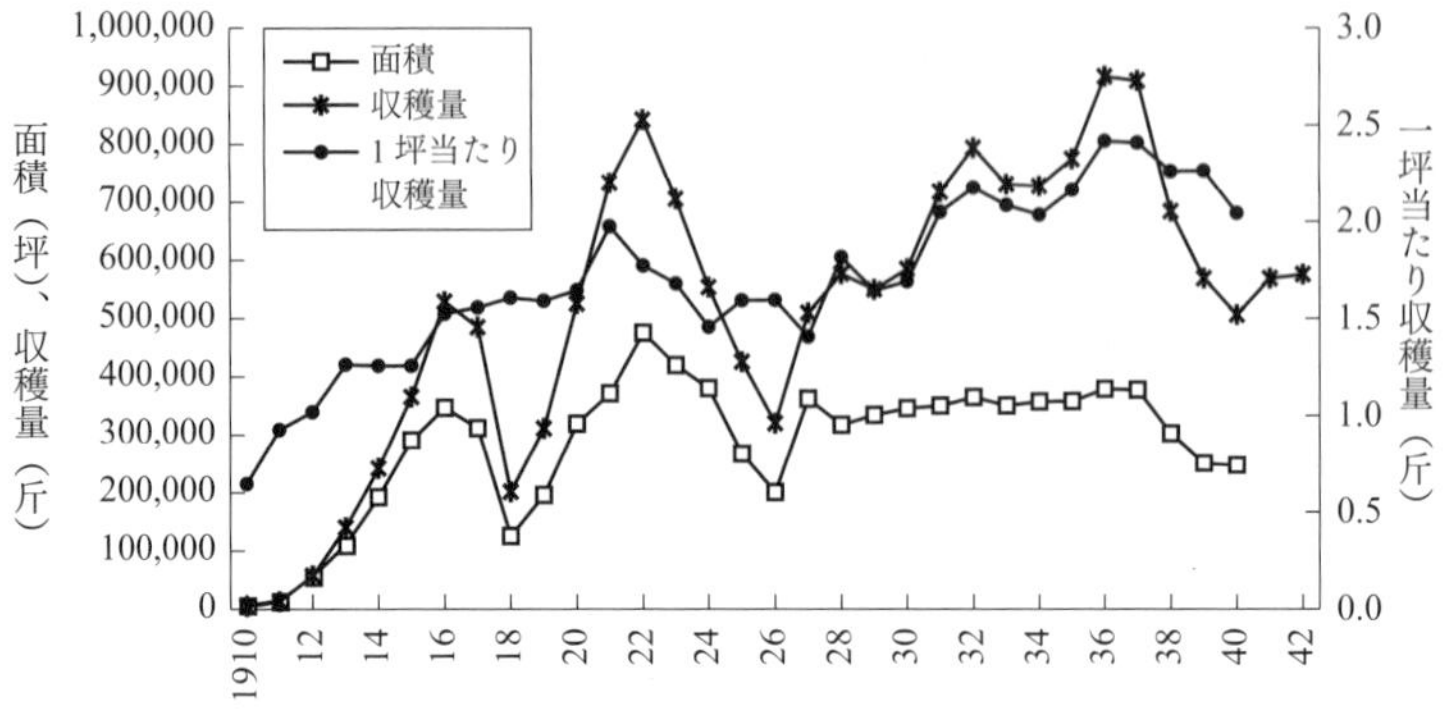

図 3-1　人蔘収穫高

出所）朝鮮総督府専売局『朝鮮総督府専売局年報』各年度版；朝鮮総督府『朝鮮総督府統計年報』各年度版。

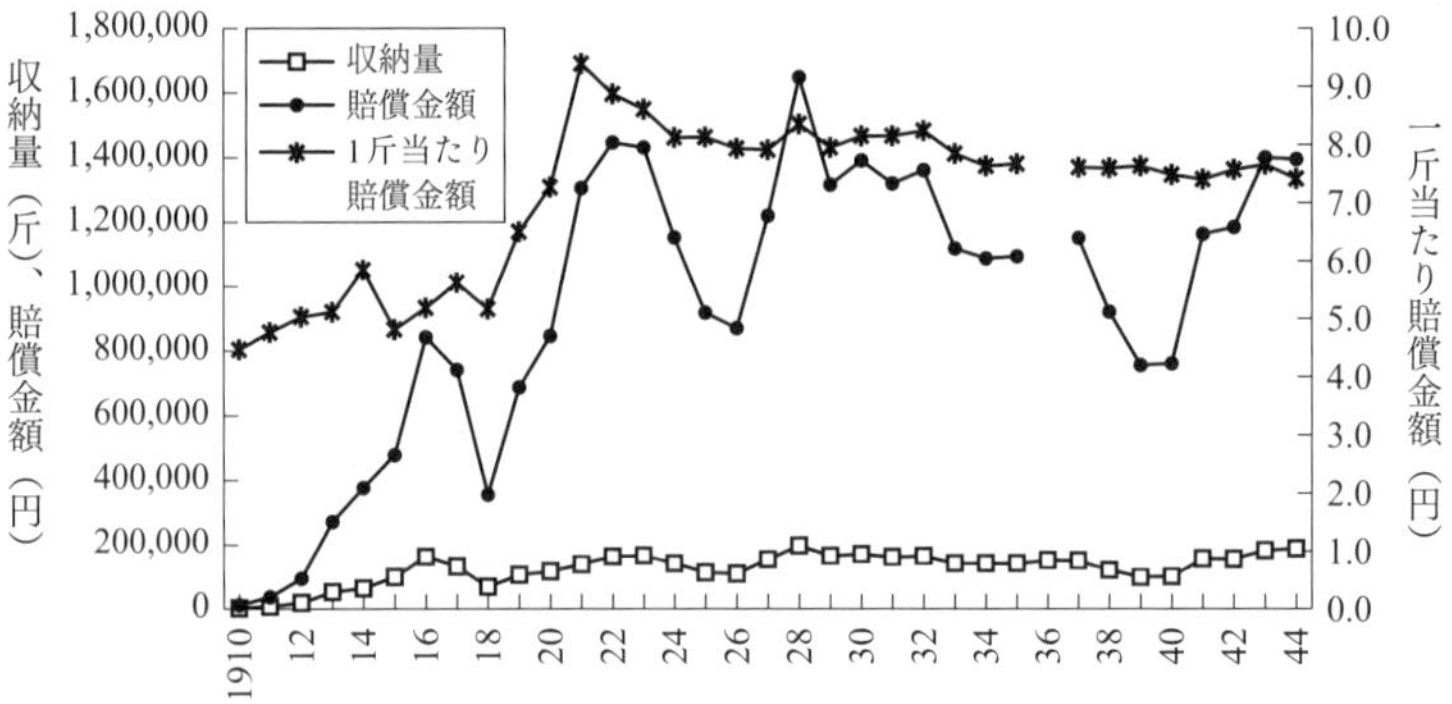

図 3-2　水蔘収納および賠償金額

出所）朝鮮総督府専売局『朝鮮総督府専売局年報』各年度版；朝鮮総督府『朝鮮総督府統計年報』各年度版；朝鮮総督府『朝鮮総督府帝国議会説明資料』第 1-10 巻，不二出版，1994 年。

表 3-2　人蔘耕作の平均 1 反歩当たり経営収支状況

（単位：円，%）

	収入			支出				差引利益	収益率
	賠償金	白蔘原料後蔘代	計	労力費	材料費	利子	計		
1934	912.71	683.89	1,596.60	234.18	689.00	527.38	1,450.56	146.04	9.1
1936	922.70	941.26	1,863.96	312.23	701.93	384.58	1,398.74	465.22	25.0
1938	913.71	1,247.07	2,160.78	330.60	700.20	350.61	1,381.41	779.37	36.1
1940	921.04	1,732.28	2,653.32	445.36	1,032.59	444.67	1,922.62	730.70	27.5
1941	1,124.86	1,631.15	2,756.01	561.76	1,113.58	539.46	2,214.80	541.21	19.6
1942	1,147.50	1,728.90	2,876.40	479.74	1,055.69	490.02	2,025.45	850.95	29.6

出所）朝鮮総督府専売局「昭和 16 年 12 月　第 79 回帝国議会説明資料」『朝鮮総督府帝国議会説明資料』第 6 巻，不二出版，1994 年；朝鮮総督府財務局「昭和 20 年度　第 84 回帝国議会説明資料」『朝鮮総督府帝国議会説明資料』第 10 巻，不二出版，1994 年。

注）収益率＝利益÷収入。

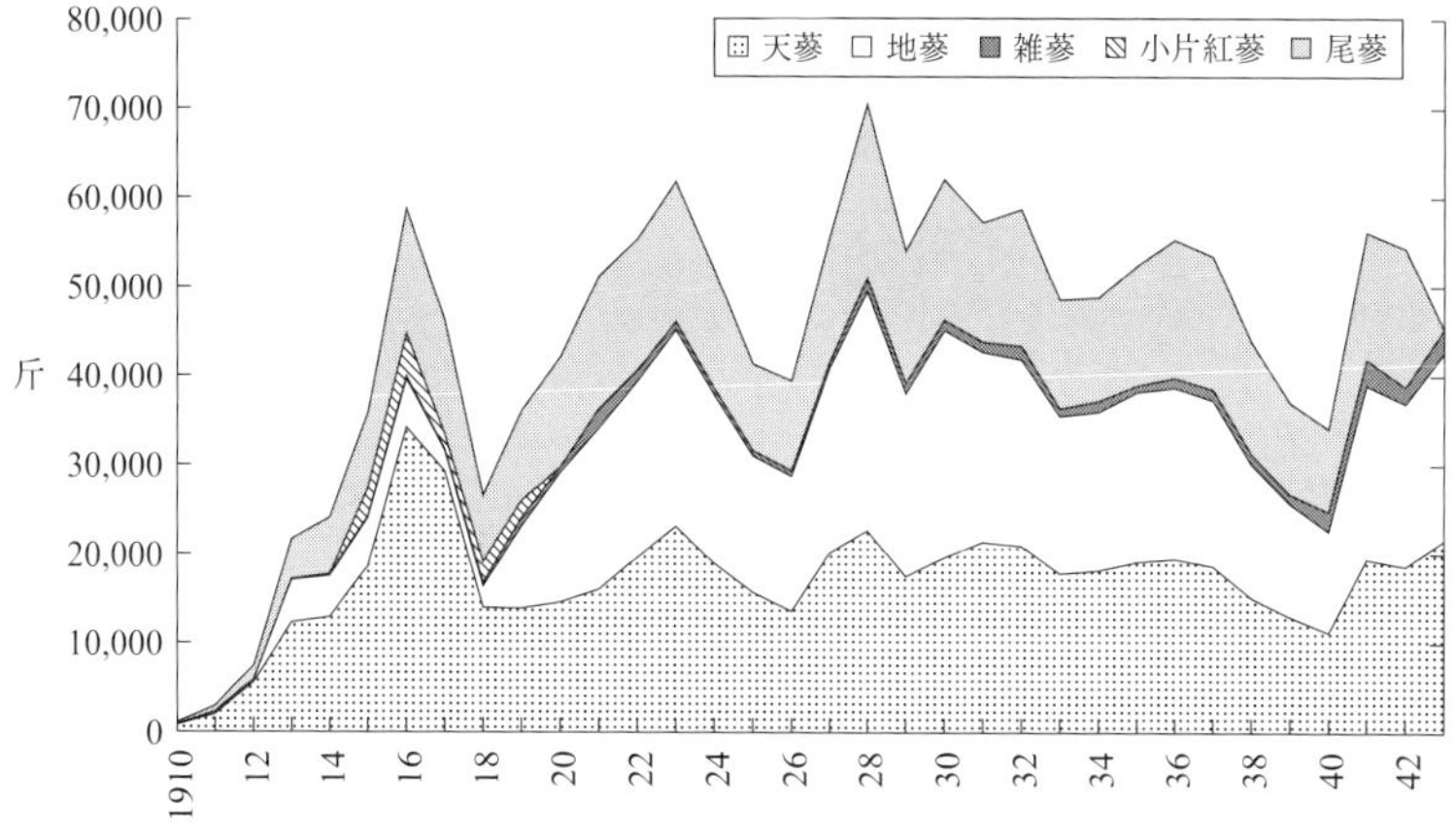

図 3-3　紅蔘製造高

出所）朝鮮総督府専売局『朝鮮総督府専売局年報』各年度版；朝鮮総督府『朝鮮総督府統計年報』各年度版。

注）1943 年の統計では尾蔘の数値が不詳。

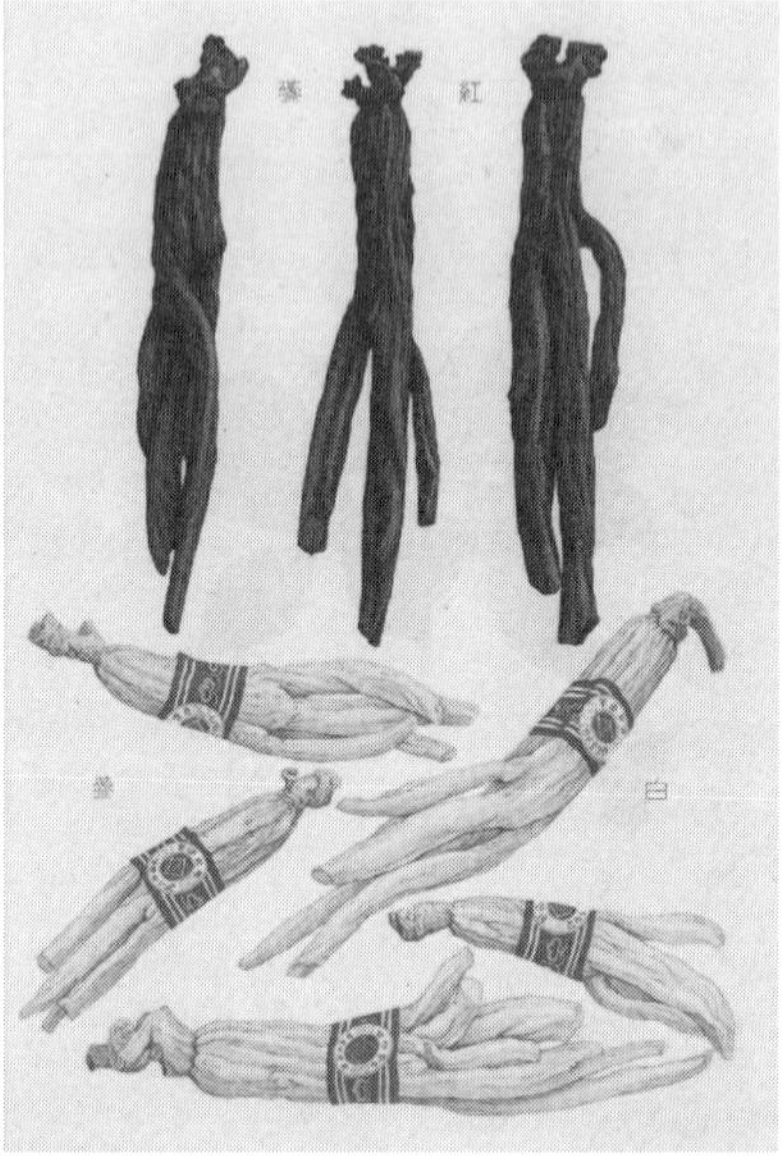

資料図版 3–1　紅蔘（上）と白蔘（下）

出所）今村鞆『人蔘神草』朝鮮総督府専売局，1933年。

資料図版 3–2　専売局製造「紅蔘錠」広告

出所）朝鮮専売協会『専売通報』9–4，1933年。

よって享有されたからである。逆にいえば，戦時下での物価上昇が発生したにもかかわらず，一九三四年に比べて収益率の高い黒字経営が可能となっていたのである。その背景には耕作改良，専売局の保護策，後には三井物産の支援などがあった。

人蔘を長期保存するためには，毎年九月中旬から一一月中旬にかけて紅蔘あるいは白蔘として加工する必要があった。白蔘は水蔘の表皮を削剝して，日光で乾燥させることで製造したが，紅蔘は水蔘（生人蔘）を洗い，甑に入れて蒸して取り出し，これを火熱および日光によって乾燥させて製造した[24]。これを中国人が好んだので，紅蔘の価格は白蔘に比べてはるかに高く，品質良好な水蔘が優先的に紅蔘として製造されることとなる。その製造方法はきわめて簡単であったが，高値となる「色相光沢の適度」を得るには，秋ごろ二～三カ月のあいだの，開城の製造工場で雇用される職工の熟練が必要であった。一九〇八年秋季の紅蔘製造時より洗・

蒸・乾燥の試験が行われ、一九一三〜一四年の紅蔘製造所の増築に際しては製造設備を整えながら、水蔘の貯蔵、洗蔘、蒸蔘、乾燥に関する紅蔘の製造法および品質の改良を見、一九二八年に至ってはこれらの成果を纏めて紅蔘製造規程を設けた。黴害・虫害を防ぐため、販売用包装も改良された。図3-3の中で一九二〇年代に入ってからは天蔘、地蔘、尾蔘が一定の割合を維持することからわかるように、紅蔘の製造と品質鑑定が安定化した。こうして製造された紅蔘は原則として中国へ輸出されるが、その製造過程での副産物から蔘精、糖蔘業、粉末紅蔘、紅蔘錠を製造し、朝鮮と日本内地の需要者に販売した。

2　三井物産の独占販売と紅蔘の専売収支

(1) 紅蔘の輸出と三井物産の独占販売

このように、朝鮮専売局開城出張所によって製造された紅蔘は総督府職員の自家用などの一部を除いてそのほとんどが中国に輸出された。伝統的には受暦官および冬至使が清朝宮廷へ使臣として訪問する際、訳官が紅蔘を携行して販売していたが、専売事業開始後の総督府は中国へ直接販売することがそもそも難しかったので、毎年有力商人に紅蔘の全量を払い下げて、彼らのネットワークを利用して中国や南方へ売り捌くようにした。一九〇七年には専売当局たる大韓帝国度支部と三井物産との委託販売が契約満期となったため、三井物産、清商・裕豊徳、同順泰、独商・世昌洋行の四社を指名して入札させ、最高額を提示した同順泰が落札者となった。これが入札による払下の嚆矢となり、一九〇八年にも指名入札を通じて大吉昌号が紅蔘の払下を受け、現品を引き取って上海に輸出した(25)。この方式によって専売当局は最高の収入を得たが、紅蔘の製造量が急減するなか、蔘商側は年々の競争に耐えられず、払下人は毎年変わり、価格の変動も激しくなったため、中国における紅蔘取引の数量と価格は動揺を免れ

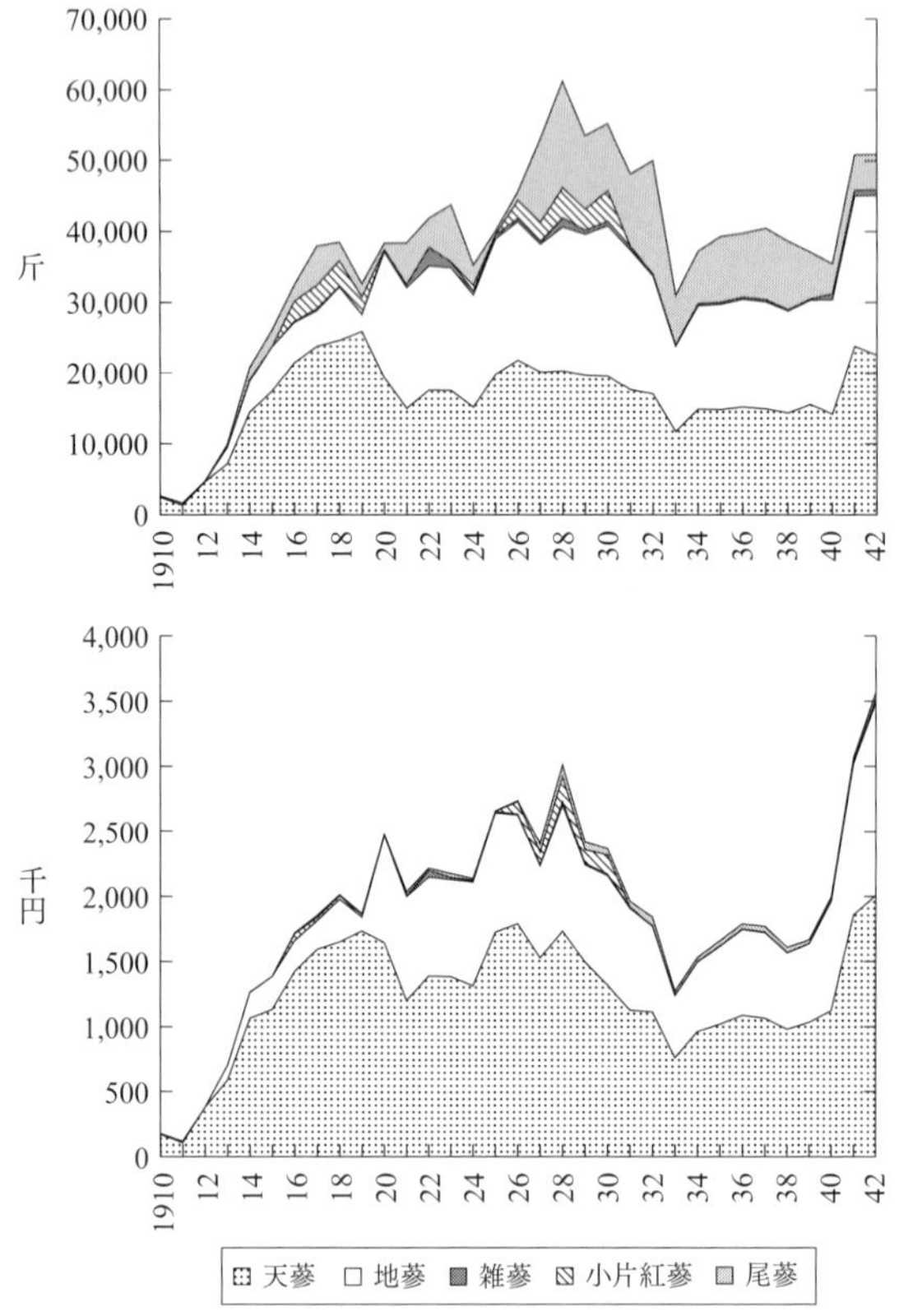

図3-4　紅蔘の販売数量（上）および価額（下）

出所）朝鮮総督府専売局『朝鮮総督府専売局年報』各年度版；朝鮮総督府『朝鮮総督府統計年報』各年度版。

なかった。

そこで、一九〇九年度以降五カ年間の紅蔘払下契約書案を設けて、専売当局は紅蔘買受のために訪韓した上海蔘商の大吉昌号と、かつて特約払下人であった三井物産を指名して、一九〇九年八月に入札を行い、より高価での入札者となった三井物産との払下を特約した。それ以来、三井物産は変わることなく、紅蔘の払下人となり、紅蔘の海外販売、すなわち輸出を担当した。一九一三年に既存契約が満了すると、図3-4のように紅蔘の製造量が増加するにしたがって、中国での販売拡張を行った努力を評価し、毎年紅蔘製造三万斤の方針を立てて三井物産に一手に払い下げることとし、海外での独占販売権を三井物産に与えたのである。この販売基準量は中国での需要増加にともなって三万五千斤、四万斤、さらにそれ以上へと拡大していった。もっとも一九一六年には販売の方法を改め、委託販売を実施したこともあったが、その手続きが煩雑であり、三井物産に販売を督励するのは不適と判断してそれを中止し、払下を原則とした。紅蔘をめぐるフードシステムが植民地期に入ってから変容するなか、三井物産は「生産者と消費者の分離」に際して国際的流通チャネルとして機能したのである。

この方針の問題点は、総督府からの売渡しの量と価格がたいてい一定であったのに対し、三井物産の販売は中国の需要と為替相場の変動によって激しく上下したことである。年間四万斤近くが消化できる年もあれば、数千斤しか販売できない年もあり、年々大量の在庫品を持ち越さざるを得なかった。朝鮮開城で払い下げられた紅蔘は、紅蔘の主な消費地たる華中・華南が高温多湿で長期間にわたる貯蔵保管ができないため、これらの地域に直接送られずに、中国各地方との交通の便宜があり気候などの面で長期貯蔵ができる三井物産芝罘支店倉庫に送られて、上海支店をはじめ、各支店や事務所の販売動向に応じて中国各地へと送られた[26]。芝罘が他の地域に比べて気候的に紅蔘の貯蔵に適したため、三井物産はこの地に倉庫を特設し、払下を受けた紅蔘をすべて保管したのである。たとえば、毎年若干の滞貨が生じたが、一九二二年四月末にはそれが四万余斤に達した。

そのような滞貨を解決するためには水蔘の収納量を減らし、製造量を調整する必要があったものの、それはただちに蔘業耕作者の経済的損失となる。売捌業者は膨大な在庫品を抱えながら、毎年二二〇〜二三〇万円に達する代価を支払って払下の紅蔘を購入するほどの資金力をもたなければならなかった。紅蔘の製造量が増えるにつれて、中国人のあいだでも信用の高い三井物産の資金能力と販売網に専売当局は頼らざるを得なかった。一方、三井物産にとって、朝鮮紅蔘は京城支店の安定した取扱商品であり、他の商品に比べて取扱額は小さいが、「その収益金は一貫して頭抜けていた[27]」。そのため、三井物産が指定入札に積極的に参加したことはいうまでもなく、一九〇九年に五カ年払下契約の落札者になってその契約が満期に至ってからは、総督府専売当局との信頼関係で一手販売権を獲得し、契約期間の延長や払下価格の引下げを通じて長期の安定的な収入源を確保しようとした。結果的に三井物産との契約期間は一年（一九〇八）、五年（一九〇九〜一三）、五年（一四〜一八）、八年（一九一九〜二六）、一〇年（一九二七〜三六）へと延びた。それを通じて、総督府専売当局と三井物産との相互依存性が高まったわけである。

とはいうものの、年々の払下の量と価格については微調整の余地が常に残されていた。中国における銀（すなわち銀本位両）相場の変動が紅蔘販売の収益に影響を及ぼすと、それによる追加利益あるいは追加費用を総督府専売当局と三井物産のあいだで分かちあう関係が定着していた。たとえば、一九一四年の払下契約に際しては製造量の増加と中国市場の状況をみて、「従前の価格は高価にては過ぎ販路減縮の虞」があると判断し、払下価格の引下げを決定した。(28) しかし、一九一九年に入って図3-5のように中国の銀相場が上昇し、為替利得が大きくなるにつれ、専売当局側は開城出張所長を中国に派遣し、販売状況を調査して三井物産に対し販売方法の改善を要求するとともに、払下価格の引上げを提示し、引上げ協定を締結した。とはいえ専売当局側も、本質的には品質の向上を図ることが肝要であると認めていた。図3-4と図3-5に示されるように、天蔘、地蔘、雑蔘などの価格差は大きく、天蔘の払下如何が専売収入に直結したことがわかる。

一九二〇年以降、銀相場が漸次下落すると、三井物産は「現在に於ける販売価格に比較するときは其の差尠からずして総数量に対しては巨額の損失と為り此の損失額を三井に於て負担するは到底忍び得ざる所と為し右損失額を折半し其の半額を政府に於て負担し残額を三井に於て負担することとせられたし」と払下価格値下方を請願し、総督府側も受け入れた。(29) その後、銀相場が回復し、在庫も漸次減少すると、一九二四年七月には払下価格の値上げとともに各片級別に価格を定めることとした。しかし一九二六年に入って銀相場の価値が再び下落し、さらに翌年に中国で内戦が勃発すると、払下価格の値下げを余儀なくされた。そればかりでなく、中国政府側の関税引上げ、貨物税の徴収が断行され、三井物産の負担が大きくなったため、その負担を専売当局と三井物産が分担し、一部だけを消費者に転嫁して、売行きの減退を避けようとした。図3-5のように世界大恐慌の最中には一〇〇円に対する銀相場が急落し、一挙に一〇〇両台を超え、一九三一年には一五三・八八七両に達した。そのため、一九三〇年払下予定数量三万八千斤に対する損失が莫大になったことから、為替損失額の三分の一を朝鮮専売局が負担することにし、払下価格を協定した。

このような払下価格の調整が行われ、図3-6の朝鮮からの輸移出や三井物産の輸出からわかるように、中国や南方での販売は一九三〇年までは増えていった。紅蔘の輸出先は中国がその大部分を占め、香港、マライ海峡植民地、台湾などがこれに次ぎ、インドネシア、仏領インドシナ、ビルマ、フィリピンにも若干の輸出が行われた。もちろん、払下価格の引下げのため、価額を基準とすると、それほど急激な増加ぶりではなかったものの、一九一〇

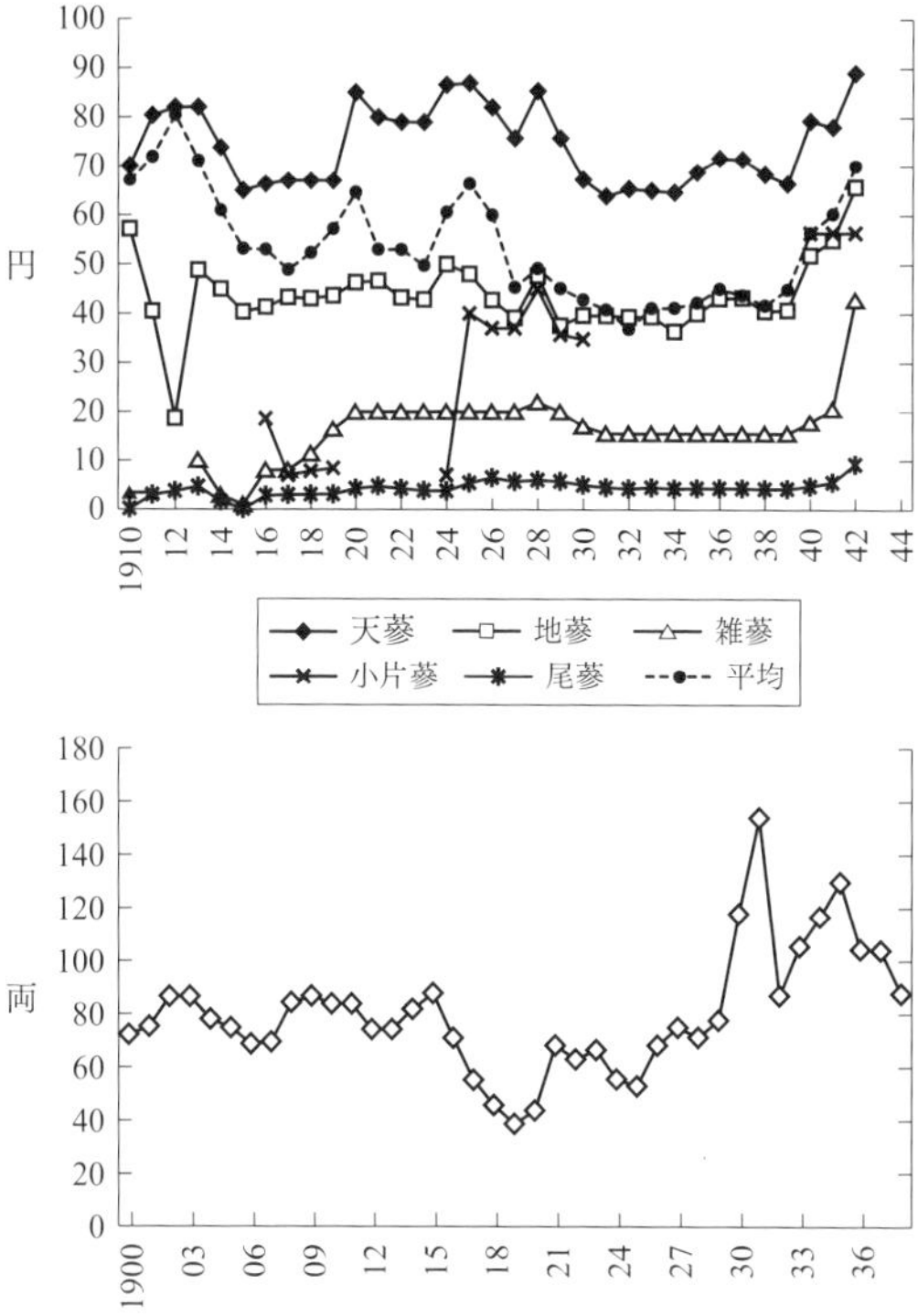

図 3-5　専売局紅蔘の払下価格（上）と中国上海の両相場（下）

出所）朝鮮総督府専売局『朝鮮総督府専売局年報』各年度版；朝鮮総督府『朝鮮総督府統計年報』各年度版；日本銀行統計局『明治以降本邦主要経済統計』1966 年。

注）払下価格＝払下額÷払下数量。銀相場は 100 円に対する両の価値。

年代に比べて一九二〇年代に朝鮮産紅蔘の大きな発展があったと判断できる。しかし、世界大恐慌の進行に加えて、満洲事変、さらに上海事変も勃発すると、中国人の日貨排斥運動の影響を受け、為替相場の下落があったにもかかわらず、中国での「荷動き」はみられなかった。[30] 図3-6では輸移出量が急激に低下しており、一九三二年度上半期における三井物産の販売量は二六一斤に過ぎなかった。三井物産の輸出統計は一九二九年度下半期以降に限って得られ、また半期別統計であるが、税関を基準とする総督府統計よりは実際の販売をあらわすものに近い。いずれ

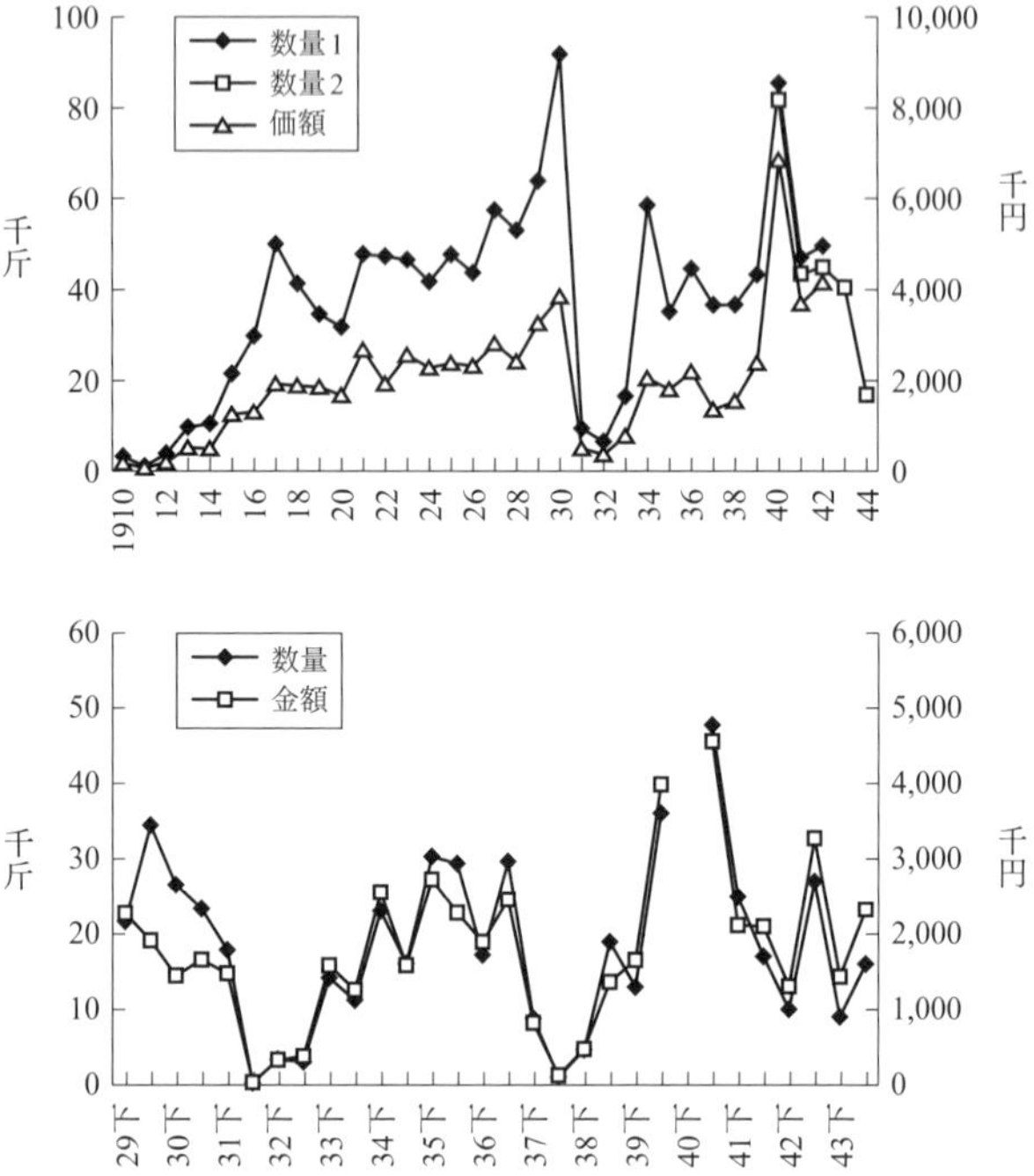

図 3-6　朝鮮総督府専売局の紅蔘輸移出（上）と三井物産の人蔘輸出（下）

出所）朝鮮総督府専売局『朝鮮総督府専売局年報』各年度版；朝鮮総督府『朝鮮総督府統計年報』各年度版；朝鮮総督府財務局「昭和 20 年度 第 84 回帝国議会説明資料」『朝鮮総督府帝国議会説明資料』第 10 巻，不二出版，1994 年；三井物産『事業報告書』各期版。

注 1）総督府専売局統制の数量 1 は専売局統計，数量 2 は帝国議会説明資料統計。

2）数量 2 の帝国議会説明資料統計の 1944 年度分は 4～9 月の上半期分である。

3）三井物産の輸出は半期別統計。1929 年度上半期以前と 1940 年度下半期の数値は資料上不詳。

にせよ、一九三二年には三井物産が抱えた滞貨が五万七千余斤（約一年半分の販売数量）を記録し、三三年にはそれが一一万三千余斤（約二年半分の販売数量）に達した。このような経験はかつてなかったため、総督府は紅蔘専売の予算差益五八万余円の半額に収まる範囲で、払下紅蔘の値下げだけでなく、数量の縮小も余儀なくされた。

　このような価格および数量調整が総督府財政に対してネガティブな影響を及ぼすことはいうまでもなく、耕作者側にとっても蔘業経営を大きく圧迫する措置であった。同様の対策は一九三四年にも採られたが、これが開城をはじめとする蔘業界にとって深刻な影響を及ぼした。専売局では、一九三三年の種蔘植付に際して従来の三分の一を縮減し、二五万間植付のみを行うこととなった(31)。とはいうものの、水蔘の収穫に注目すれば、前掲図3-1のように、一九二〇年代半ば以降土地生産性が大きく向上し、水蔘の収穫量が大きく増えたものの、収納量はむしろ低下しており、それが賠償金額でより大幅に低下した。それだけでなく、製造量に比べても専売局の販売量とカウントされる販売量やその価額が一九三〇年代に入って急減したのである。その結果、専売局によって収納され、紅蔘として製造されるべきであった水蔘が白蔘市場に大量に回ってきたわけである。

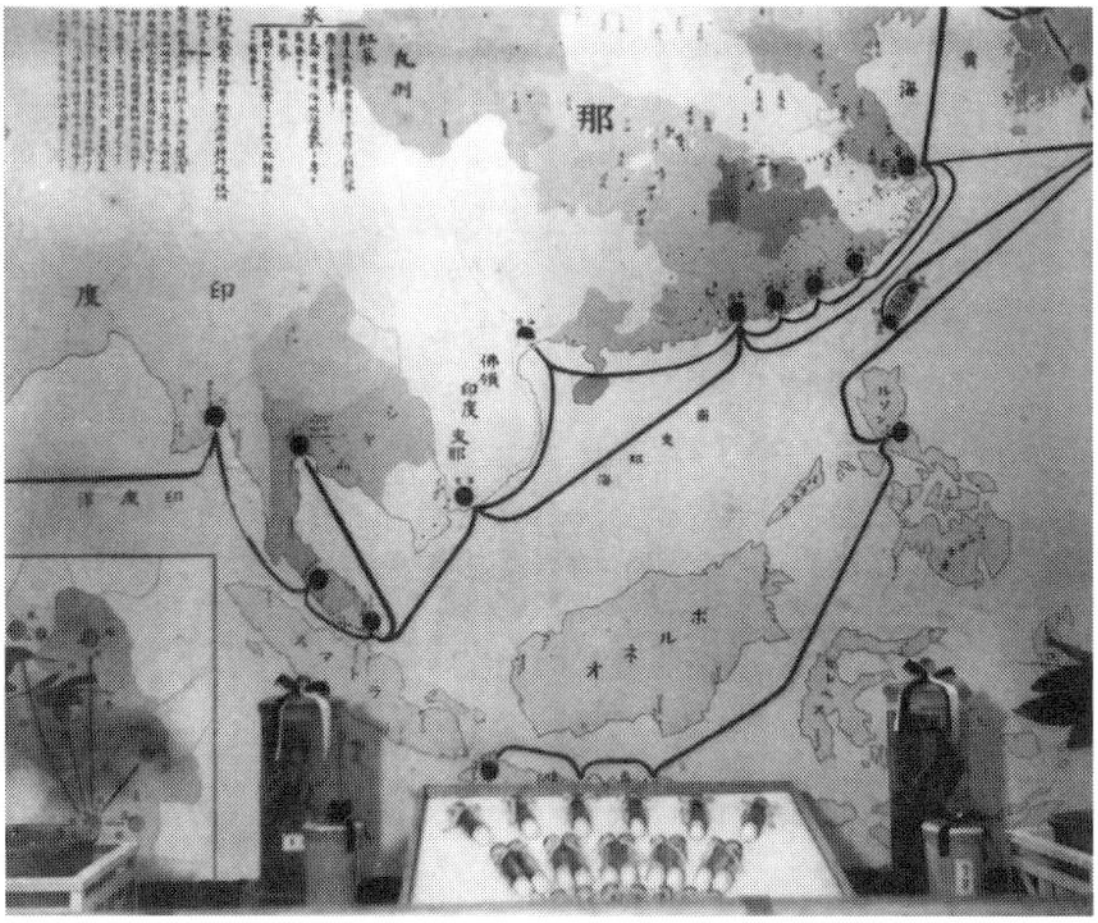

資料図版 3-3　三井物産の紅蔘販路

出所）三井物産株式会社京城支店『朝鮮総督府施政二十年記念朝鮮博覧会三井館』1929 年。

　しかしながら、白蔘と紅蔘の価格差は七〜八倍（一九三二〜三四年）に達したため、水蔘をもって紅蔘を蒸造する場合、それによる利益はあまりにも大きく、紅蔘の密造および密輸出が行われた。紅蔘一斤の原価は一〇〜一三円であるが、それを華南や南洋で販売すれば、一〇〇～二〇〇円で売れるとされ、以前は極刑に処された紅蔘密造が「恒茶飯事」として行われていると指摘されるほどであった[32]。もちろん、それ以前にも密造・密輸出がなかったわけではないが[33]、一九二〇年代末から一九三〇年代前半期にかけて紅蔘専売令の違反者として逮捕された人数と件数が図3-7のように急激に増えた。しかし戦時統制下の中国市場での販売が増え、それに連動して水蔘の収納量が増加し、その単価も上昇するにつれ、専売令の違反者も急減した。

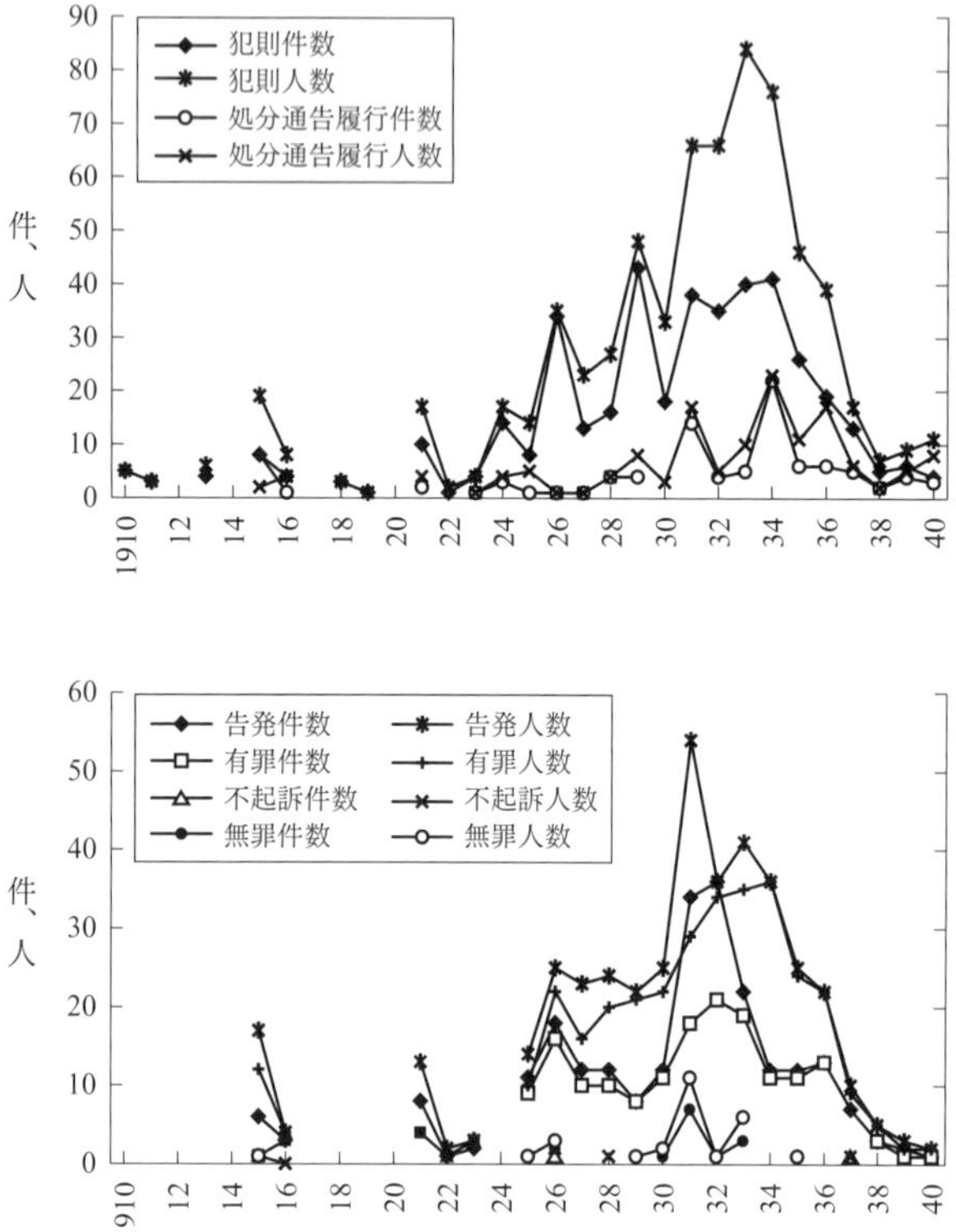

図3-7　紅蔘専売令違反状況

出所）朝鮮総督府専売局『朝鮮総督府専売局年報』各年度版。

（2）三井物産のコミットメントの拡大と紅蔘専売収支

以上のように、中国における紅蔘の販売如何によって、朝鮮専売局と三井物産とのあいだで払下の価格と数量が決定され、それが紅蔘の製造はもとより、水蔘の収納と賠償価格に影響を与え、最終的に開城などの蔘業者の経営にもフィードバックされた。一九三〇年代に入って日中関係が悪化し、日本帝国の高麗蔘として中国人によって認識され、窮地に陥った朝鮮蔘業に対して、三井物産は紅蔘の販売だけでなく、生産過程にも関与し、それまでのコミットメントをさらに深めた。一九二三、二八年の二回にわたり、三井物産が開城蔘業組合側の関係者に対して「中国遊覧」の便宜を斡旋するほど、三井物産京城支店と蔘業組合の朝鮮人らとの関係はきわめて親密なものであった[34]。それだけに、耕作者が蔘価低落によって漸次収益を減少させ、世界大恐慌と満洲事変そして上海事変に際して苦境に陥ると、三井物産は紅蔘の払受人として蔘業事業への融資を断行した[35]。

総督府は銀相場低落による紅蔘専売収入の減退に鑑み、既述のように一九三一年末の水蔘収納分より賠償価格を一割引き下げ、総額約一五万円の歳出減を図ることを決定すると、そのしわ寄せが耕作者に及び、その補塡の意味で耕作資金の融通者たる朝鮮殖産銀行の貸出利率八・一％（長期）と八・五％（短期）よりできるだけ低利の融資に借換させ、耕作者の損失を軽減しようとした。そのため、専売局が殖産銀行に交渉し、長期の八・一％を七・七％まで引き下げることの承認を得たが、それによる利子軽減分はわずか八〇〇〇円に過ぎなかった。蔘業組合としては少なくとも三万円見当の損失補塡が可能な六・五％以下の低利資金を求めた。そこで、専売局長より三井物産京城支店への慫慂があり、三井物産から最高一四〇万円（長期九〇万円、短期四七万円）の資金融通が決定された。

殖産銀行の融資を肩代わりした理由は、「一、人蔘一手販売を継続する意味において耕作者側とかかるところまで踏み込み、密接の関係を付け置く方得策なりと信ぜらるる事」「一、本年度払下価格協定を相当有利に導き得可き事」「一、前記天引回収方法により資金の回収に不安なき事」であった[36]。融資方法は最低六・五％で組合員の連帯保証を必要とし、二年根に対し貸し付けて六年根となるまで据え置く長期のものと六年根に対する短期のものがあ

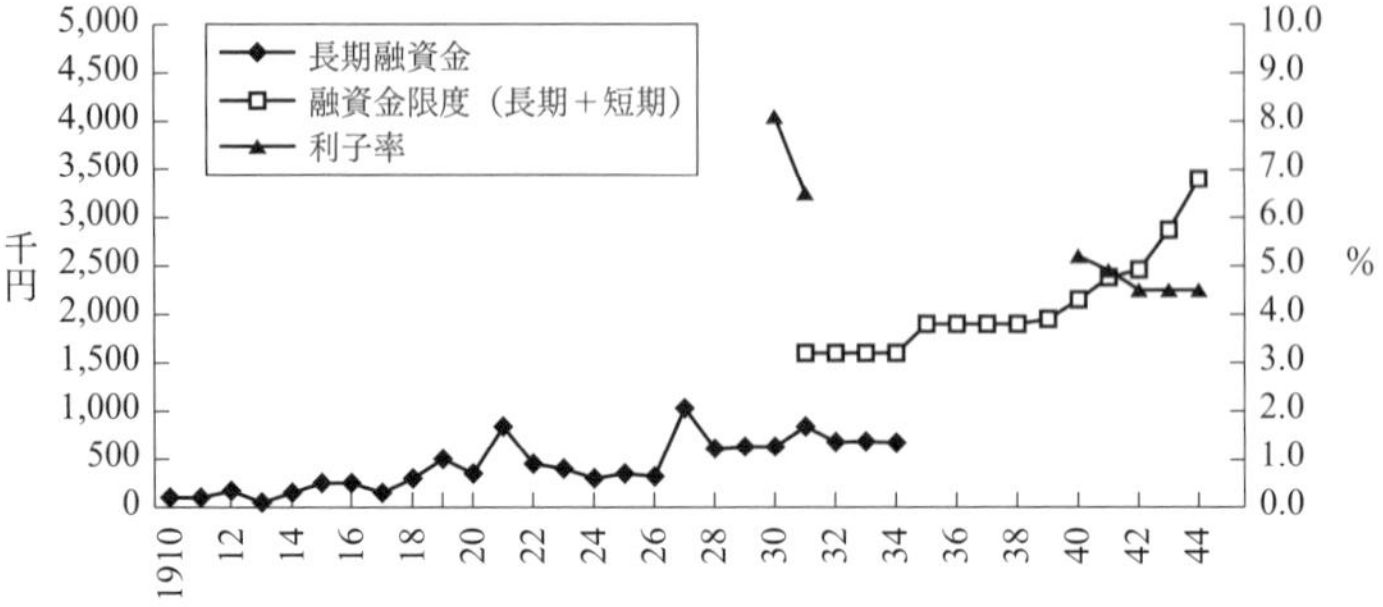

図 3-8　開城蔘業組合の融資金

出所）朝鮮総督府専売局『朝鮮専売史』第 3 巻，1936 年；三井物産『取締役会決議録』。

り、採掘年の一〇月末に両方とも賠償金中より優先的に天引して返済された。また、人蔘払下契約期間中に限って融資が行われたため、三井物産京城支店の説明のように、三井物産は紅蔘の一手販売権を獲得しつつ、払下価格への交渉力を高めることができたのである。

その結果、図3-8のように、一九三〇年から三一年にかけて利子率が低下し、その後も戦時下で低下し続けた。開城蔘業組合側からは一九三一年の白蔘値下がりによる経営悪化、一九三五年の「高歩」融資の借換、一九三九年の減反前三六万坪への植付復活、一九四〇年の紅蔘の売行き増加と「生産力拡充産業保護」にともなう植付増加、一九四三年の増産計画にともなう耕作面積の増加といった理由をもって専売局を経由し、あるいは直接に三井物産に対して融資金の拡大と利子率の低下を要請し、三井物産はこれらを受け入れたのである。[37] 融資並びに回収方法も毎年二年根の植付坪当たり一円、四年根五〇銭、五年根五〇銭、計二円を貸し出し、六年目の採掘収納時に政府賠償金中より優先支払を受ける方式へと単純化した。さらに、三井物産は開城府記念博物館建設（一万円、一九三一年）、朝鮮人蔘協会への寄付（五万円、一九四〇年）、開城神社改築（一万円、一九四〇年）、朝鮮人蔘協会人蔘研究（二万円、一九四〇年）、専売病院建設（五〇万円、一九四〇年）、開城府道路舗装工事計画基金（一万円、一九四〇年）、朝鮮人蔘品種改良研究（三万四一〇〇円、一九四一年）といった各種寄付を通じて朝鮮専売局、人蔘研究機関、地域社会とのかかわりを強化しようとした。[38] もはや三井物産は朝鮮専売局の紅蔘販売機構としてだけでなく、人蔘耕作者の融資金の提供者として紅蔘専売業にとって不可欠な存在となったのである。

こうして三井物産の紅蔘販売事業は隆盛をみることとなる。日中全面戦争の勃発後、紅蔘販売状況は一時減退の兆しがあったが、日本軍の占領地が拡大し、さらにその治安回復が進むにつれ、中国占領地への輸入および法幣価値の下落による「換物気運ノ濃化」などで「売行旺盛」となり、一九四〇年には中華民国内のみでも五万四二〇〇余斤、金額七〇〇万円以上に達する「未曾有ノ売行」をみて、軍票回収にも相当貢献した。[39] 将来的に幣制が確立し、経済界が安定する場合、紅蔘の売行きも平常化し、毎年順調な商況が見込めると、専売当局によって予測された。中国以外の地域でも、需要者はことごとく華僑であったため、戦争の影響を受けてその勃発直後には販売状況がはなはだ不良であったが、その後、漸次売行きが回復し、「前途好況」と予想された。ところが、イギリス、アメリカ、蘭領インドネシアの対日資産凍結によって、これらの地域と取引不能に陥ったため、専売当局は一九四一年度にこれら地域へ販売する予定であった約六千斤をタイと仏領インドシナに振り向けて販売せざるを得なかった。

そこで、三井物産の販売価格対策についてみると（表3-3）、紅蔘売捌値段は最大需要地たる中華民国における最重要期、仲秋および正月の二回の市場の状況、将来の為替関係ならびに手持高などを勘案し、日中両建値をもって決定することが通例であった。[40] しかし、日中全面戦争が勃発して

表 3-3　三井物産の地域別紅蔘販売価格（1941 年）

（単位：円）

区分	天蔘				地蔘				
	15 支	20 支	30 支	40 支	15 支	20 支	30 支	40 支	50 支
中華民国	250	144	129	120	120	119	114	111	106
香港	82	72	64		60	59	57		
タイ	94	83	71	68	68	67	63	60	
台湾		108	95		88	87	83	80	
その他地域	135	118	105	98	98	97	93	90	

出所）朝鮮総督府専売局「昭和 16 年 12 月 第 79 回帝国議会説明資料」『朝鮮総督府帝国議会説明資料』第 6 巻，不二出版，1994 年。
注 1）天蔘は甲品，地蔘は乙品に該当する。
2）支とは大小区分名称で，たとえば，15 支は 19 本，20 支は 28 本（以下同じ）をもって 1 斤（160 匁）に達するもの。

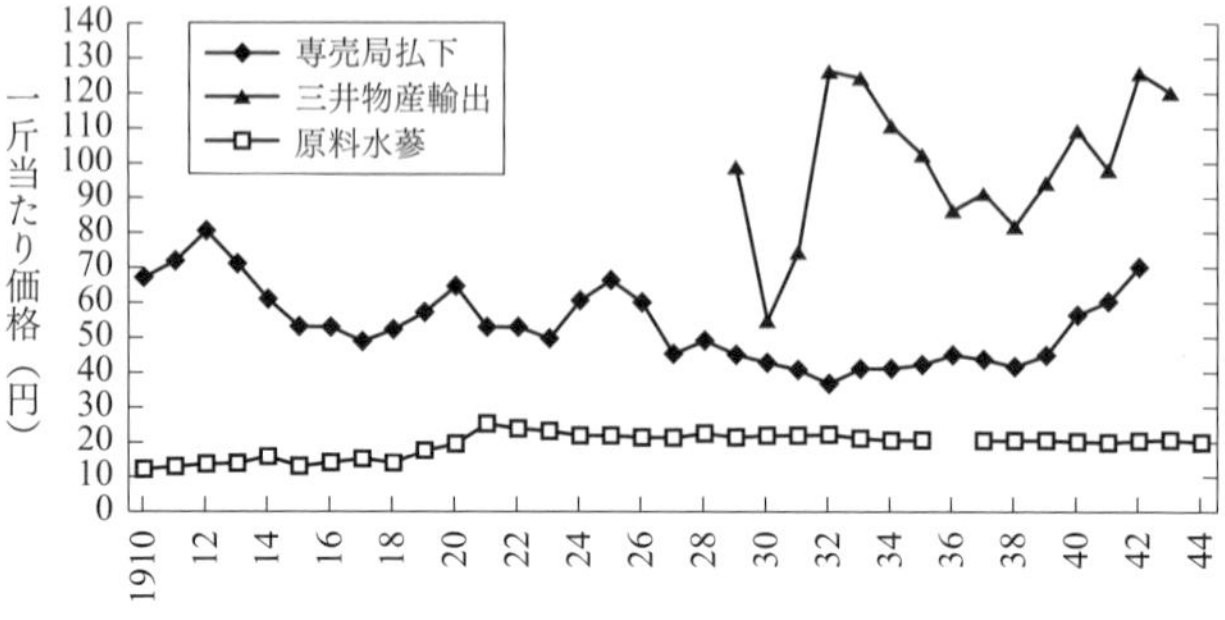

図3-9　紅蔘の単価（専売局の水蔘収納，紅蔘払下，三井物産の輸出）

出所）朝鮮総督府専売局『朝鮮総督府専売局年報』各年度版；朝鮮総督府『朝鮮総督府統計年報』各年度版；朝鮮総督府財務局「昭和20年度 第84回帝国議会説明資料」『朝鮮総督府帝国議会説明資料』第10巻，不二出版，1994年；三井物産『事業報告書』各期版。

注1）専売局輸出単価は『年報』の紅蔘輸出量と金額から計算。
2）三井物産輸出単価は『事業報告書』「社外売約高 品類別並びに商売別表」の輸出量と金額から計算。『事業報告書』では「紅蔘」ではなく「人蔘」と表示されていたため，三井物産輸出価格は高くなる可能性がある。

以来、法幣の暴落が著しく、地域ごとに換算方法がはなはだしく異なっていた。そのため、便宜上、邦貨によって地域別に異なる売値を定めた。三井物産はもっとも旺盛な需要のある中国（主に華中・華南）に対しては高い販売価格を策定し、紅蔘への需要が比較的弱い地域では相対的に低い価格を策定した。とりわけ、香港とタイ国は円、法幣および外貨との換算関係上同一価格では中華民国内からの再輸出が多くなり、対日直接取引がはなはだしく阻害されるので、もっとも低い価格を設定した。こうして三井物産は紅蔘市場の大きさと為替相場などを考慮し、価格差別戦略をとったのである。

　このような三井物産の紅蔘販売価格の推移を、資料上確認できる範囲でみると、世界大恐慌に際して急落した価格はその後回復したが、再び低下し続け、日中全面戦争が勃発して底をうち、その後急激な回復ぶりを示した。これを前掲図3-6の数量的動向とあわせて考えれば、恐慌と満洲事変および上海事変によって売行きが停滞したなか、販売価格を引き下げることで中国人の購入を促したが、日中全面戦争が一段落し、占領地の治安維持ができるようになったために、戦時インフレのなかで紅蔘が「換物」として認識されたこともあり、価格上昇をともないながら、その販売量が伸びたのである。ここで、見逃してはならないのが、図3-9でみられるような、専売局の払下価格と三井物産の販売価格との価格差である。中国人の需要

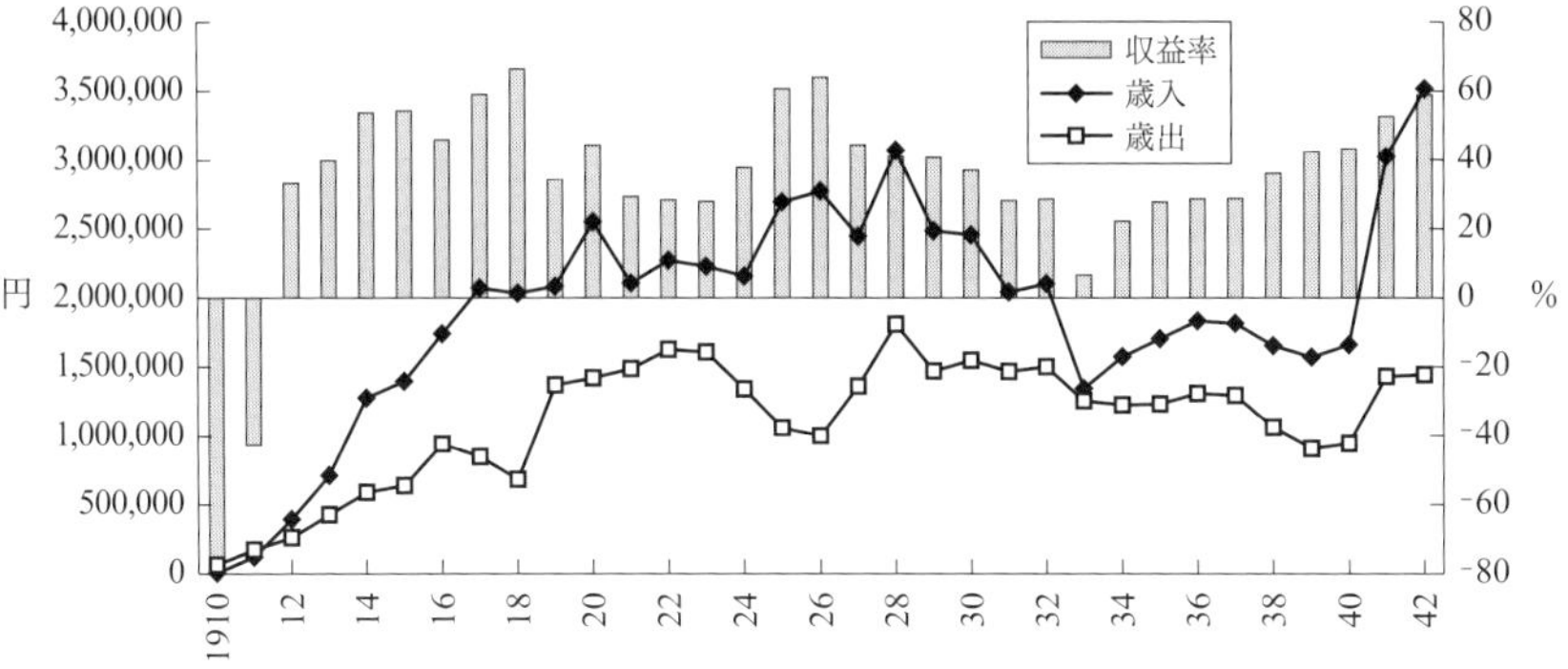

図 3-10　朝鮮総督府の紅蔘専売収支

出所）朝鮮総督府専売局『朝鮮専売史』第 3 巻，1936 年；同『朝鮮総督府専売局年報』各年度版；同『朝鮮総督府専売局事業概要』各年度版；朝鮮総督府『朝鮮総督府統計統計年報』各年度版；朝鮮総督府財務局「昭和 20 年度 第 84 回帝国議会説明資料」『朝鮮総督府帝国議会説明資料』第 10 巻，不二出版，1994 年；三井物産『事業報告書』各期版。

注 1）1910〜1920 年の人蔘および塩業の収入は大蔵省『明治大正財政史』第 18 巻（1939 年）より得る。しかし，支出は 1910〜11 年は専売局が設置され，専売局の費用が得られるが，1912〜20 年は「専売事業費」のみであって，これには官吏俸給が含まれていない。そのため，1910〜11 年の専売局支出の中に占める俸給の平均比率 19.63 % をもって，専売事業全体の支出を推計する。

2）さらに，1921〜23 年における人蔘と塩の 3 カ年平均支出比率（66.6 対 33.4）をもって，1910〜20 年における全体の専売支出を人蔘と塩の二つに分離した。とはいえ，1918 年には「専売事業費」が急減し，その翌年に急増したため，それをもって俸給を推計すれば，年々大きな変動のない俸給が過小評価されるので，1918 年の俸給は直線補間する。

3）1934 年までは『朝鮮専売史』，35 年は『事業概要』，36 年から 42 年までは『説明資料』。

動向に晒され、三井物産の販売価格は大幅な変動をともなったものの、比較可能な範囲でみると、専売局払下価格とは平均的に二倍以上の格差があった。運送費、保管費、利子負担などを除いて、そのまま収入源になったわけである。なお収納価格と払下価格との格差が紅蔘専売の収入源となり、その中から製造費などを除けば、専売益金となった。

紅蔘専売収入は、図3-10のように一九二〇年代末まで上昇し続け、一九三〇年代に入ってから恐慌と戦争のショックを受けて低迷し、一九四〇年代に入って急増した。これに対し、専売の支出は一九一〇年代後半と二〇年代前半に急減することもあったが、一九二八年まで増加し続け、その後傾向的に低下した。そのため、収益率は一九一〇年代中頃まで高い推移を示したあと低下し、その後一九二〇年代中頃に高くなったが、減少し続け、一九三三年に底に達して、その後急激に上昇した。朝鮮総督府の全専売収入（蔘業、塩、阿片、煙草、硫酸ニコチン）の八〇〜九〇％以上を占める煙草専売事業が一九二一年より実施される以前は、紅蔘専売は総督府財政の安定的な収入源であり、煙草専売事業が実施されても、一九二〇年代前半にはおおよそ全専売収入の一〇％、全専売益金の一五％を占めた。一九三〇年代には紅蔘の代わりに塩の比重が大きくなったが、一九四〇年代に入ると、生活必需品および工業原料としての低価格政策もあり、塩専売が赤字を記録し、紅蔘専売の重要性が再び認識された。

そうしたなかで、紅蔘の製造量は大きくなった。中国占領地や南方諸地域との交易増進にともなう売行き激増が続き、漸次植付面積は四五万坪に達し、これを採掘すべき一九四六年度以降には紅蔘の製造量見込が五万五千斤になると予測された[41]。この製造量をもってしても「東亜共栄圏内ノ需要」を充たすことは難しいとみたにもかかわらず、耕地の確保、耕作資材の入手および製造設備の増設が至難であった。日・仏印、日・泰間の交易促進にともない紅蔘の販売が「飛躍的増加」を示しただけでなく、日米開戦後の新占領地たる香港、シンガポール、マニラ、ジャカルタなどとの取引が回復するにつれ、紅蔘の消費地域はさらに広範となると予測された。そこで、専売当局は一九四四年の払下価格は一九三九年に比べて約四〇〇％の引上げを行い、前掲図3-9から平均一七九・六円に達したと推計できる[42]。人蔘の不足は単に紅蔘に止まらず、白蔘でも医薬用の需給逼迫が生じ、統制の必要が認められ、政府が認める特殊用以外では水蔘の全量が白蔘に製造され、各耕作者団体ないし人蔘販売団体の自治的統制によって耕作と製造、そして配給が一元的に行われることとなった。

おわりに

紅蔘業は国家独占となって以来、国家財政の一部として耕作から収納、製造、販売に至るまで効率化され、総督府財政を支えた。そのなかで品種改良、耕作改良、資金調達が特別耕作区域を中心として進められ、紅蔘の商品化とともに土地生産性の向上が達成された。その結果、紅蔘の生産量が大きく増えたことはいうまでもない。紅蔘の原料として収納される分に対しては生産費を考慮した価格の設定が行われたことはもとより、未収納分の白蔘製造やその販売も可能となり、蔘業者は安定的経営を戦時下でも実現できた。そこでは、耕作者と総督府専売当局または三井物産を繋げる中間組織として開城蔘業組合が大きな役割をはたした。

収納水蔘を原料として紅蔘の製造が行われ、払い下げられると、それは総督府財政の安定的な収入源となった。そのため、中国現地需要に即した製造に関する技術と品質の改良が繰り返された。とはいうものの、販売は、総督府側からみれば外部組織の、三井物産に依存した。前近代より進んでいた「生産者と消費者の分離」は三井物産を通じて東アジアで全面展開されたのである。すなわち、三井物産は資金力、信用、ネットワークをもっており、変動する需要動向の激しい衝撃を吸収でき、代わりに取扱量は少ないが、きわめて収益性の高い商品を独占できた。この相互依存性に頼りながら、植民地の蔘業は進展したのである。

とはいえ、中国における為替リスクや景気動向、さらに国際政治上の不確実性を、独占販売期間中に毎年実施される紅蔘払下の価格および数量調整を通じて、専売当局と三井物産がともに負担していた。通常は価格調整のみによるが、たとえば、一九三〇年代初めには需要の減退があまりにも大きく、大幅な数量調整が避けられなかった。そのため人蔘の植付面積の削減が断行された。その結果、耕作者の負担が増えたため、三井物産は総督府の介入を経て耕作資金を提供し、生産過程にもかかわり、その後戦時下の紅蔘販売の飛躍的増加にともなう収益の拡大を総督府とシェアした。

このような紅蔘専売業は、解放にともなって開城周辺が北緯三八度線以北に位置したことから耕作地域が半減し、ソ連軍の略奪も受けた。また専売事業の民営化議論が始まり、耕作者らによる実力行使もあったが、専売業の財政的効果が軍政庁に認められ、結果的にその存続が可能となった。しかしまた、朝鮮戦争の勃発によって紅蔘は略奪され、開城という高麗時代以来の拠点を完全に失い、新開地での再出発を余儀なくされた。そこで専売当局は敵陣にある人蔘種子を回収し、試作計画と増産計画を通じて原料水蔘の確保に力を入れ、標準耕作技術の普及と資金調達への支援などを通じて収納量の拡大を図った。その結果、紅蔘製造も一九六〇年代半ばから増え、一九七〇年代には高麗人蔘廠を建設し、紅蔘製造工程の機械化を図り、大量生産が実現された。これらの製品は戦前のように一手販売権が与えられ、アジアを超えて全世界への販売が進められた。

以上のような紅蔘専売の経済構造は、総督府財政の安定化に寄与していたが、戦後になって販売組織たる三井物産との取引が途絶え、朝鮮戦争による開城の失地とともに、危機に瀕した。しかし耕作から収納、製造に至る専売体制が忠南・扶余を中心に再構築され、さらに洗練化されることによって、韓国財政を支えただけでなく、不足がちな外貨を獲得できる主要な輸出商品となったことは見逃せない。

第Ⅱ部　滋養と新味の交流

第四章　「文明的滋養」の渡来と普及

——牛乳の生産と消費——

はじめに

本章の課題は、植民地朝鮮において、「文明的滋養」としての牛乳がどのように導入されて普及したのかを、生産と消費の両面から検討し、その歴史的意義を明らかにすることである。

朝鮮における近代社会への移行は、他律的なものとして、植民地経験を媒介に行われた。このことから、近代的各種制度や生活方式では植民地本国たる日本からの規定力が強く作用し、植民地住民たる朝鮮人の身体的規律にも植民地的痕跡を残している。これについては保健衛生学的観点から多くのアプローチが試みられてきた。植民地期医療について申東源は総督府の保健医療政策を分析して、主要な政策の方向性が公衆衛生取締り中心にあったため、朝鮮人がこれを忌避しており、また医療救護は「弥縫策」に過ぎず、朝鮮人が享有したベネフィットは大きくなかったとみた。また、朴潤栽は旧韓国時代から植民地初期にかけて展開された近代的医学体系の形成と再編過程に対する分析を通じて、植民地朝鮮においては積極的な健康の向上より生命の保護という消極的行政のみが実施され、朝鮮人はただ衛生警察の統制範囲内に置かれる客体の範疇に留まっているとみた。(1)

もちろん、これらは衛生学的改善を前提としてその限界を論じるものではあったものの、一方で実際には植民地住民の身体の基盤となる栄養からの考察はそれほど行われてこなかった。外部から栄養素を摂取し、それを消化することによって、身体は成長し、健康な状態が維持され、さらに生育可能となる。この点で、食事と病気とのあいだには強い相関関係が成立している。戦後にかけて死亡率の低下とともに、身長と体重の増加が確認できるため、蛋白質、脂肪、炭水化物の三大栄養素はもとより、無機質、ビタミンなどからなる栄養素の摂取が豊富になったことは確かである。そのなかで、「文明的滋養」として象徴的だったのが牛乳であった。牛乳は蛋白質、カルシウム、脂肪、必須アミノ酸などといった栄養素が豊富に含まれ、栄養学の進化と衛生思想の発達に相応しい食品として認識されたのである(2)。

このような重要性にもかかわらず、植民地朝鮮の牛乳史に対する分析はソウル牛乳協同組合の『ソウル牛乳六十年史』が唯一のものである(3)。前史として植民地時代の酪農業、清凉里農乳組合、京城牛乳同業組合の創立、牛乳配給制などが検討されたものの、分析のスタンスがあくまでも組合史の記述にあったため、本格的分析にはなっておらず、記述の根拠もごく一部の資料にもとづくに過ぎない上に、事実を歪曲したところも少なくない。この時期の牛乳の需給構造がいかなるものであるのか、消費量や普及程度を植民地本国たる日本との比較を通じて明らかにし、植民地朝鮮での牛乳消費がもつ歴史性を吟味しなければならない。何よりも京城牛乳同業組合の創立がどのような性格を有するのか、より明確にする必要がある。

1　「文明的滋養」の導入とその経済性

朝鮮の畜牛は肉役両用に供されて、その優秀性に定評があったが、朝鮮牛が乳用として利用されることはあまりなかった[4]。朝鮮人は従来の慣習から牛乳を飲用することはきわめて少なく、貴族や両班の一部に限って牛乳スープとして消費されるケースがあるのみであった。そのため、搾乳業は仁川、釜山など居留地の外国人などを中心にもっとも早く開始され、朝鮮内に広がっていく。仁川においては一八八七年に長崎より雑種の乳牛二、三頭をつれてきて、営業を始めたが、累次の牛疫のために全滅した。その後、繰り返して乳牛を輸入し、一九〇九年にはその数が二三頭に達した。釜山でも早くに雑種を輸入し、搾乳業が展開され、一九〇九年には洋種のホルスタイン(Holstein-Friesian)、エアシャー(Ayrshire)が一三頭を記録し、他の三七頭程度が朝鮮牛であった。その後、京城、平壌などにも搾乳業が次第に伝えられ、朝鮮が日本の植民地になってからは日本人の居留が多い場所ではほとんど搾乳事業所が設置された。これらの搾乳事業所は主に日本人によって経営された[5]。

最大の消費地たる京城において搾乳業の開始をみると[6]、一九〇〇年一月に鹿子木要之助が朝鮮牛一頭を買い入れて自家用として搾乳し始め、それを知人に提供したこともあったが、「牛乳搾取営業の嚆矢」としては、御船鹿太郎が一九〇〇年一二月一八日に京城の日本領事館の認可を受けて搾乳業を始め、さらに一九〇二年五月一二日に平山政吉も認可を受けて搾乳業へ参入した。フランス人の農商工部技師のショート(Short)も一九〇二年にフランスより乳牛一一頭を輸入し、宣教師などの外国人に販売した。しかし一九〇三年八月に牛疫が発生して全国に蔓延し、多くの畜牛が斃死すると、搾乳業者も打撃を受けることとなった。京城の御船搾乳所も乳牛の斃死を免れず、経験不足の上、獣医の助言を得られなかったため、伝染病の最中、乳牛が斃死した直後に再び乳牛を買い入れて、全部で二〇余頭の乳牛や犢を失った。平山搾乳所でも、朝鮮牛の乳牛および犢一六頭が斃死した。ショートの乳牛も牛疫のため斃死したため、京城における牛乳供給は一時途絶した。

一九〇三年一一月下旬に牛疫がようやく終息を告げると、平山搾乳所では一二月下旬、御船搾乳所では翌一九〇四年一月にいずれも朝鮮在来種の乳牛を購入し、再び開業したが、牛疫の影響は「当業者の脳裏に浸潤」し、再び洋種の乳牛を輸入して本格的な事業展開を企てることはなかったのである。こうしたなか、一九〇五年二月一八日に水田卯一が搾乳業を開始したので、牛乳搾乳所は三カ所となったが、いずれも朝鮮牛であって、牛乳一五頭、一日の牛乳販売量はは約二斗余に過ぎなかった。

一九〇六年五月に至って、荒井組として土木建築業に従事していた荒井初太郎が「満韓の利源調査」のため、来韓して畜牛の改良繁殖を企画し、友人の畜産家で石川県の水登勇太郎の洋牛を輸入して、京城南大門外万里峴にて牛乳搾取所を開設した。(7) 彼自身は畜産業の素人であり、朝鮮は「牛疫の常在地」であるという反対の意見が水登より出されたが、(8) 農商務省に朝鮮出張中の東大教授時重初熊博士を紹介され、(9) 朝鮮は「常に牛疫流行して危険なるものにあらざるをもって洋牛を輸送し畜牛改良を企画するは前途有望」であると支持を受けて、三千余円の資金をもとに搾乳業を始め、石川県水登牧場よりホルスタイン種の種牡牛一頭、乳牛二頭、計三頭を買い入れた。その後、江華島鎮江山を牧場として韓国農商工部より荒井初太郎、全洪奎、毛呂徳衛、および菅沼寒洲の共同名義で払い下げられ、牧場運営の便宜上、荒井の単独名義となり、金沢米吉が牧場管理者となった。こうして、荒井搾乳所は乳牛の牛疫感染を免れて事業を継続したため、これが同業者の模範となり、荒井牧場は一九二八年現在、朝鮮内で搾乳高二九九石という最大の酪農業者となったのである。(10)

一九〇六年七月には兵庫県の畜産家である坂東国八、原宜夫、肥塚正太が畜産会社の設立を企図した。実地視察のため坂東、原が京城に出張して朝鮮内の牛疫、畜産の実況を調査し、その後、坂東、原、肥塚が発起人となり、京城に韓国畜産株式会社を設立するに至った。(11) 京城南大門外磐石坊に牛乳搾取所を建設し、ホルスタイン、エアシャー、ジャージー（Jersey）などの乳牛一〇数頭を輸入し、同年九月五日に牛乳搾取営業を開始、会社主任として肥塚正太が着京して業務に従事した。(12) この会社はデンマーク式の器械を購入し、初めて乳油の製造も開始して、これが朝鮮における乳製品の嚆矢となった。このように、京城の搾乳所は五カ所となり、牛乳の頭数も五〇余頭の多数となって、牛乳の一日販売高は一石以上となった。当時、牛乳需要に対する生乳供給の不足により練乳や粉乳が消費されたが、搾乳所の増加にともない日本人による生乳の飲用も増えるとともに、かつて牛乳を口にしなかっ

表 4-1　朝鮮内主要都市における搾乳業の現況（1909 年）

	京城	釜山	仁川	平壌	元山
1カ年搾乳高	659.018 石	311.513 石	138.523 石	172.650 石	73.000 石
1日平均搾乳高	1.8058 石	0.8465 石	0.3795 石	0.4730 石	0.2000 石
総資産金額			11,081.880 円	8,633 円	
乳牛頭数	洋種・雑種 68 頭 朝鮮牛 38 頭 計 106 頭	洋種 13 頭 朝鮮牛 29 頭 計 42 頭	雑種 3 頭 朝鮮牛 20 頭 計 23 頭	朝鮮牛 40 頭	朝鮮牛 10 頭
牛乳小売価格（1合）	6～8 銭	6 銭	8 銭	5 銭	6 銭
飲用人口	40,530 人	21,057 人	11,125 人	7,014 人	4,428 人
1人1年間平均消費量	1 升 6 合余	1 升 4 合 8 勺弱	1 升 2 合 4 勺	2 升 4 合 5 勺強	1 升 6 合 5 勺強
搾乳所	日本人 8 戸, 朝鮮人 5 戸, 計 13 戸	日本人 6 戸	日本人 6 戸	日本人 4 戸	

出所）肥塚正太『朝鮮之産牛』有隣堂書店，1912 年，67-72 頁。
注）京城の小売価格は韓国畜産株式会社のものである。

た朝鮮人も牛乳を飲用するようになった[13]。その結果、搾乳業はますます「隆盛」となり、朝鮮人の中からも搾乳業者が登場するに至った。牛乳消費の習慣は特殊な事例を除いて一般人にはなかったことから、「生産者と消費者の分離」は当初より前提とされており、生産者から消費者に至るフードシステムをいかに作り出して拡大していくのかが産業的課題であったといえよう。

表4-1より、一九〇九年の京城における搾乳状況をみれば、搾乳所の数はわずか一三戸に過ぎず、乳牛の頭数は一〇六頭（洋種・雑種六八頭、朝鮮牛三八頭）のみであった。牛乳の生産量は年間六五九石であり、一頭の一カ年平均搾乳量は六石二斗一升七合強となり、これを一九〇七年統計の日本全国の平均搾乳量四石七斗八升に比較すれば、一石四斗三升七合あまり多く、最多量を記録した福島県の九石四斗に比べれば、三石一升七合あまり少なかった。供給人口は四万五三〇人であって、一人の平均消費量は一升六合余となり、これを日本での一人当たり平均消費量（一九〇七年の統計）四合一勺一才に比較

すれば、一升二合あまり多く、最多量の東京府の一升七合六勺と比較すれば、一合三勺あまり少なかった。このように京城での消費量は日本のなかでも東京と比較すると、総じて少なかったのである。

またこのうち、朝鮮人の搾乳業をみれば、かつては西洋人の宣教師などからその技術が伝授され、朝鮮人による搾乳業もあったものの、当初は何らの設備も有せず、非常に「幼稚」な水準であった。乳牛はすべて朝鮮牛で一業者当たり頭数も一〜三頭であって、一日の販売量も一〜四升に過ぎなかった。乳牛としてはホルスタイン、エアシャー、ジャージーなど洋種をもって営むべきであったが、洋種は朝鮮牛に比べて五〜一〇倍高かったので、「有力者」は優良種を輸入して事業展開を行う反面、「薄資者」は朝鮮牛を代用するか、朝鮮牛から雑種を造り出していた。[14] 飲用人口の内訳は、日本人三万三六三四人、外国人一三九六人、軍人五〇〇〇人、朝鮮人五〇〇人であった。この時期、大韓帝国の軍隊は解散されていたため、軍人は主に日本人であると推測されることから、朝鮮人の消費はわずか五〇〇人に過ぎなかったが、牛乳の飲用が日本人や外国人に限られていなかったことを見逃してはならない。詳しくは後述するが、このような状況から朝鮮人による生産と消費が増えていった。

ここで注目する必要があるのが搾乳業者の経営的安定性である。朝鮮牛一〜三頭でもって副業として搾乳業を行う零細業者を除いて、日本からの資金投入を前提に本格的な事業展開を行う場合、一定の収益性を確保できない限りは企業としての持続性を確保し難い。とはいえ、それに関する経営データがなかなか得られない。そのため、荒井牧場と並んで、代表的な搾乳業者であった韓国畜産株式会社の販売単価と投入資材の項目別単価（表4-2）をみてみよう。これによれば、日本に比べて諸経費が非常に高価であり、営業器具たる牛乳缶、牛乳壜、ゴムなどもすべて日本より購入せざるを得ず、厳冬期の凍結による亀裂破損も「算外の損失」であった。これに対し、収入としては洋種牝牛二三頭（ホルスタイン一五頭、エアシャー五頭、ジャージー二頭）のうち、分娩数一九頭（牝犢一三頭、牡犢六頭）、他に流産一頭、早産一頭、不受孕一頭があり、経営改善に大きく寄与した。[15] また、搾乳量は一年間乳牛延頭数二五六頭より二二八石二斗五合があり、毎頭平均九石余を記録し、一日平均二升五合弱の搾取量となり、

表 4-2　韓国畜産株式会社の牛乳販売単価および搾乳資材項目別単価（1909 年）

		標準	数量	価格
販売価格	牛乳	卸売	1 升	40 銭
	同	小売	1 合	6〜8 銭
飼料など	麬	手引上等	1 石	3.50 銭
	豆腐粕		10 貫匁	20 銭
	食塩		4 斗	1 円
	藁		1 貫匁	3〜4 銭
	青草		1 担（10〜12，13 貫）	10 銭
	乾草		1 貫	3〜5 銭
人件費	牧夫給料	日本人	1 カ月	20〜30 円
	配達夫	日本人	1 カ月	12〜20 円
	朝鮮人夫	朝鮮人	1 カ月	8〜12 円
乳牛価格	洋種乳牛	乳量 5〜8 升	1 頭	250〜500 円
	朝鮮乳牛		1 頭	40〜50 円
牧場および附属建物	牛舎建築費	平屋造瓦葺（新式）	1 坪	30〜40 円
	牧場敷地価格		1 坪	50 銭〜3 円
	同賃貸料		1 坪	1 銭〜3 銭

出所）肥塚正太『朝鮮之産牛』有隣堂書店，1912 年，74-76 頁。
注 1）配達夫および朝鮮人夫の食費はすべて自弁する。
2）著者の肥塚は 1910 年に韓国畜産の社長を辞任し，東亜牧場を設立した。そのため，執筆の時点が 1910 年であることから，1909 年度の韓国畜産のデータであると判断できる。

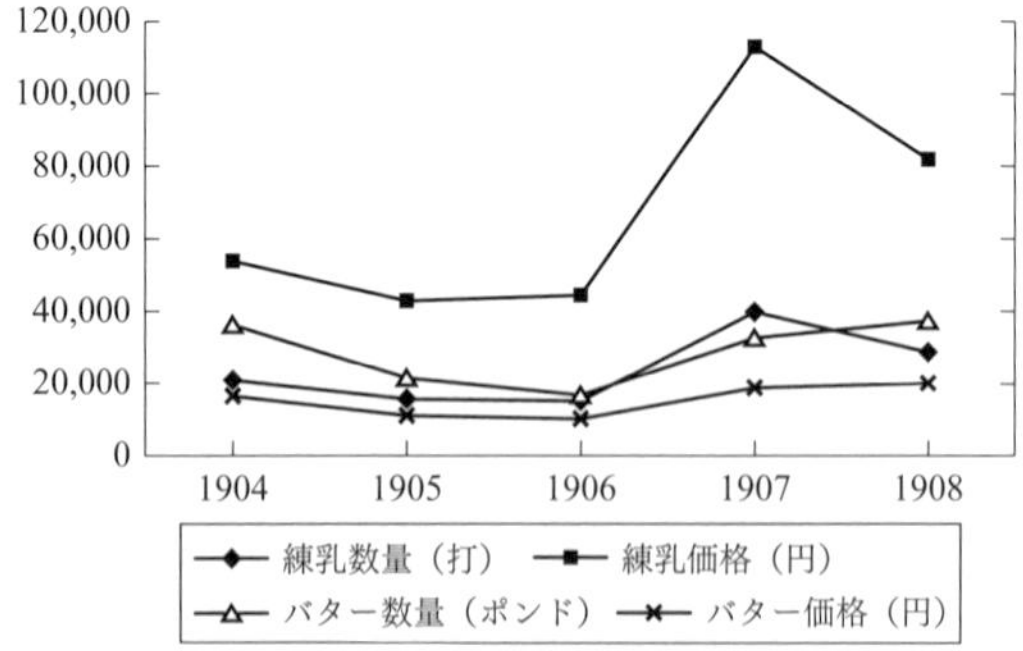

図 4-1　練乳とバターの輸入状況

出所）肥塚正太『朝鮮之畜産』有隣堂書店，1912 年，79 頁。
注）打は 12 個のもの一組である。

日本の搾乳量と比較して輸入当初の成績としては良好であった。何よりも、一合当たり販売価格が六～八銭を記録し、日本での一合三銭より二～三倍の高値であった[16]。

牛乳とともに、酪農品として朝鮮内で消費されたのが、練乳、粉乳、バターといった乳製品であった。日露戦争の影響もあり、一九〇五～〇六年に停滞はしたが、一九〇七～〇八年にはその消費が拡大し、その後も消費量は長期的に増えつつあった。その供給は、国内生産は微々たるものであり、ほとんどが海外から輸入された（図4-1）。一九〇八年の輸入国をみれば、日本からの輸入はきわめて限られており、練乳全体の〇・一%、バター全体の一・一%に過ぎず、西欧諸国からほとんどの酪農品が調達された。練乳の輸入はその大部分をアメリカから、とりわけ鷲印コンデンス・ミルクが輸入されており、また乳油は多くフランスやデンマークの両国より輸入され、米国およびイギリスがそれに次いだ。これは日本でさえ、酪農業がまだ確立していなかったことを意味する。このような状況のもとで、日本を経由して牛乳という「文明的滋養」が、朝鮮内に新しい食文化として導入されたのである。

2 「文明的滋養」の普及とその需給構造

搾乳業は日本人居住者の増加と朝鮮人のあいだでの新しい食文化の普及にともない年々成長しつつあった。図4-2のように[17]、搾乳業者は一九〇九年には三五業者に過ぎなかったが、一九二四年には一〇三業者に達した。それとともに、乳牛頭数や搾乳量が増えていき、調整期をはさみつつ、一九二〇年代後半から三〇年代前半にかけて急増、業者数も一九三五年に一七七業者に達した。乳牛頭数や搾乳量においても同様で、急激な増加ぶりを示した。さらに、牛乳価格や一頭当たり生産性に注目すれば、牛乳一リットルの価格は従来の三〇銭から第一次大戦の終結頃に上昇し始め、一九二〇年代初頭には従来価格の二倍を超えた。その後徐々に低下し一九三〇年代に入ってから

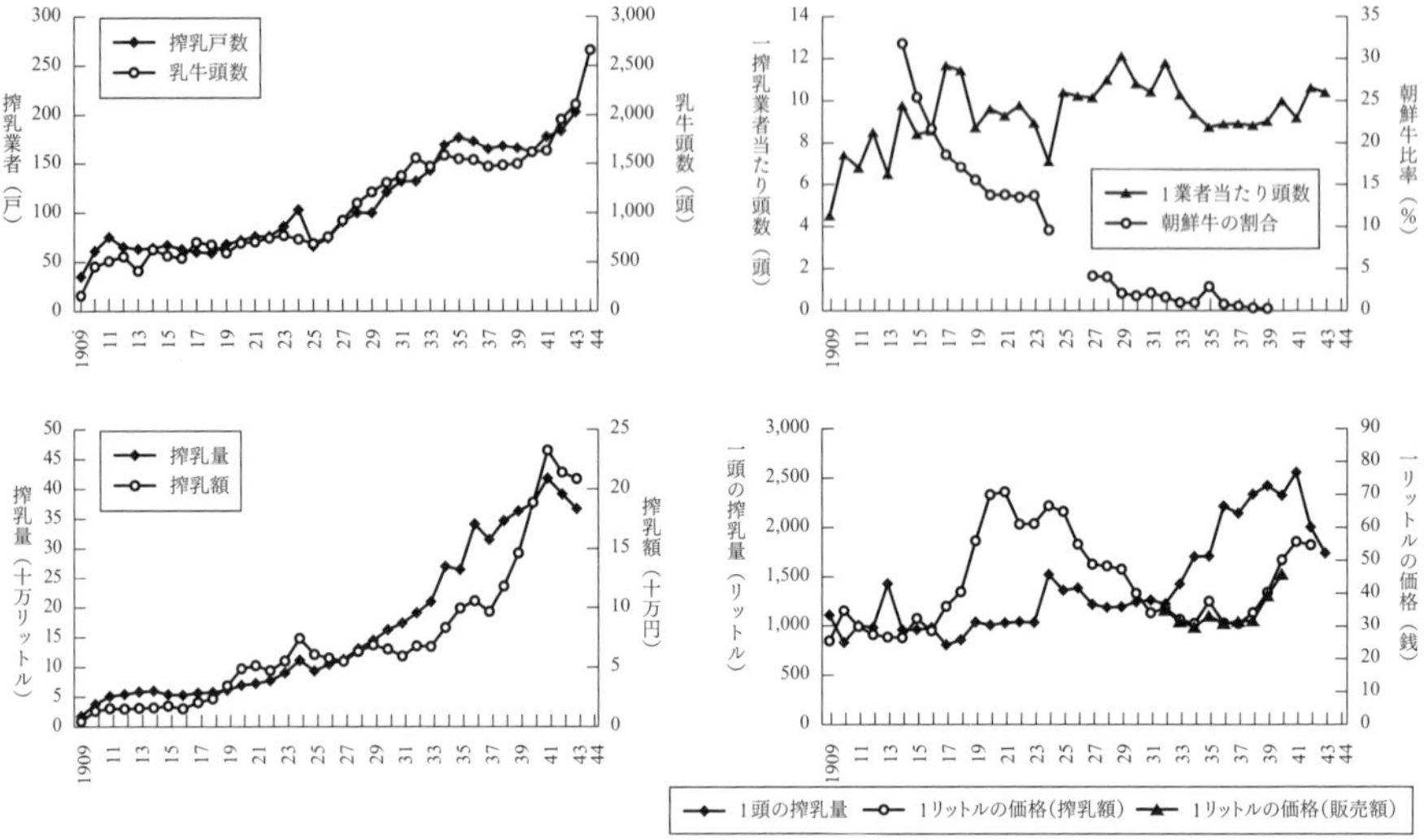

図 4-2　植民地朝鮮における搾乳業者と乳牛頭数

出所）朝鮮総督府農商工部『朝鮮農務彙報 第二』1912 年度版；朝鮮総督府農林局『朝鮮畜産統計』各年度版；朝鮮総督府『農業統計表』各年度版；同『朝鮮総督府統計年報』各年度版；朝鮮総督府警務局『朝鮮家畜衛生統計』各年度版；「昭和 17 年朝鮮畜産統計」（其の二）『朝鮮獣医畜産学会報』12-4，1944 年 4 月 20 日発行；南朝鮮過渡政府『朝鮮統計年鑑』1943 年度版。

注 1）搾乳業に対する時系列データとしては①農業統計表（1910 年より総督府），②朝鮮畜産統計（1927 年より総督府農林局。朝鮮総督府統計年報と同一系列），③朝鮮畜産衛生統計（総督府警務局）の三つがある。そのうち生産量を集計することを目的とし，犢を除く牝牛乳をもって搾乳量を割り算した乳牛 1 頭当たり生産量を提示していることから，②のデータがもっとも正確であると判断できる。③は基本的に家畜衛生管理のために作成された。ともあれ，①と②のデータは 1927 年から一致するものの，それ以前の朝鮮畜産統計が得られない。そのため，1909 年から 26 年までは農業統計表を利用するが，頭数としては牝乳牛のみをもって計算した。

2）農業統計表では，搾乳量が 1925 年の 93 万 5,163 リットルから 1926 年に急増して 158 万 9,555 リットルとなっている。それを頭数 756 頭をもって計算すれば，牛乳 1 リットルの生産単価は 1925 年 64.8 銭から 26 年 36.2 銭へ急減し，その翌 27 年には 48.8 銭へ上昇する。また牛乳 1 頭当たり搾乳量は同期間中 1,363.2 リットル→ 2,102.6 リットル→ 1,220.3 リットルとなる。このような価格の急減と生産性の急上昇は搾乳量の急増による結果ということになる。しかし管見の限りでは，搾乳量が急増する理由がみあたらないため，1926 年の搾乳量として③の 104 万 8,435 リットルを利用することにした。その結果，1926 年の牛乳 1 リットル生産単価は 54.9 銭，牛乳 1 頭当たり搾乳量は 1,386.8 リットルとなる。

は三〇銭台となった。こうして一九二〇年代初頭にいったん上がった牛乳価格が低下する一方、乳牛一頭当たりの搾乳量はむしろ急増した。これは価格の低下と生産性の向上が同時に発生したことを意味する。

この背景には朝鮮牛や雑種などに頼っていた搾乳業者が飼育乳牛数を増やすなかで、朝鮮牛などの比率を減らし、その代わりにホルスタインを中心とした洋種の飼育を増やしていたという事態がある。たとえば、一九一六年の飼育頭数（犢や牡牛を含む）一九八五頭のうち、洋種一四九頭、雑種一二二九頭、朝鮮牛六〇七頭であって、純粋な洋種はきわめて少なかったのである[18]。この状況から朝鮮牛や雑種が少なくなっていき、洋種のみになるにつれ、一頭当たりの搾乳量が急増した。それとともに、畜牛や酪農の教育が広範に行われ、搾乳業に必要な知識や経験が蓄積された。畜産関係者などを対象とする農事講習会、畜産講習会に加え朝鮮畜産協会の講習会、朝鮮農会の獣医畜産講習会、畜産修練所の畜産講習会が開かれて畜牛教育が行われた。また正規学校による畜牛教育も行われ、水原農林専門学校に畜産関連の講座や学科が設置されたほか、裡里、義州、春川、咸興などの農林学校でも畜牛教育が実施され、なかでも安州、京城の農林学校では搾乳した生乳の販売も行われた[19]。畜牛および酪農に関する教育が体系化するにつれ乳牛の斃死率ものちには減少し、その改善効果は大きかった（後掲図4-5）。

次に、価格低下と生産性向上が生じていたこの時期における牛乳の需給構造を分析することにする。表4-3に注目すれば、朝鮮において一九二八年に牛乳の搾乳量は約七五〇〇余石であり、これ以外に練乳および粉乳八三万五〇〇〇余斤、価額四六万二〇〇〇余円の酪農品が消費された。搾乳量としてはわずかに千葉県で生産される牛乳が東京市に搬入される一年分に過ぎず、決して大量の牛乳が生産されたとはいえない。道別状況をみれば、京畿道は都市住民が多いため搾乳業者数、乳牛頭数、搾乳高ともに他道に優越し、乳牛の二八%、搾乳高の三六%、搾乳業者の二〇%を占めており、次いで慶尚南道、平安南道、忠清南道、慶尚北道などの順位であった。京畿道には人口三〇万以上の京城や五万以上の仁川などが位置しており、忠清南道は地理的に京畿道に近接し、搾乳業が優位を占めた。その他、慶尚南道は釜山、慶尚北道は大邱、平安南道は平壌といった人口五万〜一〇万内外の都会地を控

表 4-3　1928 年における民族別搾乳業の実態

（単位：人，頭，石）

		京畿	忠北	忠南	全北	全南	慶北	慶南	黄海	平南	平北	江原	咸南	咸北	合計
全体	搾乳業者	15	1	5	4	5	4	8	5	6	5	4	7	7	76
	頭数	182	9	27	20	28	32	71	27	66	20	64	70	34	650
	搾乳高	2,710	23	612	191	201	569	825	215	686	230	500	434	333	7,529
	1 人当頭数	12	9	5	5	6	8	9	5	11	4	16	10	5	9
	1 人当搾乳高	181	23	122	48	40	142	103	43	114	46	125	62	48	99
	1 頭当搾乳高	15	3	23	10	7	18	12	8	10	12	8	6	10	12
日本人	搾乳業者	11	1	5	4	4	4	8	3	5	3	3	7	7	65
	頭数	144	9	27	20	25	32	71	11	60	13	61	70	34	577
	搾乳高	2,529	23	612	191	184	569	825	172	680	198	495	434	333	7,245
	1 人当頭数	13	9	5	5	6	8	9	4	12	4	20	10	5	9
	1 人当搾乳高	230	23	122	48	46	142	103	57	136	66	165	62	48	111
	1 頭当搾乳高	18	3	23	10	7	18	12	16	11	15	8	6	10	13
朝鮮人	搾乳業者	4				1			2	1	2	1			11
	頭数	38				3			16	6	7	3			73
	搾乳高	181				17			43	6	32	5			284
	1 人当頭数	10				3			8	6	4	3			7
	1 人当搾乳高	45				17			22	6	16	5			26
	1 頭当搾乳高	5				6			3	1	5	2			4

出所）「朝鮮に於ける牛乳及練乳粉乳の需給状況」『朝鮮経済雑誌』166，1929 年，2–3 頁より筆者作成。
注 1）「朝鮮内乳牛搾取業者及搾乳高」より筆者作成。そのため，前掲図 4–2 と統計がやや異なる。
2）京城の搾乳業者のうち荒井初太郎は 2 カ所で搾乳事業を行い，原資料では二つの業者として区分されたため，その方式に従った。このような集計方式は朝鮮畜産協会（『朝鮮の畜産』8–5 の 1928 年度畜産統計号，1929 年）でもみられるものである。これを同一業者の扱いにすれば，京城の日本人業者は 10 人となり，業者 1 人当たり頭数や搾乳量はより大きくなる。
3）朝鮮人には外国人 1 人が含まれている。平北宣川郡ではシーエスボフマンが乳牛 6 頭，搾乳高 28 石の業績をあげた。

えたため、牛乳の消費力があり、業者としては採算上の有利さがあった。これに対し、黄海道、咸鏡南北道、江原道、平安北道などの諸道は相対的に交通の便が少なく、大消費地が立地していないことから、搾乳業は遅れていた。

搾乳業者の多くは生乳の輸送のため、都市周辺の鉄道沿線に所在する専業者であり、一部に限って、農民の副業として付近に散在する少数の消費者を対象に搾乳業が営まれた。ここから、民族別には圧倒的に業者数や頭数などの面で日本人中心の事業構造になっていることがわかる。とくに、搾乳業者一人当たり頭数では日本人九頭、朝鮮人七頭と大差がなかったものの、一人当たり搾乳高では日本人一一一石、朝鮮人二六石、また一頭当たり搾乳高は一三石、四石という大差が生じていた。それは乳牛の種類による結果であって、朝鮮人の場合、依然として高価であった洋種の乳牛を購入できず、朝鮮牛でもって搾乳業

表 4-4　1928 年度における各道別の供給先都市と主要都市の需給量

（単位：石）

道別	供給先都市	主要都市	消費高	搾乳高	過不足
京畿	京城，仁川，永登浦，水原，開城	京城 仁川	2,880 290	729	−2,151 −290
忠北	清州				
忠南	大田，公州，水原，成歓，京城，天安，鳥致院				
全北	群山，全州，釜山，裡里	群山	98	98	0
全南	木浦，光州，順天，羅州，松汀里，栄山浦	木浦	54	64	10
慶北	大邱，金泉	大邱	350	600	250
慶南	釜山，鎮海，晋州，馬山，密陽	釜山	370	370	0
黄海	海州，載寧，沙里院，北栗，兼二浦				
平南	平壌，鎮南浦，大同，順安	平壌 鎮南浦	561 70	586 80	25 10
平北	新義州，宣川，定州，寧辺	新義州	83	128	45
江原	京城，咸興，元山，鉄原，平康，江陵，春川	元山	109	67	−42
咸南	元山，咸興，恵山鎮				
咸北	慶源，会寧，清津，羅南，城津，雄基	清津	63		−63

出所）「朝鮮に於ける牛乳及練乳粉乳の需給状況」『朝鮮経済雑誌』166，1929 年，3 頁より筆者作成。

を営んだことがわかる。日本人でも、大都市が位置していない忠北、全北、全南、江原、咸南、咸北では一頭当たり搾乳量が一〇石以下であった。ホルスタインをはじめとする洋種の普及は大都市の業者たちを中心に進んだのである。

それでは、朝鮮内の消費状況について考察してみよう。牛乳は、当時は長期間の保存が可能な容器が使われなかったため、性質上、腐敗しやすくかつ嵩ばるので、遠くまで輸送することが難しかった。たとえば、京城への牛乳供給は鉄道網の整備されている江原道・蘭谷と忠南・礼山、成歓にその供給圏が限られていた。すわなち、ほとんどの牛乳が道内で生産され、道内で消費される構造であった。さらに表4-4により主要都市別消費高と搾乳高を比較すれば、京城、仁川、元山、清津が乳牛不足であり、外部からの調達が必要とされたが、なかでも当然のことながら、京城の内部での供給不足が圧倒的であった。年々京城都心部の地価と地代が上がり、農家の転業が激しいなかで搾乳所の設置はきわめて困難となり、搾乳所は市内から市外への移転を余儀なくされ、一九二八年現在一五業者のうち京城内では四つの業者しかなかった。そのため、郊外からの供給量は一七〇〇石余り、鉄道によって外部から供給されるのは一一四三石であった。夏期になって牛乳不足が著しくなると、例外的に大邱から供給されることもあった。

牛乳の流通は搾乳業者から消費者への配達方式が一般的であり、また駅構内、商店街、食堂での販売も行われた。そのため、牛乳の価格は供給者によって異なっており、小売価格は一合八〜一三銭、卸売価格は六〜九銭であった。日本では、供給不足の場合、一般農家より一合一銭五厘ないし二銭の安価で購入できたが、朝鮮では農家からの補給がなく、搾乳業者間で相融通するしかなかった。そのため、高値取引を余儀なくされる。本来、安価な土地や飼料を勘案すれば、牧場経営は有利であった。しかし余剰牛乳をバター、練乳などの形で加工して消費する可能性が低かった上、消費者が配達夫の口車にのせられ、高値の牛乳が栄養価の高い良質乳として認識されることが多かった。さらに、高めの値段設定はその配達方法によっても影響されるところが大きかった。配達方法が非常に複雑であり、広範囲にわたる配達網を有し、その配達費は一般乳価に転嫁されることもあった。その結果、時期によって異なるが、朝鮮の牛乳は日本の牛乳よりおおむね二倍も高かった[20]。

練乳と粉乳の消費も、生活の向上と栄養品への要求にともなって増加した。朝鮮内の生産は依然として行われなかったものの、第一次大戦の勃発のため、欧米からの輸入が減少すると、その代わりに日本製が大きく増えた。図4-3によるとたとえば一九二八年に輸入品は三万八三三キログラム、一万三三〇五円、移入品は四六万九七三九キログラム、四四万九五六六円、合計五〇万五七二キログラム、四六万二八七一円であった。輸入品の中でもっとも人気があったのはアメリカのネッスル・アンド・アングロスイス会社で製造された鷲印練乳およびカーネーションであって、これらの商品が大部分を占めた。移入品としては明治製菓株式会社のホーオー印練乳、森永製菓株式会社の森永練乳がその代表的なものであった。森永製品を除く他は、ほとんどが日本の発売元を経て特約店によって発売された。なお、輸入品の鷲印練乳は京城（仁川を含む）および釜山に鷲印ミルク共同販売組合を設け、販売していた。特約販売店のみに限って一箱に付き一割の割戻とし、また組合員が直接に販売するものは一箱五〇銭の割戻を行った。都市別の消費状況をみれば、都会地の消費がそのほとんどを占め、なかでも京城は他都市をはるかに凌駕していた(21)。こうして牛乳の飲用が増えた結果、搾乳業に対する総督府側の取締りも強化せざるを得なくなった。

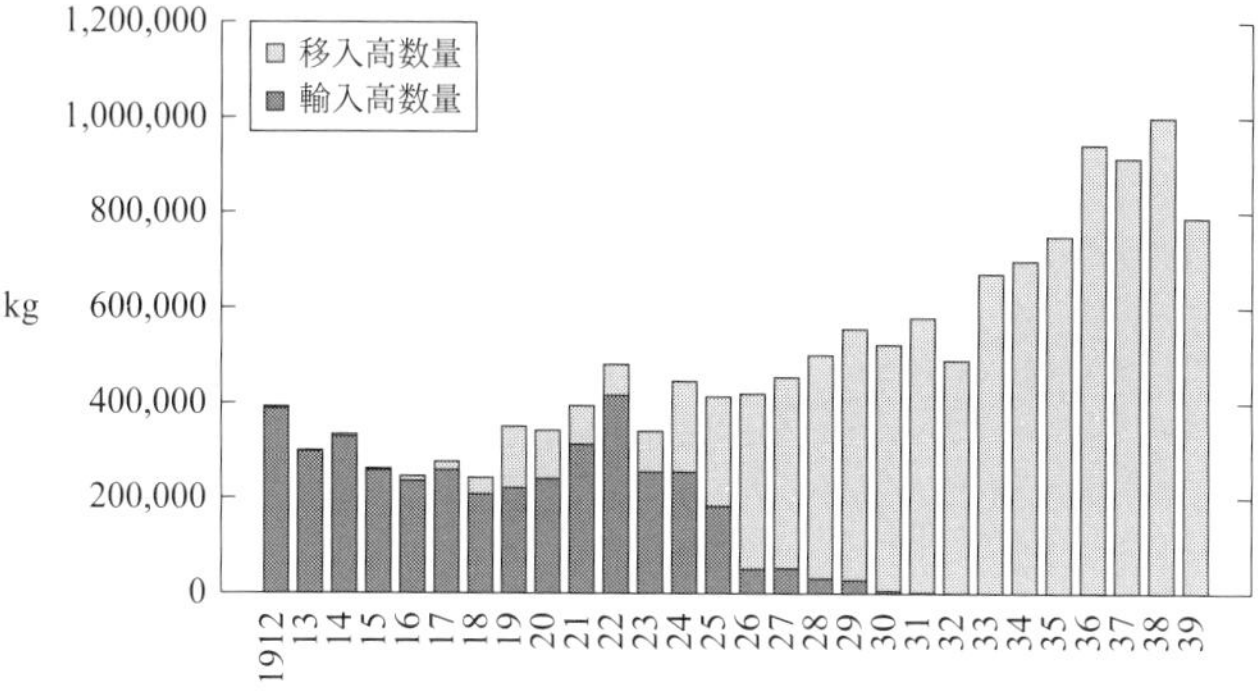

図 4-3　朝鮮における練乳の輸移入

出所）朝鮮総督府農林局『朝鮮畜産統計』各年度版；朝鮮総督府『農業統計表』各年度版；同『朝鮮総督府統計年報』各年度版；「朝鮮に於ける牛乳及練乳粉乳の需給状況」『朝鮮経済雑誌』166，1929 年。

資料図版 4-1　森永牛乳看板

出所）国立民俗博物館『밥상지교』2016 年。

3　社会問題としての「文明的滋養」と生産配給統制

朝鮮総督府は一九一一年五月に警務総監部令第七号として「牛乳営業取締規則」を制定し、一九一三年一一月には「乳用牛及物品検査手続」を発布した。[22] 牛乳の消費が増えるにしたがって、搾乳業をめぐってさまざまな問題が発生した。大邱では一九二二年、牛乳商吉田太二が砂糖を入れて牛乳販売をしたところ、警察に発覚し、罰金が課せられた。[23] また、同年中、京城では価格が急騰したのに対し、京畿道警察部衛生課が介入し、牛乳一瓶一四銭から一三銭へと引き下げるよう影響力を行使した。[24] 平壌では患者が一〇七〇人に達する腸チフスが発生し、そのうち三五〇人が死亡すると、その病菌の発生源が牛乳桶にあると疑われた。[25] また、同地では一九三三年に口蹄疫が猖獗をきわめ、六カ所の牧場で百頭余の乳牛が病気に罹り、牛乳を通じて虚弱者と幼児にも口蹄疫が「伝染」されたとみられた。[26] 牛乳は「文明的滋養」として認知されながらも、それを管理しなければ、社会問題にもなりかねないと警戒された。

乳牛が肺結核となった場合、牛乳を経由して飲用者へ伝染する可能性があった。とくに、抵抗力が弱い幼児は授乳を通じて伝染されやすい。一九二〇年代前半には乳牛は日本で予防注射を受けて釜山に移送され、検疫の上、それぞれの搾乳所に送られており、当局より春秋二回にわたる定期検疫が実施され、結核菌の有無が調査され、もし発見された場合には、即時隔離・撲滅する体制が整えられた。[27] こうしたこともあり、現地の実態を反映した形での搾乳業の取締りが必要とされ、一九二五年に牛乳営業取締規則が改正されて、営業許可権が警務部長から道知事に変わり、その取扱手続が各道で適宜制定された。[28] 各道の警察部衛生課では、定期検査ではなく、不定期に、とりわけ夏期に牛乳検査を行ったりし、牛乳の安全性を確保しようとした。[29] しかしながら、高価な洋種が増えると、牛結核に罹った乳牛を即時撲滅することは搾乳業者の経営上なかなか難しくなった。

その一方、前掲図4‐2のような搾乳量の増加とともに、牛乳価格の低下傾向が進むと、荒井初太郎他九人の搾乳業者たちが発起人となり、一九二八年九月に牛乳生産販売同業組合の設立が申請された[30]。これに対し、牛乳営業取締りにあたる警察当局は約二年間にわたって検討したが、一九三〇年八月に、販売数量が僅少のため組合員としての負担が乳価の高騰を招来し、むしろ消費者に転嫁されるおそれがあるので、まだその時期ではないとして認可しなかった。咸興でも、牛乳販売営業者が牛乳販売営業上の統制および衛生施設改善の目的の下に牛乳販売組合を組織しようとし、その認可を申請したことがあるが、その結果については資料上確認できない[31]。この時期には、取締当局は、少なくとも京畿道では独占的支配力を発揮することを懸念し、生産販売組合の設立に対して否定的であった。

資料図版4‐2　京城公立農業学校の実習牧場

出所）서울牛乳協同組合『画報로 보는 서울牛乳』2014年。

そこで、農家更生策の一環として農家の余剰労働力を利用し、廉価良質の乳牛を供給するという新しい動きが現れた。一九三四年四月一三日には京畿道農務課が主導し、高陽郡崇仁面典農洞付近農家一〇戸をもって、清凉里農乳組合を設立した[32]。組合の設立過程では、一九二八年以来京城公立農業学校長でありながら、朝鮮総督府技師に任命されて京畿道内務部農務課を兼務していた野村稔[33]が主要な役割をはたした。組合は彼自身が組合長となっており、乳牛の飼育管理を京城公立農業学校で行った。この組合には京畿道より産業奨励資金として六〇〇〇円が貸し付けられた。千葉県からホルスタイン雑種二〇頭（一頭当たり三〇〇円）を購入し、京城公立農業学校で共同飼養し、道農事試験場にはホルスタイン純粋種牡牛一頭（二五〇〇円）を購入して繁殖用として飼育した。同組合によって生産された牛乳は廉価で販売され、好成績をあげた。これに鑑み、京畿道農務課は道農事試験場に優良ホルスタイン五頭を購入飼育し、農家副業として乳牛を奨励した[34]。

ところが一九三四年一〇月には京城府の牛乳調査によって結核菌が発見され、京畿道警察部衛生課において問題視された[35]。結核菌を殺菌するためには七〇～八〇度の高温で三〇分以上煮沸しなければならないが、そうすると、「栄養価値」が「蒸発」するので、それを忌避して三〇度の常温で三〇分間煮沸した結果、結核菌が殺菌できてい

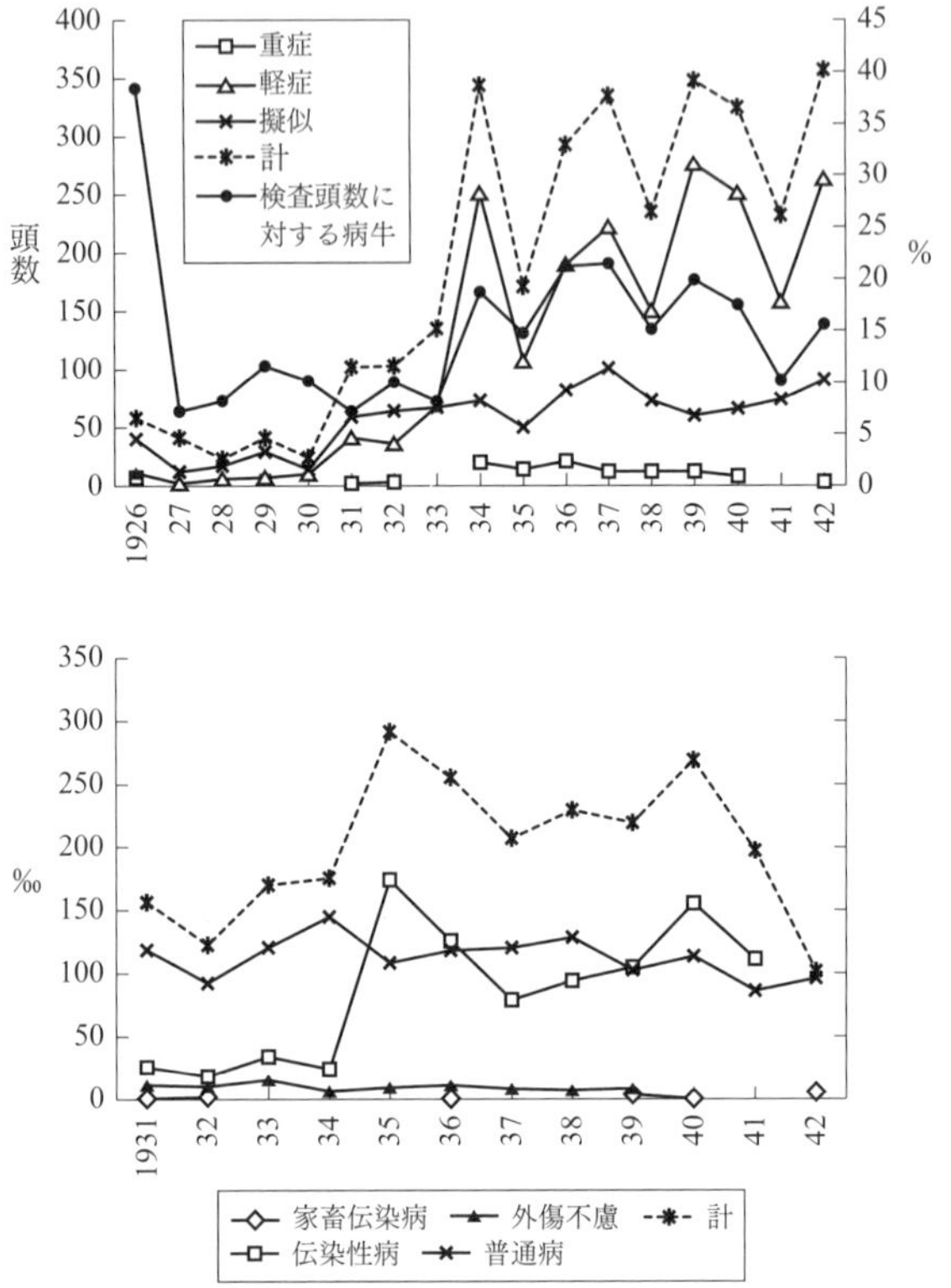

図 4-4　朝鮮における乳牛結核病検査成績（上）と乳牛の罹患率（下）

出所）朝鮮総督府警務局（→農商局）『朝鮮家畜衛生統計』各年度版。
注）家畜伝染病は牛疫，炭疽，気腫疽，牛結核，口蹄疫，牛の野獣病，鼻疽，仮性皮疽など。

なかったのである。乳牛を対象として結核検査を行った結果（図4-4）によれば、一九二〇年代までは罹患率がきわめて少なかったのに対し、一九三〇年代に入って急激に増加し、その比率は二〇％前後を記録した。そこで、京畿道衛生課は搾乳業者二四人を招集し、結核をもつ畜牛は消毒隔離し、漸次撲滅することについて協議を行った。ホルスタインなどの洋種牛乳は市内で三五〇頭となっていたが、きわめて高価であったため、結核に罹った乳牛であっても、撲滅せずに搾乳したのである。それと関連し、図4-5の乳牛の斃死率はやや下がっていったが、予防的撲滅が行われたとすれば、斃死率はより減少したはずである。それ以外に、牛乳の品質でも濃度、成分の問題が生じ、リトマス試験紙による牛乳鑑別法を家庭に啓蒙するほどであった(36)。各種伝染病が発生する夏には牛乳検

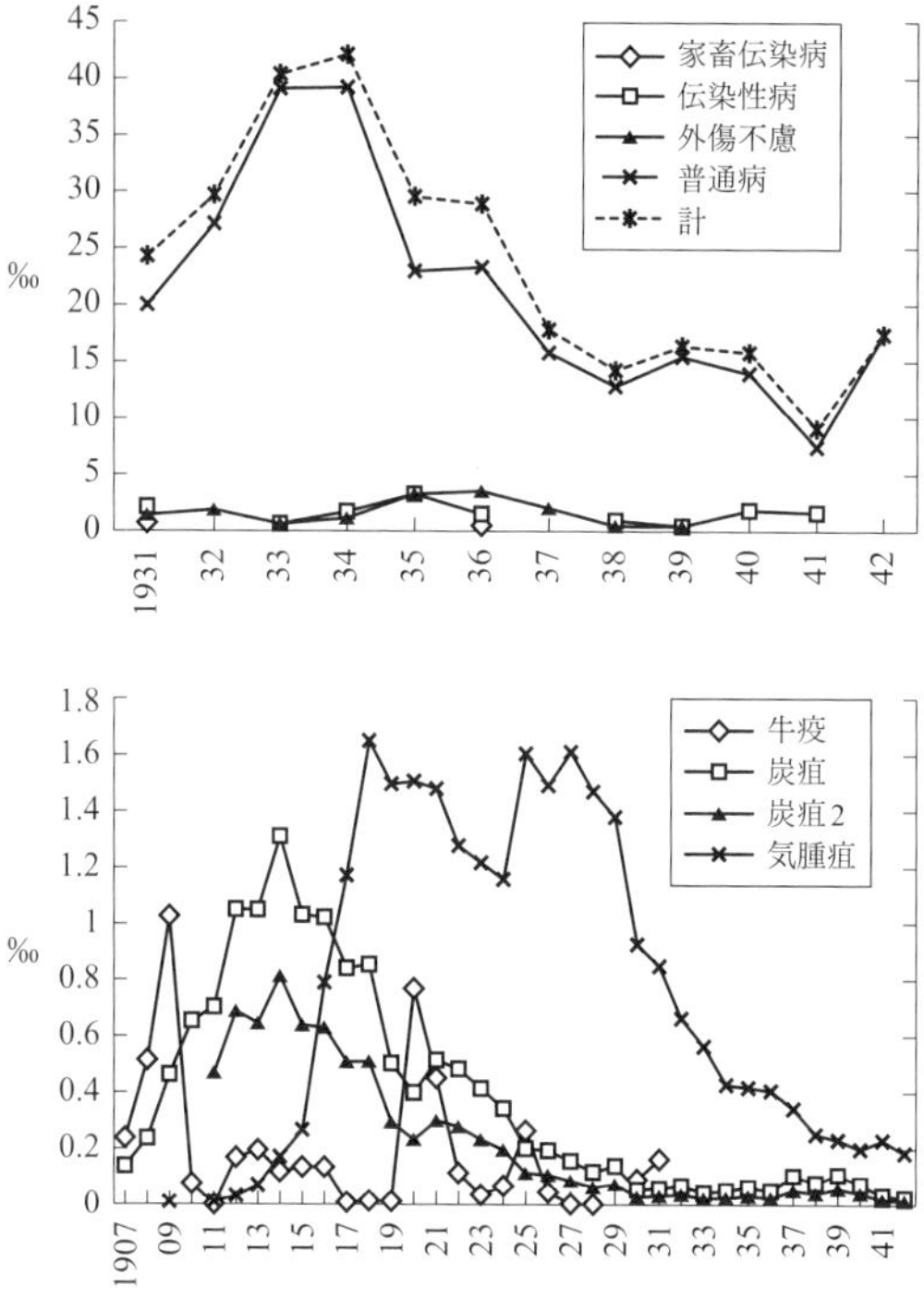

図4-5　朝鮮における乳牛の斃死率（上）と朝鮮牛の家畜伝染病発生率（下）

出所）朝鮮総督府警務局（→農商局）『朝鮮家畜衛生統計』各年度版。

注）炭疽は牛頭数のみで割り算した発生率であり，炭疽2は馬，豚，羊，山羊をも入れて計算した発生率である。

査が警察によって行われ、各牧場から配達される牛乳に対して衛生調査が行われた(37)。

これに対し、京畿道では一四牧場の精乳作業を統一するため、一九三五年一二月八日に搾乳業者を集めて業者協議会を開き、共同精乳場を設置して、品質管理や価格統制を図ることを「慫慂」した(38)。従来、生産販売組合の設立に反対してきた警察当局はその方針を変えて、事実上生産販売組合を勧めたのである。もちろん、前掲図4-2のように、当時の牛乳価格が従来に比べて廉価であったことも、価格上昇への懸念を緩和する要因であっただろう。しかしながらこの京畿道の方針は生産販売組合を認めるといっても、既存の清凉里農乳組合に対しては組合員数を現在以上に増やすことを認めなかった。これに対し、新規参入者である清凉里農乳組合は農家の乳牛飼育を阻害するとして猛烈な反対を行った。

そのため、この構想は具体化されないままとなったものの、「悪質乳牛」問題が生じたのに対し、総督府警務局では一九三七年一一月一一〜一二の両日に全朝鮮の家畜防疫主任技術員および移出牛検疫所長の事務協議会を開催し、牛乳営業取締規則の改正について協議した(39)。同年一二月には牛乳の濃度希薄が疑われ、京城府の龍山署衛生係は東洋牧場、農乳組合、東畜、荒井、成歓、蘭谷、精乳舎などに対する牛乳検査を行い、その結果牛乳の主成分については大差がなかったものの、塵埃が多数混入されていたと警告した(40)。また一九三八年八月に京城吉野町において夏期伝染病を予防するため、警察当局が取締りを行ったところ、某牛乳販売所で腐敗した牛乳が販売されたことが発覚し、牛乳販売を停止させるとともに、管内全般にわたる厳密な再検査を行った(41)。

このように、牛乳品質の問題が依然として解決できないため、共同精乳場を設置し、搾乳業者を統制する方法が再び検討され始めた。戦前には抵抗もあったが、非常時局下で京畿道衛生課は「母乳の代用と第二国民の食糧として、あるいは病者の健康回復と健康増進」のために重視される牛乳に対して統制を行うとともに、生産能力を拡充することを決定した(42)。その要が個別の牧場で生産された牛乳を一カ所に集めて処理する共同処理場の設置であった。そのため、京畿道内の牧場二八カ所を統制する一つの組合を創立することにし、京畿道衛生課は搾乳業者との折衝を重ねた。そのうち、二一業者が参加することとなり、一九三八年五月に具体的な消毒と販売についての議論がなされた(43)。その結果、一九三八年七月には京城を中心にその周辺の高陽、始興、楊州に所在の搾乳業者二一人が、肥塚正太を組合長とする京城牛乳同業組合を設立するに至った(44)。当局側からみて最大の狙いであった牛乳処理場の建設に対しては補助金一万三〇〇〇円が交付された。

このような成果にもとづいて総督府農林局は牛乳処理と配給の合理化を図り、日本からの乳製品を「返納」するとともに、満洲や中国関内へ乳製品を供給するという「農乳奨励五カ年計画」を打ち出し、一九三九年より実施した(45)。その計画の骨子は以下のようであった。

資料図版 4-3　京城牛乳同業組合の役員および職員

出所）서울우유協同組合『画報로 보는 서울우유』2014 年。

①農乳の奨励：乳牛の飼養と牛乳の処理にもっとも適した地方に「集団部落」を選定し、農家に乳牛を飼養させ、所管道農会に専任技術員を設置し、各部落に駐在させ、適当な指導を行わせ、一部落当たり乳牛二〇頭を目標として品質の良く廉価な牛乳の生産を計画した。その一方、牛乳飼養者に農乳組合を組織させ、乳牛、飼料、酪農器具などの購入と牛乳、産犢、その他生産品の処理に関する施策を行うと同時に、各農家の指導連絡を図る。

②都市牛乳配給合理化：搾乳業者と農乳造廠員をもって牛乳処理販売組合を組織し、その配給を合理化し、組合には牛乳処理場を設置させて専任技術員を配置し、生乳の濾過消毒、その他必要な処理を行わせ、衛生的かつ優良な生乳を販売させると同時に、残乳処理の合理化にも努力する。

③牛乳の検査および組合員の指導：組合から仕入れた生乳の品質検

表 4-5　道別乳牛の移入状況

（単位：頭）

	1936	1937	1938	1939	1940	1941	1942
京畿		60	48	10	55	51	155
忠北							
忠南			30	15	5	23	74
全北		3		2			
全南	5	7		10		1	4
慶北		38		7	12	15	27
慶南	73	71	55	65	51	17	77
黄海			11	4	4		
平南		5			5	16	7
平北					24	7	
江原					10	16	44
咸南	10	4	6	10	8	10	
咸北	6	13	13	159	166	21	8
計	94	201	170	282	340	170	396
上陸頭数	116	207	380	440	989	1,315	1,222

出所）朝鮮総督府警務局（→農商局）『朝鮮家畜衛生統計』1942 年度版。

注）上陸頭数は朝鮮の港湾に移入されたものを意味し，その相当数が毎年満洲の搾乳業のために送られたので，道別乳牛移入頭数が朝鮮内に乳牛として導入された数とみるべきである。

査を実施し、組合員の乳牛飼養、処理、また牛乳生産過程に対して厳重な指導監督をする。

総督府畜産課は乳牛を多量に移入し（表4-5）、朝鮮内の搾乳量を三〇〇万リットルから五〇〇万リットルへと増産し、乳製品を朝鮮内で自給しようとしたのである。[46] この増産方針にもとづき、図4-2にみるように一九四二年までは、乳牛頭数や搾乳量が増えたといえるだろう。[47] 消費面では牛乳が病人、児童、虚弱者の栄養となるだけでなく、一般市民のための需要も急増したために、供給が追いつかなくなり、一九三九年あたりから牛乳の価格が急上昇し始めた。これに対し、各道別に牛乳の公定価格を定めて対応しようとした。[48] たとえば、一九四〇年五月の平南においては高温殺菌牛乳の場合、卸売り販売価格八銭、小売販売価格一一銭と公定価格が策定された。さらに、練乳、粉乳といった乳製品に対しても公定価格が適用された。

この実態を踏まえて、総督府は牛乳の廉価供給と完全な衛生処理を期するために牛乳営業取締規則を改正して、一九四〇年一〇月一日より実施した。[49] 具体的には、牛舎と処理場の構造設備要件を多少緩和し、生産費の上昇を抑制し、衛生面では牛乳中の細菌数を制限した。搾乳営業と処理営業（消毒・焼焚）を分離し、搾乳営業は届け出制、処理営業は許可制にし、処理規程をも設けた。とりわけ、日本内地に頼っていた練乳・粉乳の需給が逼迫すると、総督府企画部は内地の商工省と折衝し、一九四〇年一二月より朝鮮練粉乳移入組合を結成させ、同組合が総督府と商工省のあいだで決定される配給数量を確保し、道内卸売業者たる道配給組合を通じて小売業者に練乳・粉乳を配給することにした(50)。

さらに、乳児用をはじめ一般練粉乳の配給を公平にするため、総督府は一九四二年二月に伝票制を導入し、町会総代・愛国班を通じて病弱者と幼児にのみ配給することにした(51)。家庭用牛乳を確保するため、食堂や喫茶店での牛乳販売を抑制させるとともに、一九四二年三月には幼児（一歳六カ月未満）と病弱者に対して牛乳を優先的に供給できるように、牛乳配給統制を始めた(52)。京城府総力課は京城牛乳販売組合と連繋し、府内各町総代（あるいは医師）をして牛乳配給証明書（あるいは診断書）を発行させ、牛乳配給を申請するようにさせた。一九四四年三月には練粉乳の配給方法は医師の診断書と町会、班長の印だけによらず、さらに医師、班長の手によって申請される形に改められた(53)。一九四四年一〇月になると京城牛乳同業組合は配達人の応徴、自転車、荷車の不足のため、牛乳配達が難しくなったので、各町会ごとに京城牛乳同業組合配給所（一三三カ所）を設置して牛乳配給を行い、一一月には牛乳および乳製品総合配給を実施した(54)。

そのなかで、森永食糧工業、明治乳業などの大規模な乳牛牧場が計画された。一九四五年にそれと連繋する酪農部落を設置し、二つの牧場を中心として酪農技術を普及し、飼肥料の自給を図り、搾乳だけでなく、これらの地域の女工を働かせることで乳製品を生産する計画であった(55)。しかし、この計画は戦時下で実現できず、解放とともに、中止された(56)。「農乳奨励五カ年計画」と並ぶ、もう一つの未完の計画であった。このように、「文明的滋養」は戦時下の貴重な栄養源として再認識されたものの、その増産は資源の面から限定されざるを得なかった。

おわりに

朝鮮では生乳を飲用する習慣がなく、居留地の外国人、なかでも日本人のために搾乳業が始まり、朝鮮内に広がった。そのため、仁川や釜山などの港湾都市から内陸の大都会へと伝播した。初期の搾乳業は牛疫などによって壊滅的打撃を受け、洋種乳牛を飼育する本格的な事業展開とはならなかった。そのうち、荒井牧場が洋種の飼育を始めると、それに刺激され、本格的な搾乳業者が多く登場した。各種施設や装備などを日本より移入せざるを得ず、諸経費が高価であったが、牛乳の販売価格が高く設定されることによって経営安定性が確保された。このような搾乳業の勃興に際して朝鮮人業者も登場したが、彼らは朝鮮牛を代用する零細規模に過ぎなかった。そうしたなか、「文明的滋養」の象徴として、小規模でありながらも、朝鮮人による牛乳の飲用も始まった。牛乳は在来性をもたないことから、「生産者と消費者の分離」は当初より想定されるものであり、いかに生産者から消費者に至るフードシステムを形成するかが当時の産業的課題であったといえよう。

歴史的には、日本人の居住者の増加や新しい食文化の普及にともない、搾乳業は年々成長した。一九一〇年代末と二〇年代初めには乳牛価格がいったん急騰したが、その後の一九二〇年代後半から三〇年代前半にかけて生産性の向上と価格の低下が同時に実現された。その要因として洋種の飼育が増加したことはもとより、畜牛・酪農教育が普及し、知識と経験が蓄積されたことがある。搾乳業者の多くは生乳の輸送のため、都市周辺の鉄道沿線に散在する専業者であり、一部に限って副業として行われた。朝鮮人業者は頭数からみて平均的に成長したといえるが、依然として廉価な朝鮮牛を多く代用しており、日本人中心の事業構造であることには変わりなかった。生乳消費において圧倒的なシェアを占めるのは京城をはじめとする都会であって、道内の周辺地域から、また京城の場合、京畿道外からも生乳が供給されていた。

牛乳の生産と消費が増えるにつれ、それをめぐる社会問題も多く発生し、「文明的滋養」への公的管理が要請された。品質、価格、衛生などといった諸点から警察当局の取締りが行われ、独占組織による価格の引上げが懸念されて生産販売組合の設立が認可されないこともあった。これに対し、農務系統の当局は農家更生策の一環として産業奨励資金はもちろん、農業学校の精乳処理施設、農事試験場までを提供し、清凉里農乳組合の設立を勧め、その実現をみた。そのなかで、洋種乳牛が結核に罹っても、高価なため、マニュアルに反し撲滅できず、牛結核問題が深刻化すると、警察＝衛生系統の当局は既定方針を転換して取締りの立場から共同精乳場を設置し、品質管理と価格統制を図ろうとした。これに対し、清凉里農乳組合側は新しい施策に際して組合員の増加を認めないという京畿道当局の方針に反発したため、事実上の生産販売組合の設立案は実現できなかった。しかし、牛乳の品質問題が依然として解決されないなかで戦時統制が始まると、京畿道衛生課は再び共同精乳場を中心とする生産販売組合案を持ち出し、京城牛乳同業組合の設立をみるに至った。

農務系統の清凉里農乳組合の設立と衛生系統の京城牛乳共同組合の設立という二つの系統の経験を踏まえて、朝鮮総督府農林局は農乳組合による生産増加、牛乳処理販売組合による都市牛乳配給合理化、牛乳の検査および組合員の指導を通じて、日本からの酪農品の移入を抑制しながら、中国への供給を朝鮮が担おうとした。これによって、乳牛の移入も増えたが、需要の増加に対する供給不足を免れなかった。残る選択肢は「文明的滋養」を幼児、患者、身体虚弱者へ集中する配給統制しかなかった。これが価格や数量の両面から実施されたのである。

解放後、旧日本人牧場が円滑に管理されず、しかも朝鮮戦争が勃発すると、乳牛頭数が急減し、危機的状況に置かれた。そこで、京城牛乳共同組合の後身たるソウル牛乳同業組合が、酪農業を再開する出発点となった。しかしその後、畜産奨励計画が実施されたものの、畜牛とは異なって戦前水準を回復できず、一九六〇年代の軍事政権の下で画期的酪農奨励計画が実施され、韓国の酪農業がようやく産業化しはじめた。生産者から消費者に至るフードシステムが拡大し、大企業の資本蓄積の対象となった。乳加工品の製造をめぐって新規参入が相次ぎ、京城牛乳共同組合の後身たるソウル牛乳協同組合の支配的市場は蚕食されて競争市場となり、政府の保護措置が強化されるなかで、「文明的滋養」はもはや一般大衆の消費対象となったのである。

第五章　朝鮮の「苹果戦」

——西洋りんごの栽培と商品化——

はじめに

本章の課題は、植民地期朝鮮においてりんごがどのようにして近代的農作物として栽培され、帝国の商品として浮上し、朝鮮内外での競争を戦うまでに成長したのかを分析することである[1]。

植民地朝鮮において、栽培作物の中で圧倒的な地位を占めるのが米穀であり、それに麦類、雑穀、豆類、薯類を加えると、これらの作物で全体の八割強（生産額基準）に達していた[2]。そのため、第一章で考察したように、植民地農業史は稲作にもとづいて植民地地主制、品種改良、産米増殖計画、米移出、水利組合の普及などを分析してきた。これにより、日本人の嗜好を考慮する米増産が行われ、日本内地への移出が大規模化し、日本内地市場への米流通が進んだものの、朝鮮内の植民地地主制はむしろ拡大し、昭和恐慌に際しては朝鮮農民の窮乏化が進み、朝鮮人の平均的米消費も増加するどころか、縮小したことが指摘された。朝鮮人の中にも商業的地主経営に注力し、商工業部門の資本家へ転化するものが生まれたことも事実であるが、稲作を中心にすれば、これらの歴史的イメージは大きく変わることはないだろう。

そこで本章は、都市部を中心に生活水準が向上すると、商業的作物としての蔬菜と果物の消費が増えることに注目したい[3]。蔬菜はキムチを含むおかずの原料となることから、伝統的に日常の食生活で多く消費されたが、生のものではその貯蔵性が乏しく、その消費は近接の都市部に限られていた。その反面、りんごや梨といった果物は特定地域で栽培される季節的作物であるが、その貯蔵性に優れるため、一定の貯蔵庫の設置とともに、交通手段が確保できれば、広い範囲で消費され、海外の消費者も味わえた。果物は商品としては優等財であるため、その消費が所得向上をあらわす指標となるのはいうまでもなく、植民地における生活の多様化を理解するきっかけともなる。

なかでも、りんごは朝鮮でもっとも生産量の多い果物として伝統的に果樹園方式によって栽培されており、朝鮮王朝末期の開港後には宣教師などによって西洋品種が導入され、植民地期に入ると大量栽培が始まり、朝鮮内の市場だけでなく日本内地や中国といった海外にも輸移出されるに至った。日本内地では青森りんごの競争商品として認識されており、それを念頭に朝鮮側による出荷統制が論じられた[4]。朝鮮米の場合、周知の通り、在来の生産基盤の上に品種改良や農地改良が加えられ、日本内地への移出が促されたのに対し、りんごは西洋品種を導入の上、従来とはまったく異なる近代的果樹園が造成され、市場販売を目的とする栽培が行われた。りんご農業は他の作物ではみられない急激な事業展開が行われ、その生産性の向上が他の作物を大きく上回るほどの特別な作物であった。

この点で、植民地期農業の中でも有意義な研究対象であるにもかかわらず、先行研究において注目すべき果樹農業研究は数少ない。たとえば、一〇〇年間にわたる韓国農業史を分析した韓国農村経済研究院の『韓国農業・農村一〇〇年史』をみれば、稲作以外の部分に関する記述はきわめて限定されており、とりわけ果樹分析は見当たらない[5]。そうしたなか、唯一ともいえるのが李鎬澈の研究である[6]。李は朝鮮在来の果樹園が一部商業的農業を展開したものの、近代的果樹園は西洋宣教師らによって開始されており、植民地化にともなって植民地的プランテーションの典型として果樹園の経営が本格化し、りんご農業が大きく成長したとみている。政策（地域別生産→産地）、生産（技術、病虫害防除、施肥、品種、経営）、流通（価格、加工、包装、検査）、生産者団体などといった系統的な枠組みをもって分析を行っており、植民地期に限っていえば、植民地初期（一九一〇～一七）、成長期（一九一七～三〇）、大恐慌期（一九三一～三七）、沈滞期（一九三八～五三）という四つの時期区分を行った。[7]

とはいうものの、李の分析は収奪論にもとづいており、プランテーション農業が展開され、戦時下で朝鮮のりんご農業が圧迫・打撃を受けたと主張しているが、その根拠が提示されておらず、資料を批判的に吟味していない。まず、プランテーション農業の典型と指摘しているが、広大な土地に大量の資本を投資して現地の労働力を利用して行われるモノカルチャー、というプランテーションの根拠が確認できず、鎮南浦のりんご園の平均規模が六反歩（一八〇〇坪）である（二四二～二四五頁）とするなど、自己矛盾を示している。さらに、李は生産統計の利用に際して韓国統計を全朝鮮統計と誤認している。生産高が一九四三年の二八四二万貫から四四年の五二九万貫へ急減した原因として、一九四一年四月に朝鮮総督府より出された「果樹増殖禁止令」を取り上げて、既存果樹園の廃園措置が取られ、栽培面積が大きく減ったと主張している。[8]しかし、同禁止令はあくまでも「増殖」を禁じており、「廃園」を促すものではなかった。輸移出統計でも、一九三九年をピークとして日本向移出が減少したと李は指摘しているが、[9]これは事実に反する。ここでは、戦時下でも朝鮮のりんご農業が成長の契機を維持していたことを見落としている。一九三〇年代に出荷統制問題が出てくるのは、個別業者による自由な輸移出が価格暴落をもたらすのを防ぐためである。つまり、日本への移出を禁じるためではなかった。低価格による収益悪化のため、朝鮮と日本内地のりんご農業が内外市場をめぐって「苹果戦」を展開していたことに注目すれば、朝鮮のりんご農業の発展と日本内地、とくに青森県のそれとの競争と利害調整の場面が重視されるべきであろう。[10]そこで、本章は歴史像をあらかじめ示すというよりは、資料批判の立場から数量的データを検証してりんご農業の変化を客観的に読み取るとともに、慶尚北道に限らない全朝鮮のりんご農業史の復元を試みる。

1　優良品種の普及とりんご収穫の増加

りんごは「華艶」の果色を有し、「美味高尚」と賞賛され、洋菓子が普及する以前は高級食材の一つであった[11]。朝鮮は礫質の土壌が多く傾斜地と平坦地に富み、排水が良好であって、りんご栽培地として優秀な地位を占めた。春期には気温が早く上昇して比較的高温となって、晴天が多く夏季には湿度が低くなり、りんご樹の発育期には降雨量が少なく、晩霜期が早いため、空気の乾燥度がよくりんごの結実に最適であった[12]。こうした自然条件にもかかわらず、在来のりんごはその一部のみが商業的経営を行っており、果形や味から判断すると果物として西欧で品種改良された西洋りんごに比べて商品性もまた劣っていた。そのため、朝鮮は米国のりんご栽培地には「稍々劣る観」があり、品質も「次位」を余儀なくされ、樹種の選択および栽培の改良が要請された。

そこで、近代的りんご農業が開港後の外国人によって始まった。りんご農業の嚆矢は一八八四年に東京の学農社社長の津田仙が仁川領事館の久水という館員の要請に応じて寄贈した数本の苗木であった[13]。そのほか、キリスト教の宣教師らがそれぞれの本国から苗木を取り寄せて京城、元山、平壌、全州などで果樹園を始めた。一八八九〜一九〇〇年頃より、咸鏡南道徳源郡県面斗南里の尹秉秀が、アメリカ宣教師を通して苗木数百本を輸入しその栽培を試みたものの、その結果は良好ではなかった。一九〇三年には宋秉畯と山口県人の中村正路が合資で京仁線素砂でりんご、梨、桃などの二〇町歩の果樹園を始めたものの、土質の不良のため、これも成功せず、さらに同停車場から遠くない高台で井上宣文が約十数町歩のりんご園を試みたが、失敗に終わった。日露戦争をきっかけとして日本人の農業移民が増えるなか、一九〇五年には大邱で中原房一、三浪津で林田藤吉、釜山では神高綾吉、仁川で末永省三がりんご栽培を始めた[14]。西鮮では黄海道黄州に穂坂秀一、鎮南浦に富田儀作などの開園があった。一九〇〇年代中頃になって、りんご果樹園の経営がようやく定着し、近代的果樹経営が広まるようになった。りんご果樹園の

資料図版 5-1　果物を売る子供

出所）朝鮮興業株式会社『朝鮮興業株式会社三十周年記念誌』1936 年。

開始は「生産者と消費者の分離」を前提とする専業者の登場を意味する。

　このような新しい果物の登場を、政府側は支援した。朝鮮統監府が設置されると、纛島には園芸模範場が設置され、日本から技術官を招聘し、果樹、蔬菜の栽培試験を行い、りんご栽培に関する技術指導が施された。園芸模範場では一九二四年に廃止されるまで品種選定、りんご園間伐、整枝・剪定法、栽植法、施肥および土壌取扱法、病虫害防除法といったりんご栽培の技術改良が進められた。一九〇六年には日本内地から移入されたりんご、梨の一年生苗木を植え付け、その翌年には両種とも多少の結実をみた。一九〇七年には内地から各種苗木を移入し、同場は果樹品種の適否試験および模範栽培を行い、そのうち好成績の品種を中心として朝鮮に適した品種を選定した[15]。倭錦の場合、苗木二二本を一九〇九年に植え付け、一九一二年には一本当たり収穫高が平均一五〇個に至った。紅玉（Jonathan）、国光（Rawles Janet）、倭錦（Ben Davis）、柳玉（Smith Cider）、祝（American Summer Pearmain）、鳳凰印（Yellow Bellflower）、紅魁（Red Astrachan）といった従来からの七種のほか、一九一〇年には米国カリフォルニアより新しい品種を導入し、適否比較の結果、白龍（White Winter Pearmain）、翠玉（Newton Pippin）などが採択された。それによって、紅玉、国光、倭錦、白龍、翠玉、祝などが奨励品種として選定された。そのうち、図5-1のように紅玉、国光、倭錦が三大りんごであった。

　その後、植民地期朝鮮でのりんご栽培はこれら三つの品種を中心に行われる。品種別統計は一九一七年より確認できるものの、果樹数からみて、一九一〇年代は紅玉、国光、倭錦といった三大品種が圧倒的

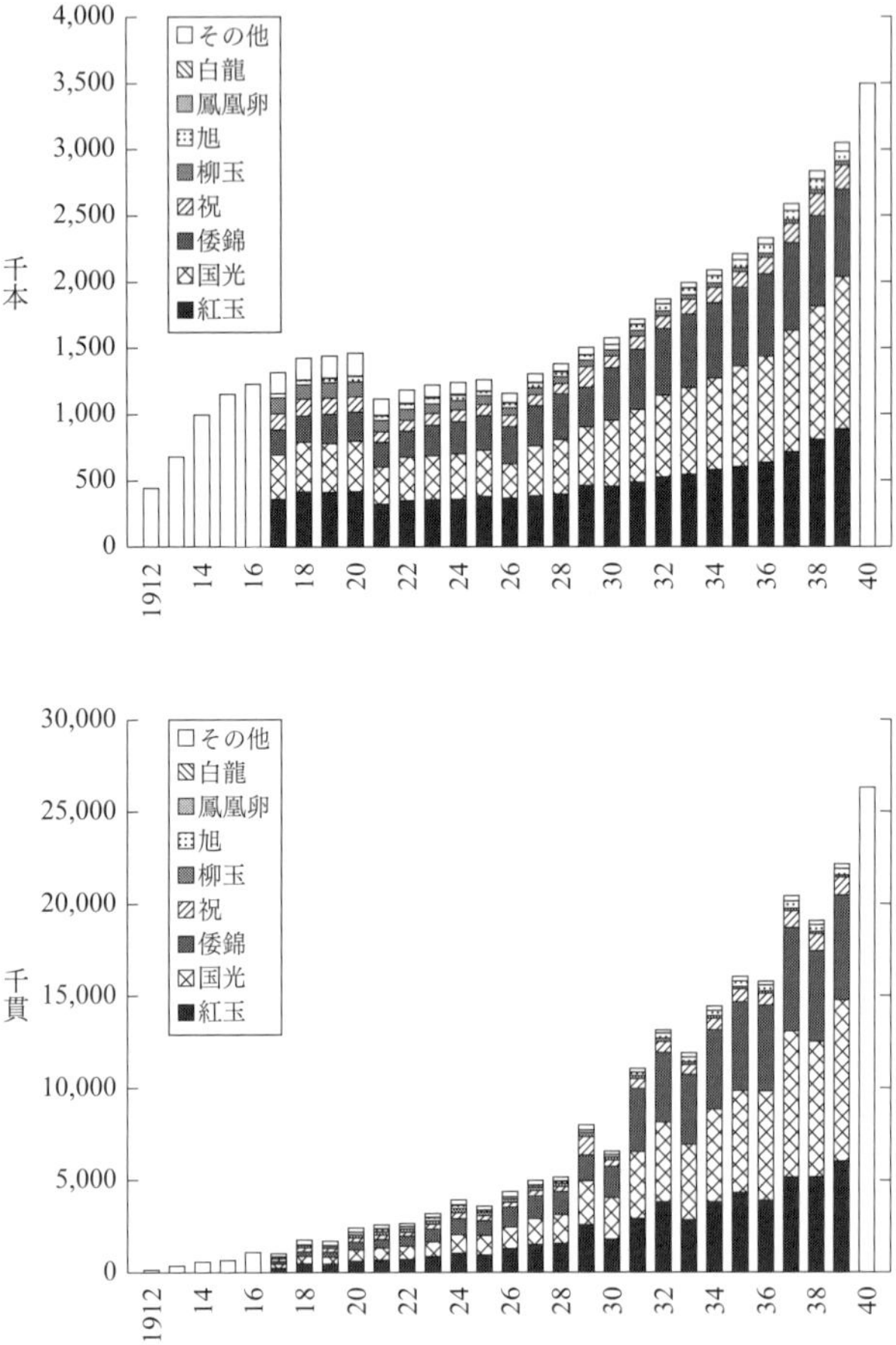

図 5-1　りんごの品種別果樹数（上）・収穫量（下）

出所）朝鮮総督府『農業統計表』各年度版；朝鮮総督府『朝鮮総督府統計年報』各年度版。
注 1）1912〜16 年と 1940 年のその他はりんごの合計。
2）1920 年から 21 年にかけて果樹数が減少したのは病虫害を受けたものや植生不良のものを伐採したからである。

比重を占めており、その比重は拡大しつつあった。一九一〇年代半ばから二〇年までの価格騰貴（後掲図5-6）もあり、民間におけるりんごの栽培は非常に発達し、「一層盛況」を示した。これらの品種は秋熟種であり、長期間にわたる貯蔵が可能で、その果色・果形や味・肉質も優れて商品性が高かったからである。栽植用苗木は朝鮮内の生産があまりできず、日本内地から移入された。主な仕出地は埼玉県、兵庫県、東京府などで、これらの府県から移入した苗木がもっとも優良であって、包装も厳重に行われたため、朝鮮内の栽植成績が良好であった。りんごの綿虫および皮潜虫を厳重に検査するため、移入苗木に対して害虫駆除予防規則（一九一三年）および果樹及桜樹輸移入取締規則（一九二〇年）が発布された[16]。このことから、りんご苗木の移入統計が取られ始めたが、そのうち一部の年度に限ってその数量を把握できる。一九二四年四月から一九二五年五月までの移入高は消毒済証明一三六万八七一一本、燻蒸消毒六万四九一五本、総計一四二万九〇二九本であった[17]。一九二四年のりんご果樹数が一二三万六五七六本であったことから、移入苗木がそれを上回り、当時いかに多くの苗木が日本から供給されていたのかがわかる。

それにともなって朝鮮内のりんごの生産が増えたことは確かであるが、その動向は果樹数とは大きく異なっている。果樹数は一九一〇年代前半に果樹園の造成によって急増したが、同年代後半にはその植栽の増加傾向が緩やかになり、とりわけ一九二〇年から二一年にかけてはむしろ減った。これは、病虫害の影響で果樹が全滅した地方があり、また「発育不良」のものを取り除いたりしたからである。その反面、収穫量においてはこうした停滞が確認できず、その増加率が果樹数のそれをはるかに上回った。りんごの場合、植栽してから四～五年後に結実し始め、十数年後になってようやく多産期に達するため、収穫量は累進的傾向を示したからである。品種別にみると一九二五年末に栽樹数は紅玉三七万九千本、国光三四万七千本、旭三万二千本、その他であったが、収穫量は国光一〇五万一千貫、紅玉九三万四千貫、倭錦八〇万二千貫、祝二七万一千貫、柳玉一九万七千貫、旭一〇万余貫であった。既述の三大品種が結実の樹齢に達したため、これらの収穫量が急激に増加したのである。

2　果樹生産性の向上と地域別生産動向

このことが果樹一本当たり収穫高として現れている。農業生産の動向を示すには、一般的に使われている一定の

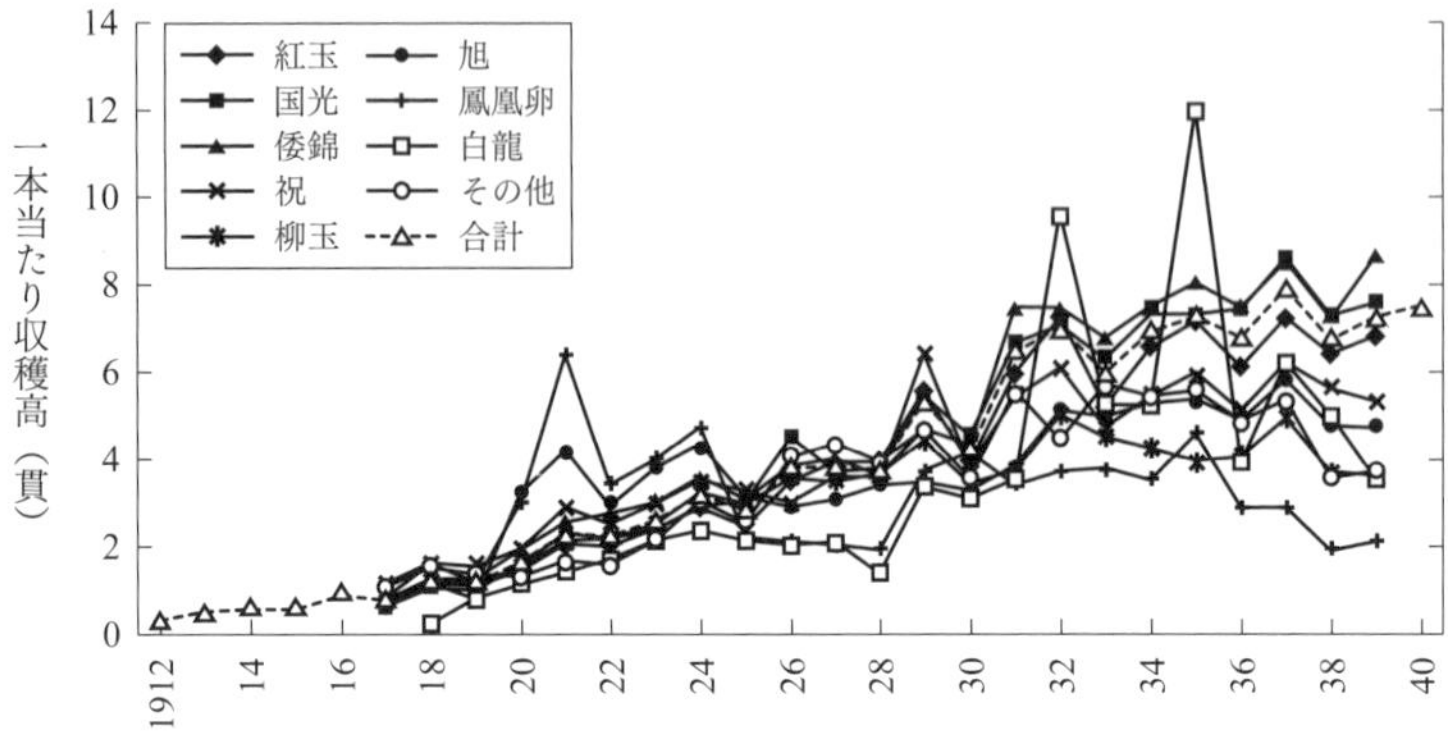

図 5-2　りんごの種別果樹 1 本当たり収穫高

出所）朝鮮総督府『農業統計表』各年度版；朝鮮総督府『朝鮮総督府統計年報』各年度版。

面積当たり収穫高、すなわち土地生産性を提示するのがもっとも望ましいものの、植民地期の植え付け面積に関する統計がとられているのは一九四〇年代前半に限られており、その正確さも危うい[18]。そのため、その動向を果樹一本当たり収穫高として図5-2からみれば、一九一二年から一貫して一本当たり収穫高が増加している。樹齢上の多産効果に加えて、栽培法の改良も進められた。それを支えたのが既述の園芸模範場であり、それが廃止されてからは水原の勧業模範場（一九二九年に朝鮮総督府農事試験場と改称）がりんご栽培改良研究を進めた。勧業模範場は大邱、平壌、木浦、纛島、龍山などに支場あるいは出張所を設置し、現地などの要請に対応したが、これらの機関は必要に応じて統廃合が繰り返された[19]。一九三七年には平安南道鎮南浦龍岡郡に平南「苹果試験場」が設置され、一九四〇年には黄海道黄州郡にも「苹果試験場」が設けられた。これらの機関が模範作業、試験調査、土壌肥料などの分析といった栽培研究だけでなく、実地指導、技術員および事業者の養成をも担当した。

朝鮮内に病虫害が広がると、防除対策を施しながら、果樹園整理事業も強力に推進された。すでに指摘したように一九二〇年から二一年にかけて果樹数が減少したのは病虫害の被害を受けたものや植生不良のものを伐採したからである（前掲図5-1）。一九二六年にも果樹本数が減少しており、防除作業が持続的に行われたといえよう。主に伐採されたりんご品種は「その他」品種、すなわち優良品種ではない品種が対象であったことから、長期的には生産性の向上に寄与したと考えられる。一九二〇年代より農薬と噴霧器（小型に代えて半自動あるいは大型）の購入を促すため、道当局からは果物同業組合（後述）に補助金が支給された。とりわけ集約栽培方針を一九二三年から確定して、硫酸ニコチン、砒酸鉛の使用を奨励し、綿虫、心食虫、褐斑病といった三大病害虫の防除を図った。[20]後には綿虫防除のため、寄生蜂が導入され、大きな効果を得て一九三〇年代には綿虫が朝鮮から消えた。[21]黄海道においては「従来苹果園の経営は大規模で而も粗放栽培であったが、病虫害の防除並品質向上の点から見て経営の集約化」が図られた。新規業者には五反歩以上五町歩未満の開設を奨励し、二町歩以上の園に対しては動力噴霧器、それ以下の園に対しては大型噴霧器の普及を進め、病虫害の防除を期した。[22]

「鎮南浦苹果試験場」においては、病虫害防除の薬剤の撒布にともなって花粉媒介の昆虫の数も減少し、これがりんご結実歩合の低下問題を引き起こすのに対して、受粉樹の混植、蜜蜂の飼養、人工授粉などが行われた。[23]施肥法においても従来の輪肥法（根元から半径一メートルの輪状溝を三本鍬で幅二〇センチメートルくらい掘り下げて肥料を入れる方法）に加えて新しく全園肥沃法（朝鮮牛による耕耘中耘を行った上、樹冠下全体に肥料散布）を実施し、一九三〇年代にはその全園肥沃法が大邱周辺の半分を占めた。[24]

一九三〇年代に入って収穫高の増加はやや緩やかになっており、上下変動がみられるものの、増加傾向自体に変わりはない。りんご栽培の生産性が大きく上昇したと十分評価できるだろう。これは梨、葡萄、桃、柿といった他の果樹が一九三〇年代に入ると生産性が停滞したこととは異なっている。りんごでも三大品種を除いた祝、柳玉、旭、鳳凰卵、白龍の場合、一九三〇年代における生産性の停滞が確認できる。日本内地との比較（図5-3）を試みると、一九二〇年代以降一定の格差はあったものの、激しい上下変動を示した内地に比べて生産性の安定的向上を示した。こうした生産性の動向を理解する手掛かりとなるのが地域的収穫動向である。

図5-4をみれば、りんご生産の再編が行われたことがわかる。一九一二～一五年頃には慶南、慶北、京畿が三

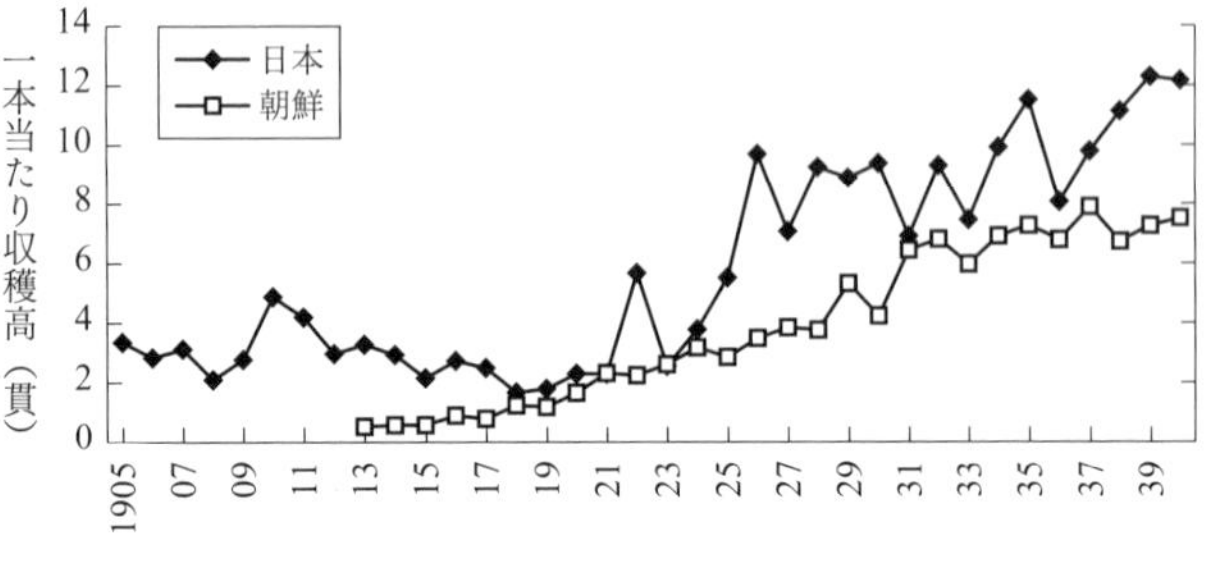

図 5-3　日本と朝鮮におけるりんごの果樹 1 本当たり収穫高

出所）朝鮮総督府『農業統計表』各年度版；朝鮮総督府『朝鮮総督府統計年報』各年度版；農林大臣官房統計課『ポケット農林統計』内閣印刷局；農林大臣官房統計課『蔬菜及果樹栽培之状況』東京統計協会，1927 年；農林大臣官房統計課『農林省統計摘要』東京統計協会，各年度版；農林大臣官房統計課『農林省統計表』東京統計協会，各年度版。

大主産地であり、北朝鮮より南朝鮮のほうで果樹と収穫が相対的に多かったが、一九二〇年代半ばを過ぎると、北朝鮮のほうで生産が増え続けた。一九二五年に平南は第二位の二〇万五千余本を有したが、結実年齢に達した果樹が多かったため、一〇三万三千余貫を産出し、全朝鮮の総収量の約三割を占める盛況を示した。次いで黄海道の二割余、慶尚北道の一割余、全羅南道の七分、京畿道の六分などを記録した。その後、黄海道のりんご植栽熱がきわめて旺盛となり、果樹園主の意気込みが強かったため、植栽樹が朝鮮内でもっとも多くなった。その後多産期に入った果樹が増えるにつれ、その収穫量の比率が大きくなったのは当然である。その結果、平南、黄海、咸南、慶南が主産地として浮上し、一九四四年にはこれらの道が全収穫量の約九割を占めるようになった。既述のように植民地期にりんごの生産が急激に増えただけでなく、朝鮮内の主産地も大きく変わったのである。

ここで、品種別果樹数に注目すれば、一九二八年には国光七九万九千本がもっとも多く、次いで紅玉六三万五千本、倭錦六二万二千本の順であったが、それらも道別には主に黄海、平南、咸南を中心に植えられた。[25] 資料上、それ以前の道別品種別果樹数は把握できないものの、この時期はすでに北朝鮮がりんごの主産地として浮上していたことから、この変化は紅玉、国光、倭錦の三大品種を中心に起きたことを意味する。一九三九年には国光一一五万本、紅玉八八万五千本、倭錦六五万九千本へ三大品種が増えたが、道別には黄海、平南、咸南という順位は変わることがなかった。これが収穫高にも反映されている。ところで注目すべきなのは、慶北の果樹

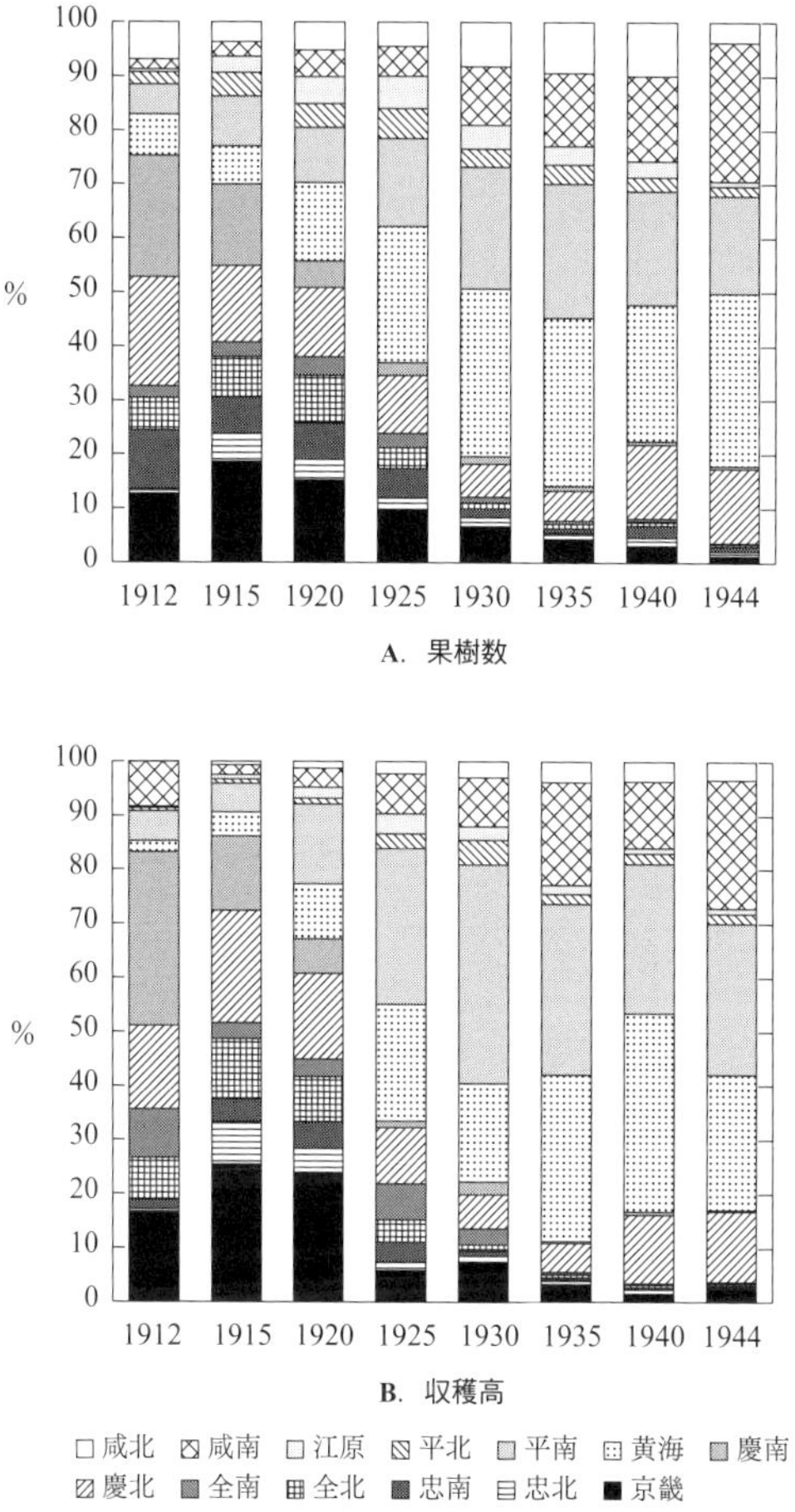

図 5-4　道別りんご植樹・収穫高の構成

出所）朝鮮総督府『農業統計表』各年度版；朝鮮総督府『朝鮮総督府統計年報』各年度版。
注）A. 1944 年度の果樹数は面積である。

と収穫高が増加し、南朝鮮でもりんご生産がやや増えたことである。主産地の再編にあたっては、西洋品種の導入と栽培改良を内容とする果樹経営の近代化も進められたことはいうまでもない。果樹生産性は黄海、平南、慶北において急上昇しており、その次が慶南、咸南などであった[26]。

さらに、表5-1から果樹園の密集している府・郡を取り上げれば、平安南道鎮南浦一三、黄海道黄州一一、咸鏡北道鏡城八、慶尚北道達城郡五、平安南道龍岡四、江原道鉄原四であった。これが主産地にあたり、なかでも、平南の龍岡、黄海の黄州[27]、慶北の達城が三大産地であった。ところで、これらの産地が日本人を中心とする比較的規模の大きい果樹園のみによって成り立ったとは考えられない。産地別に果樹生産性の向上をもたらしたのが専門

表 5-1　全朝鮮主要りんご栽培業者名

	所在地	園主名	民族	所在地	園主名	民族
京畿道	高陽郡纛島面西纛島	河原田甫	日	漣川郡郡内面車灘里	稲見良作	日
	同	山県春雄	日	開城郡松都面	穂坂秀一	日
	富川郡西串面	高春吉	朝	同	松都高等普通学校	朝
	同　多朱面	平山松太郎	日	水原郡安龍面	寺澤捨三郎	日
	振威郡芙蓉面	西村篤雄	日	安城郡元谷面	松村静雄	日
忠清北道	永同郡永同面稽山里	内藤純好	日	忠州郡忠州面鳳方里	平野作	日
	同　梧灘里	岡谷石太郎	日	同　邑内里	熊谷団藏	日
	清州郡江外面五松里	大阪弘益殖産会社	日	同	栗田英治	日
忠清南道	大田郡外南面	倉成熊成	日	大田郡外南面	郡是農場	日
	同	土師大八郎	日	論山郡夫赤面	小林澄	日
	瑞山郡瑞山面	小寺農場	日	牙山郡温陽面	日高利一	日
	同　泰安面	李基升	朝			
全羅北道	高敞郡富安面	枡富安左エ門	日	井邑郡笠岩面	井深幸次郎	日
全羅南道	羅州郡金川面	松藤伝太	日	霊光郡霊光面	曹喜暻	朝
	同	馬淵継治郎	日			
慶尚北道	達城郡城北面	鄭徳化	朝	達城郡解顔面	坂本与一郎	日
	同	麻坂タメノ	日	迎日郡鳥川東海面	三輪喜兵衛	日
	同	大野庄五郎	日	慶州郡見谷面	乾藤次郎	日
	同	黒川円治	日	慶山郡河陽面	中原房一	日
慶尚南道	密陽郡下東面	林田藤吉	日	梁山郡下西面	吉田市次郎	日
	同	重松徳治郎	日	金海郡駕洛面	植田義夫	日
黄海道	平山郡金岩面	山根与一郎	日	黄州郡黄州面	石橋幾雄	日
	黄州郡黄州面	穂坂秀一	日	同	明治農会	日
	同	石井安次郎	日	同	岩田昇七	日
	同	吉尾金治郎	日	同	洪性股	朝
	同	森口筆吉	日	同	李東熙	朝
	同	志賀恒彦	日	同　墨橋面	森農場	日
平安南道	鎮南浦府外麻沙里	乙咩繁鎌	日	鎮南浦府外大頭里	荒木源之助	日
	同	福井経治	日	同	管生兮三	日
	同	古藤遜	日	同	牧野昇	日
	同	中田紋三郎	日	同	平田儀作	日
	同　麻山里	富田儀作	日	同	山岡儀平	日
	同	立花薫	日	同　文艾里	鎌田喜兵衛	日
	大同郡大同江面船橋里	仲村敬造	日	同	加藤義一	日
	同	仲村森吉	日	龍岡郡金谷面牛登里	福良浅治郎	日
	同	邊致煥	朝	同	堀口万藏	日
	平原郡粛川面舘東里	山中源五郎	日	同	中村泰造	日
	中和郡中和面青鶴里	佐久山藤吉	日	同　池雲面真池里	金豊漢	韓
平安北道	定州郡定州面	金泰享	朝	鉄山郡站面	小林栄藏	日
	宣川郡新府面	スコット	欧米			
咸鏡南道	徳源郡赤田面	西村梧一	日	文川郡郡内面	南辰熙	朝
	同　県面	尹秉秀	朝	咸興郡咸興面	井上果樹園	日
咸鏡北道	鏡城郡羅南面	森園広吉	日	鏡城郡羅南面	新貝勘次郎	日
	同	福島律次	日	同	岡本長七	日
	同	大場モト	日	同　梧村面	下国良之助	日
	同	永井伴吉	日	同	中村加子	日
江原道	鉄原郡鉄原面	小宮八郎	日	鉄原郡於雲面	小林喜作	日
	同　北面	熊谷農場	日	同	富田農場	日
	春川郡春川面	木下農園	日	春川郡東内面	李鮮吉	朝

出所）「朝鮮の苹果」『朝鮮経済雑誌』133，1927 年，31-43 頁。

表 5-2　鎮南浦府および龍岡郡一円のりんご園経営面積状況

（単位：戸，町歩）

	5反歩以内	1町歩以内	1町5反歩以内	2町歩以内	3町歩以内	4町歩以内	5町歩以内	5町歩以上	10町歩以上	総戸数	総面積	1戸当たり平均面積
1930	545	219	88	50	37	11	12	8		970	733.74	0.76
1931	561	226	93	47	38	11	8	8		992	743.65	0.75
1932	873	342		196	52	20	8	6		1,497	1,046.77	0.70
1933	1,565	377	162	56	25	10	8	3	1	2,207	1,105.22	0.50

出所）平安南道苹果検査所『苹果検査成績』各年度版。
注 1）鎮南浦果物同業組合に加入しているりんご農家に関する統計。
　2）1932 年度の 1 町 5 反歩以内の区分がないため，2 町歩以内の戸数が急増した。

的果樹業者であった。表5-1は一九二五年頃の主要りんご専業者も示している。道別には京畿一〇、忠北六、忠南七、全北二、全南三、慶北八、慶南四、黄海一二、平南二二、平北三、咸南四、咸北八、江原六、合計九五であって、そのうち、日本人八一人、朝鮮人一三人、欧米人一人であった。果樹園の植付面積が確認できないものの、当時、比較的規模が大きく果樹園としての経営体制が整ったものが取り上げられたと思われる。日本人が圧倒的に多いものの、朝鮮人の中からりんご果樹園の専門経営者が現れ始めたことは注目に値する。優良果樹は一般にその栽培の集約を要した。病虫害を少なくしてその栽培を広げる上で、農家副業を奨励すると、その発達を阻害するところがあったことから、専門的果樹経営が奨励された[28]。

表5-2は鎮南浦府および龍岡郡一円のりんご園経営状況を示している。圧倒的多数が五反歩以内あるいは一町歩以内の規模であった。当初は富田儀作によって鎮南浦府のりんご栽培が始まり、その成果が一九〇八、〇九年頃には府内で認められたため、地方住民をりんご栽培に勧誘し、富田から苗木の無料配付、開墾地の無料貸与が行われた[29]。そのため、鎮南浦一帯のりんご栽培は日本人に限定されず、大勢の朝鮮人の参加を誘発しながら、広がったのである。このように、りんご農家数が急激に増えるにつれ、一戸当たりの平均面積も一九三〇年の〇・七六町歩から一九三三年には〇・五町歩まで小さくなっていることがわかる。もちろん、他方で総面積は年々増加し、また一九三三年には一〇町歩以上の果樹園も登場したことを見逃してはならない。またりんごに限定されないものの、平安南道の果樹園全体[30]の経営状況をみても、一戸当たり平均面積は一九三二年に〇・六三町歩に過ぎなかったとはいえ、民族別果樹農家

数も把握ができ、これによると朝鮮人の進出をみてとることができる。三九二九戸のうち二一七戸が日本人であって、全体の五・五%を占めて残りの九四・五%が朝鮮人であった。民族別果樹園規模が確認できず、一戸当たり平均規模において日本人が大きかったと思われるが、そうだとしても、鎮南浦果物同業組合を含む平安南道の生産は朝鮮人によって主に賄われていたとみても大きな間違いはないだろう。一九三七年頃の鎮南浦を調査した對馬政治郎によれば、民族別構成は日本人二割、朝鮮人八割で、朝鮮人がりんご生産の主力であった。また、果樹園一戸当たり平均面積は六反歩で、日本の青森県は四反二畝（一町歩未満の経営者は全戸数の八三%）、満洲では日本人一戸当たり四町歩、中国人一町二反歩であったことからみれば、鎮南浦の果樹経営は満洲より日本に近いタイプであった。[31]

しかし、慶尚北道では果樹生産業者はやや異なる動きを示している。慶尚北道果物同業組合は一九二八年に一二三人、りんご二三六・一町歩、果樹全体二五九・三町歩であって、その平均規模ではりんご一・九二町歩、果樹園全体二・一一町歩を記録し、鎮南浦果物同業組合より大きかった。また、民族別構成をみれば、資料的に確認できる一九二九年には組合員一三九人、そのうち朝鮮人は九人であって、六・五%に過ぎなかった。その後、組合員数と果樹の植付面積は増えて一九三六年にそれぞれ四二一人、五八一町歩となった反面、平均面積は一・三八町歩へ減少した。これが一九四四年には三五〇〇人、三七九九・八町歩を記録し、平均面積一・〇九町歩となった。規模の縮小から推測すれば、朝鮮人農家の加入が増えたとも考えられるが、ともあれ、一戸当たり平均規模が青森県のそれを上回ることから、朝鮮のりんご生産農家は必ずしも青森県のような副業を中心とする経営形態（後述）であったとはいえないだろう。

これらの自作専業者を束ねて市場生産に向けさせるため、産地ごとに同業組合が設立された。倭館果樹組合が一九一二年五月二四日に創設されると、これに刺激されて大邱果樹栽培組合（のち、大邱果樹組合）が、一九一二年六月一五日に歌原恒を組合長として組合員五二人、栽培面積八七町歩をもって出発した。その後、朝鮮総督府によって朝鮮重要物産同業組合令（一九一五年一〇月一一日）が制定されたのにしたがって、両組合は一九一七年一〇月二二日に慶尚北道果物同業組合として統合された[32]。その後、一九二三年七月一八日に富田儀作を会長に鎮南浦と龍岡郡の果樹園業者を対象とした鎮南浦果物同業組合が組織された[33]。黄州でも一九二五年一〇月一〇日に果樹業者三〇〇人のうち八〇人余が参加し、津三忠一を組合長として黄州果物同業組合が創立された[34]。

こうして、一九二五年までにりんご、梨、桃、葡萄など各種果物の栽培業者をもって慶尚北道（一九一七）、三浪津（一九二二）、鎮南浦（一九二三）、黄州郡（一九二五）の四組合が組織された。当時認可申請中のものが慶南の金海郡と咸北の鏡城郡の二組合であるほか、同業組合の設立可能性を有するところが京城付近、元山などの数カ所にもあり、同業組合の設置のための動きがあった。そのほか、朝鮮産業組合令が一九二六年三月一日に制定されると、産業組合もりんごを含む果物の取引・加工に携わった[35]。いずれにせよ、各同業組合の定款は朝鮮重要物産同業組合令の認可主義によって作成されたが、その目的はおおむね次のようであった。①組合地域外に搬出する果物ならびにその包装の検査、②生産用物品の購入または生産品の販売に関する仲介、③果物の取引方法の改善に関する調査、④果物の販路および商況その他の調査、⑤講習会、講話会および品評会などの開催、⑥紛議の調停または仲裁判断、⑦功労者の表彰などであった。すなわち、包装、販売、流通・市況の調査などを担当したことから、同業組合は生産というよりは販売を目的として組織されたといえよう。

当時の果樹園経営の状態をあらわすものとして、黄海道農務課が五〇町歩以上、一〇〜二〇町歩、二〜三町歩という三つの規模を考慮して、主産地たる黄州郡管内の自作専業果樹園に対して行った収支調査が利用できる（表5-3）。園芸模範場によれば、五町一反歩の果樹園を想定して、初期投資が行われてから第七次年度までは収入が支出を下回り損失を余儀なくされるが、それ以降の果樹園経営は黒字に転じると計算された[36]。ところで、表5-3のように、その調査結果は意外なものであった。果樹園A、B、Cとも黒字を記録したものの、収益率や一町歩当たり利益はA＜B＜Cの順であって、規模が小さければ小さいほど収益性が優れたことがわかる。さらに、AとBは

表 5-3　黄海道黄州郡におけるりんご栽培収支（1935 年度）

		果樹園 A	果樹園 B	果樹園 C
園面積 園所在地		75 町歩 黄州郡黒橋面	13 町歩 黄州郡黄州面	2 町 2 反 7 畝 黄州郡水豊面
支　出				
直接生産費	肥料費	4,868.47	1,007.32	423.20
	農薬費	1,919.44	616.01	173.94
	その他薬品		5.16	
	支柱費	31.44	53.00	
	縄代	120.00	10.00	4.80
	袋及止金代	360.95	77.00	7.20
	人夫費	12,036.76	2,535.00	640.75
計		19,337.06	4,278.33	1,249.89
間接生産費		68,791.02	6,371.69	2,099.00
支出合計		88,128.8	10,650.02	3,348.89
収　入				
りんご売上代		84,678.53	10,131.00	4,066.00
立木販売高			2,300.00	
刈枝代				18.40
刈枝代及豚代		1,297.60	100.00	
収入合計		86,414.73	12,535.00	4,084.40
差引利益		1,713.35	1,884.80	735.52
収益率（＝差引損金÷収入）		2.0 %	15.0 %	18.0 %
園面積 1 町歩当たり利益		22.8 円	145.0 円	324.0 円

出所）黄海道農務課「黄海道に於ける苹果収支計算調査」『朝鮮農会報』10-9，1936 年，73-81 頁。

注）間接生産費は職員費，農具費，農具償還費，諸公課金，土地小作料，経営資本利子，荷箱代，荷造縄代，塡充物代，釘代，鉄帯代，針金代，ラベル貼付代，建物償還費，建物以外の設備費償還，検査手数料，通信費，苹果樹償還費，修繕費，家畜飼料，苹果運賃，広告費，その他経費であった。そのうち，果樹園 A の場合，荷箱代，樹償還費，運賃が一万円を超えた。

黒字の経営収支であったとはいえ、りんご売上代以外の雑収入がなければ、赤字経営を免れなかった。収入の中でりんご売上代のみを取り上げて、一町歩当たり利益を計算してみると、果樹園A（七五町歩）は－四六・〇円（＝一一二九・四円－一一七五・二円）、果樹園B（一三町歩）は－三九・九円（＝七七九・三円－八一九・二円）、果樹園C（二・二七町歩）は三一五・九円（＝一七九一・二円－一四七五・三円）であった。粗放農業より集約農業においてより高い収益性が保障されたことから、五反歩から五町歩までの果樹園への「経営の集約化」が強く勧められたわけである。

このような自作専業のためには経営規模に応じて職員（果樹園Aは日本人四人、朝鮮人七人、果樹園Bは一人、果樹園Cはなし）が採用されたほか、農作業のため、一時的に周辺から労働者が日数別に雇われた。延人員を基準として果樹園Aは三万六五九人（剪定人夫一一二三人、施肥人夫九二〇人、中耕除草人夫三三六二人、病虫害駆除予防人夫四五一五人、摘果人夫一六八九人、袋掛袋除人夫九三八人、剪去枝落薬掃除人夫一一一五人、採取選果荷造運搬人夫一万二七一九人、貯蔵品手入・窖出人夫一一六〇人、その他三二一八人）であった。また果樹園Bは五八四六人で、果樹園Cは一三九三人であった[37]。こうして、産地では規模を異にしながらも、周辺の農業労働者を季節的に雇って果樹園を営む自作専業者が広範に存在したといえよう。

しかしながら、戦時下で「資材並労力不足からして将来りんご園の大面積は不適当なるものと見て、黄海道黄州郡黒橋面金石里森農場に於て」「小作制度を設定して、自己所有の農場経営の合理化を図っ」た[38]。小作期間は一九四〇年一月から一九四六年一二月の七年間で契約され、小作料として一九四〇年一月〜四二年一二月に小作地生産額の四五％、それ以降五〇％が設定された。小作地は肥培、耕耘、病虫害の防除を怠らないこととし、肥料（堆肥を除く）、薬剤、袋材料、農業用器具（動力噴霧器、耕耘器、リヤカー）などは地主より無償貸与された。そのほかにも、小作人には住宅、倉庫などの無償貸与や生活費および経営費の無利子貸与が行われた。「不足の経済」のため、外部市場からの労働力や資材の確保が困難になると、大規模果樹園の経営者は小作制度を通じて集約農業が可能な規模に縮小することで対応しようとしたのである。

こうして朝鮮の植民地化を前後して、果樹園の近代的経営が実現され、りんごの主産地の再編が進められ、そのなかで多産期の到来と栽培改良によって生産性の向上が実現した。その結果、りんごの生産が急激に増加したが、このようなりんご農業の展開は単に朝鮮内の消費だけを目的としたものではなかった。

3　りんごの輸移出と市場競争

朝鮮内のりんごは植民地期に急激な生産増加を示し、一九二六〜二七年に四〇〇万貫に達して青森の四分の一、一九二八〜二九年に三分の一、一九三〇〜三一年には二分の一強を記録し「主産地青森を追いあげ」た。[39] 当然、朝鮮内でのりんご消費も増えたが、朝鮮の生産者から日本の消費者に至るフードシステムがりんごでも確立したのである（図5-5）。とりわけ、りんごの等級にもとづいて価格が設定され、優等品は日本内地や海外へ輸移出される一方、劣等品のりんごは朝鮮内で多く消費された。こうして日本内地からの輸移入を代替するとともに、一九一〇年代後半より輸移出を始めた。前節で検討したように、一九二〇年代以降に朝鮮内の産地再編が進められ、商業的りんご生産に参入する果樹業者が増えたため、生産量の増加にともなって輸移出も伸びた[40]（表5-4）。これは戦時下に「廃園」が進み、輸移出も出荷統制のため不可能となったという李の指摘と異なっている。[41] 一九四〇年以降は日本内地以外の統計が確認できないものの、輸移出量は一九四一年にむしろ植民地期中最高の水準を示し、その翌年の四二年には減ったとはいえ、一九四〇年よりは多かった。一九四二年までの平安南道の出荷統計をみても、同様の傾向が読み取れる。日本内地、台湾、満洲、中国、その他からなる平南りんごの輸移出先は一九二九年の一五万二千貫から昭和恐慌の影響を被って一九三〇年に二三万五千貫へと急減したが、その後増え始め、一九三四年には二一二万二千貫を記録するに至った。一九三五年には一八六万八千貫へと低下したが、その後回復して一九三七年に二二三万二千貫となり、一九三八年には一六一万九千貫へと減少したものの、再び増えて一九四一年にピークに達し、三五〇万四千貫を記録、一九四二年には二五三万四千貫まで下落した。地域別にみると、日本内地だけでなく満洲を含む中国も朝鮮りんごの重要な海外市場となった。

日本内地では青森県がりんごの約六割を供給するほどの主産地となっており、そのほかにも北海道、長野、秋田

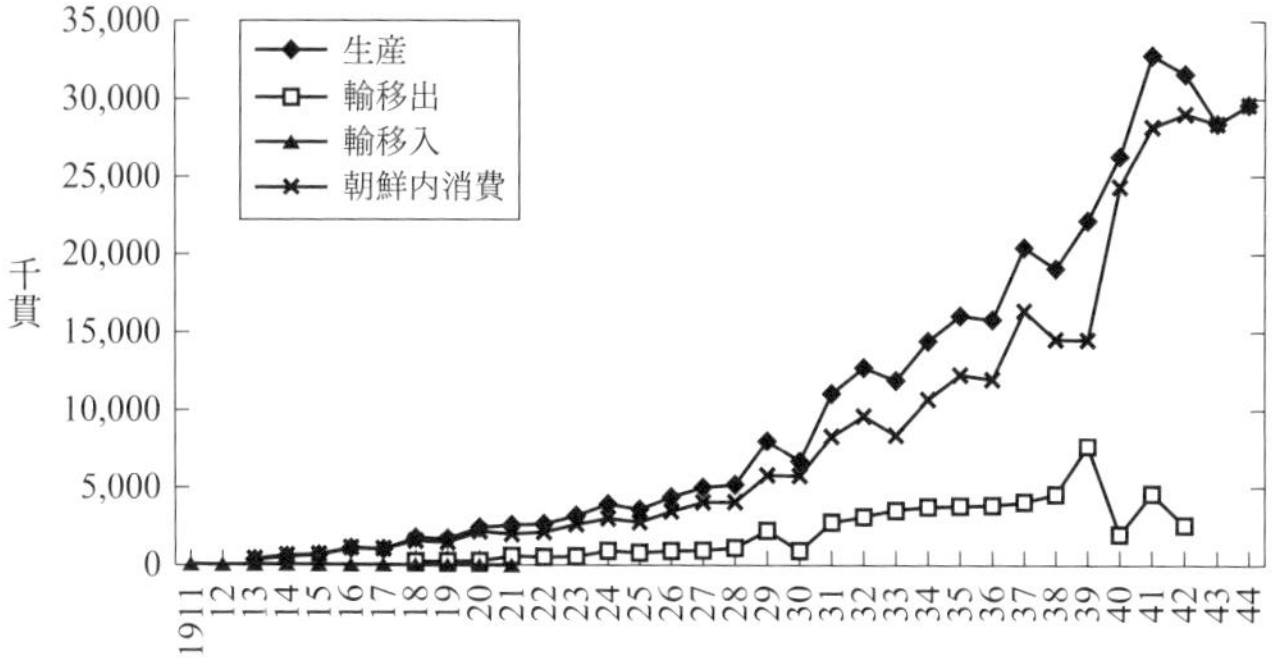

図 5-5　りんごの需給構造

出所）朝鮮総督府『農業統計表』各年度版；朝鮮総督府『朝鮮総督府統計年報』各年度版。
注）1940〜42 年の輸移出は資料上中国などへの輸出を含まない。

表 5-4　りんごの地域別輸移出

	数量（千貫）						価額（千円）					
	内地	関東州	満洲国	中華民国	その他	合計	内地	関東州	満洲国	中華民国	その他	合計
1918	150			77		226	110			55		165
1920	179			82		261	164			92		256
1925	422			390		812	468			357		825
1932	2,212			781	108	3,101	1,289			368	45	1,702
1935	2,146	158	1,222	263	10	3,799	1,625	85	602	146	5	2,463
1936	2,330	261	1,000	233	13	3,837	2,170	132	492	133	8	2,935
1937	3,163	22	817	52		4,055	2,535	11	430	28		3,005
1938	2,474	34	1,254	782		4,545	2,356	35	1,061	682		4,134
1939	3,379	1	2,560	1,750		7,650	4,322	1	2,522	1,890		8,735
1940	1,977					1,977	2,718					2,718
1941	4,586					4,586	6,801					6,801
1942	2,562					2,562	3,994					3,994

出所）朝鮮総督府『朝鮮総督府統計年報』各年度版；「朝鮮の苹果」『朝鮮経済雑誌』133，1927 年，31-43 頁。
注）1940 年以降，日本内地以外の統計が確認できない。

表5-5　朝鮮りんごの港別対日移出（1925年）

（単位：貫）

		大阪	神戸	名古屋	四日市	横浜	東京	敦賀	下関	門司	博多	長崎	その他	合計
仁川	数量	21	305	27					22		38	10		423
	価額	24	317	32					20		50	8		451
元山	数量	1,011	939					63	10	45			558	2,626
	価額	1,155	1,092					77	12	45			678	3,059
城津	数量	61							6	13				80
	価額	60							5	10				75
清津	数量	76	16					14		157				263
	価額	50	18					16		127				211
釜山	数量	24,314	15,738	1,664	207	220	8,736	77	263,136	5,010	3,336	2,601	77,564	402,603
	価額	27,028	17,112	1,842	234	246	9,621	85	290,806	5,670	3,740	2,938	85,466	444,788
木浦	数量	254							11	8				273
	価額	211							15	10				236
鎮南浦	数量	5,712	486	92		4	96		4	4,562		2,002	2,452	15,410
	価額	6,265	553	98		4	110		4	4,420		1,622	2,441	15,517
その他	数量												600	600
	価額												633	633
合計	数量	31,449	17,484	1,783	207	224	8,832	154	263,189	9,795	3,374	4,613	81,174	422,278
	価額	34,793	19,092	1,972	234	250	9,731	178	290,862	10,282	3,790	4,568	89,218	464,970

出所）「朝鮮の苹果」『朝鮮経済雑誌』133，1927年，31-43頁。

などが多くのりんごを生産していた。青森県でのりんご生産は一八七五年に内務省より苗木三〇本の配布を受けて始まったが、朝鮮とは違って農家の副業として位置づけられ、全生産量の七〜八割を県外あるいは海外に輸移出した(42)。国内的には東京、大阪、京都、神戸、名古屋、横浜、下関、金沢、門司、新潟、福岡、長崎の各都市に供給されており、ウラジオストック、上海、香港、大連、シンガポール、マニラなどにも仕向けられた。そのほか、北海道、長野などからの県外移出はあったものの、外地を含めた海外への移出は量的に限定されていたといえよう。

　このような内地への朝鮮りんごの移入は朝鮮内の商業的栽培の展開と相まって増え始め、外地からの移入品に対して一九一六年に関税軽減措置がとられ、一九二一年に関税撤廃措置が実施されると(43)、急速に増加した。一九二〇年代前半には年間三〇〜六〇万貫に達したが、一九三〇年代に至っては年間二〇〇〜三〇〇万貫へと増加した。当然、最優良品が移出され、品質的には青森産に比べて優れていたとはいえ、表5-5でみられるように地理的関係から運賃の制約で大部分が西日本地方へ移出された。東京にも進出したものの、朝鮮りんごの消費地は下関、門司、博多、長崎、広島などの中国・九州地方の諸都市と大阪、神戸などであった。朝鮮からは日本内地に近い慶尚南北道のりんごが主に供給され、平南と黄海からのりんごが鉄道を利用して釜山などを通じ日本内地へ移出されることもあったものの、北鮮および西鮮からの供給は量的に少なかった。

「諸種の機関を通じて細密な調査及宣伝」も行い、朝鮮りんごの移出は一九二四年まで漸増の趨勢を示し、大阪市場では全体の一割を占めた(44)。ところが、「青森産を始め各地産の勢力を侵害された」のに対抗し、青森県のほうが相場で大競争を展開して朝鮮産を駆逐しようとした。青森県内の栽培業者および東京の小売商人は全額払込資本金二五万円の日本林檎販売株式会社を設立、近畿の青果問屋に連絡をとり、同社の配当金に対して青森県地方費からの補助を保障した。その結果、移出は一九二五年に三割減を余儀なくされ、移出は一時頓挫した。もちろん、季節的に収穫期を避け、長期貯蔵の上、高値の価格が設定される五月に多く移出されたものの、青森産の大量出荷に押された(45)。

そのとき、大阪地域に対して朝鮮物産協会大阪出張所が行った市場調査(一九二五年六月)によれば、次のような改善事項が販売促進策として指摘された(46)。第一に、「運賃諸掛を節する事」。出荷組合を組織し品質検査を厳密に行った上、一回の出荷数量を貨車積の場合一六トンないし二四トンにし、日本内地の八トン二両分にあわせ、割増運賃や「運賃店の扱手数料及配達賃割高」を避けるとともに、運送店と特約交渉をし朝三暮四の方法をとらないことや、出荷組合と販売地斡旋者との関係を密接にし敏速に荷受・荷捌の方法を講ずること。第二に、「問屋制を活用する事」。小売店、カフェ、ホテルなどへの供給は朝鮮物産協会が共同販売するとともに、有力で信用力のある問屋数名を指定し、荷受組合を組織させ、朝鮮物産協会の斡旋・監督の下にりんごを捌くこと。第三に、「容器及粒選等の改善注意」。容器の寸法を改善して青森産などに倣い「市場商人の見慣れ呼慣れたもの」に改めるとともに、粒選でも品位の斉一を図ること。それによって「各所に点滅的に将又遊牧の民の如く点々販売せず、所謂常顧客を造るに留意し朝鮮物の声価を挙ぐる事」が勧められた。

表 5-6　朝鮮内営業者の支払い鉄道運賃および汽船運賃（対 1 箱正味 3 貫入）

（単位：円）

発地	着地	現在支払っている鉄道運賃			汽船	船運賃の安き額
		最高	最低	平均		
大邱	大阪	0.91	0.79	0.86	0.530	0.330
三浪津	大阪	0.71	0.64	0.65	0.480	0.170
仁川	大阪	不明	不明	不明	0.410	不明
鎮南浦	大阪	1.34	1.25	1.29	0.440	0.850
黄州	大阪	0.99	0.98	0.985	0.619	0.366
羅州	大阪	1.27	0.96	1.05	不明	不明
元山	大阪	1.72	1.60	1.65	0.619	1.170

出所）「朝鮮苹果輸送運賃」『朝鮮経済雑誌』129，1926 年，38-42 頁。
注 1 ）運賃諸掛の内訳は請求書にその記載を欠くため，明記できないが，着地運送店の卸および配達手数料では朝鮮物産協会が梅田駅より天満市場までの分を 1 個 6 銭と定めていた。
2 ）鎮南浦以外は 1 箱の重量を 32 斤とする。
3 ）本調査は朝鮮物産協会によって行われたと判断される。「果物輸送直営説苹果取引改善策」『東亜日報』1933 年 11 月 11 日の記事による。

こうして、何よりも問題となったのは、価格競争の観点からの主産地における生産原価の圧縮とともに、消費地までの輸送費をいかに削減するかであった。朝鮮産の場合、その原価が青森産に比較して割高であったので、輸送費の如何が価格競争力に直接影響を及ぼした。大阪は青森りんごの主要出貨地たる弘前駅よりは一二四四キロメートル、大邱からは一二五〇キロメートルに位置しており、双方ともほとんど同距離にあるため、大阪以西の場合、青森産に対抗できた。弘前・大阪間は小口扱で一〇〇斤に付き一円六銭、貸切車扱でトン当たり九円九五銭で、大邱・大阪間は小口扱一〇〇斤につき一円五八銭五厘、車扱でトン当たり一六円一〇銭であった。言い換えれば、小口扱では五二銭五厘、車扱では七円四五銭という大きな開きがあった。その反面、輸送日数において青森産は貸切車扱で一〜二週間、小口扱では二週間以上を要したが、大邱発は車扱で一週間、小口扱で一〇日間で到着したので、約三〜四日早く運送できた。下関着車扱の場合には弘前・下関間一五四五キロメートルに対してトン当たり一四円七〇銭、大邱・下関間ではトン当たり九円二〇銭であって、大邱のほうがトン当たり五円五〇銭有利であった。

大阪までの鉄道運賃は表 5-6 のように正味三貫目入一箱を基準として一箱当たり平均大邱より八六銭、三浪津より六五銭、鎮南浦より一円二九銭、黄州より九八銭五厘、元山より一円六五銭を支払った。これらの金額だけでも高額であったが、さらに運賃外の取扱手数料などを支払ったため、経済的運送方法の模索が必要とされた。汽船便を利用すれば、三浪津発一七銭、大邱発三三銭、黄州発三六銭、鎮南浦発八五銭、元山発一円一七銭であって、鉄道輸送に比べて格安となった。汽船所要日数では鎮南浦より一週間、釜山より四日間で大阪に入港したため、海上輸送による運賃の節減だけでなく、産地によっては鉄道便より輸送期間を短縮できる可能性もあった。詳しくは後述するが、二つの選択肢のうち、りんご業者の対応は鉄道との交渉を通じた鉄道運賃の節減、であった。

一方、朝鮮りんごは中国市場にも輸出された（表5-7）。満洲における西洋りんごの栽培はロシアによって始まったが、その本格化は日本の支配下におかれた関東州と満鉄附属地においてであった。また、米国流の耕耘法も伝えられ、その方法は満洲全域に広まり、満洲内でのりんご生産が急増した。朝鮮りんごの対中輸出は地理的に近い満洲を対象として一九一五～一六年より始まったが、前掲の図5-5と表5-4にみられるように、関税統計が取られた一九一八年よりその実態が把握できる。一九一八年には七万六千余貫に過ぎなかったが、その後急激に増加し、一九二四年には三〇万貫を超え、一九二六年には六一万一千貫と内地移出を上回った。地理的に隣接する満洲のほか、一九二〇年代に上海航路が開設されると上海および青島市場も開拓された。その後、満洲事変に際して停滞がみられるが、満洲国の樹立後にはこの地域を中心とする対中輸送が拡大し、資料上確認できる一九三九年には三五〇万貫の朝鮮りんごが輸出された。なお、第一次世界大戦中にはシベリアへの輸出もあったが、日露通商の中絶に際してりんごの輸出も途絶した。

表5-7　朝鮮りんごの港別対中輸出

（単位：貫，円）

	1923		1924		1925	
	数量	価額	数量	価額	数量	価額
仁川	8	7	2,321	1,318	637	691
京城			29	25	15	11
元山			6,424	6,022	2,160	2,268
会寧					511	328
釜山			119	115	138	120
木浦					224	200
大邱			96	113	153	157
新義州	10,892	13,554	46,159	25,220	85,096	80,505
鎮南浦	53,826	36,827	147,038	106,235	221,925	194,005
平壌	69,305	85,980	100,636	112,757	74,581	74,583
その他	4,896	3,883	3,800	2,602	5,015	4,400
合計	138,927	140,251	306,622	254,407	390,455	357,268

出所）「朝鮮の苹果」『朝鮮経済雑誌』133，1927年，31-43頁。

日本内地への移出が大邱・達城を中心とする慶尚南北両道であったのに対し、中国への輸出は平安南道および黄海道産が担っていた。一九二五年の仕向地たる満洲と山海関以南中国における主要都市の産地別シェアをみれば、ハルビンは鎮南浦産三三%、黄州産二三%、平壌および元山など二八%、青森産一三%、南満洲産三%、安東は朝鮮産九〇%強、長春は朝鮮産八〇%、青森産および南満洲産二〇%、奉天は朝鮮産、南満洲産それぞれ半々、上海は輸入のうち米国産七〇%、カナダ産二二%、朝鮮産四%、青森・北海道産三%、その他〇・三%、青島は米国産、天津地方産、青森産および朝鮮産の混戦であった。(47)こうして満洲での朝鮮りんごの優位性は確かなものとなった。ところが、その消費者は主に日本人、上流中国人および外国人であって、生産原価と輸送費の節減を図り、生活水準の低い中国人による消費の拡大もまた必要であった。大連港経由の青森りんごの進出もあったものの、中国市場への地理的近接性に優れた朝鮮産は青森産より有利であり、日本内地への移出のケースと違って供給量の縮小にともなう価格上昇を念頭に置いた貯蔵を要せず、収穫直後輸出された。(48)一方、山海関以南では「美味、鮮麗、豊産」「価格低廉」であった米国産が堅い地盤を有したため、割り込みが容易ではなかった。なお、競争相手となった青森県産りんごについて、青森県では県費をもって上海輸出を奨励していた。

4　果樹業者の組織化と出荷統制

青森りんごに対抗しながら、内外地で市場シェアを伸ばすためには産地の果樹業者の組織化が不可避であった。一九三三年一一月現在、朝鮮内の果物同業組合は朝鮮重要物産同業組合令（一九一五年）による鎮南浦果物組合、三浪津果物組合、慶尚北道果物組合、黄州果物組合、羅南鏡城果物組合、金海果物組合と同令によらない咸興果物組合、元山果物組合、安辺果物組合、定州果物組合があった。(49)後には開城府・開豊郡（一九三九年）、瑞山（一九四〇年）、北青（一九四一年）、忠州（一九四一年）などにも同業組合が設立された[50]。これらの同業組合は病虫害の防除をはじめ講習会、品評会などを行っていたものの、主に包装、販売、市場調査などを担っており、朝鮮内外での販売促進に注力していた。

そのため、組合地域外へと生産品を搬出する際、各組合は組合検査規則に従って荷造方法、一箱の正味重量などを規定し、一定の等級を定めて一等品、二等品および等外品の三種に区別した。「一等品は品質形状、色沢および玉揃の良好なもので、二等品は一等品に次ぎ、等外品は疵物にして腐敗の虞なきもの」となった[51]。市場商品は優良品のみに限定することで、朝鮮りんごの声価を高め、日本内地では青森産に比べて遜色のない品質として朝鮮産が認識された。二等品や等外品は朝鮮内の消費に回され、それぞれの価格を策定の上、販売された。とはいえ海外市場では、米国産に比べてなお遜色を認めざるを得なかったため、栽培上の改善はもとより、包装に際しても粒揃を良くし、「虫食傷物異品種」などが混合しないように注意し、一箱の顆数をなるべく一定にして端数を除き、りんごの品位を保たせることが強調された。それだけでなく、輸送中に空隙が生じて疵が発生するのを防ぐための「塡充物」の充塡を行い、さらに容器の大きさのみならず、正味をも一定のものにした。箱乱れを防ぐために分厚い板を用いて両端を鉄帯で巻き、積卸の便宜を図って充分な縄掛を施した。商標には顆数、正味量、生産者の氏名の明記を励行し、朝鮮りんごとしての意匠を示すことにした。

資料図版 5-2　鎮南浦果物同業組合における苹果検査の状況

出所）畑本實平編『平安南道大観』1928 年。

ところが、朝鮮果物同業組合連合会（一九二六年設立）の存在にもかかわらず、荷造は各組合間では一定せず、当然等級の基準も統一されなかった。[52]このため出荷組合ごとに商品内容他に幾分の差が生じ、朝鮮産のりんごは「不統一極まるもの」となった。同連合会の目的は四組合のそれと大同小異であって、その経費の負担は鎮南浦三三・三％、黄州郡三三・三％、慶尚北道二三・四％、三浪津一〇・〇％であった。検査手数料は鎮南浦において一貫目につき一銭、その他は一箱につき五銭と定められ、輸出向は一等品に限定され、二等品および等外品は朝鮮内に搬出した。[53]不合格品の場合、区域外への搬出が禁じられた。各同業組合では検査を行っているが、同業組合のない地方では園主による自選を余儀なくされた。日本内地の青森県では各園主は出荷組合に搬出し、出荷組合連合会職員によって統一的な検査が行われた。もし朝鮮でも検査の一元化が実現されれば、取引の円滑化をもたらす効果は大きくなる。朝鮮果物同業組合連合会によって一定の検査規則を設け、それを実施することが追加的費用なしにりんご品質の規格化を図る方法であるが、数少ない同業組合では全地域をカバーすることはできなかった。

そこで、米豆検査制度のように主産地の道当局者が一九二九年に道令としてりんご検査制度を設けて、検査員による抜取開函検査を実施し、輸移出品の品質を確保して市場での声価を高めようとした（平南一九二九年、黄海一九三五年、咸南一九三七年）。[54]これが同業組合による検査制度に比べて、生産者自身の利益よりも輸出業者・貿易商の利害を重視することになったのはいうまでもない。「民間ではこの強圧的検査に対する不評が高かったが、やがてそれが朝鮮のりんごの名声を高める結果と」なった。[55]

こうしたなか、朝鮮果物同業組合連合会は一九二六年九月に「苹果移出取引改善策」として、①生産費の低減、②輸送費の低減、③優良果の低価供給を提案した。[56]朝鮮の場合、植栽後の年数が多産期となっていないため、果樹経営上の支出に比べて数量が少なく収入が充分に確保されないなかで、資金が長期固定化されたことから、利子率の高い朝鮮では資本費用の軽減も期待できなかった。青森県のような先進地方とは事情が異なり、短期間での削減はできないものの、年を経るに従って生産原価の低減を図り、いずれ青森県に対抗できるほど引き下げることが可能であると判断された。図5-6をみれば、一九一〇年代後半から二〇年代前半まで朝鮮りんごが日本産に比べていかに高価であったかがわかる。青森県ではりんご果樹園の経営者が比較的少なかったのに対し、朝鮮では専門業者が多く、副業のケースは僅少であった。そのため、「採算点以下の相場で手放すの苦痛に忍び難い」こととなり、市況、すなわち市価の動向が出荷量に直接影響を及ぼすこととなった(57)。

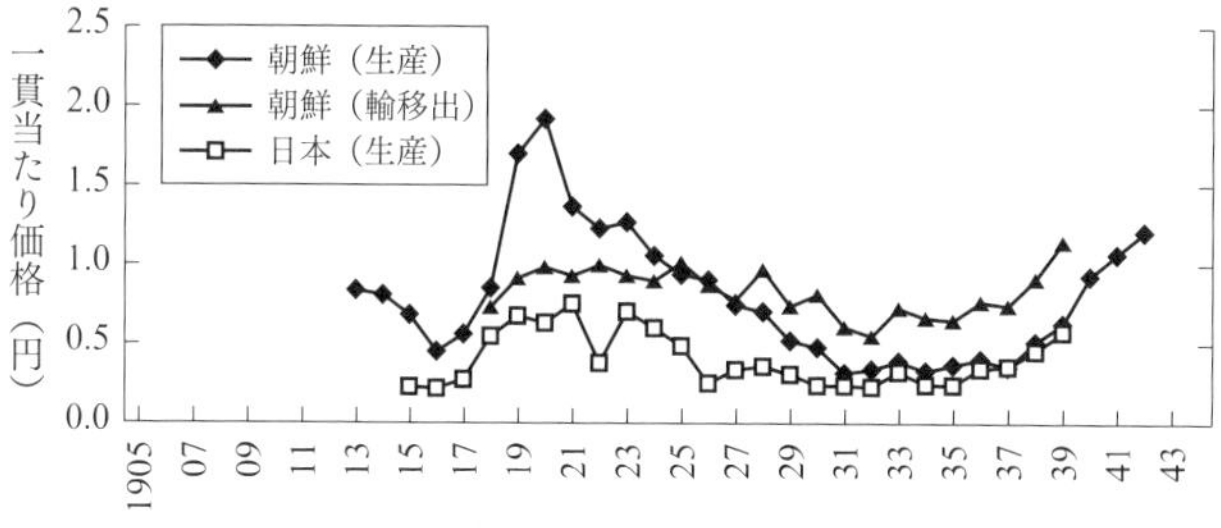

図5-6　日本と朝鮮におけるりんごの果樹1貫当たり生産価格

出所）朝鮮総督府『農業統計表』各年度版；朝鮮総督府『朝鮮総督府統計年報』各年度版；農林大臣官房統計課『ポケット農林統計』内閣印刷局；農林大臣官房統計課『蔬菜及果樹栽培之状況』東京統計協会，1927年；農林大臣官房統計課『農林省統計摘要』東京統計協会，各年度版；農林大臣官房統計課『農林省統計表』東京統計協会，各年度版。

注）生産価格＝生産価額÷収穫高。輸移出価格＝輸移出価額÷輸移出量。

朝鮮りんごの生産原価が青森産に比して割高であったため、販売価格を低く抑えることはきわめて困難であったが、いくつかの方法が講じられた。栽培用具および荷造用具、すなわち肥料、病虫害予防薬品、果実被履袋、容器用木材、塡充用品、包装用紙、縄、釘、鉄帯などの購入に際して同業組合を中心に共同購入を図るとともに、りんごの共同貯蔵をおこなって、需要先市場の消費状況を十分調査した上で連続的に出荷をなし、荷受主すなわち市場仲買人の選好などを研究して、一日も早く販売価格抑制を実現することが勘案された。そのため、りんごの貯蔵による端境期の出荷が強調された。りんごの貯蔵方法は日本内地のそれとあまり変わるところがなく、科学的完全貯蔵法を講じなかった。粗末な貯蔵法の域を出ない地下貯蔵方法を採り、貯蔵室を作って内部を深く掘り下げたりしたので、その改善策が要請された。

結果的に、前掲図5-2のように樹齢の上昇および技術進歩と相まって生産性の向上が図られ、これが図5-6で確認できるように長期的な生産費と販売価格の低下をもたらし、朝鮮内の消費拡大を実現した。朝鮮りんごの生産価格は一時期には日本産の三倍以上にも達したが、その後一九二〇年代に日本産の価格に向かって収斂し、一九三〇年代後半にはほとんど同様の水準を示し、価格競争力を増した。税関統計を基準とする輸移出価格の場合、生産価格ほどの変動はなく、比較的安定した動きを示している。そのため、輸送費の節減によって日本内地での青森産との「苹果戦」[58]を有利にするため、同業組合はその改善にも注力することになる。

たとえば、一九二五年に三浪津果物同業組合は組合員のりんごの共同販売を企画し、一九二六年からその実施をはかり、一定量以上を纏めて運送店を一手指定した。しかし、他の主産地では共同出荷に関する施設を欠いており、荷主が送り先を他人に知らせず、抜駆販売をもくろみ、単独販売出荷を行ったため、一回の発送あたりの出荷量も少なく、運賃などについての協調ができず、運賃設定において不利な立場となった。これが前述の朝鮮物産協会の大阪市場調査では「出荷は点滅的なる事」「個人的にして共同的ならざる事」「問屋筋を信ぜられざる事」として指摘されていた。[59]こうした現状を打開するためにはりんご果樹園主が根本的に共同出荷を行い、「理想としては全鮮を打って一丸とし輸送形式毎に輸送取扱業者一店を（期限を限り信用資力あるものをして競争見積の下に）指定するの方法を採る事」が検討された。[60]さらに、果物同業組合連合会または社団法人朝鮮物産協会のような中間組織が「公認運送業務を官の特許を受けるもって《ママ》輸送営利業者を牽制監視」することが考えられた。すでに台湾では、台湾青果株式会社が公認運送業務の特許を受け輸送費を軽減し、この節減が公認前に比して約二三％に達した。

そこで、一九二九年八月に果物同業組合連合会はりんご輸送に対する鉄道運賃の引下げならびに鉄道特定割引運賃制の実施要請を総督府鉄道局へ提出した。[61]これがりんご業者の組織化を進める一方、積降しなどを含めて日本内地までの運送全般を取り扱う運送業者の登場を必要とさせた。そうしたなか、一九三〇年に資本金三〇〇万円で、朝鮮運送株式会社が小運送業者の統合によって設立され、朝鮮内では独占的存在として浮上した。[62]この朝鮮運送の斡旋によってりんご取扱業者と鉄道局とのあいだで日本内地駅への「苹果責任特約輸送契約」が締結され、輸送費の節減をはたした[63]。業者の共同出荷と相まって、「全鮮を打って一丸とし」朝鮮運送という輸送取扱業者一店を指定し、特定割引の適用を受けることができたのである。このような割引運賃が適用されると、大邱以外からも日本内地への輸出が拡大した。一九三六年度（当年七月一日～翌年六月三〇日）黄海と平南の道別りんご検査成績をみれば、黄海は一七二万九二七八貫のうち三二％、平南は二九一万八一一九貫のうち四七％が日本内地へ移出された[64]。一九三〇年代に入ると、平南のりんごはその多くが日本内地に向けられることとなった。「朝鮮りんごは青森県にとって最大の競争者としてますます追撃が急であった」のである[65]。

とはいうものの、一九三七年に日中全面戦争が勃発し、また帝国内のりんごが豊作となると、朝鮮りんごは日本や中国での競争で不利となり、一元的な出荷統制の必要性が痛感された。青森県は暴風雨の被害があったが、相当の産額を維持し、北海道産が三割増産、東北が約四割増産を記録するなど日本内地の各産地が豊作であるほか、満洲と関東州でも豊作であった。その結果、日本内地や満洲・関東州から逆に輸移入される場合もあった[66]。その一方で、中国大陸が戦場となり、南洋への輸出も戦争の影響を受けたため、朝鮮りんごの輸移出は「相当の苦心」を要するようになった。にもかかわらず、朝鮮苹果出荷組合連合会のような一元的統制機関がなく、各組合、または個人がそれぞれ配給処理を行い、「配給の完璧は難期状態」であった[67]。相互に過当競争を惹起し、売り崩しが発生し、また各種の相克関係をもたらすなどの不利をみた場合も少なくなかった。「豊作飢饉」という状況を打開するためには、一元的統制機関の設立が「現下の最大急務」であると考えられた。

実は、出荷統制案は地方的には一九三六年より議論され始めていた。朝鮮貿易協会によれば、従来朝鮮りんごの対満輸出は鎮南浦、黄州、大邱、咸興の産地別にそれぞれ自由輸出したため、満洲において不当な廉価を呼びこみ、自縄自縛の形勢となった。鎮南浦と黄州の「苹果組合」は共同貯蔵場を設置すると同時に、輸送に対して各種便宜を図り、出荷の殺到を防止し、価格も調節するため、一〇万円をもって統制機関たる「出荷組合」を設置することにした[68]。そのため、資金の半分を「設備者側」が負担するとともに、残りの半分について国庫補助を得ることにし、総督府商工課では国庫補助予算を計上した。これに関連し、朝鮮貿易協会は満洲出荷の統制を行う必要を感じて総督府と協議したあと、出荷統制組合のようなものを結成して輸出を統制することとなった[69]。

こうしたなか、朝鮮から日本への鉄道特割運賃が廃止されると伝えられると、内地市場における競争力の喪失が、日本内地への移出を主に行っていた慶北同業組合をはじめ朝鮮の青果界によって懸念された。これが動機となり、業界の一部では朝鮮内業者の大同団結が叫ばれ、一九三八年四月二三～二四日の両日にわたって大邱苹果組合の主催、総督府の斡旋によって大邱で最初の朝鮮苹果業者大会が開催された[70]。この大会では全朝鮮から数百名の業者が参集し、統制組合の設立問題を中心として特割廃止問題対策、生産改良問題などが討議されており、懸案である出荷統制組合の設立問題が全面的に取り上げられた。この大会は毎年一回各地交代で開催されることとなった。それによって鉄道特割運賃は延長されたが、出荷統制組合の設置には至らなかった。そのため、一九三九年五月四～五日の両日間、鎮南浦で開催される全朝鮮苹果業者第二回大会において咸興産業組合は朝鮮苹果協会の設置、りんご国営検査などに関する意見書を提出した[71]。

その内容を詳しくみれば、まず、「朝鮮苹果協会の設置」については、現在の実情に徴して急速に全朝鮮の統制機関を設置するのは困難であるため、とりあえず産業組合、同業組合、出荷組合、会社、その他団体を会員とする右協会を設置して漸次統制機関とする案が出された。同協会は農薬品、肥料、農具、包袋材料、りんご果樹園用品の共同購入を担当するとともに、各市場に駐在員を派遣し、市場の状況および時勢を会員に通知することを想定していた。第二に、「苹果の国営検査に関する件」ではその速やかな実施を前提とし、総督府当局に対して、①検査の統一、②苹果試験場の設置、③農薬品の取締り、④専任指導官の配置（道、郡）、⑤屑りんご加工に関する研究、を要望した。第三に、「満洲向苹果の運賃割引の件」を提出し、満洲向りんごの運賃も内地向同様に運賃割引ができるように当局に要望した。第四には「満洲向苹果の関税引下げに関する件」であった。満洲向りんごの関税は高率であって、相当の引下げを当局に要望した。第五に、「満洲向苹果の通関に関する件」は、満洲向りんご通関の遅延が輸出業者にとって往々損害をもたらしたのに対し、通関手続を迅速に行うよう当局に要望した。内容的に、咸南の利害関係にもとづいて、対満輸出に際して生じる諸問題の解決が多く提案されたが、「朝鮮苹果協会の設置」や「苹果の国営検査」が一九二〇年代以来の関連業者の要請であったことは再論を俟たない。

こうした生産材料の配給、生産果実の販売方法、輸送関係、有望市場における植物検査問題、関税問題などを解決するため、一九三九年一一月一七日に「全鮮の業者一団」となり、石塚峻[72]を会長として社団法人朝鮮果実協会が設立された[73]。その定款によれば、朝鮮果実協会は朝鮮における果樹栽培の改良発達ならびに果樹業者の福利増進を図ることを目的として、①果樹苗木の購入斡旋、②果樹栽培ならびに果実販売に必要な資材の購入斡旋、③果実の販売斡旋、④果実の輸移出の助成、⑤果実市場の調査ならびに状況通報、⑥果実の販売拡張ならびに宣伝、⑦その他本会の目的を達するため必要な事項、といった事業を行うこととなった。同協会の事業は梨を含めてりんごに限定されない果実を対象とするものの、その設立経緯からわかるように、基本的にりんごを中心としたものであったことは確かである。同協会は朝鮮内における果樹業者をもって組織する産業組合および同業組合ならびに組合区域外の果樹業者を正会員とし、会長のほか、副会長一人、理事一人、監事二人、評議員若干名といった役員を選任し[74]、毎年一回の通常総会や臨時総会が開催されるほか、評議員会が開かれ、事業計画および収支予算、「資産の借入」、会費および手数料、諸規程の設定・変更および廃止、その他の重要事項について意思決定を行った[75]。

以上のように、一九二〇年代後半に取り上げられた出荷統制が輸移出業者個々人による自由な出荷によって価格暴落が生じることを防ぐためであったのに比べ、戦時下の資源不足が著しくなるなか、りんごの輸移出はもはや戦時統制の一環として行われていたことに注目しなければならない。たとえば、一九四〇年九月一七日に朝鮮果実協会の業務打合会は「苹果の生産確保並に輸移出統制を期せむが為め出廻り期を控へ、之が打合せの為め」京城で開催された[76]。出席者は総督府農林局技師武内晴好、同技手鄭求興、副会長森幾衛、理事福田茂穂、慶尚北道果物同業組合長入山昇、黄州産業組合理事上田廉一、鎮南浦産業組合理事瓜生一雄、安辺果物同業組合長浦木宝弥、元山果

表 5-8　朝鮮果実協会の業務打合会の顚末（1940 年 9 月 17 日）

案件	内容
1．りんご検査標準	内地りんご小売価格の公定にともなうりんごの検査標準の変更
2．特売りんご取扱方法	年末贈答用りんごの宣伝販売についての協会・組合の取扱中止
3．円域輸出統制会社設立及りんご輸出統制	総督府への善処委任
4．対内地りんご統制出荷状況	慶北果物同業組合への出荷状況の督促と，同組合からの協会の手数料 1 箱 3 銭の支払問題を総督府に一任
5．内地りんご統制市場外出荷	協会の斡旋ならびに会員の出荷励行
6．満洲の市況報告及市場区域外輸出方法	市場区域外では該当地域の配給会社との一手取引
7．上海青果卸売株式会社設立	評議員会の同意を得て株式 1 千株の引受
8．専任駐在員設置	天津，青島両地の駐在員は採用。上海，奉天，新京及びハルビンの駐在員は円域輸出統制会社の設立時には不要となるものの，採用
9．硫黄購入	上京中の総督府武内技師の援助を得て三井物産からの 786 トン購入を決定。そのほか，入手難の古新聞紙を協会が購入斡旋することを要望
10．京，津及青島輸入組合設立状況	青島では朝鮮物産輸入組合の設立に際して，朝鮮果実協会のりんご取引先が加入。天津では食料品輸入組合の設立準備中
11．業務強化	購買販売の統制強化

出所）京畿道警察部長「経済統制ニ関スル集会開催状況報告」京経第 1737 号，1940 年。

物同業組合技手洪永晩、咸興産業組合理事松本泰淵であった。総督府、果実協会、主産地の関係者が参加し、りんごの検査、特売取扱、輸出統制会社の設立、対内地出荷状況の把握、統制市場外出荷、対満洲出荷、上海青果卸売株式会社の設立、駐在員の設置、硫黄の購入、中国側の輸入組合の設立などについて幅広い打合せを行った（表 5-8）。その運営方式からわかるように、半官半民の統制機構であったものの、戦時期になってようやく全国一元的な出荷統制体制が整えられるに至った。

さらに、「内地統制配給苹果出荷方法」も検討された。すなわち、表 5-9 のように朝鮮りんごの日本内地移出計画に際して、出荷市場、統制配給期間（一九四〇年九月〜四一年三月）、月別・旬別出荷量、協会による臨時出荷調整、出荷案内書の作成・提出、統制区域外（主として

表 5-9　朝鮮果実協会の会員別りんご内地移出計画数量（1940 年 9〜12 月）

	箱	紅玉（9〜11 月）					国光（10〜12 月）
		京都	大阪	神戸	関門・北九州	合計	関門・北九州
慶北果物	3 貫	10,400	75,200	25,800	98,000	210,000	12,300
慶州果物	3 貫		800		800	1,600	
開城果物	4 貫		600	600	1,200	2,400	
黄州産組	4 貫		3,600	3,000	6,600	13,200	18,655
西部黄海	4 貫	600	600		3,600	4,800	3,000
瑞興産組	4 貫		1,200	600	1,800	3,600	600
鎮南浦産組	4 貫		1,200	1,800	5,100	8,100	7,200
安邊果物	4 貫	2,400	1,800	1,800	3,000	9,000	4,800
元山果物	4 貫	1,200	3,000	1,200	2,400	7,800	2,400
咸興産組	4 貫		2,400	600	4,200	7,200	9,148
中和苹果	4 貫		600		600	1,200	1,200
平原果樹	4 貫						3,000
計	3 通	10,400	76,100	26,400	98,800	211,600	13,300
	4 通	4,200	15,000	10,800	28,500	57,300	50,025

出所）京畿道警察部長「経済統制ニ関スル集会開催状況報告」京経第 1737 号，1940 年。
注 1 ）品種は紅玉，国光に限らず他の品種を混送しても差支えないと規定された。
　2 ）計画は月別に作成されたが，本章では 3 カ月分を提示する。

中国、九州、四国）への配給案の協会作成、販売斡旋手数料の徴収（一箱三銭）、関門・北九州各市場への分送に際しての下関駐在員の協会および当該会員への報告、統制配給品の特別割引運賃制度の適用（朝鮮運送株式会社の引受）といった具体的な方法が決められた。それによれば、地理的に近接した慶北からもっとも多くのりんごが日本内地へ移出されることとなり、西鮮や北鮮からも鉄道網に沿って日本内地まで特割運賃で輸送された。日本内地でも配給先がすでに決定されていた。このような出荷統制が、対中国輸出に対しても適用されていく。

以上のように、朝鮮内外のりんごに対抗して市場シェアを増やすために要請された出荷統制が、戦争勃発後に戦時経済運営へと統合され、もはや朝鮮りんごは帝国の中で統制対象となったのである。

おわりに

朝鮮における西洋りんごの導入は西欧の宣教師に

資料図版5-3　りんごの収穫

出所）「朝鮮風俗絵葉書」年度不詳。

よって試みられたものの、商業的栽培に至らず、日露戦後に日本人の農業移民によって果樹園経営がようやく実現された。「生産者と消費者の分離」を前提とする新しい商品としてりんごの栽培が始まったが、それを技術的に支えたのが園芸模範場であり、日本からの技術官の派遣を受け、栽培試験の上、技術指導が施された。さまざまな品種のなかでも国光、紅玉、倭錦が秋熟種として長期間貯蔵ができ、なおかつその果色・果形や味・肉質も優れたことから、三大品種として定着した。一九一〇年代後半から二〇年代前半までりんごの価格が騰貴し、これがりんご栽培の民間普及を促した。当初は慶南、慶北、京畿が主産地であったが、一九二〇年代以降には平南、黄海、咸南、慶南が主産地として浮上し、特定の産地にりんご植付けが集中した。

　このような産地再編が西洋品種の導入、栽培改良など果樹経営の近代化をともなったことはいうまでもない。法律制度が整えられただけでなく、農事試験場が主産地に設置され、実地指導、技術員および事業者の養成が進められ、栽培法の改良が大きく進展した。これに加えて、りんごの樹齢が多産期に入ると、生産性の向上が顕著であった。産地別にこれを担ったのが自作専業者であって、日本人だけでなく朝鮮人の中から果樹園の専門経営者が現れ始めた。これらの業者を束ねる機構としては同業組合が設立され、講習会、品評会などによる品質の改良や病虫害の防除とともに、包装、販売、市場調査を担当した。

　産地の経営状況をみれば、平南では果樹園が一町歩以下の規模に密集して一戸当たり平均五〜六反歩となっており、民族別には朝鮮人を中心としていた。これに対し、慶北では果樹園の平均規模が徐々に縮小したものの、依然として平南より大きく、なおかつ日本人農業移民者を中心としていた。朝鮮内では産地別に規模の偏差があるだけでなく、民族別構成も異なっていた。一方、黄海では詳細な実態は把握できないものの、規模別収支調査が残っており、粗放農業に比べて集約農業でより高い収益性が保障されており、五反歩から五町歩までの果樹園への「経営の集約化」が勧められていた。これらの果樹園は周辺の農業労働者を季節的に雇って果樹園を営んだが、戦時下で外部市場からの労働力や資材の調達が難しくなったため、大規模果樹園の経営者は小作制度を通じて集約農業化を図ろうとしたことが確認できる。

この増産にもとづいて良質の朝鮮りんごは海外市場へ輸移出された。西日本には近距離である慶尚道から朝鮮りんごが移出されて青森産と市場で競合し、北鮮および西鮮からは満洲を含む中国へ輸出される傾向が強かった。とりわけ、満洲・華北では関東州・満鉄附属地からのりんごの供給もあったが、青森産に対する朝鮮りんごの優位性が確認できる。大阪市場では全体の一割を占めることもあったが、青森業者の対抗措置のため販売量の一時減少を余儀なくされた。これに対し、朝鮮物産協会は運賃などの節約、現地問屋の活動、容器などの改善といった提案を行い、また朝鮮果物同業組合連合会が設置されて、等級基準の統一を図り、道検査制度の確立を促した。りんごの等級に応じて優等品を日本内地や中国市場へと輸移出し、劣等品を国内で売り捌くことで、果樹業者らは利潤の拡大を図ったのである。

これらの活動にともない、技術の改良に加えて、各種資材の共同購入や連続的な安定出荷、出荷時期の調整が行われたため、一九三〇年代になると朝鮮りんごは長期的に生産費と販売価格の低下が実現され、青森産への価格競争力をもち始めた。それを促す要因となったのが朝鮮総督府鉄道局によって認められた鉄道特割運賃制度であった。独占的な朝鮮運送が設立されると、日本内地への「責任特約輸送契約」が実施されたため、もはや慶尚道だけでなく黄海や平南からの日本内地への出荷も急増した。とはいうものの、一九三七年に帝国内でりんごが豊作となると、朝鮮からの一元的出荷統制が強く要請され、同業組合レベルでは出荷組合の設置が決定された。そのなかで、鉄道特割運賃の廃止が議論されたのに対し、朝鮮内の関係者は朝鮮苹果業者大会を開催し、鉄道特割運賃の延長を認めさせ、さらに朝鮮果実協会の設立をみるに至った。それによって、一九二〇年代以来の一元的出荷統制の要請が実現されたものの、そこでの朝鮮りんごは自由な取引の商品ではなく戦時経済の統制対象へと改められた。

こうして、植民地朝鮮へと西洋りんごが移植され、朝鮮内で根を下ろし、自作専業者の果樹園が産地を中心に登場し、実を結んだ。そのなかで良質のりんごが対外輸移出に回され、その残りが朝鮮内で消費された。それによってりんごは新しい食料として定着し、解放後の韓国でもりんごは「美味高尚」なものとして褒賞された。生産基盤の拡充と技術の進展にともなって、さらに戦後日本からの新しい品種や技術の導入も行われ、生産性の向上や生産規模の拡大は著しいものであった。とはいえ、韓国のりんごは日本を含む海外市場への進出がきわめて限定され、もはや東アジア市場において競争力を有する存在にはなりえず、国内の高い価格設定の上に、年々上昇する韓国内の所得増加によってその消費が支えられたのである。

第六章　明太子と帝国

——味の交流——

はじめに

本章の課題は、植民地期朝鮮において在来の食べ物たる辛子明太子がどのように加工され、朝鮮だけでなく日本内地を含む帝国の中でいかに消費されたのかを検討し、日朝両地域における食の交流史の一面を明らかにすることである。

魚は、人類にとって農耕・遊牧の家畜とともに動物性蛋白質の供給源である。そのため、鰊を求めてオランダの漁民は遠洋漁業をはじめ、長距離の航海技術を獲得したし、また鱈に対するヨーロッパの熱望はすさまじく、新しい航路の開発はもとより、新大陸の発見まで促す要因のひとつになったといえよう(1)。すなわち、新しい水産資源の確保は古代以来人類の欲望であった。それは近代帝国でもみられる現象であり、日本の「外地」進出にあたっては水産資源への熱望がまず先行し、魚は植民地化する以前から利権奪取の対象となっていた。こうした魚を媒介とする植民地への経済的支配は、日本が島国であり、海を渡って帝国を形成したことからも重視されざるを得なかった(2)。その過程で現地社会との緊張が高まったことはいうまでもないが、新しい水産資源を自らのものとした日本帝国は植民地の魚とともに、植民地の食文化それ自体をも同時に吸収することとなった。

その代表的事例が朝鮮の在来産業であった明太、すなわちスケトウダラの漁業とその加工業であった。近代動力船の登場や市場の拡大にともなって明太漁業が一挙に成長する過程には、朝鮮人だけでなく朝鮮へ進出した日本人漁民らも巻き込まれたのである。北鮮の中でも、漁穫量が圧倒的であった咸南が明太の主産地であったため、解放後日本人が引き揚げて朝鮮半島が分断されると、日本内地だけでなく半島南部の韓国への辛子明太子の流入も不可能となった。それにもかかわらず、両地域は過去の味を記憶しており、それぞれが辛子明太子の加工を試みた。こうして在来的でありながら、解放後にも味覚への記憶を残した植民地期朝鮮の辛子明太子は、経済史にとどまらず生活史の観点からも検討する必要がある。

朝鮮の水産業に関して取り上げるべきなのは何よりも吉田敬市の研究である。[3] 一九四四年までに四回にわたって朝鮮で現地調査と資料収集を行い、朝鮮への出漁を行っていた日本内地での各府県についても調査を進めて、古来から「敗戦」に至るまでの朝鮮漁業を分析し、日本漁民の進出による「水産開発」を強調している。[4] これに対し、呂博東は批判的立場をとり、日本帝国の漁業拡張政策と日本人漁民の朝鮮移住の関連性を分析し、それが朝鮮漁業支配に他ならないことを明らかにした。[5] さらに、金秀姫は日本人漁民による朝鮮近海漁業の展開、日本人移住漁村の形成、鰯漁業と工業化との関連性を分析し、朝鮮漁民との利害衝突、漁村の販売先との隔離性、日本の大資本の進出などといった朝鮮漁業の植民地性を指摘した。[6] 一方、香野展一は経営史的観点から朝鮮水産業の経営者たる中部幾次郎の林兼商店を分析し、水産物の運搬業から水産業者となり、さらに水産加工業へと「資本蓄積」を成し遂げたことを明らかにした。[7]

以上のような水産業研究の中で、他の魚についての分析もあるものの、主に植民地工業化との関連性のためか、鰯（Sardine）の漁業に関する分析が目立つ（朴九秉、金秀姫、金泰仁）。[8] さらに金秀姫は片口鰯（anchovy）の漁業も分析し、日本人漁民による朝鮮漁場の侵奪と朝鮮人漁民の没落を論じている。[9] また、蔚山などの捕鯨業の立場からのアプローチで行われた鯨に関する分析がある（キム・ミョンス、キム・ペギョン）[10]。これに対し、朝鮮人によって多く消費され、きわめて「庶民的」魚であった明太とその加工品に関する研究は意外に少ない。日本内地では白身魚の一種として他の雑魚ともに、主に蒲鉾として消費されたため、日本人漁民にとって付加価値の高い漁獲対象にはならず、あまり注目されなかった。ところが、明太は朝鮮人がグチとともに好んだ魚であった。朴九秉は明太漁業史を古代から韓国政府の成立後までの長期的スパンで分析し、植民地期には在来の漁業に対して機船底曳網漁が日本人を中心に展開され、日本人の比率が高くなったことを指摘した[11]。とはいえ、全体的にみると、植民地期明太漁業に関する分析はごく少なく、辛子明太子の加工業に対する分析はまったく行われていない。

一方、今西一・中谷三男は戦後日本における明太子「開発」の前史として、植民地期朝鮮の明太子加工についての資料を収集し、一定の分析を行っている[12]。しかしこれも、分析の焦点があくまで日本にあったため、朝鮮明太子の加工に対する分析は補足的範囲にとどまり、商業的加工が主に日本人を対象としていたことが明示的に説明されておらず、さらに加工業者の経営状態や民族別加工量などに関する検討、市場拡大にともなう品質管理や戦時統制の影響、明太子統計整備の是正問題などは考慮されなかった。これにかかわって、なぜ日本内地での主な消費の範囲が西日本に限定されたのかという意味あいを考えてみる余地があると思われる。すなわち、先行研究によって部分的にしか明らかにされていない辛子明太子の歴史的実態を明確にすることで、味の「開発」というよりは味の「交流」ないし「伝播」であったことを示す必要がある。ちなみに、これら以外にも、釜慶大学校海洋文化研究所によって朝鮮王朝後期から植民地期にかけての明太の漁労技術と干明太の加工品についての分析が行われ、発動船を利用した日本人の漁労活動の拡大によって朝鮮人の明太業が没落の危機に瀕したことが指摘されたものの、ここでも、植民地期の明太子加工業はまったく分析されていない[13]。

1　明太の漁労と魚卵の確保

明太は朝鮮半島東岸の江原道から、北鮮といわれる咸鏡南北道までの間に多く分布していた。寒帯性の中層魚であるため、一〇度以下の低温海水中に棲息し、普通は二度くらいを棲息適温とする。[14] 朝鮮沿岸の産卵場付近には水温四度くらいのときに産卵のために多く群来する。朝鮮東岸の棲息水層は北部の咸北では海面〜五〇メートル、中部の咸南では三〇〜二〇〇メートル、南部の江原と慶北では一〇〇〜三〇〇メートルであった。夜間の遊泳水層は深く、昼間はやや上層に昇って索餌するため、明太は夜間には漁獲が難しく、黎明から日没前までに漁を行わなければならなかった。明太漁業は北鮮、なかでも咸南の沿海を中心として九月頃から翌年四月に漁期（このうち、盛漁期は一二月から一月まで）を迎え、延縄釣、刺網、手繰網、機船底曳網、忽致網および底角網（挙網）などによって行われた。地理的に漁場が豊かな咸南が全漁獲量の七〇〜九〇%を占めた。

産卵の盛期は冬（咸南一二月、咸北の中部二月、北部三月）であり、卵は直径約一ミリメートルで油球を有する無色透明の浮性卵である。産卵は水深一〇〇メートル未満の沿岸の浅海で行われ、五〜一〇度の水温で受精後、約一〇日で孵化し、稚魚が発生する。稚魚は発生後六カ月で体長約七センチメートルに達するまで地先や湾内の静かな海の中層で育ち、夏の終わり頃からは遊泳力が備わって沖合の深部に向かい、二年間、体長二五センチメートルに達するまで約二〇〇メートルの海底で小型の甲殻類をはじめ、真鰮、片口鰮、烏賊の仔などを食餌に棲息する。年齢一〇歳頃六〇センチメートルまで成長するが、三五〜四〇センチメートルの成魚が主に漁獲される。一尾の雌魚の産む卵粒の数は体長三五〜五〇センチメートルのもので、二五〜四〇万粒くらいである。

明太は冠婚葬祭に欠かせない「朝鮮人の常食」として嗜好される魚であった。鮮魚として叺詰とされ鉄道などを通じて朝鮮内の需要地へ送られることもあったが、そのほとんどが長期保存できる乾製品として加工され、朝鮮内で消費された。明太子は、この乾明太を製造する際に、腹割の後内臓とともに発生する副産物の魚卵を利用して塩蔵されるものであった。従来は咸鏡南道の漁村で、朝鮮人が自家食用として家ごとの嗜好にあわせて冬季中に塩と唐辛子粉を加えて消費し、また現地の需要に応じて小規模加工をして販売してきた(15)。それが漁獲の増加と鉄道の登場などによって販路を拡大し、朝鮮だけでなく日本内地にまで販売されるに至った。とはいうものの、そもそも日本人漁民は鯛、鰆、鱧、穴子などの高級魚と鯖、鯵などの大衆魚を重視し、さらに鰮油、搾粕（魚肥）に加工することのできる商品性の高い鰮も対象として漁獲していた。そのため、白身魚の一種である明太に日本人漁民は注目してこなかった。

資料図版 6-1　網を修繕する漁師（1930 年代）

出所）손정수・김나라・징연학・강현우・김은진・김영광『明太와 黃太徳場』国立民俗博物館, 2017 年, 16 頁。

明太漁業は咸北明川沿岸で延縄によって始まり、その漁具が南部へ伝わり、広く使用されて、一八一〇年代からは水深およそ一二〇メートルに設置される刺網（底刺網）が咸鏡南道北青郡沿海で使用され始め、洪原、咸州、利原およびその他の各郡に及び、その後一八九一～九二年頃に日本人通漁者たちが手繰網を使用すると、それに倣って朝鮮人漁民が忽致網を製作し、咸鏡南北道で一時盛況となったが、一九一八～一九年から衰えた。これに対し、一八九九～九〇年頃日本人通漁者によって水深五〇～六〇メートルの場所に敷設する底角網（挙網）が使用され始め、かなり普及した。一九一九年より日本人通漁者が咸鏡南道馬養島沿海で始めた機船底曳網（明太漁業では一隻曳き）は何より

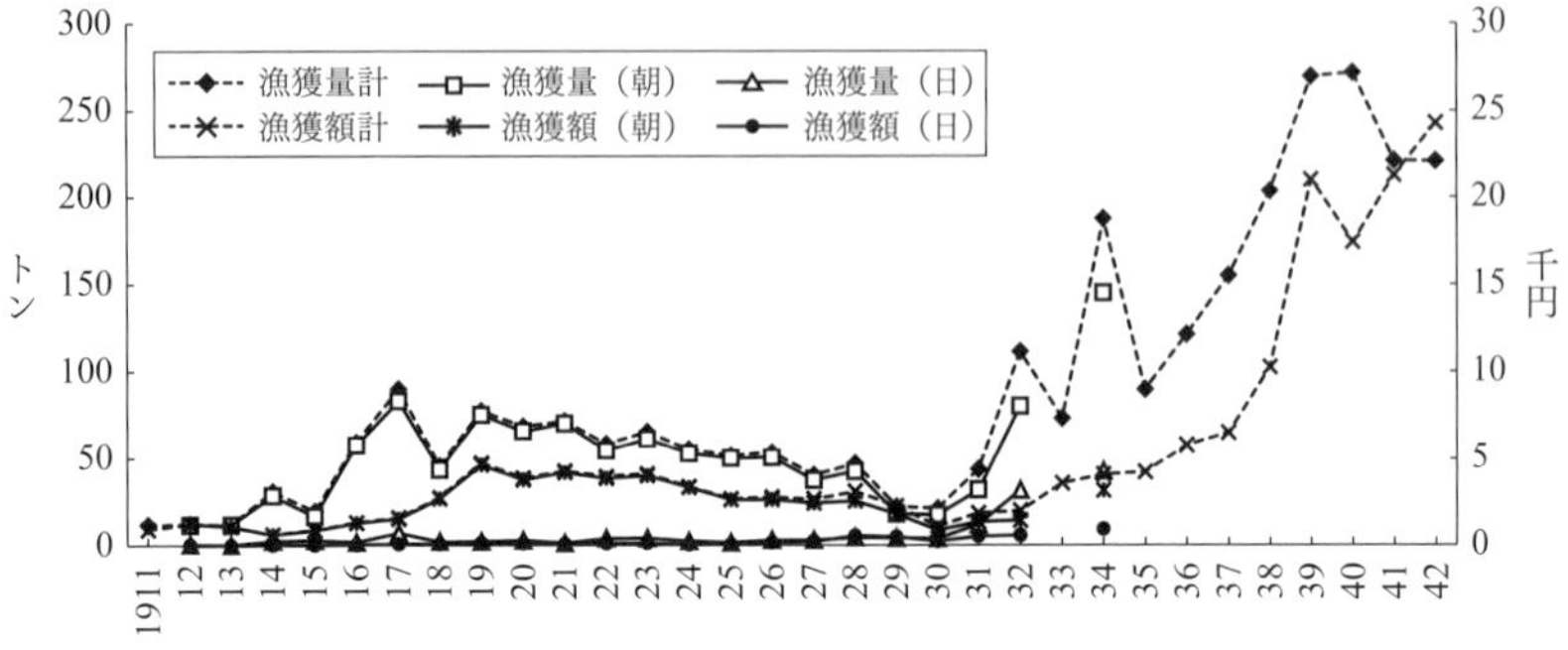

図 6-1　植民地朝鮮における明太漁獲の推移

出所）朝鮮総督府『朝鮮水産統計』各年度版；朝鮮総督府『朝鮮総督府統計年報』各年度版；鄭文基「朝鮮明太魚（二）」『朝鮮之水産』129，1936 年。
注）1934 年の民族別シェアは金額比（鄭文基上掲「朝鮮明太魚（二）」）より推計。

もその効率面で優れ、明太漁の主力漁具となっていった。新しい漁具の登場が漁獲量に大きな変化をもたらしたことはいうまでもない。

図6-1をみると、明太の漁獲は一九一〇年代には第一次世界大戦期の価格上昇もあり、急増したが、一九一八年から漸減して世界大恐慌期の一九三〇年に至って急減した。その後、マクロ経済の恐慌からの回復もあり、漁獲量も急増を示した。その要因として魚資源の豊凶が当然あるが、漁具の如何によって左右されるところも大きかった。すなわち、一九一八年までは新しい漁具といえる忽致網と底角網が出現し、漁獲の増加をみたが、その後、魚群減少のほか、「乱獲」の影響で漁獲が減少した[16]。しかし一九三〇年を底に、三〇年代には魚群が回復するとともに、機船底曳網の使用が本格化し、漁獲量が急激に増加したのである。

一九二一年の漁具別漁獲比率をみれば、刺網四七・四％、底角網（挙網）五・一％、延縄四四・七％、その他二・八％であったが[17]、一九三二年になると、漁具別従業船数と漁獲比率は機船底曳網四〇隻、五二・九％、刺網二〇六隻、一八・六％、延縄四五四隻、一四・四％、挙網一一六統、一二・七％、忽致網四九隻、一・四％となった[18]。さらに、一九三二年に漁具一隻ないし一統別の漁獲量が刺網六一駄、延縄二二駄、挙網七五駄、忽致網二〇駄に過ぎなかったのに対し、機船底曳網は九〇二駄にも達した[19]。このような漁具別格差はその後拡大し、一九三九年の漁具別従業船数と漁獲比率は機船底曳網四五隻、三六・四％、刺網八七三隻、一八・三％、延縄四五〇隻、六・二％、底角網四五〇統、三六・二％、忽致網七隻、〇・〇四％、一般定置網六八統、一二・八％となり、漁具一隻ないし一統別に漁獲量はそれぞれ二一六九駄、五六駄、三七駄、二一五駄、一四駄を記録した。[20]

当初日本人漁民は明太にはあまり注目しておらず、一九一二年に金額基準で全体の〇・五％に過ぎなかったものの、徐々に増えて一九二八年に八・二％に至り、その翌年には一七・六％へ急増し、一九三二年には二八・五％に達した。資料的に確認できる一九三四年には二二・八％を記録した。一九三〇年に咸鏡南道の漁業用発動船は二四隻であったが、業主を民族別にみれば、日本人二一人、朝鮮人三人であった。[21]また、一九四〇年には咸南、江原、慶北の北部の沿海を対象とする朝鮮第二区機船底曳網漁業水産組合（一九三〇年設立）に所属している機船四五隻のうち朝鮮人所有が確認できるものは四隻に過ぎなかったことから、日本人の漁獲量には機船による漁獲が多く含まれていたと考えられる。[22]要するに、自然現象とともに、動力の近代化を前提とする底曳網の導入という技術進歩が朝鮮人だけでなく日本人をも巻き込んで、明太市場の拡大を支えたのである。朝鮮魚類別漁獲高において明太は鰮、鯖に次ぐ第三位、後には鯖を追い越して第二位を占めた。

とはいえ、日本人漁民を中心とする機船の参入は、既存の朝鮮人漁民に対して深刻な脅威となった。在来式の刺網漁業の状況をみれば、年々衰退する傾向を示し、一九三〇年二月二七～二八日に咸北海岸刺網業者三千人余りが連署陳情書を作成して総督府に陳情した。その内容によれば、咸南明太の刺網漁業者が一九二四～二五年来発動船の特定禁止区域に侵入するため、咸北の明太漁業は甚だしい衰退の途を辿っており、明太漁業用刺網船舶は約五〇〇隻から六年間で半減し、許可を得なかった小船をあわせても約二五〇隻にまで減った。[23]特定禁止区域は一一月一五日から翌年の二月末日に限定して咸南海岸線中、特定区域から深い海に向けて二四海里以内に発動船の出入を禁止したものというが、禁区への発動船の侵入によって産卵場の明太が減ってしまい、刺網船が深刻な打撃を受けたのである。このような漁獲高の減少以外にも、刺網および付属漁具の切断流失、物件費および人件費の激増、出漁回数の減少があった[24]。帝国の拡大は、水産資源をめぐって技術力の優位を武器に在来の漁村社会との矛盾を引き起こしたのである。しかし、既述のように、機船底曳網の台頭は避けられず、一九三〇年代に入って漁獲量が全体的に増えるなかで、明太漁業をめぐる民族間の葛藤はそれほど深刻化することはなかった。

当然、漁獲の増加にともなって明太子の製造も増えた。原料は乾明太製造にあたり魚の腹割の際に採取するが、魚卵の採取量は漁獲の時期によって異なっており、一九三四年の調査によれば、明太一駄（二千尾）からは一〇月頃二斗五升、一一月頃三斗、一二月頃三斗五升が取れる。また、漁具によって採取量は異なっており、延縄二・五〜四樽（一樽＝五貫入）、手繰網二〜三・五樽、底角網一〜二樽、刺網一・五〜三樽であって、平均的に明太一駄からは二樽の明太魚卵が採取できた。魚卵の質も漁具によって著しく異なった[25]。延縄釣を利用して獲ったものがもっとも良品であり、網漁品の魚卵は破損したものが多く、新鮮なものであっても延縄のものより劣っており、塩蔵でも多くの食塩を必要とし、塩蔵後も長期間の貯蔵はできず、良品の明太子になる確率は低かった[26]。そのため、延縄漁獲物の魚卵価格はもっとも高く、次に刺網漁獲物であり、底曳網漁獲物の価格が最低であった[27]。漁獲の時期によっても魚卵の質が左右され、初漁期一〇月には大部分が未熟であり、一一月には三〇％が熟し、一二月に入るとほとんどが成熟して、「所謂水子状態になり、明太子の原料価値が失われる[28]」。

漁獲の季節ももちろん価格に反映された[29]。このような自然的特質が明太子の価格に反映されて季節的に著しい変動があった。漁期の始めの頃に出回るものがもっとも高く漁期末に出回るものはもっとも安価となった。一九一八年から一九二三年までの元山の月別平均相場をみれば、一〇、一一、一二月頃には各一〇〇斤につき二〇円、一五円余、一二円余を示したが、一、二、三月になると順次安価となり、四〜五月にはわずかに四円、二円五〇銭へ下がった[30]。

2　明太子の加工と検査

明太子の製造方法は自家用キムチのように家ごとに多少異なるが、大きくみて、朝鮮の伝統的な方式の二度漬法と一度漬法に、日本内地におけるスケトウダラの主産地である北海道式の立塩漬と撒塩漬をあわせて四種類の方法があった。「北海道式助宗子製造法」(31)は咸北の漁大津で一時行われたが、植民地期朝鮮の各地では、そのほとんどで在来の朝鮮式の二度漬法が用いられている。そのため、朝鮮総督府水産品製造検査所が紹介していた二度漬法を中心に取り上げよう(32)。

二度漬法はまず「洗滌」を行って次の仮漬に移り、最終的に本漬を実施する方法をとっていた。「洗滌」は「割腹し取出したる卵を良質卵（未熟卵）と不良卵（通様水子と言い、成熟卵である）に選別したるものを目所（径一尺五寸、亀子型二分—四分目のもの）に入れ漬水を充たせる構内に入れて卵体に付着せる汚物を丁寧に除き洗滌水切りの後仮漬に移る」。次に「仮漬はまず生卵を一応容器内に丁寧に並べて塩一俵は五斤に対し色素一二匁の割合に配合したるものを一層毎に振掛けて漬込をなす。用塩量は五貫匁樽に対し一升八合程度で漬込日数は普通一週間ないし一〇日間である。仮漬により卵は適当なる□さを得を《ママ》本漬の操作容易となり卵の染色、塩の滲透均一等は本操作の眼目である」。最後に「本漬」は「仮漬適度に至れば小型の目簀に取り漬澄なる淡水を入れた木漕中で塩味を害せざる程度に洗滌し充分水切をなし検査標準に適合するように大小及卵腹の破れたものを区別し各別に所定の包装用樽に卵の尾部を中心とし縦放状に整烈し一層ごとに合塩をなしつつ漬込み上部に長一尺三寸幅三寸の薄板四枚を蔽い荷造をなす。本漬に用いる合塩は五貫匁樽に対し塩七合、唐辛子粉一五匁内外を混合使用するを普通とす。本漬の樽漬能力は熟練女工で一日五貫匁入八樽内外にして賃金（一九四二年度）は仮漬で一五銭本漬は三五銭である」。

これに比べて、一度漬法は卵質の最優良品を対象として食塩一俵八五斤、色素一二匁、唐辛子粉二合五勺（二三

資料図版 6-2　明太子の製造過程

出所）「明卵젓 製造場 카메라訪問」『東亜日報』1934年11月1日。
注）洗浄，仮漬，本漬，包装の作業過程。

六匁）の割合で配合した合塩で、一度で樽詰をした。[33] 塩は特等または一等品を用いて本配合塩で一九キログラム入一五樽ないし一七樽を製造した。その際、魚卵を配合塩に塗し、樽の下部には少量の配合塩を振掛け、漬込みが樽の半分くらいに達すると、一層ごとに配合塩を少量振り掛けながら、樽詰を行った。一度漬法は卵質の最優良品に限定して行われるため、季節的に早い未熟卵に対して行われた。[34] その反面、季節的に遅れて水分過多になった熟卵に対しては大量生産にともなう不良卵と異物を取り除く必要があり、商品としての価格を高めるためには二度漬法が一般化されざるを得なかった。

こうして、明太子の製造は朝鮮内で行われたが、当然明太の主産地たる咸南で九割以上の明太子が生産され、一部のみに限って江原や咸北でも明太子が加工された。[35] 咸南の産地別製造高（一九四〇年）をみれば、元山二〇六トン、西湖津八四三トン、退潮一四二トン、三湖一四九トン、前津四五九トン、六始四七三トン、新浦三五五トン、陽化二三七トン、新昌九七八トン、遮湖四八三トン、群仙九四トン、文星三三トン、長遠一七トンであって、なかでも新昌がもっとも多く生産し、その次が西湖津、遮湖の順であった。図6-2のように明太子の製造量は一九一〇年代後半に増加し、一九二〇年代に入ると一定の水準を維持し、大恐慌に際して若干下がったが、一九三〇年代には急激に増加し、一九三〇年代半ばに横ばいの傾向を示して、戦時下ではむしろ増えつつあった。

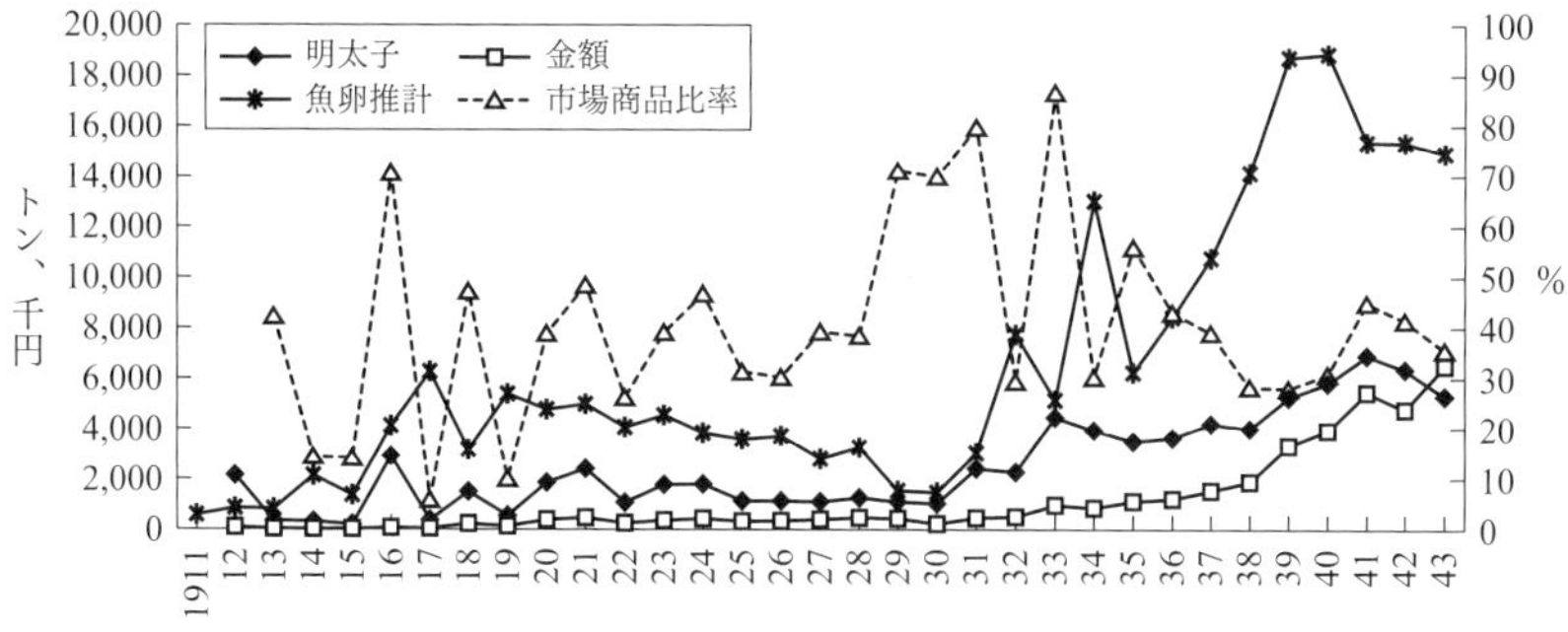

図 6-2　植民地朝鮮における明太子の加工量

出所）①朝鮮総督府『朝鮮水産統計』各年度版；②朝鮮総督府『朝鮮総督府統計年報』各年度版；③朝鮮殖産銀行調査課『朝鮮ノ明太』1925 年；④鄭文基「朝鮮明太魚（二）」『朝鮮之水産』129，1936 年；⑤「塩明太魚卵ニ関スル調査」朝鮮総督府水産製造検査所『咸南ノ明太魚製品ニ就テ』（調査研究資料第 7 輯）1942 年。

注）自家用を含む魚卵推計は次のように行われる。乾明太 1 駄（2,000 尾）36 貫（③）であるが，乾燥によって明太の重量は 25％へ減少する（⑤）ため，その 4 倍の 144 貫が生明太の重量となる。そのうち平均して明太子 2 樽，すなわち 10 貫（④）が製造可能であることから，明太の漁獲量に 6.94％を掛け算して，明太子の採取量を推計できる。

ここで注意しなければならないのは、総督府統計の利用に問題があることである。総督府統計によっても全体の長期的動向は把握できるが、一九一〇年代において変動が大きく、おそらく近代的な市場販売を前提に生産されたものしか把握していなかったのではないかと思われる。たとえば、明太子は北鮮地方の海岸沿いに住んでいた朝鮮人に、キムチのように自家用としても消費されており、一部のみが非常設市場で販売されたので、その全体はなかなか集計困難であった。とくに問題となるのは製造統計と輸移出統計を比較すると、時期によっては輸移出量が製造量を上回り、輸移出率が一〇〇％を超えることもあった。これでは朝鮮ではほとんど消費されずに、内地市場へと移出されたことを意味するものとなってしまう。

そのため、図6-2の注のように、明太から取れる明太子の量は一定でないとはいえ、平均的に明太一駄から明太子二樽がとれるという事実から明太魚卵の数量を推計した。それによれば、推計値は当然漁獲量と同様の動きを示すが、近代的市場販売を前提とする原資料と推計を比較してその差を捉えると、自家用と現地販売を除いた遠距離市場を目的とする明太子の商品比率が把握できる。それは平

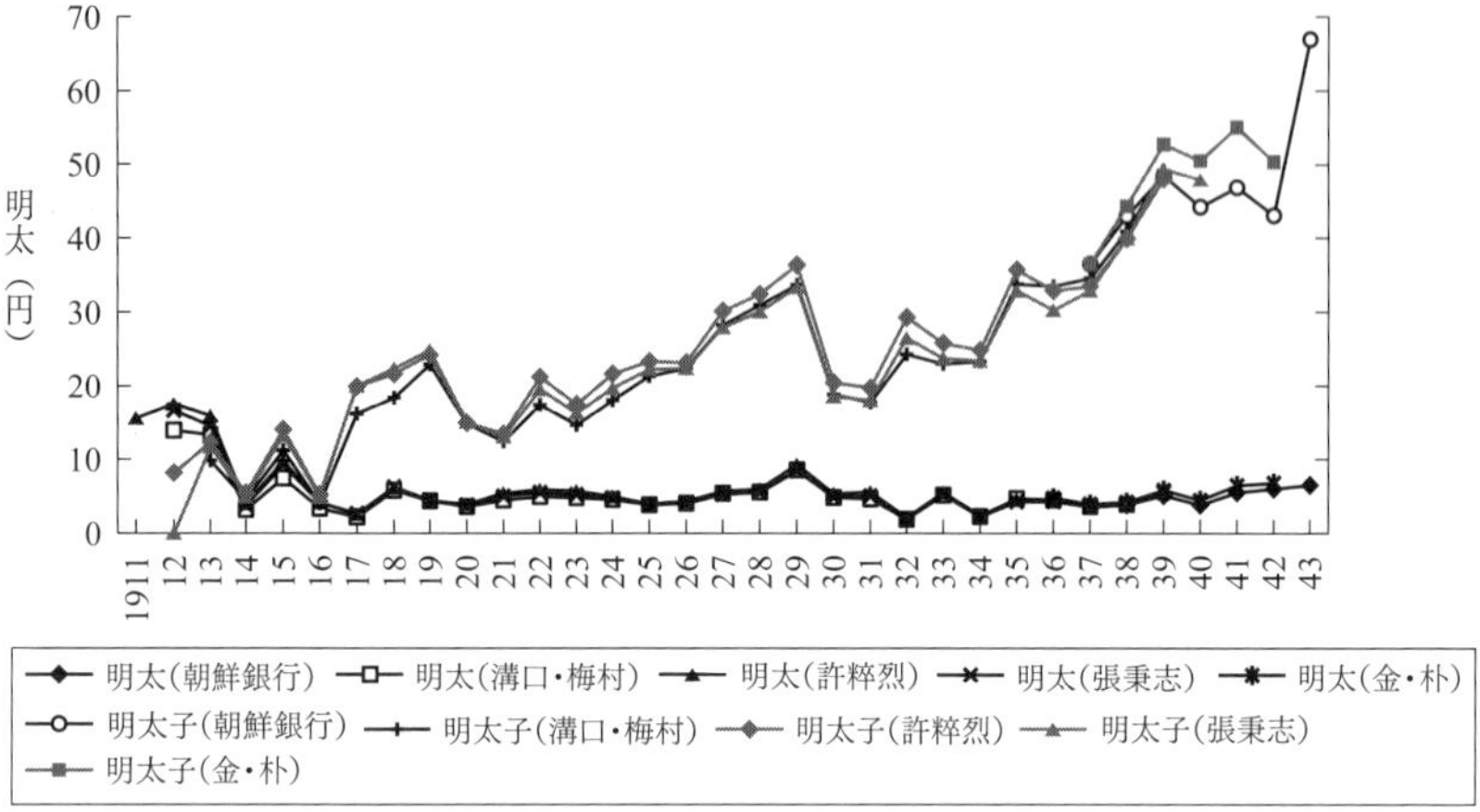

図 6-3　明太と明太子の 100 キログラム当たり実質価格

出所）朝鮮総督府『朝鮮水産統計』各年度版；朝鮮総督府『朝鮮総督府統計年報』各年度版；南朝鮮過渡政府『朝鮮統計年鑑』1943 年度版；張秉志「日帝下의 韓国消費者物価와 交易条件에 関한 計量的接近」国民大学校経済学博士学位論文，1987 年；張秉志「日帝下 韓国物価史研究（1）——全国消費者物価指数推計를 中心으로」『論文集』（京畿大学校研究交流処）19-1，1986 年，473-520 頁；張秉志「日帝下韓国物価史研究（2）」『論文集』（京畿大学校研究交流処）21，1987 年，673-702 頁；金洛年・朴基炷・朴二沢・車明洙編『韓国의 長期統計』海南，2018 年。

注）朝鮮銀行はソウル消費者物価指数（1936＝1），溝口・梅村は全国消費者物価指数（1934〜36＝1），許粹烈は 1934〜36＝1 とする全国消費者物価指数，張秉志は全国消費者物価指数（1917〜19＝1），金・朴はソウル消費者物価指数（1936＝1）。

均的に三〇％を記録したものの、一九一〇年代に激しい上下変動があらわれており、一九二〇年代末から三〇年代初頭まで急増し、その後低下する傾向を示した。なぜこのような変化が生じたのだろうか。

その実態を明確にするため、明太と明太子の価格を実質化し、両者を比較してみると、明太の価格は時期によって上下変動があったものの、長期的にみれば一定の水準を維持したのに対し、明太子の価格は戦後恐慌や世界大恐慌に際して大きな下落があったが、長期的には上昇傾向を確認できる（図6-3）。明太を基準とする明太子との価格差が一九一〇年代前半には五倍程度であったが、一九一〇年代後半以降一〇倍を大きく上回っていき、一九二〇年代後半には二〇倍にも達し、その後若干下がったものの、三〇年代には急増し、四〇倍にも達したことがあった。言い換えれば、明太の価格が一般物価の動向とほぼ同様の動きを示した一方で、明太子の価格は

表 6-1　民族別明太子の製造状況

	明太卵塩辛						明太魚腸	
	日本人		朝鮮人		合計		朝鮮人	
	貫	円	貫	円	貫	円	貫	円
1913	0	0	91,242	24,336	91,242	24,336		
1914	0	0	82,080	9,724	82,080	9,724		
1915	21,000	4,200	30,085	9,470	51,085	13,670		
1916	7,500	1,500	770,044	68,144	777,544	69,644		
1917	50	27	97,611	38,905	97,661	38,932		
1918	1,531	953	396,900	221,274	398,431	222,227	217,593	91,020
1927	133,463	179,460	159,136	215,716	292,599	395,176	135,603	110,247
1928	163,063	229,076	170,390	239,215	333,453	468,291	158,640	114,758
1929	118,135	176,134	172,907	258,994	291,042	435,128	132,523	77,985
1930	78,329	60,386	195,077	168,088	273,406	228,474	151,215	54,712
1931	189,643	149,169	454,114	311,332	643,757	460,501	116,975	46,639
1932	186,169	152,860	420,940	349,993	607,109	502,853	262,050	79,263

出所）朝鮮総督府『朝鮮総督府統計年報』各年度版。
注）この明太子の統計は若干の塩蔵類を含む。

一貫して上昇したのである。ここで見逃してはならないのは、一九二〇年代には明太の漁獲が減り、明太子の価格は上昇したが、一九三〇年代には漁獲量が急増したにもかかわらず、それを上回って明太子の需要が急増したため、明太子の価格が急激に上昇した点である。これは明太子に対する需要が朝鮮だけでなく日本内地を含めて帝国内で拡大したからであるが、明太子の高付加価値化は明太に対してあまり興味を示さなかった日本人業者の参入を促した。

表6-1の民族別で明太子の製造をみれば、植民地期の全期間をカバーしていないものの、少なくとも一九一三〜一四年には日本人の製造が確認できず、一九一五年になってようやく始まったが、一九一八年まではその規模は微々たるものに過ぎなかった。しかし、一九二〇年代になると、全体の三割以上を占めるようになり、製造業者の経営がそれなりに成り立っていることがわかる。一九一九〜二六年の統計は資料上把握できないものの、一九二〇年代後半には日本人による明太子の製造が定着したといえよう。在来のものとして自給され、その一部が非常設市場などを通じて流通した明太子が帝国の中で日本人の参入を誘発するほど商業性の高い食材として再認識されたのである。こ

れが前近代から進みつつあった「生産者と消費者の分離」をさらに促し、その市場を日本内地にまで広げることとなった。今西一・中谷三男によれば、樋口商店が一九〇七年に創業し、釜山で明太子の製造にも携わったとする記述があるが、これは総督府統計からは確認できない。大正末期に入って明太漁船三隻を購入し、元山支店で明太子を塩漬けにして鉄道で輸送し、釜山で二次加工して朝鮮や日本へ販売したと指摘されている[36]。いずれにせよ、「明太子元祖」を主張する樋口商店の事例は日本人側が朝鮮在来の食文化をいかに自らのビジネスとしはじめたのかを示している。

咸南西湖津において調査された「明卵塩辛」＝明太子一樽（五貫入）製造収支計算（一九三四年）によれば、収入金は売上高八円（一九三五年二月産、松級のもの）であったのに対し、支出金は四円五九銭（内訳は卵一斗代二円五〇銭、塩二升代一四銭、唐辛子代八銭、一斗樽一個代八〇銭、釘代一銭、荷造用縄代五銭、製造工賃五〇銭、浜出及び本船積込賃・検査手数料一銭）であって、差引純益は三円四一銭を記録した[37]。明太子加工の収益率は四三％に達したのである。これが前掲図6-2にみられるような明太子の実質価格の上昇によってもたらされた結果であることはいうまでもない。

産地でも品質改良の努力がおこなわれて、一九三二年八月三〇日に元山では輸出業者と製造業者数十人が集まり、咸鏡南道当局から服部水産技師と梅本試験長が参加し、元山明太子改良座談会が開かれ、一九三二年より樽をはじめとする改良を行うなどの検査を実施することにした[38]。一九三三年に咸鏡南道当局は明太魚卵製造組合を主産地の九カ所に設立させ、明太子の品質と容器の改良を促し、そのための道地方費を補助交付することにした[39]。さらに、業者からの反対もあったが、それを押し切って主産地たる咸南では明太魚卵検査規則（道令、一九三四年一〇月三〇日）によって検査が施行され、市販用の明太子は水産品検査所の検査を受けて松・竹・梅といった三つの等級を付けられ、それぞれ別の価格で販売された[40]。後に、これらの等級には最上級の桜級が設けられ、等外のものもあった[41]。このような検査制の実施によって、咸南の明太子は日本内地で北海道産よりも高く評価され、例年より高

表 6-2　1941 年 12 月〜42 年 1 月の明太子の価格，漁連漁組手数料，利潤，歩留

	製品価格	漁連漁組手数料	利潤	第二期歩留		生明太価格	
	円	銭	銭	12 月	1 月	12 月	1 月
底曳網	12.76	51.1	102.3	6 割 5 分	5 割 5 分	4.15	3.80
底角網	12.55	50.2	100.4	5 割 5 分	4 割 5 分	3.68	3.01
刺網	14.67	58.6	117.3	7 割 5 分	7 割	6.54	6.11
延縄	16.21	64.8	129.6	9 割 5 分	9 割	9.69	9.19

出所）「塩明太魚卵ニ関スル調査」朝鮮総督府水産製造検査所『咸南ノ明太魚製品ニ就テ』（調査研究資料第 7 輯）1942 年。

値で販売された[42]。

こうした検査制から、一九三七年に至っては道令として「咸鏡南道明太魚卵製造取締規則」（一九三七年七月一日）が設けられ、許可制の実施をみた[43]。道知事の指定にしたがって道産業課と漁業連合会が主体となって明卵製造統制を実施し、生産者の共同加工を図ったのである[44]。咸鏡南道当局は検査制度を実施すると同時に、製造工場の設備と規模が完全なもの以外には個人製造場の許可を与えず、漁業組合として共同作業場を設置して明太子の製造を行わせた。そのため、個人業者四〇〇人あまりのうち許可を得たのは年産五〇〇樽以上の一〇〇人あまりのみで、製造規模が五〇〇樽を下回る零細業者たちは元山、西湖津、三湖、前津、六坮、新浦、新昌、遮湖、群仙、端川などの一一カ所に設置された共同作業場で明太の製造を行うこととなった[45]。その後、戦時統制が進むなか、各地で明太子の製造組合が結成され、元山では一九三九年五月一日に製造業者が組合を結成、現在組合員二八名、工場一五カ所を有した[46]。

こうして戦時下で製造統制が進み、配給統制も加えられると、明太子の製造者の経営も従来とは異なるものになっていた。魚卵の購入は漁業組合から行っていたが、「生明太卵値立算出方法」は「生卵値＝（製品価格－〔漁連魚組手数料＋生産費[47]＋利潤〕）×歩留」であった。これによって、咸南漁連（在咸興）において魚卵が値立された。表 6-2 のように魚卵の価格が決定されたが、それによってすべての製品価格が設定されており、その利潤も八%

表6-3　城津における明太子製造業者

設備状況	城津水産株式会社	城津水産物加工組合
創業年月日	1940年12月24日	城津明太魚加工組合として1940年2月29日設立。のちに城津水産物加工組合に改組
資本金	50,000円	18,000円
敷地面積	肝油工場と共通725坪	300坪
建坪	40坪	50坪
製造設備洗浄タンク	1	2
水切所	30	50
洗浄用所	20	30
井戸	1	1
塩漬台	2	3

出所）「塩明太魚卵製品事情」朝鮮総督府水産製造検査所『咸北ノ明太魚製品ニ就テ』（調査研究資料第9輯）1943年。

と決定されたことに注目しなければならない。既述のように、一九三四年の収益率が四三％に達したことからみれば、戦時期には製造業者たちは経営の悪化を避けられなかったといえよう。それにもかかわらず、前掲図6-2と図6-3にみられるように、明太子の製造量は急増、実質価格も上昇し、さらに製造業者の数は縮小して、業者一人当たりの利潤のボリュームが大きくなったことから、製造業者の経営は成り立ったと推し測れる。

以上の製造統制の動きは咸鏡北道にもあらわれ始めた。咸南では一九三四年に検査制が実施され、製品の改良、指導の奨励によって不良品の一掃に努めた結果、製品品質の向上、市価の高騰をみて、商品価値が高くなったが、咸鏡北道の場合、製造量が僅少であったため、自由な製品販売が行われ、「粗製濫造に流れる嫌ありて」「無検査品として非常に安価に取引」された。そのため、実際には魚卵として咸南との品質差が大きくなかったものの、「商人に利益を壟断」された。戦時下の企業整備を目指す「行政指導当局の慫慂」によって「かかる悪弊を打破し製品の改良向上とともに市価の安定を図る」ため、城津郡明太魚卵製造組合（一九三八年）、明川郡明太魚卵製造組合（一九三九年）、鏡城郡明太魚卵製造組合（一九四〇年）が設立され、自律的に組合検査を行ったが、一九四一年八月には道明太魚卵検査規則が発布され、明太子製造の許可制および検査の実施が決定された。[48]

それによって、道内では一漁村工場一カ所を原則に一九八カ所が製造場として許可された。たとえば、城津には一九四〇年以降新設された城津水産株式会社と城津水産物加工組合が許可を受けて製造に取りかかった（表6-3）[49]。原料の魚卵は咸南のように卵の良否、歩留などを考慮する採算価格で協定配分された。咸北の明太子は検査を終えて咸南でのように天・月・雪・花・等外という五つの等級が付けられた。さらに、一九四二年三月には明太魚卵検査規則が咸鏡北道水産物検査規則へと改正された。

3　明太子の流通と消費

市販用として製造された明太子は主に朝鮮内ではなく朝鮮外で消費された。図6-4によれば、そのほとんどが日本内地で消費されたことがわかる。明太子は鮮明太、乾明太などと同様に一般朝鮮人に嗜好されたが、在朝日本人にも愛用され始め、その需要が朝鮮内に限定されなかったのである。日本内地の需要拡大にともなって市販用明太子は元山、釜山を主要移出港として日本内地の下関、大阪、神戸、敦賀などに送られた。たとえば、一九二三年には仁川三四〇トン、釜山三四三トン、その他二六八トン、合計九五一トンの明太子が日本内地の下関八〇七トン、大阪五二トン、神戸一〇トン、敦賀八トン、東京三トン、門司三トン、名古屋二トン、博多二トン、その他六四トン、合計九五一トンとして送られた[50]。輸出においては仁川、釜山、元山、新義州および陸接国境地方から八九トンの明太子が中国の安東、奉天、大連、青島などに送られた。嗜好品としての明太子の輸移出は第一次世界大戦期に急増し、戦後恐慌時に若干減少したが、その後横ばいとなり、一九三〇年代に増加に転じて、一九三五～三六年に若干の停滞があったものの、その後再び急増した。

この輸移出を生み出す要因となったのが原料たる魚卵の確保、すなわち明太の漁獲高の増加に大きく影響されて

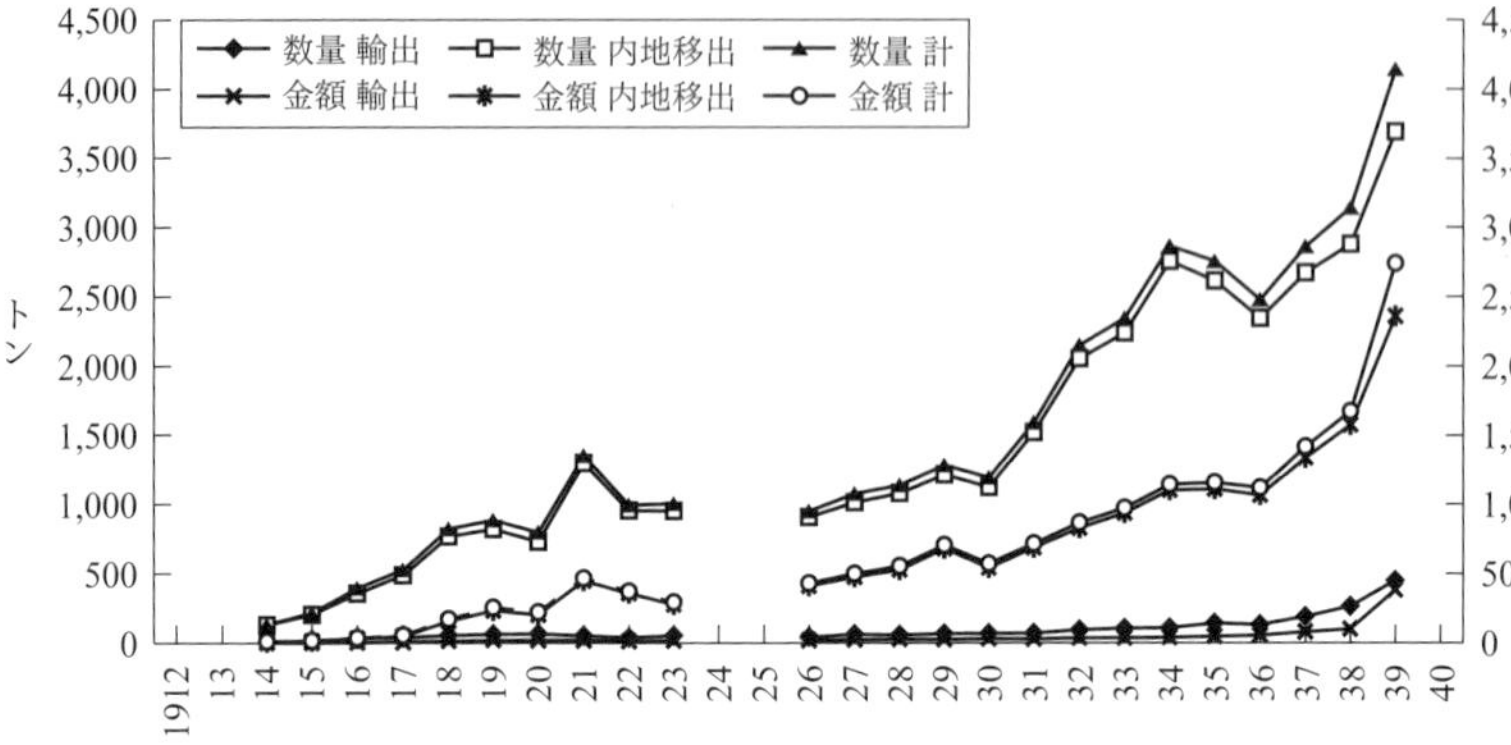

図 6-4　明太子の輸移出

出所）朝鮮殖産銀行調査課『朝鮮ノ明太』1925 年；朝鮮総督府『朝鮮水産統計』各年度版。

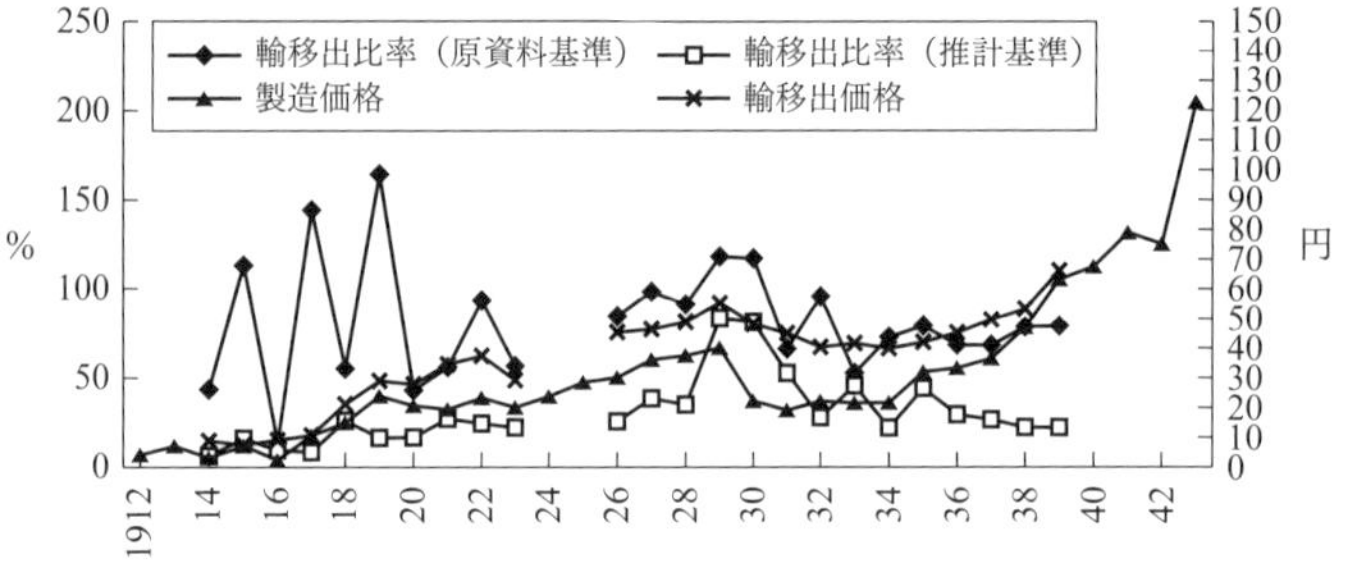

図 6-5　明太子の輸移出率と輸移出価格（100 キログラム当たり価格）

出所）朝鮮殖産銀行調査課『朝鮮ノ明太』1925 年；朝鮮総督府『朝鮮水産統計』各年度版；朝鮮総督府『朝鮮総督府統計年報』各年度版。
注）推計基準の輸移出率は明太魚卵の推計値にもとづいて計算されたものである。

いたのはもちろんであるが、北鮮地方で採取された魚卵がすべて市販用として加工され、検査を受けて輸移出されるわけではない。そこで注目すべきなのは輸移出率（＝輸移出量÷製造量）である。図6－5をみれば、総督府統計をそのまま利用した輸移出率が一〇〇%を超えることもあり、とりわけ一九一〇年代にはその上下変動がとても著しかった。それは第一次世界大戦期における市況の変化が激しかったことを反映するものであろうが、当時の統計には不備もあり、朝鮮内の辛子明太子の製造の全体を把握し切れないからでもある。そのため、明太魚卵の推計（前掲図6-2）にもとづく輸移出率に注目すれば、朝鮮内で生産された明太子から約二〇％が日本へ移出されたが、一九二〇年代後半にやや上昇し、一九二九～三〇年には九〇％を超えた。[51]その後は明太の漁獲量が増加し、従来より移出量は急増したが、その比率はむしろ低下し、一九三九年には二〇％水準に戻ってきた。

一九二〇年代末から三〇年代初めにかけて輸移出率はなぜそれほど高くなったのだろうか。そこで、輸移出価格と製造価格を比較すると、輸移出価格が製造価格を上回っており、その価格差＝マージンが輸移出業者にとって大きなインセンティブとして働いていたことがわかる。世界大恐慌期を契機として製造価格が急落したのに対し、輸移出価格はそれほど下落せず、輸移出業者としては積極的に日本内地への移出を図り、利益を維持しようとしたのである。咸南からは海送もされたが、多くは鉄道を利用して仁川、釜山へ送られてその後日本へ移出された。一九三三年には総督府鉄道局と小運送業者たる朝鮮運送とのあいだで一五％の運賃払戻契約が締結されて明太子業者たちの運賃負担が軽減された。[52]平壌・元山間を連結する平元線の段階的開通は、咸南からの陸送費用を低下させる効果をもたらした。[53]一九三四年から明太子の検査制が実施されると、日本での評価が高くなったことはすでに指摘したとおりである。

このように、輸移出の動向は日本内地の需要から決定的影響を受けざるを得なかったが、はたしてどの地域において明太子が主に消費されたのだろうか。図6-6によれば、咸南で市販用として製造された明太子は帝国内では日本内地、なかでも下関でもっとも多く「消費」されたことがわかる。ここでの「消費量」は下関だけで市販用明太子がほとんど消費されたとは到底考えられないため、消費地というよりは仕向先への送出量を表しているのだろう。すなわち、下関港へ送られ、九州と山陽地域などで明太子が多く消費されたといえよう。北海道産の「助宗子」が東日本を中心として消費されたとすれば、下関ですべての明太子が消費されたとはいえないものの、朝鮮内の滞在者の中でその出身者が多かった西日本を中心に消費されたことがわかる。この傾向は明太子の輸送が船舶か

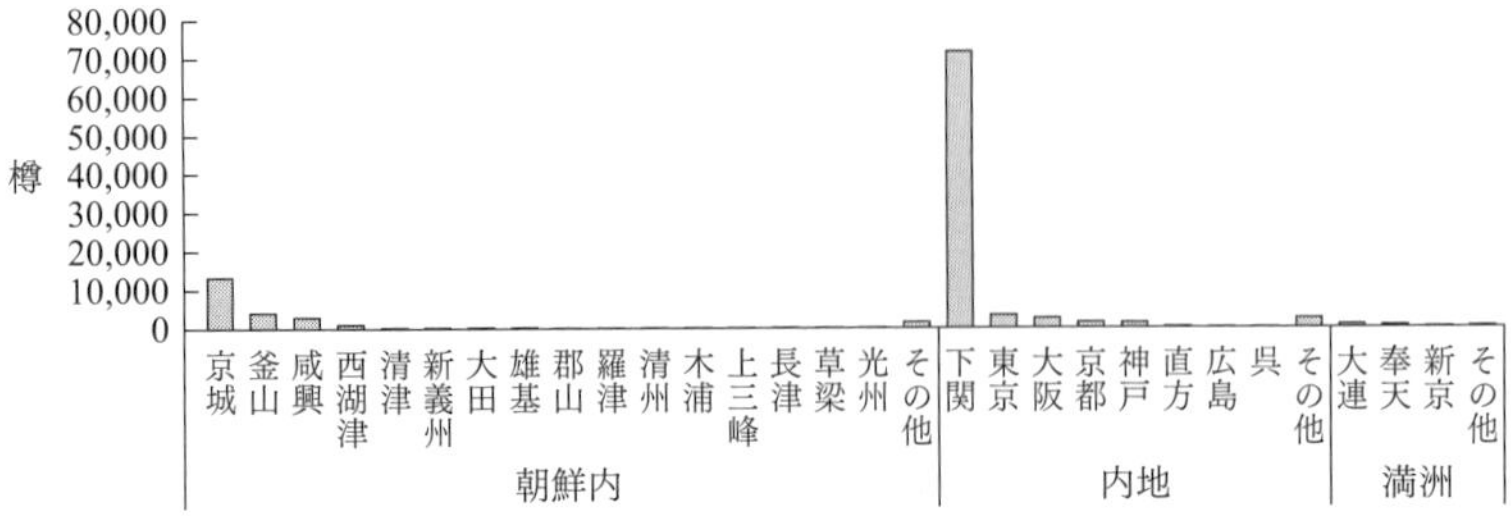

図 6-6　咸南の明太子の「地方別消費量」（1934 年合格品）

出所）鄭文基「朝鮮明太魚（二）」『朝鮮之水産』129，1936 年。
注）「地方別消費量」は仕向量と考えられる。

ら鉄道へ変わることによってさらに強化された。明太子は漬けてから一〇日前後がもっともおいしく栄養価も高いので、業者間の取引には時間短縮が必要とされたからである。[54] 明太子の出回る一二月から翌年二月までは海が荒れる時期であることもあり、迅速かつ精確な鉄道輸送が選好された。内地送りの明太子はいったん釜山まで送られ、小型船を傭船して下関まで送られたのである。そのため、一九四〇年の仕向地の比率は下関六九・五%、京城一五・二%、釜山九・一%、その他六・三%を記録し、下関が内地流通の拠点となっていた。[55] 当時北鮮と呼ばれた咸鏡南北両道の生産者から卸売り業者や移出業者を通じて朝鮮内の主要都市や日本内地にまで至るフードシステムが形成されたのである。

一九三七年以降、咸鏡南道で明太子の出荷および販売の統制が実施されると、明太子のフードシステムは市場機構による自由販売が許されなくなった。明太子製造業者は漁業組合に明太子の全量を委託し、さらに漁業組合は漁業組合連合会（漁連）にその販売を再委託したが、現品は自己保管し、出荷および販売に関しては漁連の指示を受けた。漁連は下関に出張員を派遣して緊密な連絡を保ち適時に適当量の出荷をなして需給調節を図り、製品をもっとも有利に販売しようとした。[56] この際に、漁連は咸南明太魚卵販売統制組合および朝鮮漁船組合中央会とのあいだで販売契約を締結した。咸南明太魚卵販売統制組合は朝鮮水産開発株式会社、日本物産株式会社、林兼商店、三井物産株式会社、三菱商事株式会社の五社で構成された。表6-4の「販

表 6-4　1940 年度の咸南における明太子販売価格（19 キログラム樽）

等級別	製造業者手取	漁連売値	統制組合売値	元卸組合売値	卸売値	小売値
桜	15.73	16.22	17.86	19.00	20.35	25.50
松	15.07	15.54	17.15	18.24	19.54	24.48
竹	13.93	14.36	15.90	16.91	18.11	22.70
梅	12.45	12.83	14.29	15.20	16.28	20.40
等外	7.50	7.73	8.93	9.50	10.18	12.75

出所）「塩明太魚卵ニ関スル調査」朝鮮総督府水産製造検査所『咸南ノ明太魚製品ニ就テ』（調査研究資料第 7 輯）1942 年。

売値建表」は咸南漁連理事長をもって委員長として、朝鮮漁業組合中央会、販売統制組合、製造業者組合より選出された委員から構成される咸南明太魚卵販売値建委員会によって決定された。製造業者手取価格に対して咸南漁連と統制組合がそれぞれ四％を掛ける手数料を徴収し、日本内地や朝鮮の元卸組合に渡されると、同組合は五％を掛けて明太子を卸売業者に渡してさらに卸売業者は六・六％を徴し、小売業者に販売した。[57]

朝鮮内販売は朝鮮漁業組合中央会が独占的に行い、各地の荷受組合の手を経由して卸商、小売業者、消費者の順で明太子が販売された。満洲・中国華北に対して朝鮮水産開発株式会社が輸出許可を受けて移送した。もっとも販売量の多かった日本内地方面においては、明太子は咸南からまず下関に移送され、内地側元売組合に引き渡されると、元卸売組合は各地の卸商に販売し卸商から小売業者の手に渡されて、消費者に販売された。東京方面では北海道産が強固な地盤を示したが、京阪神以西の山陽、九州一帯は「朝鮮産の開拓商圏」であって、「消費量増加の一途を辿り各地で品不足を告げ」た。[58] 生産者から消費者まで六段階にわたって手数料・マージンが策定されたため、中間機関によって多額の手数料ないしマージンが「搾取」されると認識された。

このような流通網の統制は咸北でも進行し、生産者から小売商に至る流通経路は「統配会社」によって一元的に統制された。そして同社に売り渡す水産製品のすべては産業部長を委員長とし道水産会、漁連各漁組鰯定置組合、底曳組合、統配会社、咸北水産加工などの委員からなる咸鏡北道水産物価格調定委員会が決定する適

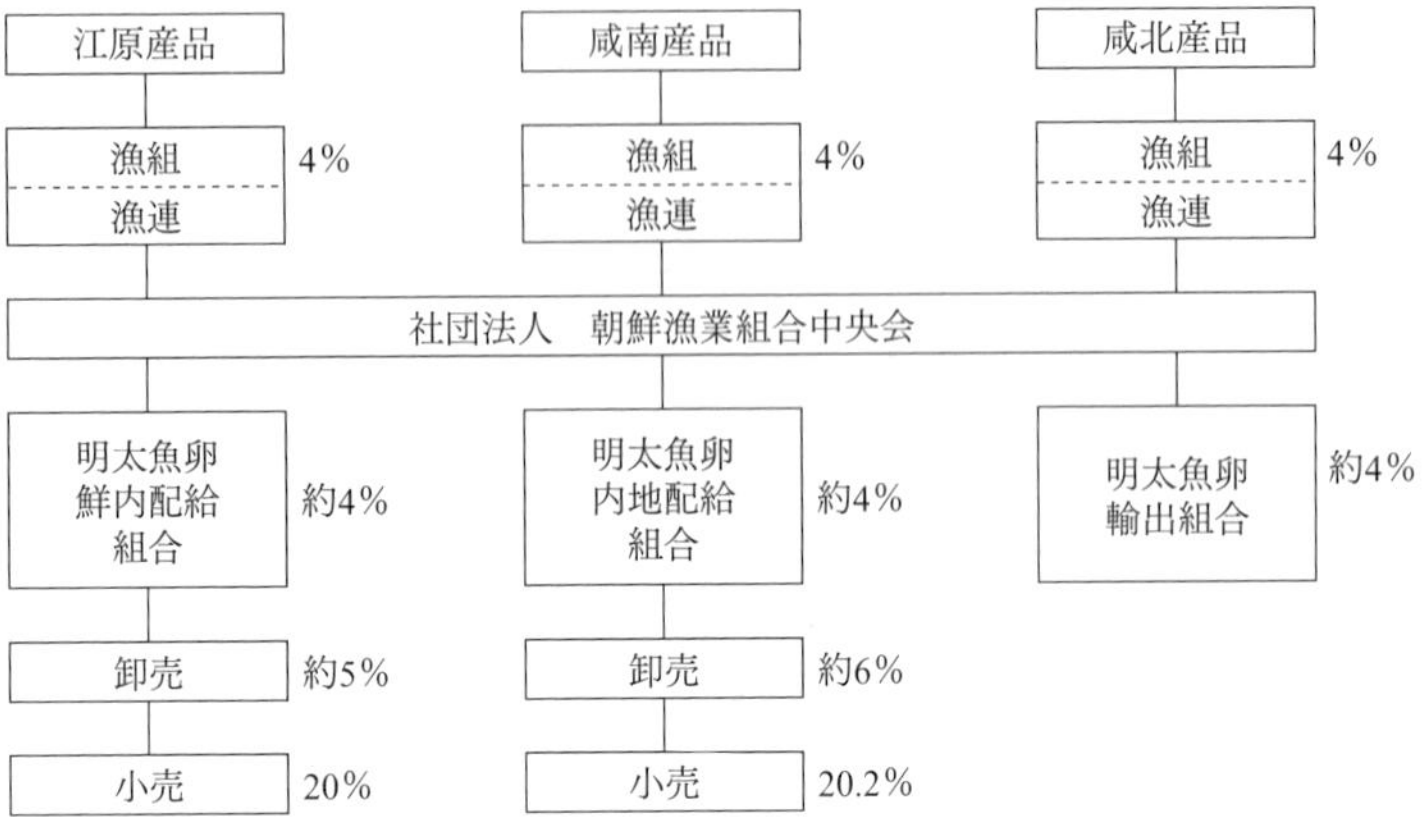

図 6-7　朝鮮産明太子の配給統制図

出所）「塩明太魚卵ニ関スル調査」朝鮮総督府水産製造検査所『咸南ノ明太魚製品ニ就テ』（調査研究資料第 7 輯）1942 年。
注）数値は各段階の手数料である。

正価格で取引された[59]。これに対し、一九四二年一一月二七日には朝鮮総督府が主催した「鮮産明太魚卵配給統制協議会」で「鮮産明太魚卵配給統制方針」が決定された[60]。それによって道レベルで行われていた明太子の配給統制が全国一元的に行われることとなった。

すなわち、図6-7のように各道漁業組合連合会が集荷を担当し、それを朝鮮漁業組合中央会に委託し、中央会は一元的に集荷の上、仕出地別に配給組合を設けて荷捌を行うことになった。それに際して朝鮮明太魚卵組合（京城、釜山各地区配給業者が合流）は明太魚卵鮮内配給組合へ再編され、さらに咸南明太魚卵販売統制組合、咸北水産物統配株式会社、朝鮮明太魚卵配給組合のうち、日本内地移出の実績を有する者をもって明太魚卵内地配給組合が組織され、また朝鮮明太魚卵販売統制組合、咸北水産物統配株式会社および朝鮮明太魚卵配給組合員から明太魚卵輸出組合が組織され、中央会より配給を受け、それぞれの地域に対して配給を担当した[61]。それによれば、従来より配給段階が減っており、その手数料も下がっていた。こうしたフードシステムをめぐる配給統制の進展にともなって製造価格と輸移出価格の格差（前掲図6-5）が縮まったことも注目に値する。

おわりに

朝鮮語で明太と呼ばれるスケトウダラの魚卵を利用した明太子は、在来的な要素が強かった。それは朝鮮から始まったが、植民地期にはすでに朝鮮だけのものではなかった。日本では、明太はそのまま食材として愛用されるというより、主に他の雑魚とともに蒲鉾として消費されたが、明太の魚卵を食塩と唐辛子粉をもって加工した明太子が朝鮮在住の日本人に知られ、それが好まれるようになり、彼らの出身地たる西日本を中心に消費され始めた。その結果、明太に比べ、明太子の価格が需要の拡大にともなって上昇すると、これが日本人を含む製造業者の参入を促す誘引となり、自家用のほかに販売用の明太子が大量に加工された。

これらの明太子は仲買人の手を経て、市販用は朝鮮内で売り捌かれるというよりはむしろ日本内地へ移出されて自由販売された。明太子の商品としての市場の拡大は日本内地の需要と強く結び付くこととなる。商品化のインセンティブは明太子の価格が低下する世界大恐慌に際して大きくなった。すなわち、日本内地の需要のため、明太子の輸移出価格と加工価格との価格差はむしろ拡大し、輸移出率がむしろ高くなったのである。

こうした市場の拡大が可能となるもうひとつの要因が明太の大量漁獲にあったことも見逃せない。すなわち、動力の近代化と底曳網の導入が明太子の加工と輸移出を支えた。もっともこのプロセスで、朝鮮人の「在来」漁業と動力船に頼った生産性の高い日本人の機船底曳網漁業とのあいだに葛藤があったことも事実である。市販用明太子の増産にともなって、主産地の咸南では一九三四年より行政当局による検査制度が始まり、良質かつ衛生的な明太子の加工が強調されることとなり、それがさらなる内地市場での高い評価と需要の拡大に繋がった。朝鮮鉄道局や朝鮮運送とのあいだの運賃払戻契約は運送費の節減と明太子輸送の迅速化をもたらし、朝鮮と日本内地との流通ネットワークは緊密なものとなっていった。

その後、日中全面戦争が勃発する一九三七年七月には市販用明太子の加工は許可制となり、年産五〇〇樽未満の零細製造業者は共同作業場を利用せざるを得ず、さらに製造業者を束ねる生産組合が次々と設置され、その下にそれまでの個別工場が置かれた。また水産物価格調整委員会によって明太子の価格も、生産費はもとより適正利潤や各種手数料などを考慮して設定されることとなった。このような明太子業界の再編は咸北でも実施され、一九四一年には組合の組織と検査が導入された。同様の措置が江原道でも採られたと思われるが、一九四二年に至ると咸南、咸北、江原の明太子に対する朝鮮全域での配給統制が実施された。それにともない、北鮮の生産地から下関を流通の拠点とする西日本の消費地までの配給ネットワークが統制されることとなった。

以上のように、自家用として作られ、一部のみが現地で販売された明太子は日本人の嗜好品となることによって商品化され、衛生および品質管理が行われ、戦時下では国家の管理対象となった。そのなかで、朝鮮の味は帝国の味となり、戦後の解放と分断のなかでもその新味だけは消えることなく、食生活に深く根をおろしている。戦後韓国は主要漁場から隔離され、またその後の乱獲のため、明太の水産資源は枯渇してしまい、北太平洋の遠洋漁業や米露両国からの原料調達に頼って戦前水準の加工が可能となった。戦後明太子の加工を担当したのは江原道に定着した「失郷民」であったが、ロシア産明太子の入札地として登場した釜山が新しい主産地として浮上している。原料の調達から加工過程を経てさらに消費に至る構造はきわめて国際化され、フードシステムは非常に複雑なものとなっている。同じく日本でもロシアやアメリカから輸入される魚卵を原料として主産地たる福岡でほぼ国内製造を賄っており、消費量の一部を韓国や中国から輸入している。日々の生活で好まれ、いまは韓国よりもその消費量が多く、明太子パスタをはじめ近年は新しいレシピも生まれている。世界ではもはや「Mentaiko」が「Myengranjot」より広く使われ、新味の再発見が続いている。

第Ⅲ部　飲酒と喫煙

第七章　焼酎業の再調合

——産業化と大衆化——

はじめに

本章の課題は、植民地期朝鮮における焼酎醸造業がどのように在来産業から工場生産体制を中心とする産業へ脱皮し、総督府の財政を支えながら、いかに植民地住民の「味覚の近代化」をもたらしたのかを明らかにすることである。

朝鮮において植民地的近代化（Colonial Modernization）は政治経済にショックを与えただけではなく、広範囲にわたる社会的変化をともない、その上に現地住民の栄養摂取と嗜好品の選択を変えていった。冠婚葬祭の儀礼はもとより、日常の食生活の一部、場合によっては農作業時の差し入れとして愛用された酒も例外ではなかった。麦酒やウイスキーといったまったく新しい西洋の酒も海外から導入されたが、その飲用はなお特定の人々に限定され、その大衆化は戦後の生活水準の上昇を待たなければならなかった。朝鮮人の農民たちは従来、より容易く造られていた朝鮮酒を多く飲んでいた。

地域的には、朝鮮北部を中心に在来の古里（蒸留器）によって焼酎が醸造され、自家消費されていたが、総督府の集約政策によって醸造家の整理が進められると、市場を媒介に焼酎の消費が広がり、それを前提に工場生産が拡大していく。現在、アジア最大の一人当たり酒類消費国になっている韓国において、「Soju」として大衆化されている「酒精式焼酎」（焼酎甲類）も、この時期に導入された。これがまさに税源の確保という総督府の目的に合致したことは後述する。後に、焼酎消費は朝鮮南部へと拡大し、季節的にも夏だけでなく年中消費される飲み物として濁酒に次ぐ大衆的酒類となっていった。

以上から、焼酎は植民地期の生活史を理解するのに欠かせない研究対象となる。とはいうものの、焼酎醸造業に対する本格的分析はいまだに行われておらず、酒造業の一部としてのみ取り上げられ、史的検討が加えられただけである。たとえば朱益鍾は、一九二〇年代後半から三〇年代後半にかけての朝鮮人による資本蓄積の代表的事例として主に濁酒、薬酒、焼酎からなる朝鮮酒に注目し、酒造場の集約化政策、検査監督の強化、黒麹の使用、蒸気式蒸留器の導入、大規模酒造場の登場、とくに焼酎においては新式焼酎（酒精式焼酎）の登場、焼酎製造場の高い工場化率を分析し、朝鮮人酒造業は戦前期までには発展したことを明らかにした。こうして、多くの記述が焼酎について割り当てられたとはいえ、本格的な焼酎醸造業に関する分析とは言い難く、統計の利用に際しての「在来式焼酎」と「新式焼酎」の区分などにも問題がある。そのため、新式焼酎が焼酎業界に与えた影響と、その結果としてもたらされたカルテル行為、さらに戦時下の変容などが考察されなかった。

これに対し、李承妍は収奪論の立場から植民地期の酒造業を分析し、酒税令の制定（一九一六年）と度重なる改正を通じて税率と最低制限石数の引き上げが繰り返され、さらに総督府による酒造場の集約政策、製造量の査定方法、組合形態への合同、食堂と酒造の兼業禁止、新規免許の抑制が進められ、財源の確保が追求されたとみた。民族別には日本人が中心となる酒精式焼酎に対して税制、原料調達、金融、地理的配置などの優遇措置が行われ、朝鮮人には不利な競争条件が創出されて、群小酒造場の大量の没落を余儀なくされた。結果的に一九三四年には、「朝鮮焼酎業者がすべて倒産し朝鮮焼酎もその姿を消した」と指摘している。

酒精式焼酎工場が一九二〇年代後半から一九三〇年代にかけて日本人資本の主導下で設立されたことは事実であるが、民族別経営条件、麹子焼酎の黒麹焼酎への転換、酒精式焼酎の登場、朝鮮酒の低質化、酒類組合について、李承妍の解釈はきわめて恣意的であるといわざるを得ない。(7) なかでも酒税令の改正（一九三四年六月二五日）(8) にともなって朝鮮焼酎と非朝鮮焼酎の区分が廃止され、一九三四年に「朝鮮酒」の焼酎が「蒸留酒」の焼酎として集計されたことを収奪論の立場から誤認し、朝鮮人焼酎業者の倒産とみている。その後も在来式焼酎は二〇〇～三〇〇社存在したことが確認できており、現在韓国最大の焼酎となっている「真露」の前身、真泉醸造をはじめ朝鮮人焼酎業者が多数存続していた。年産数十万石の朝鮮人酒造業者のすべてが一気になくなることはありえない。

この朝鮮人焼酎業者の完全消滅説は金勝によって繰り返された。(9) 金勝は釜山地域に限定して酒造業を論じながら、李承妍の論旨を無批判的に継承しているところがある。一九二四年より酒精式焼酎が市販されて以降、危機意識をもつ朝鮮人焼酎業者が廉価の黒麹焼酎を始めたとみている。しかし、金勝の論文中の表「一九三〇年代新式焼酎生産工場」で指摘されているように、(10) 酒精式焼酎の販売は朝日醸造が一九一九年に創立され、新式焼酎を生産したことから始まった。このようにはじめから酒精式焼酎として開業したケースもあれば、黒麹焼酎→酒精式焼酎、麹子焼酎→黒麹焼酎→酒精式焼酎という変化を経験したものもあり、多様なケースがあったことに注目しなければならない。また、このような新式焼酎への転換が必ずしも日本人に限定されていたわけでもないことに注意しておきたい。金勝は、一九二九年になると、大鮮醸造が参入し、酒精式焼酎市場は四分割されたとみなしたが、(11) これも氏の掲げた表に照らして問題があり、(12) また実態にあわない。このような事実の歪曲は統計についての不注意に由来する部分が大きいと考えられるが、氏の付録の諸表も杜撰である。(13)

以上のような先行研究に対して本章は、「在来式焼酎」と「新式焼酎」との区別を明確にした上で、(14)『朝鮮総督府統計年報』『朝鮮総督府帝国議会説明資料』などから関連情報を集計して長期統計を把握し、さらに論難されている新式焼酎＝酒精式焼酎についての正確な統計を提示することで、焼酎醸造業の実態を明らかにする。

1　朝鮮酒税令の実施と醸造場の整理

朝鮮焼酎は、従来北鮮および西鮮地方では一年を通じて愛飲されたが、南鮮および中鮮地方では濁酒がそのような役割をはたし、焼酎は主に夏季の飲料として飲用されていた。[15] 生産方法からみれば、餅麹たる麹子を糖化剤とし、南鮮では米、西・北鮮では高粱を原料として焼酎が醸造されたが、[16]「工場組織」による醸造は少なく、その大部分が「老幼婦女」の副業的な「家内工業」の域を脱しなかった。「即ち古来鮮人の生活上酒類は自家醸造を旨とし、市場より酒類を買入れるものは中流以下の階級に限られ、したがって酒類の購入はその家の不名誉と心得ていた」[17]。焼酎は、そのほとんどが経済的に「高級品」を飲用できない「中流以下の階級」によって消費されていた。

このような特徴は地域別焼酎醸造業にも反映され、図7-1のように平壌のある平南を首位として平北、咸南、黄海で焼酎が多く醸造された。中部地方では大都会の京城がある京畿でもっとも多く生産され、一九二〇年代後半から増永、大鮮が釜山で大量生産を始めると、慶南のシェアもやや大きくなった。とはいえ、大量生産が始まっていない一九〇〇年代までは当然「製造の規模は小さく技術拙劣のため、一般に品質劣等で」あった。[18] これに加え、国境方面では中国高粱酒が輸入年額二〇〇万円に達し、仁川、元山など各地が開港されるにつれ、酒精を輸入して在来式焼酎と混合して販売するものが増え始めると、朝鮮焼酎の生産業者は経済的に圧迫されざるを得なかった。

そこで、焼酎酒造の数量的規模をみれば、表7-1のように一九一五年まで平均的に年産二石程度に過ぎないほどの零細なものであった。さらに表7-2の規模別製造場あるいは免許者の分布をみれば、一七〇～四四〇石までの酒造業者も四人いたが、それはごく稀なことであって、全体の八五％が二石までの規模であった。このような状況は酒税令（一九一六年）が実施されるまではまったく改善されなかった。むしろ免許者が一九〇八年の三万三四一人から一九一五年に四万九七九九人へ増加したことからわかるように、零細業者の参入が続いた。資料上、自家

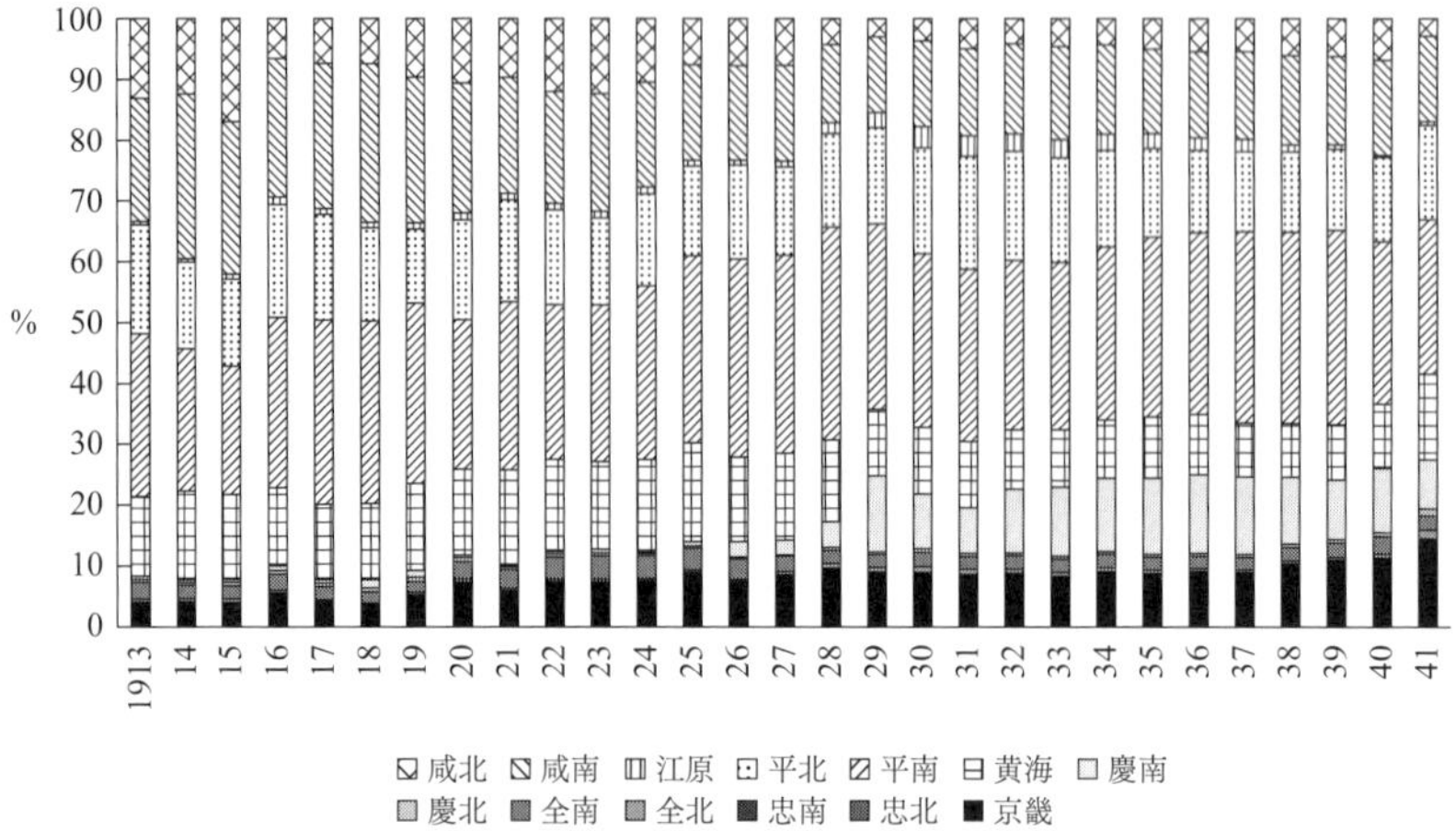

図 7-1　焼酎の道別生産構成

出所）朝鮮総督府『朝鮮総督府統計年報』各年度版；清水武紀「朝鮮に於ける酒造業（1）」『日本醸造協会雑誌』34-4，1939 年，342-347 頁；朝鮮総督府財務局「昭和 20 年度 第 84 回帝国議会説明資料」『朝鮮総督府帝国議会説明資料』第 10 巻，不二出版，1994 年。

注）1914 年以前の焼酎は蒸留酒である。また，酒造石数は 1915 年までは申告石数であるが，1916 年以降は査定石数。1916 年度の統計によれば，蒸留酒はほとんど焼酎であったため，焼酎とみなす。

表 7-1　酒税令以前の焼酎酒造状況

	免許人員		製造場数		申告石数	税額（円）
	兼業	専業	兼業	専業		
1908				30,341		60,948
1909		28,479	891	28,727		49,789
1910	1,345	29,543	1,345	29,544		49,273
1911	1,484	41,839	1,468	41,855		75,182
1912	2,138	46,390	2,138	46,390	84,740	86,811
1913	2,488	49,189	2,471	49,189	101,569	104,662
1914	2,622	45,047	2,622	45,047	89,758	92,441
1915	2,914	49,799	2,914	49,799	104,586	109,789

出所）朝鮮総督府『朝鮮総督府統計年報』各年度版。

注）酒税のうち，蒸留酒。1916 年度の統計によれば，蒸留酒はすべて焼酎であったため，焼酎とみなす。自家用酒造を含む。

用免許者（二石まで）が一九一六年に一万四四二五人にも達したように、表7-1のデータには自家用焼酎免許者が多数含まれている。そのため、業者の規模はきわめて零細なものにならざるを得ず、年産一〇〇石以上の酒造業者はとても珍しかった。酒が自給され、人口の多くが生産者・消費者として未分離の状態にあるなか、酒幕などの伝統的飲食施設を通じて「生産者と消費者の分離」がわずかに進んでいる状態だったのである。

表 7-2　酒税令以前の規模別焼酎酒造状況（1913 年度）

	免許人員		製造場数		申告石数	税額（円）
	兼業	専業	兼業	専業		
1 石まで	1,935	25,882	1,935	25,882	26,915	27,817
2 石まで	474	15,996	474	15,996	32,535	32,940
5 石まで	67	6,606	67	6,606	31,956	33,365
10 石まで	10	619	10	619	6,075	6,290
20 石まで	2	61	2	61	1,203	1,260
50 石まで		19		19	843	950
100 石まで		1		1	110	110
170 石まで		1		1	170	170
440 石まで		4		4	1,760	1,760
合計	2,488	49,189	2,488	49,189	101,567	104,662

出所）朝鮮総督府『朝鮮総督府統計年報』各年度版。
注）酒税のうち，蒸留酒。1916 年度の統計によれば，蒸留酒はすべて焼酎であったため，焼酎とみなす。自家用酒造を含む。

酒造方法は在来的なものであった。日露戦後の第二次日韓協約などを通じて朝鮮の植民地化が進められるなか、財政整理作業が行われてそれが『韓国財政整理報告』として五回にわたって公刊された。そのなかで酒造は煙草、製塩、水産とともに、一九〇六～〇九年にかけ、新しい財源として調査された。[19] ここで酒造は、在来の「製造場は飲食店式の小さいものばかりで蒸留器はすべて古里を使用していた」と指摘された。[20] 焼酎酒造調査は財源調査局以前のものを含めて京城、全州、江景、光州、馬山、大邱、黄州、平壌、義州、元山、咸興などにおいて行われ、原料および麹子の種類と量、水量、燃料費、製成焼酎および粕の量、熟成期間、酒家一カ月製造高についての情報を残した。[21] なかでも、京城（とくに孔徳里）の焼酎調査は酒造方法だけでなく生産原価についても記録している。京城においては五月頃より九～一〇月頃に多く飲用し、その大部分は城外孔徳里付近および麻浦、東幕付近において製造されていた。

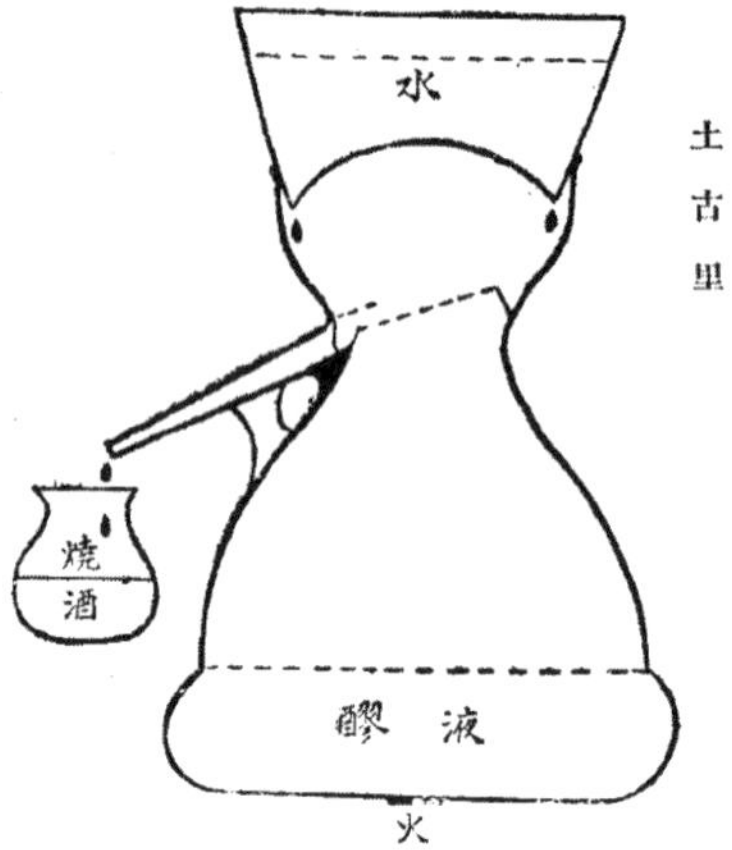

資料図版 7-1　1900 年代の焼酎蒸留器（古里）

出所）朝鮮酒造協会編『朝鮮酒造史』1936 年, 159 頁。

「元来孔徳里の焼酎製造者は毎年三月頃もろみの仕込みをなし、夏に至り需要に応じて蒸留販売するもの」であった[22]。しかし、一九〇七年には「日本人の焼酒製造販売者は韓人向の焼酒を造り初夏以来一升三五銭に販売するため、孔徳里焼酒家は不得止生産費同様一升四〇銭に卸売をなしつつある状態」であった。「南韓地方を巡廻し韓国酒造業の現状を視察するに各地の酒価ほとんど一定し、焼酒は一升一円、薬酒は一升三十五銭、濁酒は一升八銭位なり」。「その製造法たるや実に不完全にして冗費を要し殆ど販売価の二分の一を生産費に費せり若しこれが製造法に改良を加ふれば、その品質を変ずることなくて現在所要の生産費の半分をもって製造すること」は難しくないと評価された。酒類製造販売高は年間二〇〇〇万円を下回らず、その二分の一を生産費としても一〇〇〇万円であり、これを改良してその生産費を半減できれば、五〇〇〇万円の追加的利益が出ると判断された。

日本人の進出によって競争が生じ、焼酎の価格が低下して在来の業者が競争力を失い、地域によっては原価販売を余儀なくされたことや、生産面での冗費が大きいため、製造法の改良措置が取られると、生産費を半分の水準へ抑えることが可能であったことなどが指摘されたのである。表7-1のように、酒造免許者が増えるなか、日本人醸造業者というある種の近代化された参入者の登場にともなう競争環境の出現や焼酎原価の低下といった新しい変化が発生しつつあった。そこでの対応に出遅れると、「韓国酒造家は漸次自滅に帰すべき」と予測された[23]。

従来放任されていた焼酎製造法は酒税法の発布を前後する政府当局の施策によって初めて改善の緒についた。韓

表 7-3　平壌財務監督局管内製造人員石数表（1915 年）

（単位：人，石，円）

	製造者数	1 カ年製造石数	同上価格	1 製造者当たり石数	平均 1 石当たり価格		製造者数	1 カ年製造石数	同上価格	1 製造者当たり石数	平均 1 石当たり価格
平壌	275	2,109	52,725	7.7	25.00	平原	650	2,325	74,400	3.6	32.00
鎮南浦	71	422	14,072	5.9	33.35	江西	266	865	37,844	3.3	43.75
大同	711	3,260	88,020	4.6	27.00	安州	411	970	33,950	2.4	35.00
鶴岡	105	210	7,560	2.0	36.00	价川	382	918	41,310	2.4	45.00
中和	690	1,584	69,696	2.3	44.00	徳川	559	1,321	46,235	2.4	35.00
江東	427	928	42,760	2.2	46.00	寧遠	516	967	48,340	1.9	49.99
成川	844	2,019	90,855	2.4	45.00	孟山	681	1,014	40,560	1.5	40.00
順川	884	1,914	86,130	2.2	45.00	陽徳	491	1,104	52,730	2.2	47.76
						計	7,963	21,930	827,187		37.73

出所）朝鮮酒造協会編『朝鮮酒造史』1936 年，167-168 頁。

国政府の財政顧問あるいは臨時財源調査局の技術官が朝鮮全域で調査研究を行う一方、各地で民間の希望に応じて技術指導を行った。焼酎調査の結果、一九〇九年に酒税法が発布され、「指導機関たる度支部技術官の一人を元山財務監督局に在勤せしめ、続いて一九〇九年京城に度支部醸造試験所が設置されるに及んでその分場として元山財務監督局内に試験室試験所を設け専ら焼酒の指導研究に当たった」[24]。そして、朝鮮の植民地化後には「試験所一切を咸鏡南道長官の下に咸興に移転して引続き試験」していたが、一九一二年に醸造試験所は中央試験所へ統合された。この間、元山および咸興においては管内当業者に対し改良酒造法の指導と実地伝習が行われた。

とはいうものの、最大の酒造地であった西鮮地方における焼酎は、一般的に酒税法施行時代の製造法も韓国時代とほとんど変わるところがなかった。表7-3のように、一九一五年度に平壌財務監督局管内では七九六三人の製造業者が焼酎酒造に従事し、年間二万一九三〇石を生産していた。なかでも、平壌は一製造業者当たりの規模が七・七石を記録してもっとも大きく、焼酎の平均価格も二五円で他の西鮮地方に比べても一番安かった。「財政顧問時代」にはすでに日本人側は蒸留器の試験を行い、平壌で焼酎製造を始めていた。主要業者としては田中周助（平壌府鏡斉里）三〇〇石、玄鳳周（平壌府鏡斉里）五〇石、金光珍（平壌府鏡斉里）五〇石、韓宗奎（鎮南浦龍井里）一四〇石であって、そのうち日本人の製造規模がもっとも大きかった。ところで、このような規模は非常に珍しいものであって、前掲表7-1のように、朝鮮内の業者のほとんどは自家用を除いても零細な規模であった。このような事情が酒税令(一九一六年)の実施を契機として大きく変わることとなった。

朝鮮酒税令の制定にともなって、朝鮮の酒造業における設備の改善、品質の改良などの近代的産業としての基礎が整えられた。[25]酒税令は一九一六年七月に発布され、同年九月施行されたが、税令の大綱は、①従来の酒税法における醸成酒・蒸留酒・混成酒の区分を醸造酒・蒸留酒・再製酒と改め、とくに在来の方法によって製造する朝鮮酒(濁酒・薬酒・焼酎)と、その他の酒類とを区分し、②従来造石数を荒刻みに数階級に区分して賦課してきたものを、一石当たりの税率を定め、造石数に応じた課税額を算出することとし、さらに③蒸留酒・再製酒はその含有酒精度に応じて税率を区分、④朝鮮酒については自家用酒の石数に制限を付した上でその製造を許可したことなどであった。この酒税令は税額の確保とともに、酒類製造業者および酒類販売業者に対して記帳の義務・申告などを要求し、最低制限酒造石数を設定することなどを通じて経営単位の合理化を期待した。そのため、一九一九年、二二年、二七年、三四年の四回にわたって酒税令の改正が行われ、図7-2、7-3、7-4のように税率とともに、最低制限石数が引き上げられ、税収の拡大が図られた。その酒税は一九二〇年代半ばになると、単一の税源として重要な役割をはたすようになり、その中心に焼酎への酒税があったのである。

酒税令の施行に際して、総督府および京畿道以外の六道には酒造技術官が配置され、酒造の改善指導に当たった。とはいうものの、図7-5のように、一九一六年における焼酎製造者数はきわめて多く、そのうち、営業者数二万八四五五人(専業のみ)、自家用免許者数一万四四二五人に達したが、酒造業者のほとんどが専門知識を欠いており、経営面でも製造帳簿の記入さえできず、少数の技術官のみでは改善指導の実を挙げることは不可能であった。総督府に技師一人、雇員三人、各道に技手一人、雇員一人、そのほかに郡技手一人がいる道もあったが、一三道をあわせても技手の数は二〇人を超えていなかった。[26]そのため、総督府財務局は零細業者の合同集約を図り、製

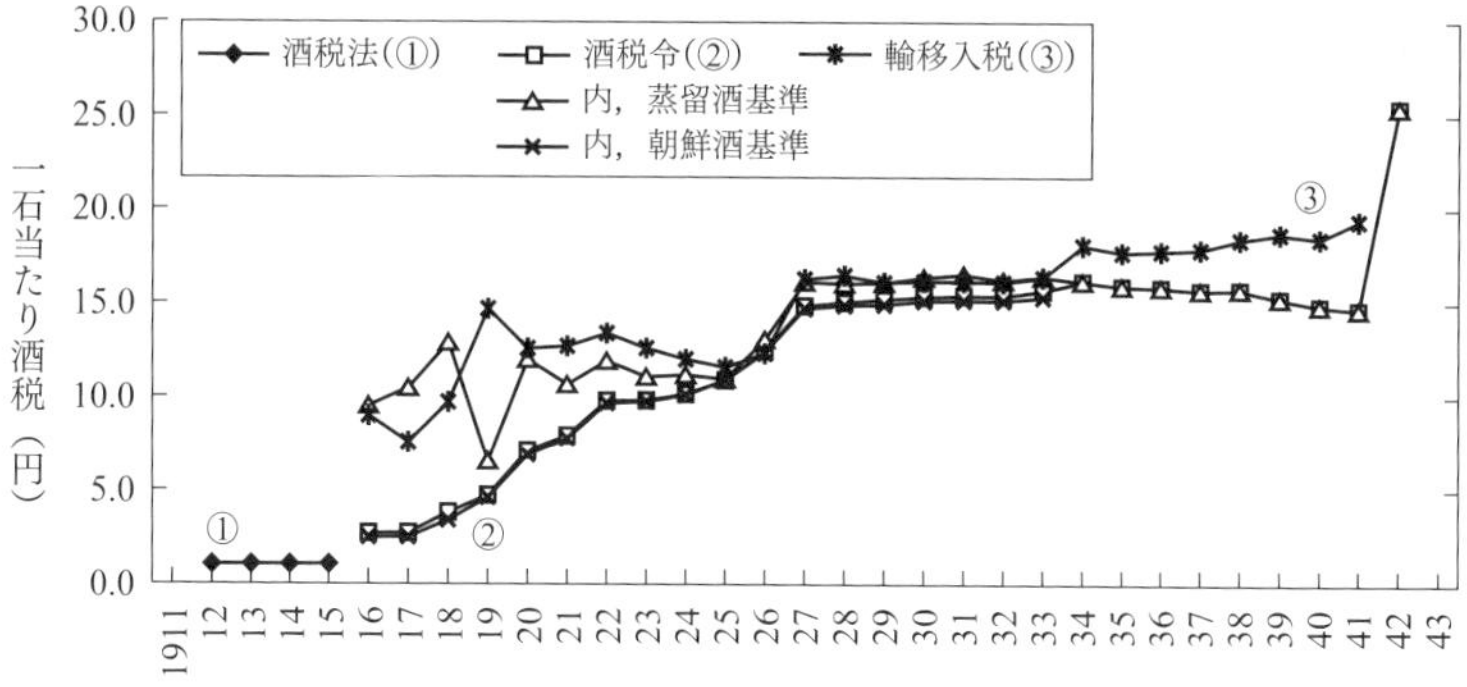

図 7-2　焼酎税率の推計

出所）朝鮮総督府『朝鮮総督府統計年報』各年度版。
注）1934 年 7 月の税令改正により朝鮮焼酎，非朝鮮焼酎の取扱区分は廃された。

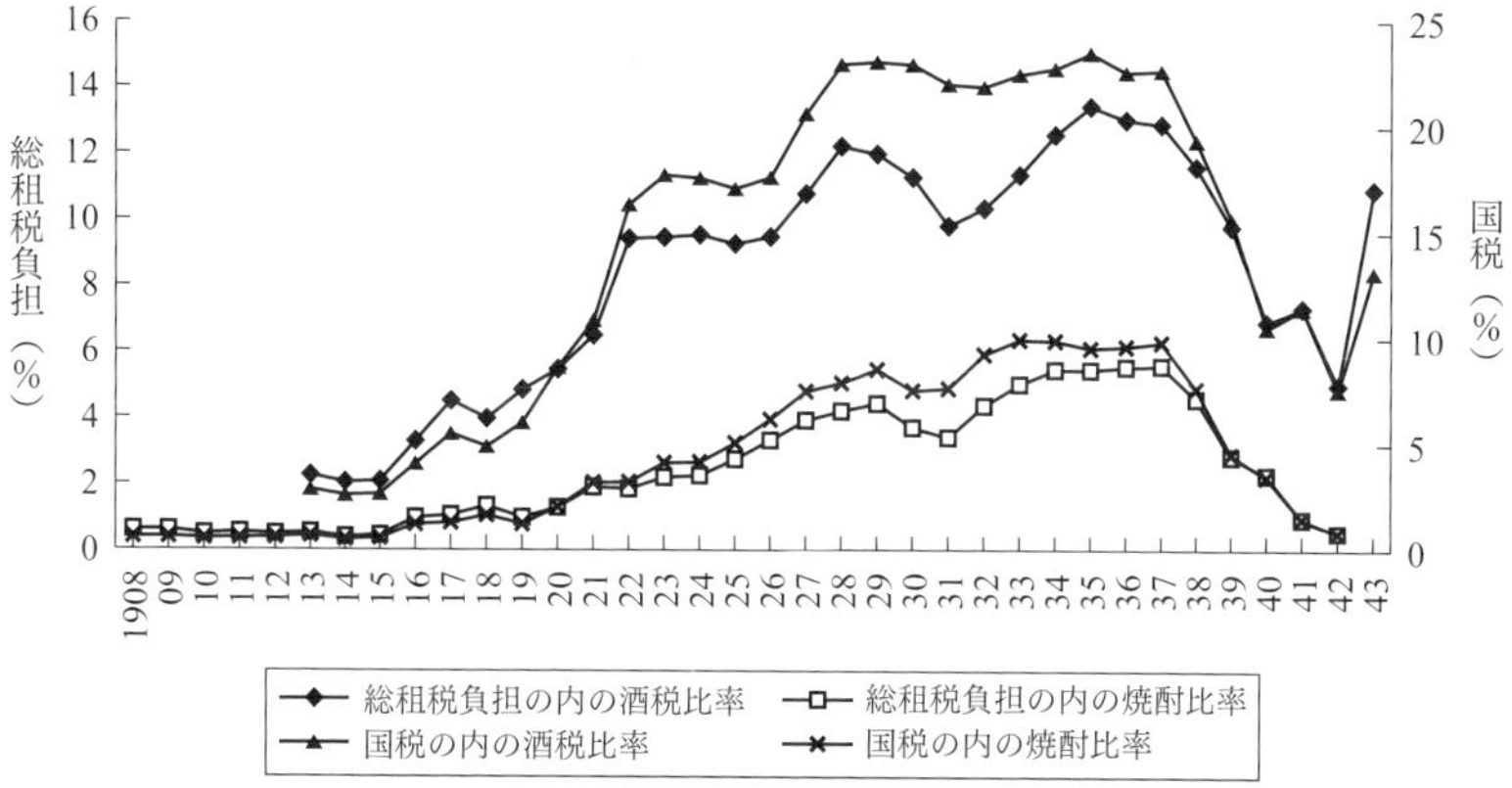

図 7-3　租税負担における酒税の比率

出所）「朝鮮及京城に於ける焼酎の需給」『朝鮮経済雑誌』164，1928 年；朝鮮酒造協会編『朝鮮酒造史』1936 年，177 頁；清水武紀「朝鮮に於ける酒造業（1)」『日本醸造協会雑誌』34-4，1939 年，342-347 頁；朝鮮総督府『朝鮮総督府統計年報』各年度版；朝鮮総督府財務局「昭和 20 年度 第 84 回帝国議会説明資料」『朝鮮総督府帝国議会説明資料』第 10 巻，不二出版，1994 年。

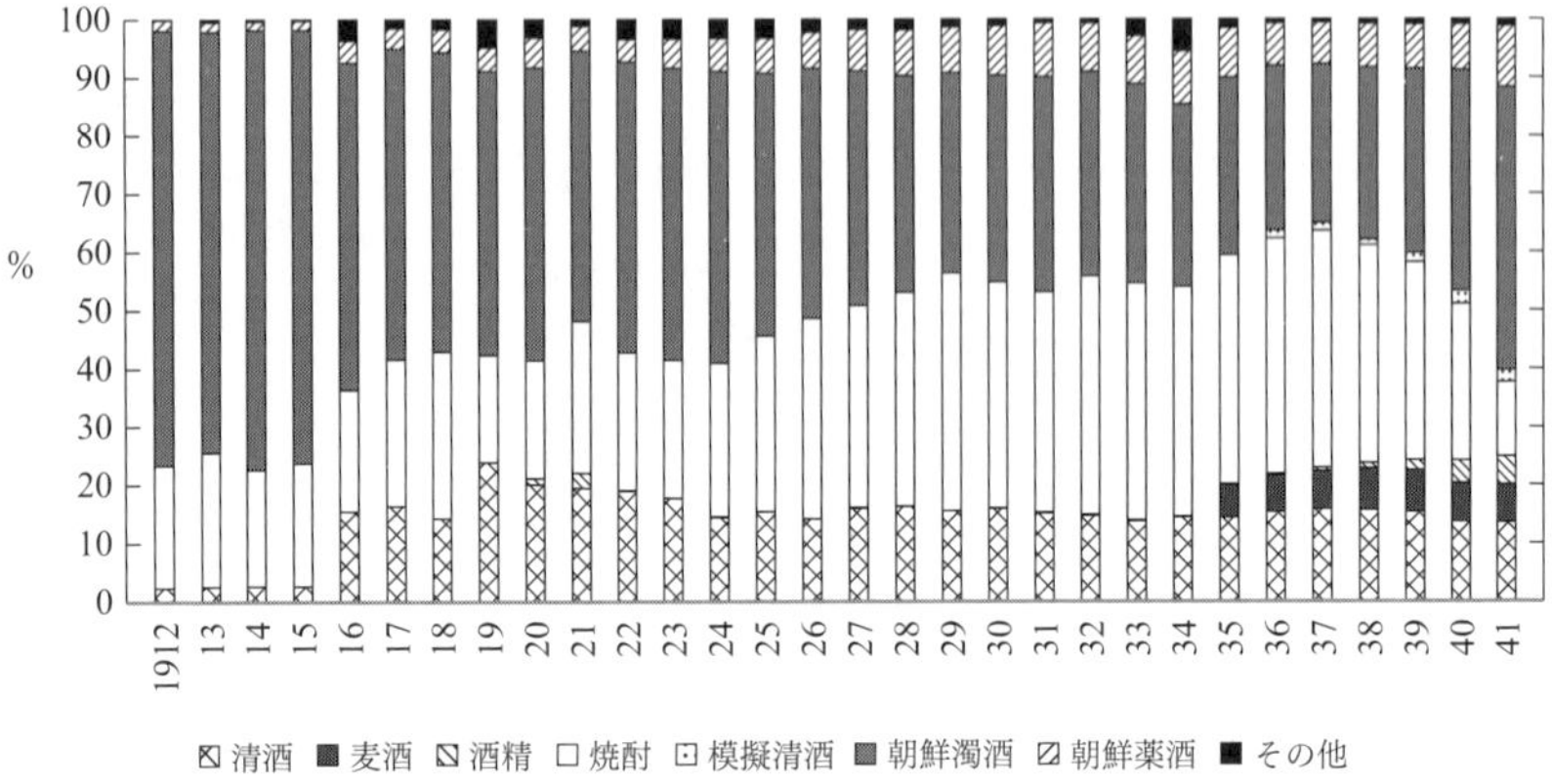

図 7-4　朝鮮の酒税額構成

出所）朝鮮総督府『朝鮮総督府統計年報』各年度版。
注）1916 年から 33 年までは自家用酒税があるため，これを酒類別に割り振る。

造場の設備を整え、一定の資力と知識を有する業者を合同酒造場の経営に当たらせ、生産費の節減と優良酒の酒造を期待し、各地で酒造場の統廃合を進めた(27)。この時代には新規免許を与えずに、最低制限石数を引き上げながら、自家用酒免許の整理(28)とともに、密造取締りを行い、図7-5のように約一〇年間で急激な焼酎業界の再編を成し遂げた。まさに「製造業と飲食店の分割整理時代」「賤業酒造より工業酒造への転換時代」であったといえよう(29)。「生産者と消費者の分離」が政策当局によって人為的に進められ、「生産者が同時に消費者」であることはもはやなくなり、上からの市場創出が進められたのである。

集約の実行については、一九一七年に初めて咸鏡南道端川郡の三千余の免許者を一一カ所の酒造場に、同新興郡の八〇〇余の免許者を七カ所の酒造場に集約させ、これに対して技術官を中心に醸造技術を指導し、設備の改善を促し、生産費の節減や品質改良を進めさせた。それを通じて相当の成績を得たので、全国的に集中合同の効果が認められるようになった。その一方で、一九一九年に酒精式焼酎工場が平壌に創設されたことを皮切りに仁川の朝日工場、釜山の増永工場などといった新式焼酎工場が次々出現し、これらの地域において小規模業者は「自衛上」経営合併の必要に迫られることとなった。そこで、政策当

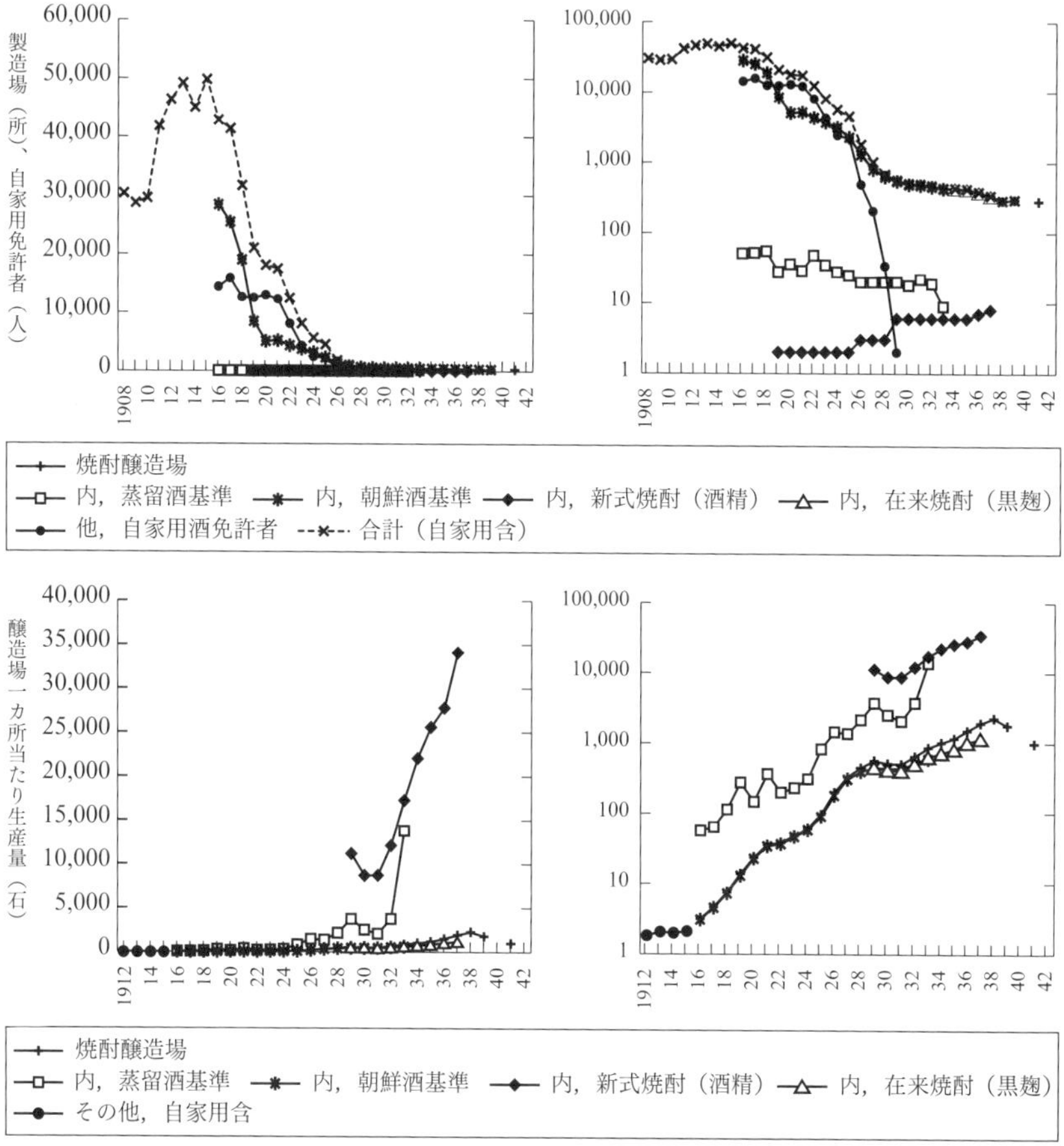

図 7-5　焼酎生産業者の推移

出所）「朝鮮及京城に於ける焼酎の需給」『朝鮮経済雑誌』164，1928 年；朝鮮酒造協会編『朝鮮酒造史』1936 年，177 頁；清水武紀「朝鮮に於ける酒造業（1）」『日本醸造協会雑誌』34-4，1939 年，342-347 頁；朝鮮総督府『朝鮮総督府統計年報』各年度版；「酒類見込造石数調（昭和 12 酒造年度）」（9 月 1 日現在）『酒』10-2，1938 年，33 頁；「昭和 13 酒造年度焼酎生産統制配分石数調査表（1 月末日現在）」『酒』11-5，1939 年，89-91 頁，「昭和十四酒造年度『焼酎』生産統制配分石数調」（4 月末日現在）『酒之朝鮮』12-9，1940 年，146-149 頁（1939 年の焼酎醸造場）；平山與一『朝鮮酒造業界四十年の歩み』友邦協会，1969 年（1941 年の焼酎醸造場）。

注）右の図は対数表示。

表 7-4　朝鮮内の民族別焼酎生産状況

		日本人	朝鮮人	外国人	合計
1923	造石数	20,719	174,113		194,832
	価額（円）	1,064,228	11,009,383		12,073,611
	醸造戸数	111	14,740		14,851
	1 戸数当たり石数	186.7	11.8		13.1
	1 石当たり価額（円）	51.4	63.2		62.0
1925	造石数	30,588	162,738		193,326
	価額（円）	1,664,354	10,757,470		12,421,824
	醸造戸数	112	8,422		8,534
	1 戸数当たり石数	273.1	19.3		22.7
	1 石当たり価額（円）	54.4	66.1		64.3
1927	造石数	77,852	210,034	587	288,473
	価額（円）	4,058,618	10,806,738	73,356	14,938,712
	醸造戸数	120	3,529	1	3,650
	1 戸数当たり石数	648.8	59.5	587.0	79.0
	1 石当たり価額（円）	52.1	51.5	125.0	51.8

出所）「朝鮮及京城に於ける焼酎の需給」『朝鮮経済雑誌』164，1928 年；清水武紀「朝鮮に於ける酒造業（1）」『日本醸造協会雑誌』34-4，1939 年，342-347 頁。

局たる財務局は一九二四年に京城以北にある黄海、平南、平北、咸南、咸北という「焼酎地方」五カ道に対して焼酎業整備三年計画を樹立して、一九二七年まではおおむねその集約を完了した。(30)

　その結果、表7-4のように、醸造戸数＝酒造業者が四分の一へ急減するほど、集約合同が実現されたのである。そのうち、年産五〇〇石以上の醸造高を有する工場は一〇三工場に達し、道別にみると、京畿に五〇〇石以上一カ所、一千石以上二カ所、三千石以上二カ所、一万石以上一カ所、全南に五〇〇石以上一カ所、慶南に五千石以上一カ所、黄海に五〇〇石以上四カ所、一千石以上七カ所、平南に五〇〇石以上一四カ所、一千石以上一三カ所、一万石以上一カ所、平北には五〇〇石以上八カ所、一千石以上四カ所、三千石以上一カ所、咸南に五〇〇石以上一一カ所、一千石以上九カ所、咸北に五〇〇石以上七カ所、一千石以上一カ所であった。(31)このように、年産一万石以上の大規模な醸造業者が京畿、平南に登場したものの、それでも大多数は五〇〇石を出ない醸造家であった。さらに、民族別生産状況をみれば、双方とも酒造場の規模が拡大するものの、日本人の酒造場規模は圧倒的に大きく、一九二三年には全体生産量の約九％に過ぎなかったが、二七年には約二七％にも達した。朝鮮人酒造場の場合、その規模は一九二三年から二五年までの期間より一九二五年から二七年までの期間にその拡大が著しく、また一九二七年には一石当たり価額が一九二六年度の六六・一円から五一・五円へと低下し、日本人よりも安くなったことを見逃してはならない。このような価格設定は競争の圧力によるものでもあるが、同時に朝鮮人の酒造場でも技術的改善がともなったことを示している。

酒造技術官を中心とする技術指導はコンクリートタンク、ボイラー発動機などといった設備の改善、麹子使用歩合の減少、原料処理方法の改善、食品衛生の向上、原料品の選定・変更ならびに取引期間の設定、販売方法の改善について行われ、生産費の節減、優良酒の酒造、酒造業者の合同または協同による資力の充実、酒造業者の協調が目指された(32)。それにともなって大規模な焼酎醸造場が登場し、一醸造場当たり石数は急激に上昇し続けたが、酒造技術からみれば、朝鮮の焼酎業界にはより劇的な変化が生じていた。

2　酒精式焼酎の登場と黒麹焼酎への転換

焼酎業界でも大量生産が可能な器械取付焼酎酒造場が出現したことはすでに指摘したところであるが、酒精式焼酎の導入も行われ、一九一九年に朝鮮焼酎株式会社が平壌府で設立されると、朝鮮産甜菜糖蜜を利用した酒精式焼酎酒造を試みた。ところが、不醗酵のため歩留りが悪く、経営不振による酒税令の違反事件もあって二年間の工場閉鎖となった(33)。また、同年一〇月には仁川府の朝日醸造(34)が新式焼酎業者として設立され、酒精式器械取付焼酎工場を建設し、高粱を原料とし麩麹をもって焼酎を製造して売り出した。平壌府の朝鮮焼酎は一九二四年に齋藤酒造合名会社に合併され、一九二六年一一月に至って大平醸造株式会社として再編された。酒精式焼酎工場はイルガス式、ギヨーム式などという連続式蒸留器を通じて酒精を製造し、これに水分を添加して酒造するものであった。と

資料図版 7-2　新式焼酎工場の蒸留器

出所）朝鮮酒造協会『朝鮮酒造史』1936 年，第 11 章，26 頁。

ころが、その品質が消費者の嗜好に合致せず、また販売方法も良くなかったため、在来式焼酎中心の市場に対する大きな反響もなかった。[35] また、当時の税法によっては酒精式器械焼酎と在来式焼酎とは税率にも差があって、新式焼酎は検定によって課税されたのに対し、在来式焼酎は製造業者の申告によって課税されるなどの「差別」もあって、とうてい競争にはならなかった。

　これに対応し、仁川府の朝日醸造は一九二五年春に台湾から製糖業の廃物である糖蜜を移入し、酒精を製造することを計画した。[36] 朝鮮酒税令においては、九州や関東地方で愛用されている芋焼酎を保護するために焼酎の原料として糖蜜を認めていない日本内地とは違って、焼酎原料の制限がなかったため、糖蜜の利用が可能であった。[37] 台湾からの糖蜜輸送ははじめドラム缶詰をしたものの、門司港での積み換えで容器が破損したり、機帆船（五〇トン積程度）バラ積みでは仁川港の揚陸設備がない等の困難が生じたが、ついにタンカーを利用することとなった。後には、朝鮮内で甜菜を栽培して製糖業を起こし、甜菜糖蜜を利用して、焼酎を酒造しようとする動きもあったが、それは成功せず、引き続き台湾糖蜜を利用せざるを得なかった。[38] 台湾からの糖蜜移入を担当した商社は当初三井物産のみであったが、その後輸入量が増えるにつれ、大阪市昭和商会（一九二九年より）、神戸市正森産業株式会社（一九三九年より）も糖蜜の移入を取り扱った。

　新式焼酎工場は酒造技術や設備も優れていたので、三五度の焼酎一石の酒造費が、既存の焼酎一八円に対して六円に過ぎず、在来業者に比べて三分の一以下の水準で生産した。[39] このような価格の低廉さに加えて、数年間の経験

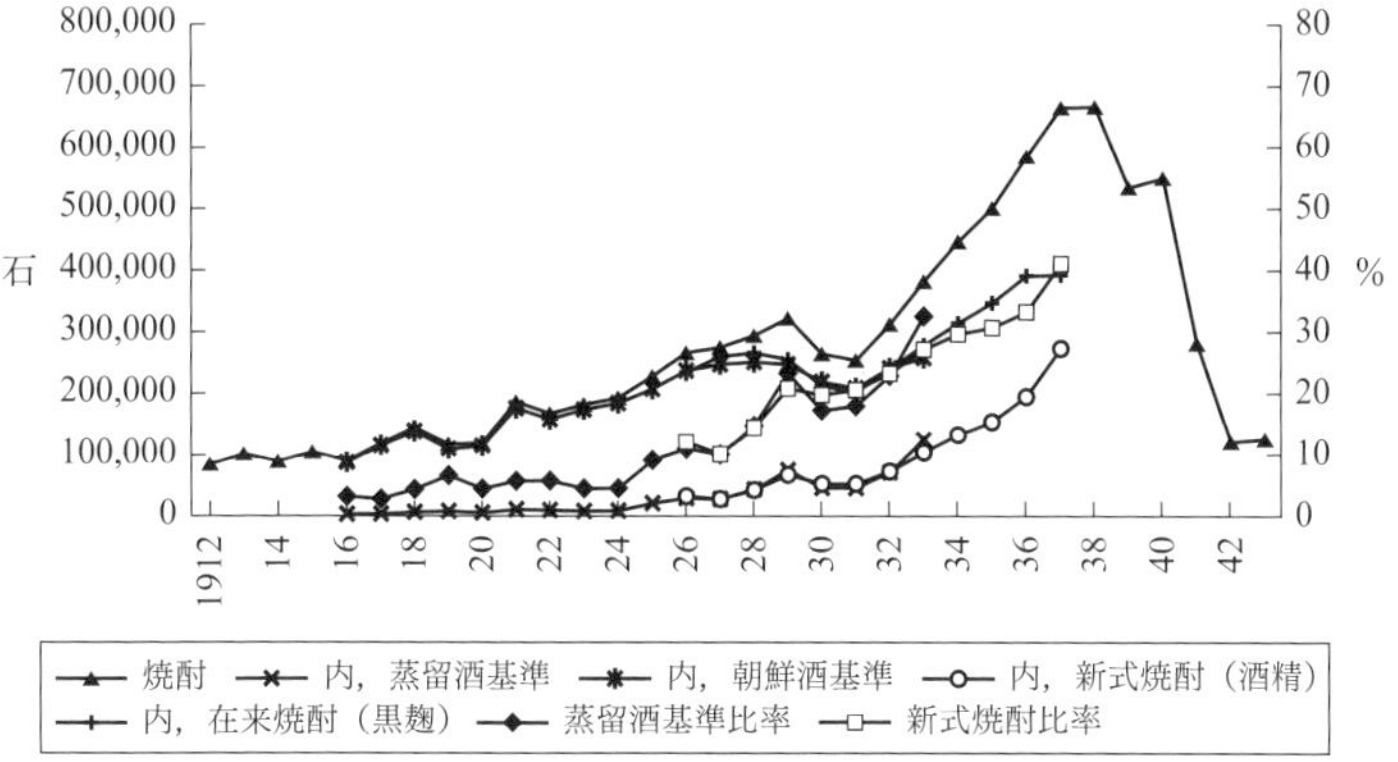

図 7-6　焼酎の生産高

出所）「朝鮮及京城に於ける焼酎の需給」『朝鮮経済雑誌』164，1928 年；朝鮮酒造協会編『朝鮮酒造史』1936 年，177 頁；清水武紀「朝鮮に於ける酒造業（1）」『日本醸造協会雑誌』34-4，1939 年，342-347 頁；朝鮮総督府『朝鮮総督府統計年報』各年度版；朝鮮総督府『帝国議会説明資料』；1927～28 年統計は清水武紀「焼酎業の統制に就て」『朝鮮酒造協会雑誌』2-5，1930 年，48-56 頁。

を通じて品質の向上が可能となり、とくに在来式焼酎を「配合調味」して販売すると、一九二七～二八年には多少の地盤を確保し、新たに釜山府の増永焼酎工場、平壌府の七星醸造株式会社の両工場が、もともとの在来式から新式へと参入した。酒造場の経営、焼酎の販売、蒸留器などの技術的能率といった側面からみて、在来式焼酎では五千石ないし六千石が適正規模であったのに対し、新式では一万石から五万石までの規模が適正と判断されたことから[40]、大規模な在来式業者がさらなる酒造規模の拡大のため、新式酒造方式を採用したのである。そのほか、朝鮮へ焼酎を移出していた日本内地の酒造資本によって、朝鮮内の焼酎市場の成長を念頭に朝鮮内製造への転換が図られ、馬山府の昭和酒類株式会社（一九二九年四月、山邑酒造系→櫻正宗系、一九三三～三四年頃にはこれを離れて大阪市昭和商会系）と釜山府の大鮮醸造株式会社（一九三〇年七月、大日本酒類醸造系→日本酒類系）がそれぞれ設立された[41]。

　これらの工場が在来式焼酎と対抗しながら、増産を重ねて一九二九年には約六万七千石まで膨張し、焼酎市場の二〇％を占めた。その後、昭和恐慌の影響を被り、需要不足によって生産量は一時減少したが、恐慌からの回復にともなって再び増加し始め、一九三七年には全体の四一％に達した（図7-

6)。そうしたなか、一九三二年から台湾のサトウキビが減反に転じて満洲事変後に糖蜜価格が高騰したため、漸次干切芋（台湾産）および高粱などを原料とし、「麬麴」をもって糖化して酒精醗酵を行う方法が採られた。一般の消費者の嗜好も糖蜜焼酎より澱粉焼酎を歓迎する傾向があり、また原料調達をすべて糖蜜に頼るのも不利であると判断され、穀類原料をもって、アミロ法を利用し焼酎製造を行う企図が大同醸造において顕在化した（後述）[42]。

酒精式焼酎の増加は既存の焼酎市場でも廉価の焼酎供給を可能とする結果となり、販売競争が激しく展開された。図7-7にみられるように、焼酎の価格は年々下がり、一九二〇年代を経て昭和恐慌期に至ると、焼酎一升当たり価格は半分となった[43]。それに加えて、焼酎は他の朝鮮酒、すなわち薬酒および濁酒などに比較して貯蔵性に優れ、運搬および取引にも非常に便利であることから、大量生産をしても相当な遠隔地との取引が円滑に行われた。黄海道載寧郡の場合、平壌の新式焼酎が表7-5のような「尠からぬ運賃と、中継業者の口銭其の他の諸掛かりを加算して尚太刀打ち出来ぬ安価」であったと記されている[44]。それが可能であったのは、原料の低廉さに加えて、大量生産による燃料および人件費の節約、醸造技術の発達による醪からの垂れ歩合の向上であったのだろう。

そして、平壌の焼酎価格を最低価格として地域間の焼酎価格差が生じたが、それが図7-7のなかでだんだん縮小することからわかるように、平壌、仁川、釜山などの大工場から酒造された焼酎が鉄道網などに沿って、京城など

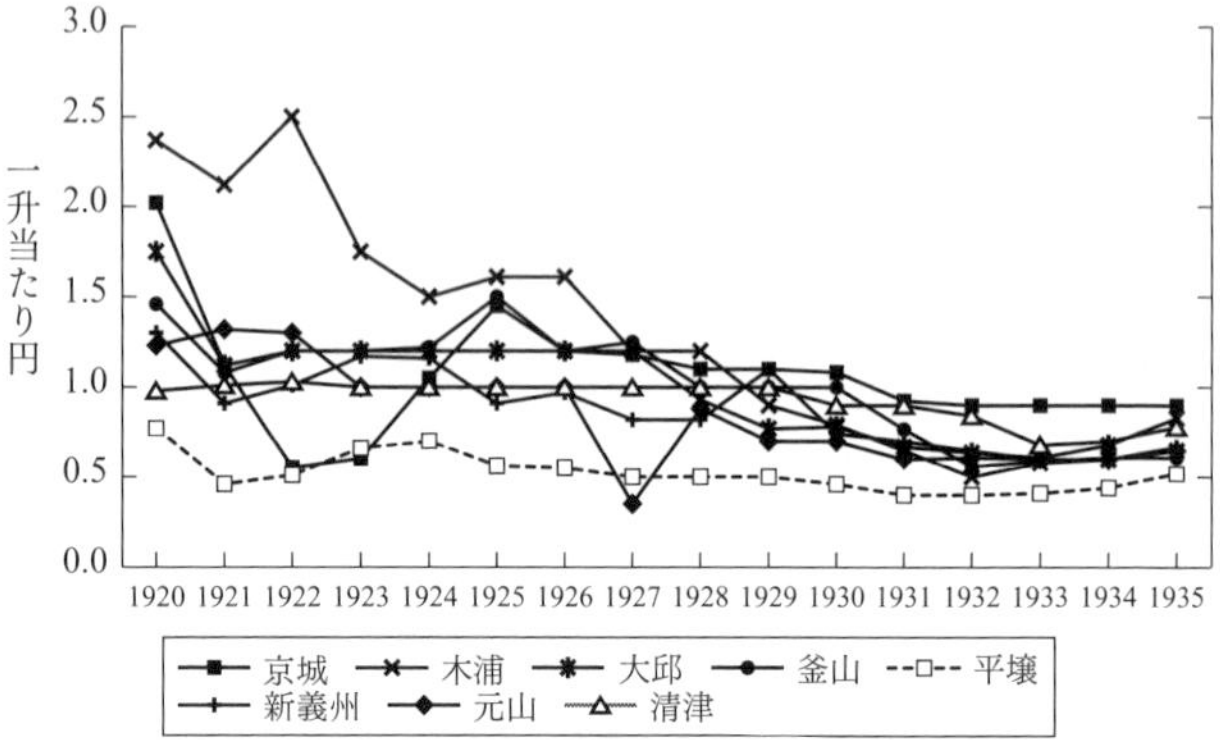

図 7-7　焼酎価格の推移

出所）朝鮮総督府「物価」『朝鮮総督府統計年報』各年度版。
注）焼酎は「朝鮮酒」焼酎（35 度），すなわち在来式焼酎。

の大都会へ輸送できた。すでに一九二〇年代から焼酎流通の全国的ネットワークが形成されていたのである。「消費地たる京城への搬入焼酎の経路は大体鮮内産と内地産に区別され、鮮内産中金剛及び蓬莱印は仁川、月仙、⑪、英月、七星は平壌、新豊は興水、㊥は沙里院、松萊、松京、松葉、松筍、松露は開城の各駅より鉄道便にて入荷し、内地ものはすべて海路仁川港に陸揚して仁川貨物駅より鉄道に入るを常とし」た。[45] これが在来式焼酎醸造業者にとっていかに脅威であったかは、いうまでもない。

表 7-5　朝鮮焼酎廻送運賃調（1924 年 3 月現在）

（単位：キロメートル，円）

鉄路			陸路牛馬車運送	
距離単位	車扱 石当たり運賃単位	小口扱 石当たり運賃単位	距離単位	石当たり運賃単位
2	0.073	0.210	1	0.166
6	0.112	0.270	3	0.498
10	0.150	0.360	5	0.830
20	0.248	0.310	7	1.152
30	0.346	0.690	10	1.660
50	0.541	1.020	15	2.490
100	1.031	1.860		
200	1.627	2.880		
300	2.062	3.630		
500	2.569	5.400.		

出所）山下生「朝鮮焼酎発達の跡を顧みて　六」『朝鮮之酒』12-3，1940 年，32 頁。

酒精式焼酎の登場とその成長は焼酎市場に「大恐慌」をもたらしたため、在来式焼酎業者は生産費の節減方法として黒麹に注目した。[46] 朝鮮では、在来式焼酎は餅麹たる麯子を原料として醸造されたが、麯子は生麦を使用するため麹黴がうまく生えないと生麦の澱粉は糖化作業を起こせないのみならず、腐造の原因ともなるため、これを使った焼酎の垂れ歩合が悪かったのである。[47] そのため、沖縄の泡盛焼酎に使われ、その後九州南部諸県にて使用されて好成績を収めた黒麹を、技術官が黄海道に導入して使用した。[48] その結果、沖縄や九州に比べて寒気の強い朝鮮でも黒麹焼酎ができることがわかった。その後、垂れ歩合の向上と品質改善をうけて平南などにも普及し、図 7-8 のように漸次朝鮮全域の焼酎酒造に取り入れられた。それによって、在来式焼酎業者も「漸く経済的にも品質的にも酒精式焼酎に対抗」することが可能となった。[49]

黒麹普及の様相は各道別にやや異なり、鹿児島より技術者を

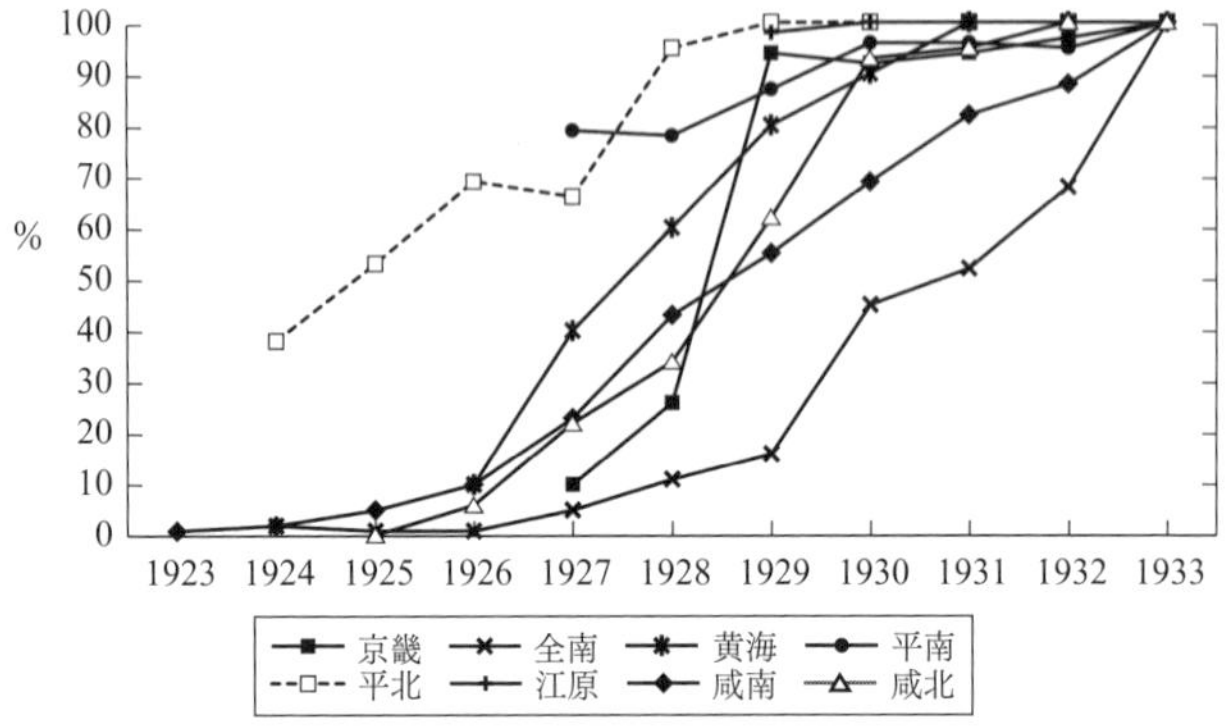

図 7-8　総焼酎石数に対する黒麹焼酎の比率

出所）朝鮮酒造協会編『朝鮮酒造史』1936 年，172 頁。

招聘して講習会を開催したり、あるいは杜氏を雇い入れたりして、その普及を図る道もあれば、酒造業の指導機関としての酒造技術官がイニシアティブを取るケースもあった[50]。酒造技術官は一九二七年に全朝鮮一三道および主要六府郡に配置されたが、江原道の場合、「焼酎の神様」と呼ばれた黛右馬次が自ら、鹿児島の本場の黒麹焼酎を視察し、黒麹焼酎研究試験を重ね、「糖化力の強き自分の理想〔と〕する麹を造って」実地講習会[51]と巡廻指導を通じてその普及を図った[52]。こうした酒造技術官は一九三四年の税務機関の独立とともに、各税務監督局に移された。また、醸造試験所も一九二三年に行政整理により廃止されたが、一九二九年に総督府酒類試験室として再び設置され、酒造方面の研究と酒造業者の指導に当たった。

そうしたなか、焼酎業者の競争は激烈なものになっていく。その中心にあったのが最大生産地たる平壌であった。市内には酒造場が二四カ所もあり、その産額は二万石に達したが、現地の需要は八千石内外に過ぎず、一万石以上の焼酎が他に移出された。糖蜜を利用する新式業者以外に、在来式焼酎業者でも原料としては満洲産高粱ならびに粟が使われており、黒麹原料としては南方砕米が用いられ、在来的な技術や設備も優れたため、平壌は生産費の節減を可能とし、「移出し得る優越権」を有したのである。

たとえば、咸興の場合、在来式焼酎を本来一度二〇銭以上で供給し、残りの不足分を平壌などの西鮮に頼っていた。北鮮での焼酎消費は一九二七年に七万九一三〇石であったが、そのうち地元生産量は六万四三三一石に過ぎず、その不足分を西鮮から移入していた。[53] 従来、酒精式焼酎は一度一二〜一三銭で移入され、仲買が一度四〜五銭の儲をとって一度一六〜一七銭で販売した。しかし、消費者の嗜好に適さなかったため、また咸南の酒造業者も焼酎価格を引き下げたため、西鮮の焼酎業者らは酒精式焼酎を黒麹焼酎（あるいは麹子焼酎）に混和して一度一四〜一五銭で販売し、咸興における市場占有率を維持しようとした。

ともあれ、昭和恐慌の発生にともなって、平壌では酒精式焼酎業者と在来式焼酎業者との競争が激しくなり、大平醸造が酒精式焼酎を一度一一銭で販売したので、平壌の在来式焼酎業者も対抗するためにできる限り安く販売した。これらの黒麹焼酎が生産費一度一一銭五厘であるにもかかわらず、西鮮より運賃を含めて一度一二〜一三銭で咸興へ入ってきた。生産費の違う黒麹焼酎が酒精式焼酎とほぼ同じ価格で北鮮に移入されたため、「是等当業者の手腕は実際鬼神と崇拝せざるを得ず」と賞賛された。[54] これには、恐慌によって原料たる外砕米と地高粱が廉価で購入できて決して損はないようになっており、「平凡なる事実を平凡に実行しているに過ぎない」[55] と反論があったが、在来式焼酎業者間の競争も激しく展開され、咸興の在来式焼酎業者が大きく圧迫された。[56] 北鮮の焼酎消費量は一九二九年に七万一七四四石であったが、そのうち移入量が全体の三一％にも達した。これに対して北鮮の焼酎業者も収益性に優れた黒麹焼酎を採択するようになったため、消費者の嗜好も変わり、この黒麹焼酎を「嗜好転換の媒介者」として、酒精式焼酎も愛用され始めた。結果的に黒麹焼酎の普及は「朝鮮焼酎製造業者の自滅」を促進していたのである。

昭和恐慌が進展するなか、在来式焼酎業者の経営条件が厳しくなると、在来式焼酎醸造業者らは朝鮮焼酎業者大会を開催し、一九三〇年六月三〇日に焼酎原料としての糖蜜使用の廃止を総督並びに財務当局に「覚書」を提出することで、懇願した。さらに、焼酎の生産高が増加し滞荷も多くなったため、彼らは濫売に陥り、売掛金の回収も困難となったことから、対応策として各自製造高を制限するとともに、新式焼酎業者に対しても製造制限を要求し、その「制限実行方法」を当局に委ねた。[57] 糖蜜廃止論者は原料の価格差（糖蜜と穀類）や酒造設備の格差（器械的大量生産と小仕掛）のため、価格競争ができないだけでなく、日本内地では焼酎の原料として糖蜜を認めないことを根拠として取り上げていた。

これに対し、新式焼酎業者側も嗜好の点では黒麹に及ばず、群小業者が投売に出ると、「廃滅の悲境」に瀕したため、全鮮新式焼酎連盟会の名で財務局長たる朝鮮酒造協会長林繁蔵に「陳情書」を提出し、暗黙のうちに糖蜜使用の廃止への反対意見を示しながら、生産制限を要請した。(58) すなわち、製造濫造のため、採算を度外視し、投売的行動に出て市価を撹乱し流血の販売戦を行い、同業者の自滅が時間の問題となったにもかかわらず、日本内地の製品が洪水のような勢いで進入し、朝鮮内の同業者は地盤を蹂躙され、重大危機に直面しているとみて、「新式、在来式ノ業者ガ微々タル問題ニ捕ハワレテ相反目スル如キ愚ヲ避ケ」一致協力して業界の打開策を講じることを提案した。それは具体的には「現在ノ造石高ヲ標準トシテ増石セザルコト」「販売価格ヲ協定シ濫売セザルコト」「将来好況ニ伴ヒ増石ノ必要アル場合ハ本会ニ於テ更ニ協定スルコト」であった。

財務当局は在来式業者の「覚書」と新式業者の「陳情書」を受け、「之れを諒とし」研究を行った。糖蜜廃止論に対しては産業合理化の観点から廃物たる糖蜜を利用できており、製造方法は異なるものの、酒精に水を加えて稀釈することで焼酎が酒造できるとみた。さらに、日本内地で原料として糖蜜を認めないのは芋焼酎を保護するためであるが、とはいえ三〇度の焼酎に対して清酒と同じく一度当たり一円三三銭の重税、酒精にはさらに高い一度当たり一円八〇銭の酒税を掛けており、朝鮮では酒税率が焼酎四七銭、酒精一円であったため、日本内地のようにするためには、焼酎税率を引き上げるか、あるいは現在の焼酎税率を勘案して酒精税率を引き下げなければならないと反論した。要するに、財務当局としては糖蜜廃止論に反対したのである。とはいうものの、焼酎業界の濫売と経営悪化に対して一定の措置をとらなければならなかった。

そのため、一九三〇年七月二一日に朝鮮酒税令施行規則を改正した。「第七条　酒類製造者ハ毎酒造年度ニ於テ製造スヘキ酒類ノ種別毎ニ見込増石数、製造期間、製造方法、仕込数ヲ記載シ酒造年度開始前ニ府尹、郡守、島司ニ申告スヘシ」の次に「但シ焼酎ニ在リテハ現酒造年度ノ見込増石数ヲ超過シテ製造セントスル者ハ其ノ見込増石数、製造期間、製造方法、仕込数ヲ記載シ酒造年度開始前ニ府尹、郡守、島司ノ承認ヲ受クヘシ」を付け加えるなどし、工場の新設だけでなく増産に対しても当局の承認を得させるようにした[59]。市場への介入度を高め、焼酎市場の需給均衡を図ったのである。さらに、七月二六日に財務局内酒造協会に、在来式業者から平壌の江崎、尹、鎮南浦の尹、黄海道の中村、新式業者からは朝日醸造の永井、昭和酒類の山中を参集させて、総督府の介入を前提にある種の需給調整を実現させた。

その重点もまた平壌に置かれた。北鮮（咸鏡南北両道）の焼酎業者からは朝鮮焼酎業者の苦境が「一、西鮮地方の酒造場の配置適当ならざること及成酒の移出を企てしこと」「二、西鮮地方の酒造場が黒麹焼酎を廉く売り出して酒精焼酎に競争を開始したること」にあるとみて、その解決策として西鮮地方の酒造場の配置を変更し、地方的生産過剰を制限し、移出政策を撤廃することなどが考えられた[60]。その結果、西鮮をはじめ、各地方の業者とも「無謀の増石」を控え、一九三〇酒造年度には一六％余の減石を示し、数量調整を通じて倒産の危機を脱した[61]。さらに、酒造場の配置の変更＝集約合同が行われて、兼業を含めて焼酎業者数は一九三〇年の一三八六カ所から三三年には六三五カ所へ半減し、その後も同様の動きは続いた。

このように、技術と原料面で酒精式焼酎が登場し、業者間の競争をさらなる動力として再編しつつ、不況に直面していた朝鮮の焼酎業界はまさにその競争条件を変えることで、新しい突破口を探そうとしたのである。

3　カルテル統制と酒精式焼酎会社の経営改善

そのきっかけは意外にも総督府の酒類専売論にあった。総督府財務局としては昭和恐慌によって一般租税収入が減少したにもかかわらず、朝鮮内官吏の恩給負担金、減債基金などを捻出しなければならず、一九二九年より酒類専売制の採用を検討し始めた。[62] その実施に際しては酒造場の買収や人件費など一億円の資金を要したが、政府の緊縮財政の下では公債の発行が不可能であったため、初年度には各酒造工場の販売権を買収し、酒類専売の実行機関として酒類元売捌会社の新設が予測された。すなわち、酒造業者からみれば、販売先が総督府の専売機関に限定される需要独占であった。

実際には酒類専売は検討段階に終わり実施されることはなかったものの、「専売制を見越してこの実現の際に於ての〔三井〕物産側の優歩的地位確保の為めの策動」として新式焼酎業者に対する共同販売案が提案された。[63] 三井物産京城支店代理の西川憲三らが一九三〇年一一月に福岡の平山與一（大鮮醸造および日本酒類の常務監査役）を訪問し、新式焼酎の一手販売案を持ち出した。[64] その後、新式焼酎業者らと三井物産とのあいだで意見交換が行われた。大鮮を除く新式焼酎業者五社も「生産過剰と売行不良の結果」が「激烈な販売戦」となったので、一九三一年二月二三日に会合を開き、三井物産が介在して生産品の一手販売を行うことに合意し、三月一日からの共販を実施することにした。[65]

しかしながら、大恐慌の影響で一般の購買力が減退し、また米価安によって濁酒が割安となり、さらに気候の影響で焼酎の販売が「至極僅少」となったため、五社側のストック品もますます増加した。これに対する三井物産の融資状態が円滑さを欠くと、「共販成立の当時より乗気」なく共販に加盟した昭和酒類の三井物産への「不評」が「爆発」寸前となった。[66] さらに、アウトサイダーであった釜山の大鮮醸造は抵抗し、販売戦を展開したため、市価の安定が図られず、共販の効果がなかった。三井物産および官庁との折衝が続くなか、市価の安定のためには大鮮の参加が必要とされ、このような状況に迫られた大鮮側もついに同年五月に至って重役会議を開き、共販への参加を決定すると、全鮮新式焼酎連盟会の六社はすべて三井の一手販売に参加し、完全に新式焼酎の販売が統制されることとなった。[67]

ここで全鮮新式焼酎連盟会は三井物産からの短期融資を得る代わりに、三井物産に売上代金三%の取扱手数料で販売権一切を委託し、同社営業網を利用して共同販売を実施し、朝鮮内の新式焼酎の販売統制を実施するカルテル組織となった[68]。その初代会長には大平醸造の社長斎藤久太郎が就任し、その後第二代会長には前総督府財務局勅任技師かつ前朝鮮酒造協会理事であった清水武紀（一九四〇年一二月）、第三代会長には大鮮醸造（後、大鮮醸酵工業）および平安醸造の社長であった平山與一（一九四四年四月）が次々と就任した。

この連盟会は、その後日本の敗戦まで一五カ年にわたって、三井物産も加えた業界運営上の諸懸案・諸問題に関する評議機関かつ実行機関として新式焼酎業界の調整を担当した[69]。再三更新された三井物産との一手販売方式によって業者間の値引き競争や資金不足時の投売がなくなり、新式焼酎業者の経営安定化が図られた[70]。そのため、糖蜜の価格が引き上げられたり、あるいは焼酎の増税が決定されたりすると、これらの動きに連動する形で焼酎の販売価格が調整されるなど、事実上原料からその加工品の販売まで三井物産を通じて統制された[71]。その結果、前掲図7-7のように、焼酎価格は一九三〇年代に下げ止まった。在来式業者の中には新式焼酎酒造へ転換したものも出たが、表7-6のようにすべて同連盟会に参加し、カルテル組織としての役割をはたした。一九三五年六月には連盟会を打って一丸とすべく新式焼酎業者の大合同案も提案され、三井物産からの同調もあったが、各社の利害関係が調整できず、合同会社の設立は実現されなかった。一九三七年に至っては販売価格協定だけでなく「新統制」として「製造数量及販売数量」も統制されることとなった[72]。共販制度の下で販売価格と数量が調整されるなか、各社は増石の枠を確保しながら、各

表7-6　全鮮新式焼酎連盟会

地域	業者名	加盟年
平壌府	大平醸造株式会社	創設時
同	七星醸造株式会社	創設時
同	平安醸造株式会社	1937年加盟
同	大同醸造株式会社	1937年加盟
開城府	開城醸造株式会社	1939年加盟
京畿道	中央酒造株式会社	1942年加盟
仁川府	朝日醸造株式会社	創設時
馬山府	昭和酒類株式会社	創設時
釜山府	増永醸造所	創設時
同	大鮮醸造工業株式会社	創設時
咸興府	東海醸造株式会社	1942年加盟
元山府	北鮮酒造株式会社	1943年加盟

出所）平山與一『朝鮮酒造業界四十年の歩み』友邦協会，1969年，58頁など。

自廉価の原料を獲得し、酒造作業での生産性を向上させることで、利潤の最大化を図る行動様式をとったのである。

とはいえ、日本内地や沖縄からの焼酎移入が自由に行われる限り、カルテル行為の完全性は期待し難い。そのため、アウトサイダー問題が浮上したのである。日本内地においては焼酎の酒税が一石当たり約三四円であったのに対し、朝鮮では約一六円に過ぎなかった。そのため、焼酎醸造業者は朝鮮へ移出する場合、税額の差額を免税されたので[73]、同業数社が朝鮮市場への進入を図り、南鮮方面でも販売量を伸ばしていた[74]。日本内地からの移入量は一九三一年一九八〇石、三二年二九〇三石から三三年には七二二八石となり、三四年には一万三五〇八石へ増えたのである[75]。「横槍の為需給の平衡を失し、折角の統制を破壊せむとするに至ったので」、同連盟会は一九三四年八月に移入酒対策を取り上げ、その防止運動に着手した[76]。一九三五年に入ってからは総督府の援助を得て、全国新式焼酎連盟会（東京市）や大蔵省に対して日本内地からの移入阻止を申し入れて、同年一〇月に大蔵省主税局長から「朝鮮への焼酎移出を希望せざる」という意向が全国新式焼酎連盟会長へ伝えられ、一九三五年一一月には「内鮮不可侵条約」が成立した。それによって日本内地からの焼酎移入量は半減し、一九三〇年代後半には六千〜七千石となり、また一九三〇年代にやや増えていた朝鮮から内地への焼酎移出は中止となった[77]。

沖縄においては出港税制度を活用して業者の採算に朝鮮側との税差を取り入れて、大阪経由で朝鮮へ黒糖廃蜜製焼酎を移出しようとした。沖縄は熊本税務監督局管内にあったため、同管内福岡市の日本酒類の系列会社である大鮮醸造が折衝に当たり、一九三五年五月に那覇市で予備交渉を行い、沖縄側と熊本税務監督局との交渉もあり、「沖縄から朝鮮への移入量を向かう三ヵ年三、五〇〇石に制限する」ことで合意が成立した[78]。その合意が終了する一九三八年六月には移入量の制限緩和に関する沖縄側の要請もあったが、日中全面戦争の進行にともなって沖縄側も消極的となり、制限期間の三カ年延長が成立した。こうして外部からの移入酒に対する防遏には成功したのである。

表 7-7　道別在来新式消長調査表

道別	1930 酒造年度				1932 酒造年度			
	工場数		造石数		工場数		造石数	
	在来	新式	在来	新式	在来	新式	在来	新式
平南	95	2	62,763	13,166	80	2	59,498	27,629
平北	99		46,325		94		56,159	
黄海	107		28,964		100		30,352	
京畿	11	1	13,415	8,892	11	1	16,266	10,992
咸南	71		37,259		63		46,036	
咸北	51		9,677		52		12,885	
慶南		3		22,212		3		31,716
合計	434	6	198,403	44,270	400	6	221,196	70,337

出所）李宣均「鮮内在来焼酎業の既往の実状並今後繁栄策に就て」『酒』8-2，1936 年，23 頁。
注）本表記載以外の道は在来式焼酎業専業者がほとんどなく，薬・濁酒業者の兼業者で少数のため，省略している。

その一方で、在来式焼酎業界でもカルテル行為への模索が行われた。新式焼酎側が三井物産の流通網を通じて統制のある販売方針を実施し、販路を開拓すると、各地では在来式焼酎との対立がますます激化した。「各地在来焼酎業者有志間」では自衛策として「鮮内焼酎共同販売会社創立」を目論んで約一年間努力したにもかかわらず、「時期尚早の理由の下に」「無期延期」となった。新式焼酎と在来式焼酎との競争が激烈になるなか、在来式焼酎は各地で「相互間の競争に没頭し」、新式焼酎に対し「漁夫の利」を与えており、むしろ「重大危期に遭遇」していた[79]。なかでも、表 7-7 のように、平南の在来式焼酎業者は酒造量が減り他道への移出が減少した上、「三井物産の手による機械焼酎の進出による影響も相当大なりと見られて」いた[80]。

そこで、一九三二年一〇月初旬に朝鮮酒造協会主催の下に全鮮酒造協会評議員会並びに全鮮酒造業者大会が京城で開催されると、同評議員会の席上で「在来焼酎販売統制案」が提議された。そのため、「提案審議委員」が選定されて二回にわたって審議を重ねたものの、「何等実行案を見ず」に次回の評議委員会までの保留となった。また全鮮酒造業者大会に際しては「在来焼酎業者大会」が開催され、討議の結果、各道在来業者有志連署で総督府財務局長に「在来焼酎販売統制」の実行が請願された。両大会終了後には「各道在来焼酎業者有志間」において協議を重ねて熟慮の結果、「共存共栄の主旨」によって一九三二年末頃より三井物産との交渉を開始し、一九三三年三月初旬より具体的な協議となり、三井物産京城支店首脳部と秘密裏に数回の会合を開き、一九三三年五月一五日に至ってようやく「双方意見一致」をみた。[81]

三井物産と在来式焼酎業者間の「覚書」によれば、全国五〇〇石以上の醸造業者中七割の賛成が出れば、三井物産としては販売統制を断行することにした。[82] 道別焼酎共同販売組合を組織し、醸造家は自家の醸造焼酎すべてを共同販売組合に委託し組合から取りまとめてさらに三井物産に販売委託することとなった。[83] 新式焼酎に加えて在来式焼酎に関しても委託販売が成立すれば、「三井の私設専売」が実現することになる。共販を通じて三井物産は直接的に五〇万石に対する委託手数料の収入、仕込資金・仮払金の利差を得て、その収入が一石二円にしても年間百万円余に達し、間接的には原料たる糖蜜、高粱、粟などの取扱によって収入も相当金額に上ると期待された。三井の統制が実現されれば、何よりも「市価は物産の自由自在な支配におかれる」と予測されたのである。[84]

しかしながら、在来式焼酎の生産規模がもっとも大きい平南から反対の声が出始めた。一九三三年五月三〇日に西川重蔵、国弘新一、田中国助、国崎之作の業者四人が道府関係課を訪問し、既存の販売組合で業績をあげており、三井の統制に加入すれば金融関係、醸造数量などで平壌焼酎の将来に不利益になるとみて、たとえ平南のみが孤立に陥っても統制に加入しないと反対意見を表明した。[85] 咸興でも一九三三年六月六日に咸南製造業者全体会議を開いたが、反対の意見が多く合意を得られなかった。[86] またとくに、三井物産の統制案が酒造五〇〇石以上を対象とするため、酒造規模がそれを下回る小生産者から反対もあった。[87] 咸北においても七月六日より道酒造組合の主催で羅南において酒造講話会が開催されると、問題の統制案を検討し、一般製造業者のためではなく、三井物産側が販売権を独占する「欺瞞的手段」であるという批判が出されたりした。[88]

とはいうものの、平南を除く京畿、黄海、平北、咸南、咸北、江原の六道では共販への賛成意見が強くなり、平南でも龍岡、鎮南浦、中和、順川などの郡部業者から統制参加への陳情が出されたため、三井物産は六月一〇〜一一日に各道代表者三〇余人と京城で会見し、九月一日より共販組合を始めることを決定した。[89] 平壌府においても江崎萬八、池周善を中心に共販組合の規約制定などを準備し、六月一九日には道と府を訪問して経過を報告し、一、二の反対があっても所期の通り統制に向かって動き出すことにした。[90] 実際には、八月四日に成立した黄海道の組合組織を皮切りに、難関とみられた平南、江原でも組合の成立を見、その後咸南、京畿、咸北でも共販組合が結成され、一〇月末には平北でも組合が成立した。[91] 本来よりは一カ月遅れたものの、一〇月二七日に共販側の平南・江崎萬八、京畿・李宜均、黄海・山邊卯八、平北・李環義など一〇余人と、三井側の高橋京城支店長、西川支店長代理などが会合し、①各道別共販と三井物産間の委託販売上の細目協議、②生産に関する協定、③金融および代金支払などの打合せ、④協定外製品に対する対抗策、などについて協議した。

こうして道別共販制度の運営をめぐって審議が進められ、「曲折を重ねた結果大体の成案を得て」一九三四年二月より実施されることとなった。[92] とはいえ、平南だけでなく、各地とも不賛成の動きは依然として存在した。平北では、三井の販売統制は検査費の節約ができるなど、産業合理化の一つに違いないけれども、大企業者のため地方小企業者が合同させられるのみならず、独占事業の通弊として供給の円滑さを欠き消費者に対して不便を与えて、場合によっては地理的に近い満洲からの密輸酒が増加するおそれがあるとして、平北当局は販売統制運動に消極的だったため、他の道より遅れて共販制度が実施された。[93] また、黄海道は他道に比べて酒造石数一割と製造戸数二割を増やすことを実施直前に主張し、それが受け入れられなければ「不参加」と表明したため、こうした突然の要求に全朝鮮のコーディネーターたる三井物産は「狼狽」した。[94]

そのなかでも三井物産にとって最大の悩みとなったのは、やはり平南であった。平壌では、反対派の七醸造元が一九三四年三月三〇日に声明書を発表し、これを総督府要路をはじめ全朝鮮の官公署、商工会議所、公職者、醸造業者などに発送したほか、さらに三井財閥の要員にも郵送し、平壌駐在の新聞記者を招待して、反対理由および今後の決意などを発表した。[95] 三井物産の統制方針は善良な商工業者を甚だしく圧迫するとみて、「結束を固め必死の商戦を開始」することにした[96]。三井物産としては円満な解決のため、京城支店長代理西川憲造、松尾久米吉が来壌して「統制不参加」側と会見を試みたが、実現せず、その後朝鮮殖産銀行平壌支店長菊地一徳を介して会見を申し込み、不参加業者の代表として国弘新一と四月二〇日に会見した。三井物産側が提携を求めたのに対し、国弘は反対意見を述べ、かえって醸造業者より一斗四円一〇銭で引き受けた焼酎を三円五〇銭で卸売をなし、一斗につき六〇銭ずつの欠損をなしても対抗しようとし、そのための資金として三〇万円を計上している説があるとした。彼らは三井側が「弄劣手段」をもって不参加業者を圧迫していると批判したのである[97]。さらに、平壌の反対派は四月二六日には三井の反省を促す印刷物数万を配布し共販統制反対の宣伝戦を展開した[98]。

こうした「三井の居中調整も奏効せず」、むしろ反対派の宣伝によって巨大財閥による小醸造業者への搾取として社会問題化されるにつれ、三井物産も「僅か百日余にしてその不利」を悟った。一九三四年七月四日に三井物産平壌支店で江崎、宝楽、箕城、柳京、羅文聖によって構成されていた平南共販組合が解散されることとなり、翌五日には黄海共販も解散され、その他の京畿、江原、平北、咸南、咸北の五道も解散を断行し、「三井も輿論を尊重して在来式焼酎の統制を断念、新式焼酎の統制のみに専念する事となった[99]」。

以上のように、在来式焼酎の業者たちは経営の安定を保障するため、カルテルを目論みながら、それを実現できず、新式焼酎業界のように三井物産の一手販売権にもとづく共販制度が模索され、いったん実現したものの、平壌の一部業者からの反対に遭い、実施から半年も経たないうちに中止となったのである。「三井対群小業者」としての社会問題化は三井物産にとって負担に感じられ、追加的利益も会社全体からみれば限定的なものであったため、社会的批判の負担を負いながら、推進するほどの魅力はなかったのだろう。より根本的には、新式焼酎に比べて多数の業者を抱えた在来式焼酎業界の利害関係を調整することが容易ではなかったのである。これが推進派であった京畿道開城の李宣均からは「一部迷の士の感情的見解と三井物産株式会社当局の消極的態度に依り中止の已むなきに至りたる事は在来式焼酎界の一大恨事と云ふべきなり」と指摘された[100]。

こうして「三井の私設専売」といえる三井物産による焼酎業界のカルテル組織化は実現できなかった。糖蜜の価格が年々高騰して穀価に接近するともはや原料面での「新旧の優劣が段々なくなり、また製品はほとんど全部両者を調合販売するため、品質にも甲乙がないというようなわけで」あった[101]。そのため全鮮新式焼酎連盟会側としては独占利潤を追求しようとする価格設定ができず、消費者の経済事情や販売店たる三井物産の立場を「尊重」して共同行為を展開するに止まった。とはいえ、新式焼酎業界がカルテル体制を有するのに対し、在来式焼酎業界は競争体制に置かれて相対的に不利となり、増石免許枠は新式焼酎に与えられた。なかでも、原料穀価の騰貴をそのまま販売価格に反映できない「年産五、六百石足らずの小規模製造者の苦衷は察するに余りある次第」であった[102]。

そこで、一九三五年には平壌、中和、成川、順天地方の一二工場が自らの合同を通じて大同醸造を創設し、船橋里に工場を建設してアミロ法によって製造を開始し、一九三六年度は一万二千石の焼酎を酒造した。一九三六年には平壌局管内一円の黒麹焼酎業者の製造石数を集め、大鮮醸造株式会社系統の資本と設計により四万石の平安醸造株式会社を創設し、平壌に新工場を建設した。そのため、一九三七酒造年度においては酒精式焼酎の産額が一躍二七万石を突破した。なお西鮮に対して劣位に立った咸興においては黄鍾周酒造場他数カ所の朝鮮人製造業者が合同し、約一万石の東海醸造株式会社を創設した。また元山においても同地同業者の合同により八千余石の北鮮酒造株式会社が一九三七年四月に創設された。一九三七年九月には京城税務監督局管内において数十工場が合同団結し、約二万石の中央酒造株式会社を創設して、酒精式焼酎の生産を開始した。

こうしたカルテル行為は新式焼酎業者の経営にいかなる効果をもたらしたのだろうか。会社別に詳しい経営事情が把握できるのは資料上大鮮に限られる。そのため、『朝鮮銀行会社組合要録』より、限定的であるが、配当率に関するデータを集計して提示することで判断の素材にしたい。とはいうものの、配当率も株式会社についてしか得られない。図7-9によれば、共同販売制度が実施されてからは顕著な経営改善が読み取れる。一九二〇年代から

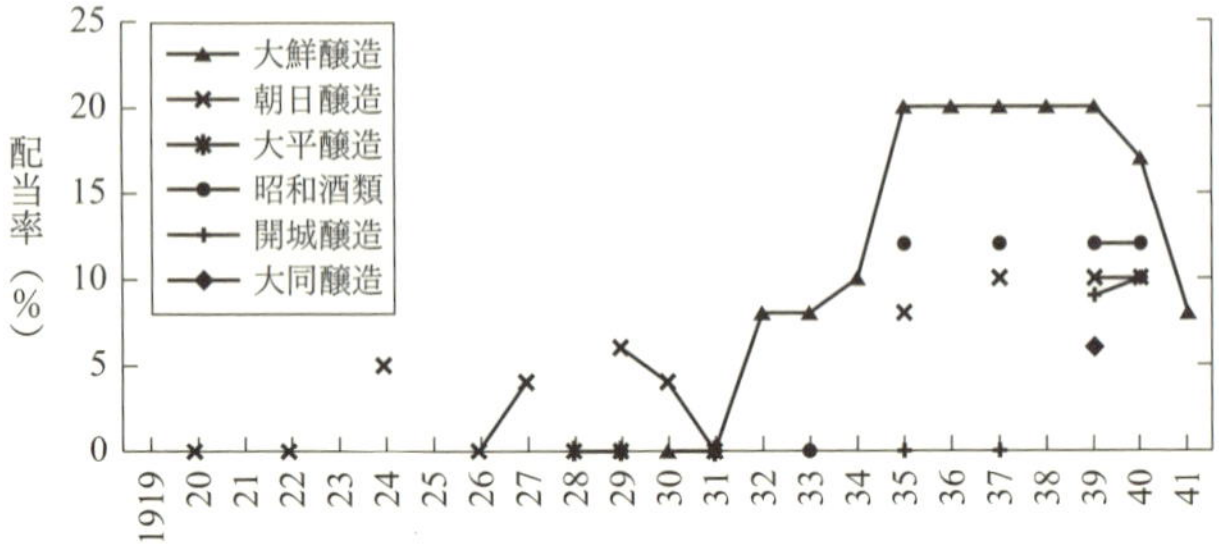

図 7-9　新式焼酎会社の配当率

出所）大鮮醸造株式会社『営業報告書』各期版；東亜経済時報社編『朝鮮銀行会社組合要録』各年度版。

の動向が確認できる朝日醸造の場合、一九二〇年代にも無配当が多く、二〇年代後半にやや経営が改善されたものの、昭和恐慌期に経営悪化が進み、その後急激に改善したことがわかる。この傾向は一九三〇年に設立された大鮮醸造においてより著しく、図7-10の利益金やROEなどでも確認できる。とくに、在来式焼酎業者であった開城醸造は資料上確認できる限り、無配当であったが、新式焼酎酒造への事業再編を試み、一九三九年に全鮮新式焼酎連盟会に加盟してから、一〇%の配当を記録したことは印象的である。

以上のような焼酎醸造業の展開によって、朝鮮人による焼酎消費は急激に増加した。図7-11によれば、昭和恐慌期に需要減退があったものの、その後焼酎の大衆化が進んでいる。もはや中鮮および南鮮の住民も従来の飲酒習慣を脱皮し、これまで飲用した夏季に限らず、一年を通じて飲用する傾向が定着して年々消費量も増加した。朝鮮人の生活様式の変化には、当時における保管と運搬の容易さという焼酎の物理的性質のほか、醸造技術の進展や植民地間の貿易拡大にともない、黒麹焼酎と酒精式焼酎の大量生産が実現され、廉価品の大量供給が可能となったことが大きい。とりわけ市価の漸落は焼酎が「経済力の豊でない鮮人に適当なる飲酒として好評を博した」のである(103)。そのほかにも、酒造技術官の研究および指導と講習会の開催などによる専門知識の普及が続けられ、唎酒会や品評会が朝鮮全域で各道別に開かれ、銘柄酒の指定が行われたことも見逃してはならない(104)。たとえば、仁川の朝日醸造会社の金剛焼酎は全国的な銘柄となり、金剛焼酎の「商標」が偽造されるほどであった(105)。これは「畢竟焼酎が朝鮮の大衆向に適して

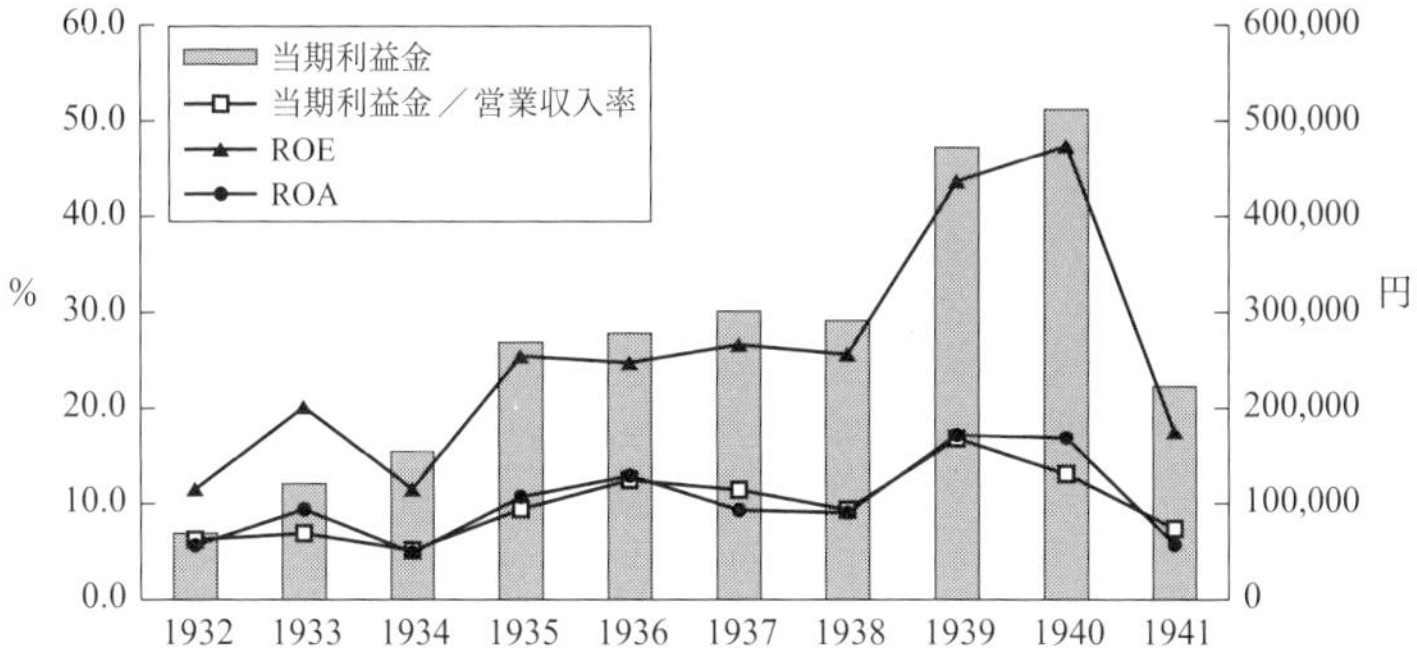

図 7-10　大鮮醸造株式会社の収益性

出所）大鮮醸造株式会社『営業報告書』各期版。

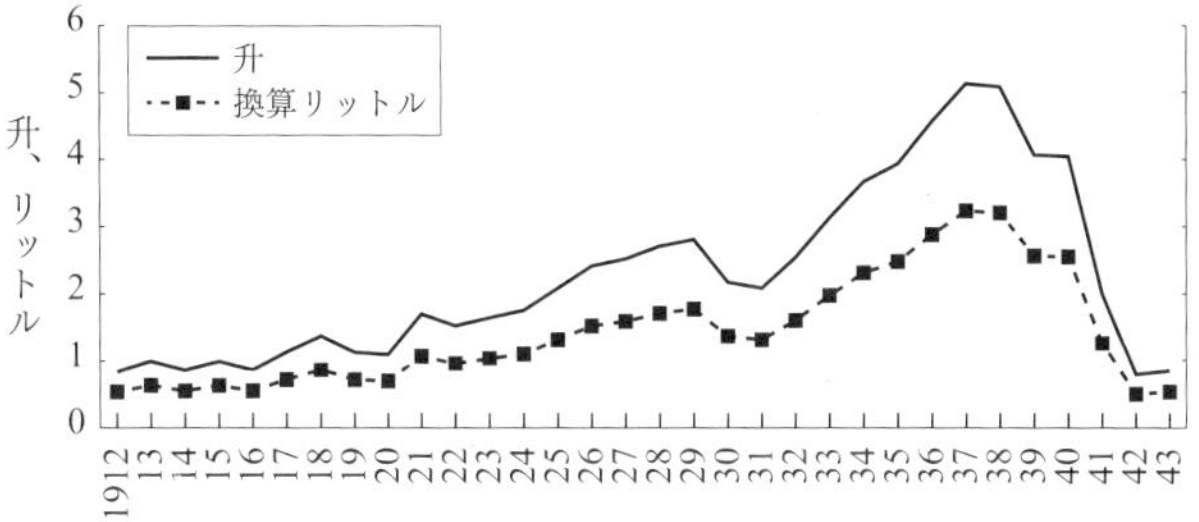

図 7-11　15 歳以上の人口 1 人当たり焼酎消費量

出所）朝鮮総督府『朝鮮総督府統計年報』各年度版；朝鮮総督府『朝鮮国勢調査報告』1925，30，35，40，44 年度版。

注 1）1 人当たりアルコール消費量＝［酒造量×度数（%）］÷ 15 歳以上の人口数。戦前焼酎は 35 度と想定。1 升＝ 1.803906837 リットル。

2）15 歳以上の人口推計は『朝鮮国勢調査報告』（1925，30，35，40，44 年度版）から 15 歳人口の比率を得て他の年度分を直線補間によって推計した。

いることを証するもの」であろう。[106]

ところが、日中全面戦争が勃発すると、焼酎業界の最大の脅威となったのは原料不足であった。一九三八酒造年度から、酒造米は農林省の企画にしたがって「内外地一括割当制」となり、一九四〇酒造年度には濁酒を除く酒類配給制が実施された。焼酎配給統制を進めるために焼酎小売人の合同も断行された。[107]とくに、台湾からの糖蜜移入が一九三七年の五万二〇六〇斗から三八年に四万一三五八斗、三九年に三万五五一斗へ急減してその後ほぼなくなると、前掲図7-6にみられるように焼酎業界は減産を余儀なくされた。[108]日本「内地においては無水酒精の専売法を施行し、かつその原料として甘藷の増産が計画され、台湾においては糖蜜を原料として無水酒精の製造が企画され」たので、外部からの原料移入は困難となったのである。[109]この「不足の経済」に対応するためには戦時統制が不可避であった。

そのため、一九三八年には朝鮮酒造組合令によって半官半民の朝鮮酒造協会[110]が朝鮮酒造組合中央会に改められた。この中央会での第一回朝鮮焼酎統制委員会が一九三八年一一月に開催され、焼酎生産数量および配分方法が決定されて、焼酎需給の事前調整が行われた。[111]この方式が戦時下で毎年繰り返されることになるが、朝鮮焼酎統制委員会を通じて在来式焼酎業者は統制下に入り、新式焼酎業者との「戦時」協力が要請された。酒精式焼酎業者はすでに全鮮新式焼酎連盟会を通じて価格および数量調整を行っていたことから、戦時下の生産統制には大きな蹉跌がなかった。そのため、一九四三年一一月には業界の整備統合について「財務局からその内意」が示されることは形式的にはあったものの、「公式には何れの行政指導をも受けなかった」。[112]

全鮮新式焼酎連盟会は無水酒精の原料として「済州島に甘藷を耕作するほか、平南、黄海、慶南北、全北、忠南など各地にその耕作を奨励」した。[113]しかし、その耕作もうまくいかず、一九三九酒造年度には「中南鮮七道にわたる空前未曾有の大旱害の故に、戦時下食糧国策に順応協力するため、欣然、自発的に清酒、焼酎、朝鮮酒ともそれぞれ対比前酒造年度二割減石を敢行した」。[114]この原料難に対し、新式焼酎連盟会は朝鮮醸造原料配給株式会社を設立し、公正な原料使用を前提に満洲産を含む雑穀を買い付けたり、在庫糖蜜を有効に利用したりした。一九四〇年代に入って民需用焼酎酒造は大きく規制されたものの、軍需焼酎は別途の原料割当てを受け、焼酎酒造を続けたが、減産はもはや避けられなかった[115]。大鮮醸造の収益性からわかるように、新式焼酎業者でも甚だしい原料不足に陥り、生産量が急減すると、経営の収益性は多少なりとも落ちるほかなかった（図7-9、図7-10）。

おわりに

植民地期朝鮮では、焼酎業は総督府の主導下で家内工業から分離して一つの産業として登場した。とくに、それが朝鮮統治の財源を確保するためであったことは重要である。朝鮮酒税令の実施とその度重なる改正によって酒税は増え、総督府財政の最大の税収源となったが、なかでももっとも重要であったのが焼酎であった。そのためにまず自家酒造を制限しながら、酒造場を集約して業者に対しては酒造技術の普及をはかり、さらに蒸留などの酒造設備を拡充し、工場化を促した。その推進に向け、焼酎業整備三カ年計画が実施された。こうして、「生産者と消費者の分離」が人為的に進められ、公権力を背景として「上から」焼酎市場が創出された。それを技術的に支えたのが酒造技術官であって、彼らは技術指導のかたわら、醸造試験所・酒類試験室を中心に試験研究を行った。そのほかにも半官半民の朝鮮酒造協会が設置され、朝鮮内の酒造業者を束ねるとともに、品評会や唎酒会を開いて銘酒の創出を支えた。

そのなかで、安価な焼酎の大量生産ができる酒精式焼酎工場が建設され、初期には原料難に直面したが、台湾糖蜜を確保することでそれを乗り越えて本格的に生産を始めた。この新技術の導入により、販売上の工夫と相まって、酒精式焼酎が大衆化すると、在来式焼酎業者は垂れ歩合のよい黒麹を利用して対抗しようとした。とはいうものの、黒麹焼酎は「嗜好転換の媒介者」ともなったことから、酒精式焼酎の消費もこれにより促された。両業者間の対立は昭和恐慌に際して頂点に達し、経営悪化が甚だしくなった。そこで、在来式焼酎業者が酒精廃止論を打ち出すと、総督府財務当局の介入によって減産の協定が成立したのである。

三井物産の働きかけによって酒精式焼酎業者のカルテルが成立し、生産工程だけでなく流通過程でも酒精式焼酎業者が在来式焼酎業者に対して優位を占めた。カルテルは、日本内地や沖縄からの移入制限が実施されることで、より強固なものになった。これにより、酒精式焼酎業者の経営安定が実現されていく。これに刺激され、在来式焼酎業者の組織化も進められ、いちおう共同販売制度が実施されたものの、平南の一部業者の抵抗によって三井物産が一手販売権の獲得を諦めざるを得ず、「私設専売」は実現できなかった。この過程で大量かつ廉価の焼酎が従来あまり飲用されていなかった朝鮮南部にも普及し、その消費は急増していった。

解放後、主産地たる西鮮（朝鮮西北部）から韓国が分断されると、焼酎の酒造量は急減したが、朝鮮戦争中焼酎酒造の経験者が韓国側に移住し、さらに廉価の糖蜜も輸入でき、酒精式を中心に焼酎酒造量が伸びた。外貨不足と食料不足に対して政府が原料の国産化と米穀以外の使用を図る一方、酒造場の強力な統廃合措置を取った結果、大手の酒精式焼酎業者一〇社だけが残った。焼酎業はその酒造方法の変更を迫られ、原料から販売に至るまで地域独占的市場構造へと再編されたのである。

以上のように、「生産者と消費者の分離」を前提とするフードシステムが政策当局によって構築され、その人為的な市場創出の上に、酒精式焼酎を中心として組織化された焼酎市場において在来式焼酎との競争が広がり、植民地住民の味覚として焼酎が定着した。麴子焼酎という家庭の味から黒麹焼酎と酒精式焼酎という市場の味へその味覚が変わったのである。こうした焼酎の大衆化は戦時下の原料不足が甚だしくなると、その限界に直面し、焼酎はもはや配給の対象となった。ともあれ、この「味覚転換」は不可逆的なものとして戦後韓国に繋がり、安価で大量生産された酒精式焼酎へと完全に収斂していったのである。

第八章　麦酒を飲む植民地
——舶来と造酒——

はじめに

本章の課題は、植民地期朝鮮において、朝鮮酒と呼ばれた在来の濁酒、薬酒、焼酎とは異なり、外来の飲酒文化であったビールの消費がどのように普及したのか、またなぜ一九三〇年代に入ってようやく朝鮮でのビール生産が始まり、その生産は戦前から戦後にかけての時期に、いかに展開したのかを検討することである。それによって、「味覚の西洋化」が現地住民にとってどのような意義をもつのかを考察したい。

朝鮮では日本内地からの移入によってビールの普及が始まり、日本からの移住者や朝鮮の高所得層を中心にその消費が増えた。一方、日本内地でビール会社が勃興し、競争の結果企業合同が進み、大日本麦酒が市場の支配的存在として登場して、朝鮮進出を計画した。それによって、土地の購入などが行われたものの、実際の進出はなかなか捗らず、一九三〇年代になってようやく麒麟麦酒の現地工場の建設にあわせて進出が行われた。またビール自体、外来の飲酒文化であるために、その生産は日常生活にも影響を及ぼしたことはいうまでもない。これらの点から、朝鮮への進出がなぜ遅れたのか、また外来文化としていかなる意義を有するかを考察すべきであったにもかかわらず、既存研究ではビールはあまり注目されず、ビール酒造業は一九三〇年代中頃に日本のビール会社の進出によって始まる、というごく簡単な図式で捉えるのみである。

韓国側の研究では、当然ながら、朝鮮人酒造業に主な関心が寄せられ、それとの関係が薄いビール酒造業については本格的な分析が行われてこなかった(1)。前章で考察したように、朱益鍾は朝鮮酒税令の実施にともなって酒造場の集約合同が行われ、酒造業の近代化・工場化が進んでおり、こうした動態のなかで朝鮮人酒造業も戦時期に入る前まで成長できたとみている。これとは対照的に、李承妍が朝鮮酒税令の施行によって朝鮮人酒造業は収奪され、日本人資本の進出によって朝鮮人の酒造業、とりわけ在来式焼酎業は没落したと把握している。すでに指摘したように、在来式焼酎業の没落説は統計利用の誤りから生じたフィクションである。

その後、慶南地方の酒造業に注目する研究が現れた。朴柱彦は馬山地域の清酒酒造業を分析し、日本人酒造業者の進出によって日本酒が朝鮮でも生産され、朝鮮内へ徐々に広がる歴史像を描いており、注目に値する(2)。これに対し、金勝は釜山の酒造業を清酒、焼酎、濁酒別に分析し、総督府が清酒ならびに焼酎部門における日本人資本の進出を酒税面でバックアップしたと見、在来式焼酎および濁酒の酒造業者や彼らに麴子を供給する朝鮮人業者が没落したと把握した(3)。これは李承妍に近い研究スタンスであろう。一方、日本側では、八久保厚志が日本人酒造資本による酒造業の再編を論じているが、分析のポイントは清酒と本格焼酎＝在来式焼酎にあり、ビールに論及することは少ない(4)。戦後のビール会社による社史における朝鮮麦酒、昭和麒麟麦酒に関する記述もきわめて少ない。そこで、本章は雑誌、新聞、営業報告書などから関連資料を発掘し、植民地期朝鮮におけるビール事業の復元を試みる。

1　新しい飲酒文化としての麦酒とその普及

伝統的に身分が高く経済的余裕のある両班などは薬酒を愛飲したが、庶民層は朝鮮北部で焼酎、朝鮮南部では濁酒を主に飲用していた[5]。そのなかで開港以来、大麦を水に浸して発芽させ、麦芽を作り、糖化の後、これらを濾過し、さらにホップを加えて煮沸し、酵母をもって醗酵させる製麦ビールは海外から輸入され、両班層にとって新鮮な嗜好品として受け入れられた。とはいえ、ビール飲用による新しい文化の受入は特定の階層に限定された。一九〇〇年代まで朝鮮内のビール需要はその九割以上が日本人居留民の増加にともなうものであった[6]。輸入の品種もサッポロ、麒麟、アサヒ、かぶと、大日本麦酒といった日本産が専ら多く、それ以外の外国産は主に居留外国人が自家用として輸入したものに限定された。現地住民の飲酒生活への定着の度合いはまだ浅いものだったため、気候の如何、流行病の有無、経済の好・不況などによって消費が大きく変動した。たとえば、一九〇九年の場合、夏の需要期にコレラが流行し、さらに降雨量が多かったため、前年よりビール消費が減少した。

そのため、ビール会社はビール飲酒を広げるべく、積極的な販売促進活動に出た。なかでも、大日本麦酒は京城出張所を中心に活動を行い、新年には在京の新聞・雑誌の記者らを招待し、千代本料理店で新年宴会を開催し、春には奨忠壇で園遊会を開いて盛況を見、夏には寄席・芝居

資料図版 **8-1**　サッポロビール広告

出所）『東亜日報』1935 年 6 月 19 日。

表 8-1　植民地朝鮮におけるビールの輸移入高

（単位：箱）

	1907	1912	1916	1917	1920	1922	1923	1924
仁川	46,276	8,799	26,628	11,016	31,880	42,070	41,856	32,452
釜山	8,369	10,887	26,794	23,222	30,613	30,302	32,950	29,138
元山	5,003	2,490	3,775	3,200	5,674	5,528	6,200	5,408
鎮南浦	5,098	1,370	2,200	260	3,650	9,007	6,921	10,577
京城		12,190	9,695	12,030	2,392	1,960	78	5,265
郡山	1,738	3,760	6,496	2,302	5,752	6,098	6,693	6,293
木浦		2,976	5,102	1,630	4,329	4,700	5,527	6,440
大邱		2,160	5,120	2,197	4,724	3,487	4,480	5,814
清津		1,590	6,890	2,101	3,937	5,068	5,644	4,133
城津		261	770	565	1,120	1,345	180	
新義州		1,566	2,865	1,782	2,567	1,951	2,124	2,472
平壌		3,330	6,948	4,688	2,274	1,946	1,436	570
その他		1,856	3,167	225		974	3,658	4,813
合計	66,484	53,235	106,450	65,218	98,912	114,436	117,747	113,375

出所）「朝鮮における麦酒需給状況」『朝鮮経済雑誌』116，1925 年。

小屋壽座で興行を行い、観劇会を開催した(7)。これが京城において自社製品を紹介し、京城府民のビール消費を促す結果をもたらした。朝鮮酒のような在来性をもたないことから、ビールでは政策当局が「生産者と消費者の分離」を人為的に誘導する必要はなかったものの、新しい市場を個別のビール会社自らが創り出さなければならなかったのである。そうしたなか、第一次世界大戦にともなう景気の拡大は消費者の購買力を向上させ、一部ではあるものの、それが朝鮮人の日常生活にも影響を及ぼした。そのため、朝鮮人のビール需要も増え始め、朝鮮内のビール消費は輸移入量を基準として一九一〇年代初頭までの五〜六万箱から一九一六年には一〇万箱を超えた。その翌年には急減したが、その後は再び増加した。これらの動向を輸移入先別に把握できる（表 8-1）。これによると港湾都市たる仁川と釜山がもっとも大きく、これらを含む港から朝鮮の各処へ鉄道などの陸路に沿ってビールが運ばれたのである。資料上、最終消費地は把握できないものの、港湾の配置から北朝鮮よりは南朝鮮で多く消費されたことがわかる。朝鮮内の最大消費地は京城、釜山であって、総移入量の半数を占めており、その次が平壌、大邱などであった(8)。

この地域差にはやはり気温の変化による消費パターンと密接

な関係があった。表8-2のように、毎年三月から七月まで、五カ月間が最盛期で出回りが多く、消費は全入荷量の八割を占めた。夏に近づくにつれビール消費が増加しており、朝鮮半島の中でも比較的夏暑い地域を中心に飲用されたと思われる。そのため、各ビール会社は毎年季節的変動に備えて「京城市内及び各地方の配給を」行い、「五月から八月に至って需要の旺盛期に入」った。(9) 一九一九年には「天候の関係もあり、本年度の需要を適確に予想し難いが、一般経済界の好況によって麦酒に対する鮮人嗜好の増進などと見る。今年は昨年度の鮮内移入数量約六万箱を超過し、減少することは」ないと予測された。

表 8-2　1923 年京城・龍山 2 駅におけるビールの発着荷
（単位：1 トン，約 10 箱余）

月別	着荷	発荷	月別	着荷	発荷
1	110	110	7	596	98
2			8	134	116
3	248	55	9	124	12
4	460	195	10		
5	772	75	11	33	
6	255	142	12	4	

出所）「京城과 麦酒，十二年中消費量四十二万三千」『毎日申報』1924 年 5 月 7 日。
注）本品はほとんど大瓶 4 打入 1 箱であり，このほか，黒ビールは全量の 1 割にも至らなかった。また，生ビールも少なかった。取引は発送駅での価格で行われており，年間の京城内消費高は 2 万 3,500 箱，その価額は 42 万 3,000 円であった。

ところで、日本内地との価格を比較すれば、朝鮮では現地生産がなく、日本内地などから輸入しなければならなかったので、輸送費などを含めて価格は高めに設定されざるを得なかった。また日本内地において「原料及び工賃昂騰」が続くと、植民地朝鮮でもビール価格の引上げを余儀なくされた。しかもその引上げ方法は自由競争というより、朝鮮市場におけるカルテル行為に等しいものであった。一九一七年四月には、ビールの出荷前に、三つの日本のビール会社が価格を引き上げて、京城の販売店、特約店に通知した。麒麟とかぶとは一箱四打につき二円を引き上げたのに対し、大日本麦酒も価格を引き上げたものの、その具体的な価格を公開しなかった。(10) これを受け欧州のビール会社も遅れて四打二円の引上げを行った。同年一二月には需要の減退期にもかかわらず、大日本麦酒会社京城出張所が材料費と包装費の上昇を理由に同社販売のエビスビールその他の各ビール一箱に対して二円ずつ引き上げ、その旨を販売所に通知した。(11)「昨今需要旺盛期」に際して大日本麦酒、麒麟、かぶとの三社は「協調」し、一九一九年六月に大瓶四打入二円、小瓶六打三円の引上げを決定した。[12]

さて、既述のように、一九一七年には需要の急減があり、さらに一九二〇年代前半にかけて、ビール消費はやや停滞した。いわゆる戦後恐慌のため、一九二一年の売行きは対前年比一割五分〜一割七分の減退を免れなかった。[13]最大の消費地たる京城において日本内地から移入されたビールの石数は一九二一年中に三八七〇石であったが、府外に移出したものが三六三石、府内で消費されたものは三五〇七石であって、前年よりは需要者の減少がみられた。[14]そのビール供給元に注目すると、朝鮮内ではビールの醸造所がなかったため、京城府に搬入されるものはほとんどすべてといえる九七%が、麒麟、桜、サッポロの三種からなる内地製品であった。大日本麦酒の札幌麦酒は博多工場および吹田工場製品を大阪、門司、博多から積み出し、麒麟麦酒は神崎工場のものを神戸（船積の都合上大阪で積込する場合もあるが一部である）から出荷、帝国麦酒は大里（門司）工場製品を門司から輸送して、日英醸造は横浜の鶴見工場から出荷し大阪で積み換えをした。[15]なかでも、札幌麦酒は地の利を得て博多に工場を有し博多・釜山間の航路を利用して移出したが、釜山で積み替える必要があり、採算上好ましくなかった。移入ビールはほとんどすべてが大瓶四打入箱で搬入され、小瓶や樽は黒ビールを含めて全移入量の二%程度に過ぎず、また大瓶一打入箱などは朝鮮内で改装されて流通した。

販売については、麒麟麦酒は一手販売店制度をとり、他は自社直営であって、後者は京城府内には支店または出張所を設けて販売の任に当たらせた。しかし地方での大量取引は京城府内の支店出張所の取扱に属するものではなく、単に注文取扱に過ぎなかった。[16]詳しくみれば、大日本麦酒会社京城支店（サッポロおよびアサヒ）、明治屋支店（麒麟）、鈴木商店支店（桜）、山邑京城支店、同釜山支店（カスケード）の五カ所は、表8-3のようにそれぞれ各地に特約店をもち、これらの特約店の注文（委託品の形式を採る場合もある）を纏めて本社または工場へ通知し、特約店へ直送した。すなわち、前掲表8-2のように仕向地が港でなければ最寄の港に陸揚して鉄道輸送したため、京城には決して集散せず、時々の少量注文とともに、京城消費のみが集中することとなった。

表 8-3　ビール各社の朝鮮内特約店所在地

会社	特約店所在地
大日本麦酒（サッポロ・アサヒ）	開城，平壌，鎮南浦，安東県，元山，清津，会寧，城津，雄基，羅南，釜山，大田，木浦，群山，光州，仁川，京城，咸興，鳥致院，海州，馬山，大邱
帝国麦酒（桜）	釜山，東萊，亀浦，馬山，鎮海，統営，甘浦，東漁津，蔚山，羅老島，順天，晋州，麗水，浦項，九龍浦，筏橋，河東，尚州，大邱，永洞，大田，裡里，全州，群山，木浦，鳥致院，平沢，永原，仁川，京城，沙里院，平壌，鎮南浦，新義州，安東県，平康，元山，咸興，城津，北青，鏡城，清津，羅南，雄基
麒麟麦酒（麒麟）	釜山，木浦，全州，裡里，江景，大田，仁川，京城，鎮南浦，平壌，新義州，元山，城津，清津，雄基，春川，平康，水原，陰城
日英醸造（カスケード）	釜山，木浦，群山，城津，雄基，清津，羅南，北青，咸興，元山，平壌，鎮南浦，新義州，京城，仁川

出所）「朝鮮における麦酒需給状況」『朝鮮経済雑誌』116，1925 年。

ビール会社と特約店との取引をみれば，建値は各積出港渡，移入港沖渡の二種に区別されるが，決済は積出後の四〇日（サッポロ）から九〇日（カスケード）までに行われ，一般貨物に比べて比較的長期で取引された。これは日本酒の取引が九〇日ほどであったことによるが，信用度の低い場合には支払期間が四〇日より短い短期取引もあり，政策上委託の形式によって四～五カ月ないし六～七カ月くらいの長期にわたるものもあった。なお会社と特約店のあいだには「割戻制度」が実施されており，建値の関係や保証金の形式などのため，もっとも少ない場合は一箱につき五〇～六〇銭，多い場合は二円くらいであって，割戻しは一般的に年末に行われた。

主要都市のビール実需高（一九二四年）をみれば（表 8-4），おおよそ各都市生活の一般水準を窺えるが，釜山を経由した移入は二万九一三八箱，価格四三万五四三〇円であった。[17]これは釜山税関通過高であるため，大邱などの朝鮮南部，朝鮮北部など各地に輸送されたものである。そのため，釜山の実需は不明であるが，一九二三年度に比して二三六〇箱が減少したことは確認できる。馬山は主として釜山積換の八〇九箱で，一九二三年度来需要減退の兆しがあり，大邱は六〇〇〇箱，年々一割内外の増加率を示した。木浦は税関通過七〇〇九箱，湖南線発送高三〇五三箱，多獅島方面九二一箱を除くと，差引三〇二五箱であり，実需高は年々増加の傾向にあった。群山は二五六三箱を記録し，年々増加す

表 8-4　主要都市のビール実需高推計（1924 年）

（単位：箱）

	移入・到着	発送	サッポロ	麒麟	桜	アサヒ	鉄道到着	合計	実需
京城									23,500
釜山	29,138								
馬山			313	170	266	60		809	809
大邱			2,300	1,500	2,200			6,000	6,000
木浦		3,974	2,336	3,490	1,183			7,009	3,035
群山			1,534	440	274	315		2,563	2,563
仁川			2,300	5,800	900			9,000	9,000
元山	9,996	2,000	3,699	1,371	576		4,350	9,996	7,996
清津	4,474								
平壌			3,070	2,000	2,000			7,070	7,070

出所）「京城과 麦酒，十二年中消費量四十二万三千」『毎日申報』1924 年 5 月 7 日；「麦酒의 消費状況 逐年増加」『毎日申報』1925 年 9 月 6 日。
注 1）京城は 1923 年度分である。
2）木浦の発送は湖南線 3,053 箱，多獅島方面 921 箱。
3）清津は鉄道地方搬出が相当ある。

るなか、移入高の五割を群山商圏各地に搬出した。仁川は実需高九〇〇〇箱で、逐年増加した。元山は九九九六箱、このうち地方搬出の二〇〇〇箱を差し引くと、実需は約八〇〇〇箱、一九二三年より二八〇〇余箱、移入増加によってやはり逐年増加した。清津は移入高四四七四箱であって、鉄道地方搬出が相当あって、増加の傾向にあった。平壌は七〇七〇箱、一九二二年来実需が不振であった。

資料上確認できる範囲内での会社別シェアをみれば、サッポロとアサヒからなる大日本麦酒四二%、麒麟三九%、帝国一九%であった。すなわち、朝鮮市場における二大ビールが大日本麦酒と麒麟麦酒であった。このような占有率は朝鮮内のビール販売業者によって一般的に推測されるものと一致する[18]。その他にも、一九二五年には山邑酒造株式会社が醸造元の日英醸造株式会社から一手販売権を得て、一九二五年度上半期にカスケード約四千箱が初めて移入され、販路を開拓しようとした。しかし、外国品は日本内地のように植民地の朝鮮でも振るわず、市場は日本製品によって独占される状態であった。

このような地域別動向と前掲表8-1から判断すれば、ビール需要は一九二〇年代前半までは大きくは伸びていなかったといえよう。一九二四年中の実需は一一万三千箱で、人口一〇〇人当たりビール消費に換算すると、朝鮮は大缶約三二本であって、日本内地の約五〇〇本と比較するとわずかにその六・四％に過ぎなかった。これは家計所得の限界などのため、「生活の洋風化」が遅れただけでなく、朝鮮内では製造工場が立地せず、ビール「市価が割高」となったからである。とりわけビールの主消費者である日本人に対して主に広告を展開しており「鮮人間の実需の薄いのは当然」であった。日本人のあいだではビールの飲用は別に贅沢ではないが、朝鮮人の場合、一部を除いて大部分は生活程度が低いため、「一種の奢侈品」とみなされた。[19] しかしそうしたなかで、「生活状態も益々向上し、ことに都邑在住者は内地人と同程度にまで進まんとする傾向」がみられ始め、一九一〇年代に全ビール消費の一割に過ぎなかった朝鮮人は、一九二五年頃には約三割を占めるようになった。

2　内地麦酒会社の進出計画と朝鮮総督府の麦酒専売案

いずれにせよ、一九二〇年代の長期不況に際してビール会社は将来性のある朝鮮市場をめぐって積極的な競争を展開した。釜山においては「例年各社の販売競争激甚を極むると共に嗜好の増進に依る地方仕向の増加は逐年入荷を促進」した。さらに「各社共に組合を設け、組合員の取引は延六〇日の手形払となっているが、組合外は現金を旨と」した。各社は販売網を構築し、その強化を図ることで、販売量の増加を期したのである。[20] その一方で、大麦価格と労働賃金が低下するなか、ビール販売を促進するため、ビール価格の引下げを決定した。表8-5と図8-1をみればわかるように、一九一〇年代後半に価格の引上げを重ねたのとはまったく逆に、一九二一年から三〇年代前半にかけて各社が競争的に価格の引下げを決定した。ただしこれにより、小売業者の利幅は低下せざるを得なかった。

このような価格引下げが可能であったのは、各社で設備の拡張が続き、大量生産体制が整えられ、販売競争が展

表 8-5　各社別ビール販売価格

	京城				釜山					
	1 箱卸価格				1 箱卸価格			小売時の利幅		
	麒麟	サッポロ	桜	カスケード	麒麟	サッポロ	桜	麒麟	サッポロ	桜
1920	24.20	24.79	23.16							
1921	23.13	23.87	21.33		22.88	22.50	21.86	0.50	0.50	0.50
1922	21.00	21.60	20.34		20.88	20.79	19.83	0.50	0.50	0.50
1923	19.16	19.29	18.48		18.75	18.75	18.38	0.45	0.45	0.45
1924	18.06	18.34	17.72		18.50	18.38	18.21	0.43	0.43	0.43
1925	17.82	17.95	17.50	18.50						

出所）「朝鮮における麦酒需給状況」『朝鮮経済雑誌』116，1925 年。

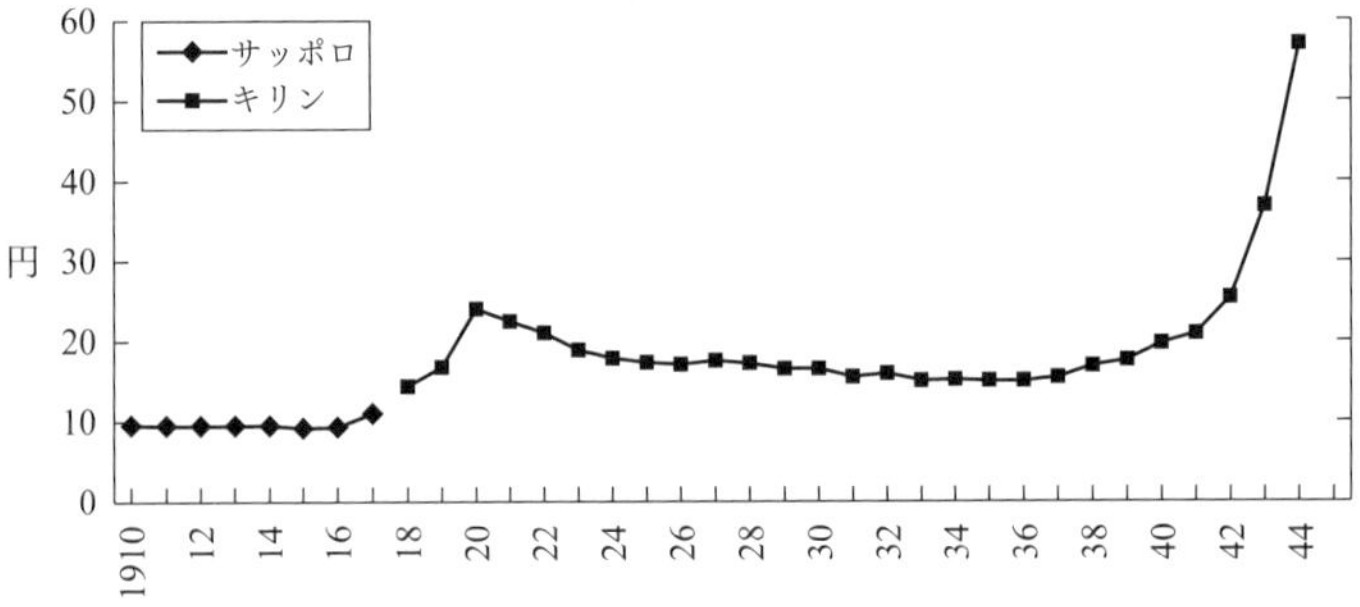

図 8-1　植民地朝鮮におけるビール価格の推移

出所）韓国銀行調査部『物価総覧』1968 年。
注 1）サッポロは京城の 1 箱当たり卸売価格である。
　2）キリンは京城の 1 箱（24 瓶）当たり卸売価格である。

開したからである。とりわけ、利益の激減を理由として明治屋が麒麟の一手販売権を返上したため、麒麟麦酒が明治屋の販売機構をそのまま受け継ぎ、販売活動に乗り出すと、市場は濫売状態に陥った(21)。図 8-1 のように一九二〇年以降一九三〇年代前半までに価格が六割程度へ低下したことが読みとれる。

長期的なビール価格の低下傾向が消費者の厚生をふやし、朝鮮内の消費振興の原動力となった。一九二五年中にはビールの移入高が前年に比べて増加し、各社別には一月から九月までサッポロ三三五万六四一〇本、一二八万五八一〇円、麒麟三二万八五三本、一一万六九二円、桜一一四万七九九八本、四〇万二八〇一円を記録し、一九二四年に比べ、麒麟に代わり帝国麦酒の桜が大きく躍

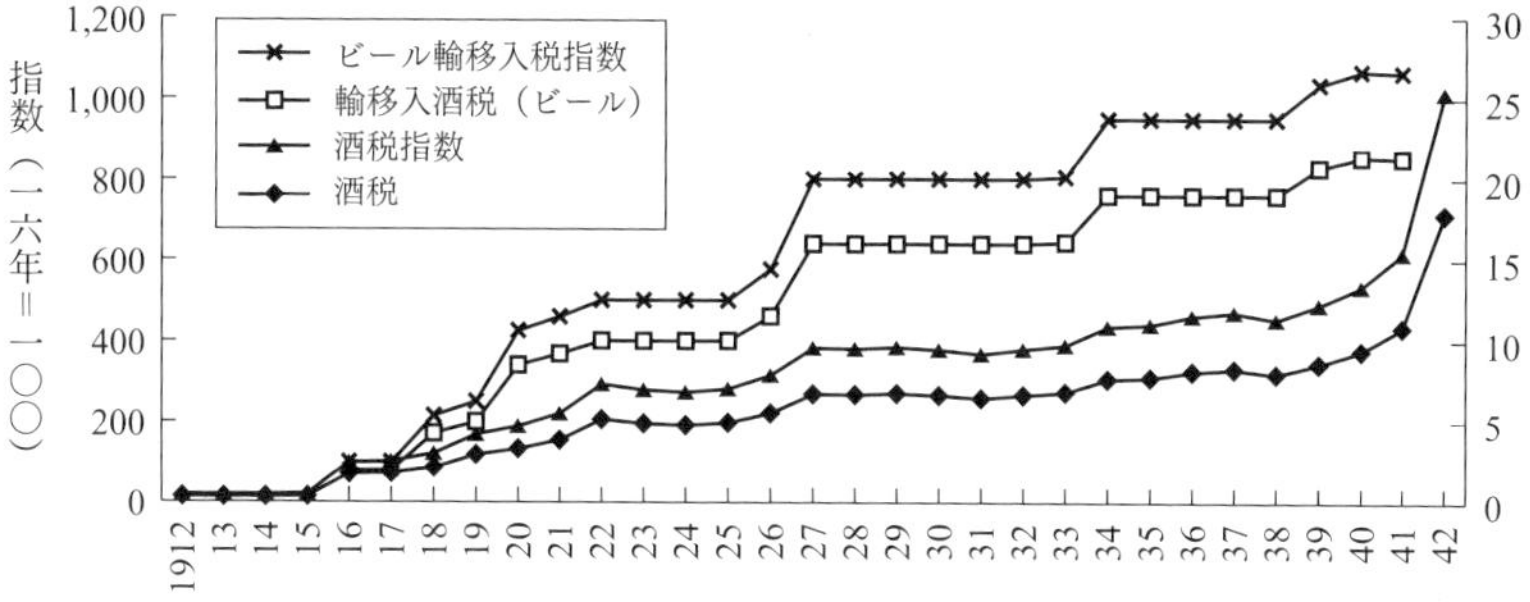

図 8-2　植民地朝鮮における酒税とビール移入税

出所）朝鮮総督府『朝鮮総督府統計年報』各年度版。
注）税率＝酒税額÷朝鮮内の酒造高。

進したことがわかる。[22]「経済不況」や「旱魃」にもかかわらず、一九二六年になっても、ビールの消費量はますます増加した。一九二五年までは大日本麦酒、帝国麦酒、麒麟麦酒、カスケードの四社競争体制であったが、一九二六年になると、カスケードに代わり日本麦酒鉱泉株式会社半田工場製品のユニオン麦酒が進出した。[23]ユニオンは特約店の関係で、京仁進出を中止して釜山に限って販売を開始したため、釜山以外の地域では基本的に三社競争が展開された。その後も輸移入量（後掲図8-3）は増加し、[24]一九二〇年代前半の二万石程度から一〇年後には三万石を超えて、三万三千〜三万四千石に達した。内地市場での濫売競争が続き、朝鮮内需要がそれほど大きい規模ではない、というビール会社にとっては厳しい経営環境の中で、一定程度、販売は伸びたといえよう。

　朝鮮における市場競争とは、いかに日本から廉く移入し、朝鮮内での販売を増やせるかにあった。運送費と流通費の削減は内地工場の立地と内部合理化を通じて図られるが、政府からの徴税は会社の力によって解決できない側面がある。とくに、内地産ビールを朝鮮に移出するとき、日本のビール税は戻されるが、それを上回る移入税が課されたのである。現地の酒税は日本内地の酒税や移入税に比べて低いため、需要が一定の水準に達すれば、原料などをもっていき、さらに現地調達を図り、現地酒造を進めるほうが「安上がり」であった。[25]一九三三年までは朝鮮内のビール酒造がないため、現地生産時の酒税と移入税の比較は不可能であるが、図8-2

の酒税とビール移入税の動向、とくに一九一六年を基準とする指数を比較してみれば、現地酒造に対する税率が比較的低いことがわかる。この点から、酒造時には朝鮮内の生産が租税関係上有利であり、さらに船の運賃が省かれるなど、運送費の負担も軽くなるとともに、朝鮮内の賃金も低いので、生産費を安く抑え、競争上優位に立てると判断されたのである。

そのため、大日本麦酒は早くも馬越恭平社長が朝鮮・満洲各地を視察した結果、一九二〇年一〇月頃朝鮮に分工場を新設する計画を立てて調査中であった[26]。具体的な成案を得ていないが、大同江沿岸平壌付近を考慮したという。また、帝国麦酒会社でも鷺梁津に分工場設立の議があり、隅田同社長が満洲からの帰途、京城に入り、実地で調査したあと、重役会で付議することとなっていた[27]。この分工場の製造能力は一五万箱程度とし、兼ねて慶尚南北道で試作をした原料を用いるとともに、製罎工場も設置することを検討した。さらに、販売上満鮮を統一し、鈴木商店京城支店内に統括する予定であった。

このうち朝鮮への進出をまず具体化したのはビール市場の支配的存在であった大日本麦酒であった。大日本麦酒の内部では「第三期の拡張案」として最大消費地である京城に朝鮮工場を設ける案が一九二二年末には固まり、土地選定に着手した[28]。しかし京城での適地は見当たらず、朝鮮工場の敷地として他の地域も再び考慮された。大日本麦酒社長であるとともに、満鉄と朝鮮銀行の幹事でもあった馬越は、再び一九二四年一〇月八日夜に入城し、朝鮮ホテルで次のように語った。「麦酒工場は平壌でも同会議所に要求があったが、鷺梁津と永登浦方面に適当な土地がある。しかし、未だ規模などは言明するほどには至らず。朝鮮全部と奉天までの供給を予定し、土地の買収が成立すれば、直ちに工事に着手」し、年間一二万箱内外に達していたビール移入を代替するつもりであった[29]。

こうして、一九二四年一一月に大日本麦酒から専門技師が派遣され、永登浦を踏査したものの、適した農地が技師の目にはみあたらず、富川郡と仁川南部の仁川徳生院付近一帯を唯一の候補地として推薦し、帰国した[30]。また、総督府当局もさしあたり仁川での工場設置を希望した。同月には二人の重役が来朝し、京城だけでなく平壌をも踏査したあと、一一月一三日発で釜山に至ってここも視察し、九州を経て一八～一九日頃帰京した[31]。東京の重役会で大略その候補地を決定する予定であったが、三つの候補地のうち平壌がもっとも可能性が乏しく、釜山が最適であるとされた[32]。

こうしたなか、仁川有志四〇余名は一九二四年一一月二〇日夜、仁川公会堂に集まり、大日本麦酒の朝鮮分工場の設置問題について協議し、仁川は交通上の位置、水質の条件からみて、分工場の設置に相応しいのみならず、対支貿易の要衝に位置すると指摘し、委員二〇人の期成会を組織して、二一日に同社重役宛に長文の電報を送り、仁川での工場設置の有位性について理解を求めた[33]。ところが、京仁地域が最大消費地であることから[34]、永登浦に工場を有する窯業業者らによる土地売却運動が展開されると、大日本麦酒はビール工場の候補地を最初の案の永登浦に戻すこととなった。大日本麦酒工場敷地買収にあたり、神尾始興郡守が同社と朝鮮窯業とのあいだで仲介にあたるとともに[35]、朝鮮窯業の社長山口太兵衛、相談役笠松吉次郎らが東上し、永登浦敷地の売却交渉を展開した。これは、適地となる農地確保が難しいと判断していた大日本麦酒にとっては、買収価格がやや高くなるものの、悪くない選択肢であった。両者間では朝鮮窯業の工場を買収する案が内定した[36]。

若干のトラブルとなったのはやはり土地価格などの買収条件であった。朝鮮窯業からは会社その他土地（三万二千坪）および建物を約一五万円で売却するという案が伝えられたが[37]、実際の買収価格をめぐる交渉はやや複雑であった。すなわち、一九二五年四月一〇日に朝鮮窯業五〇株以上所有者による大株主会が開かれ、朝鮮窯業の敷地を一〇万円で大日本麦酒に売却すると決定したものの、残された問題は朝鮮窯業の解散手当二万五千円の捻出策であった。仲介にあたっていた神尾郡守の意見によれば、この解散に対する株式の配当は七万五千円であり、株主の主張としては二万五千円をさらに捻出できなければ解散が円満にできないということであった[38]。朝鮮窯業の重役のあいだでは、二万五千円の捻出については当初から大日本麦酒会社と朝鮮窯業間の仲介にあたった神尾郡守に再度の上京を要請し、麦酒会社と折衝の上二万五千円を出金させたいとの意向が出された。このため郡守もこの解決に努めるべく再び東上して交渉を試み、一時契約交渉が決裂の危機に瀕するものの、最終的には神尾郡守と大日本麦酒会社とのあいだに一万円の増額という妥協が成立した[39]。

とはいえ、窯業工場の敷地のみではビール工場の建設は難しかった。一つのビール工場を建設するためには五万五千坪の敷地を要し、前記交渉の内定を受けさらに隣接地二万五千坪を坪当たり最低一円、最高三円程度で買収する予定であった。同地方は経済不況のなか、近年地価が暴落し、坪七〇～八〇銭に過ぎず、良好な買収対象として認識されていた[40]。とくに、大日本麦酒の工場予定地は鉄道線路から離れていたため、永登浦駅西南の朝鮮窯業工場敷地のほかにも予定の二万五千坪を超える駅東南約四万五千坪をさらに買収することとし、神尾郡守が地主と会社間の交渉を斡旋した[41]。一九二五年一月九～一〇日には永登浦面委員会および委員が実地踏査も行った。これらの土地は主に山林と田のため、社宅および遊園地とし、また場合によってはここに工場を設置する可能性も想定した。ただ、これらの価格について地主の意見がそれぞれに異なり、地区によっては、山または田のため価格が区々であった[42]。そこでおおむね坪当たり一円に相当するとみたが、地価下落のため、実際の売買は田五〇銭、樹木付の山六〇～七〇銭で行われていた。大日本麦酒は敷地買収に着手し、一九二五年三月には五万余坪のうち大部分の地主とのあいだで契約が成立した[43]。その後も敷地の買収が続けられ、最終的に敷地の規模は当初の計画を大きく上回る一三万五七〇〇坪にも達した[44]。

このように、大日本麦酒は永登浦の朝鮮窯業敷地とともに、その付近一帯約一三万五千坪の土地を買収し、分工場を設置して一九二八年頃[45]には朝鮮はもちろん、満洲方面にもビールを供給しようとする意向があり、工場機械の仕入れとともに、原料もできる限り朝鮮内で確保するため、一九二五年秋から麦酒原料用品種を朝鮮の農家に耕作させるつもりであった。しかし、実際の工場建設は前途が遼遠であると、現地の能川始興郡庶務課長はみていた[46]。大日本麦酒が分工場を設置するためには、少なくとも五〇万箱のビールを生産しなければ採算があわないが、朝鮮の需要は年一一万七千～一一万八千箱に過ぎず、満洲に一二～一三万箱を出しても、合計二四～二五万箱に過ぎないと判断したのである。[47] 朝鮮内でも、北鮮方面（咸鏡道）は運賃採算上「吸収品」（日本から清津、城津を経由して供給される移入品）が有利なのが現状であった。[48] 工場の設立を見通すにあたり、少なくとも採算点に達しないと着手不能であるとみており、実際に工場建設はなかなか捗らなかった。[49]

また、朝鮮で勢力を確立している鈴木商店系の帝国麦酒鉱泉も大日本麦酒に対抗して、仁川方面に工場設立を計画しており、重役が一九二四年に来朝し、採算はあわないものの、「商戦上断行」すると期待された。[50] 帝国麦酒では、関東工場設立の件を決定すると、在釜山の平野監査役も東上し、その後朝鮮に戻り、来る一九二五年四月中旬、社長隅田伊賀彦の来朝を待ち、平野鑑査が随伴して、大日本麦酒永登浦工場への対抗策として京仁方面に工場設置の件を決定するといわれた。[51] これを狙った土地売込熱は京仁、平壌、その他で旺盛であった。しかし、鈴木商店の沢村支配人は日本内地で社長と同車したが、これについての協議はなく、しばらくは関東工場設置を推進する一方、朝鮮工場は緊急を要さないと判断され、仁川での土地買収の決定は確言し難かった。[52] 帝国麦酒は一九二五年には販売量が麒麟を上回るほどであったが[53]、一九二七年三月に昭和金融恐慌が発生し、四月に鈴木商店が倒産すると、鈴木商店の支援の下で設立され、そのネットワークによって事業展開を行っていた帝国麦酒も経営が危機的状況に陥った。[54] そのため、帝国麦酒への払込が無期延期となり、その余波を受けて一部の整理を余儀なくされ、消極的な経営方針を立てざるを得なくなった。それを象徴するかのように、帝国麦酒は社名を桜麦酒と改称した。

一方、大日本麦酒の永登浦工場の建設について、「内地酒税」の関係上、予定より早く進められる可能性があるとの観測も浮上した。一九二五年の水害の被害が大きかった永登浦に対して総督府が堤防修理を直営工事として行うこととし、工事計画を発表すると、馬越社長が一九二五年一〇月に永登浦を訪問し、一九二六年春より大日本麦酒も基礎工事に着手すると言明した。[55] 大日本麦酒としては株主総会で年三割の株主配当を決定し、さらに約二千万円の社内留保資金を確保しているなど良好な経営成績を示したため、二五〇〇万円の資本を投じて朝鮮工場を充分に建設できるとみた。[56] そのため、一九二五年冬には酒沢および高橋の両技師が来朝して、実地に踏査し、一九二六年二月二四日に六万坪に達する敷地盛土工事への入札について、京城の一流の土木請負業者である大倉、清水、有馬、志岐、堀内の五組を指名し、最安の八万八六四一円一〇銭を提示した東京清水組が落札した[57]。大日本麦酒は「陸軍記念日」たる三月一〇日にあわせて京仁の関係者を招聘して起工式を挙行し、一九二七年中に敷地盛土工事の竣工をみた。その後、専門技師五人が来朝してビール酒造に必要な水を供給する井戸の掘削を行い、その成績が良好であったことから、一九二八年四月より工場建築を始めるとされたものの、実際には工場建設は一九三〇年代に入るまで実現されることはなかった[58]。

すでに指摘したように、朝鮮内の需要規模はもとより、輸出先としての満洲を含めても五〇万箱の規模にはとうてい至らなかったからである。後掲図8-3をみれば、一九二〇年代半ばから伸び続けたビールの需要は一九二〇年代末になると、その限界に達していた。すなわち、ビールの輸移入量は一九二〇年の一万七五〇六石から伸び始め、二五年の二万二八八〇石まで少しずつ漸増する形を示したが、二六年二万四〇〇五石、二七年二万九〇八六石を記録し、その後三万石を超えて一九二八年三万二六八〇石、二九年三万三一四六石に達した。しかし、昭和恐慌が発生すると、三〇年には二万四〇〇五石へ急減した。これを箱に換算すると、ピーク時の一九二九年に一八万九一六二箱を記録した輸移入量が一五万一五三六箱へ急減した。満洲での需要の拡張についても、一九二九年の新関税徴収にともなって、青島にビール工場をもつ大日本麦酒を除く麒麟と桜が甚大な打撃を受けたため、朝鮮工場の建設は魅力を失いつつあった[59]。

このような状況下、大日本麦酒を含むビール各社は猛烈な販売戦を展開した。朝鮮内のビールの協定問題が毎年需要期前に提起されたが、一度も成立をみず、販売戦が猛烈化した。一九二八年には卸売において「ビールの建値は一箱十八円乃至十八円五十銭になっているが最初は景品券だけを附けていたのが遂に値段の競争となり四五月の閑散期は割に順調に終ったが、七八月の最盛期には十六円といふ競争値段を出し特に激しい所では十六円台を割っていた所もある」と、大日本麦酒釜山倉庫主任の寺境弥は指摘した[60]。さらに、この大箱一五～一六円の卸売価格に対し、小売価格では販売促進のため、価格引下げのほかにも賞与・手当などが営業成績の良好な者に提供されたため、小売価格は「不統一状態」にあった。官庁、銀行、会社の購買組合はビール一本で三二〜三四銭であったが、市価では三七〜三八銭で販売された[61]。さらに機敏な商人らはユニオンやサッポロなどを購買組合と同じ価格で販売した。一九二九年にも「各社の協定はなく自由販売であった為その競走《ママ》も値下、優待券、特売等を各社共競って行った結果意外の安値を示現し各社の打撃は甚大であった為需要期を控へたビール界は共に争闘を続ける時は各社の破綻は免れない」と判断された[62]。

この苦しい経験を踏まえて、大日本、麒麟、桜、ユニオンの四社が協定を目論み、販売戦を抑制し、価格安定を図り、利潤の拡大を目指そうとした[63]。すでに台湾においては麦酒共同販売会社のような販売統制会社が設立され、カルテル組織として販売統制を実施していた。しかしながら、一九三〇年には四社協定（大日本、麒麟、桜、ユニオン）からユニオンが脱退し、大日本、麒麟、桜三社のみで売値などの協定を結ばざるを得なかった。結果的にこの三社共同戦線に対して朝鮮に相当の地盤を有するユニオンが対抗し、激しい競争が展開され、市中価格は卸売一箱一六円、小売一本三五銭を記録した。このような事態に対して小売商組合は会合を通じて三七銭まで引き上げることを議論したが、もはや「不景気」の影響でカルテル行為は不可能であった[64]。むしろ、需要の急減に直面して販売業者が利潤を確保するため、京城府内のビール商人らは結束し、三〇銭での販売共同戦を展開してビール会社に対抗しようとした。これがビール会社を圧迫したことはいうまでもなく、この動きが全朝鮮に波及する可能性があった。これについてはビール製造業者にとっての脅威を勘案した総督府の調停によって抑制されたが、濫売自体を防ぐことは不可能であった[65]。そこで、濫売防止のため、台湾のような販売会社の設立がビール四社間で検討されたものの、朝鮮内のビール消費は年間約二〇万箱に過ぎず、販売会社を設立しても、その経営が困難であると判断された。ユニオンの「販売会社設立忌避と相俟って会社設立は至難」であったため、ビールの販売戦はいっそう激甚になった[66]。

このような私的独占組織ともいえるカルテルが論じられた一方、公的独占組織たる専売業が総督府によって政策的に検討された。総督府財務局としては昭和恐慌によって一般租税収入が減少したにもかかわらず、朝鮮内官吏の恩給負担金、減債基金などを捻出しなければならず、一九二九年より酒類専売制の採用を検討し始めた[67]。前章でも言及したように、その実施に際しては酒造場の買収や人件費など一億円の資金を要するが、政府の緊縮財政の下では公債の発行が不可能であるため、初年度には各酒造工場の販売権を買収し、酒類専売の実行機関として酒類元売捌会社の新設が予測された。要するに、酒造業者からみれば、販売先が専売局に限定される需要独占であった。なかでも、在来の焼酎、薬酒、濁酒とは異なって、朝鮮内に酒造業者がいないビールの場合、内外からの反発が少なく実施しやすかった。焼酎の場合、醸造業者の大部分が窮状に陥るため、それにともなう救済が必要とされると予測された。

そのため、一九三一年度からの実施を念頭に置いて、斎藤実総督からビール専売案が拓務省に提出された。移入税は年間七〇万円であったが、ビール専売を実施すれば、三〇万円の追加増収が生じると予測された。台湾で麦酒共同販売会社が設立され、販売を統一しているというカルテル統制を、朝鮮では専売局が担当することを想定していた[68]。審議の上、専売案は大蔵省に回付されたが、大蔵省はこれに反対の意向を示した[69]。理由は、①専売は独占課税であるため、恐慌下の景気対策として減税措置が実施される時に領土の一部で新課税を施行するのは政策的に矛盾がある、②間接税は原則上賦課に際して「統一課税」とならなければならないため、慎重な研究を要する、③ビール専売は税制整理の一項目とすべきである、ということであった[70]。要するに、日本内地の財政政策との矛盾が強調されたのである。民間でも、ビール会社が従来の朝鮮酒商に対する売掛金の回収が困難となることを理由に反対した[71]。日本禁酒同盟も「朝鮮の麦酒専売計画は根本的にアルコール性飲料使用量の観念」を与えてその使用量を増やす結果をもたらすと懸念し、反対した[72]。ビール専売案は一九三〇年一二月二六日に開かれた閣議で「不承認」とされた。

このように、カルテルによる市場統制と専売による独占課税が不可能となり、輸移入品の自由競争体制が続いて、大日本麦酒の工場建設も遅れるなか、新しい変化のきっかけは日本内地でも朝鮮でもなく、中国東北部の満洲において作りだされた。一九三一年九月一八日に勃発した満洲事変が、日本のビール会社にとって大陸部の市場拡大をもたらしたのである。

3　内地麦酒会社の朝鮮進出とその経営——朝鮮麦酒と昭和麒麟麦酒

大日本麦酒の永登浦工場設置問題は一九二六年前後から浮上し、工場適地として敷地一三万坪を買収して整地工事も行ったが、一ビール工場の経済的運営のためには年約五〇万箱の生産能力を有する必要があった。しかし、経済は不況に陥り、朝鮮内の需要も「見るべきものなく」一〇万箱台を上下していたため、「着手不可能」となり「放任の侭」であった[73]。しかし、図8-3にみられるとおり、昭和恐慌の影響もあったものの、一九三二年には以前の水準を回復したことからもわかるように、「麦酒の需要が最近鮮人方面にもとみに開拓されてきた結果、京城並に近郊需要で十五万箱前後と普及して来たのと、満洲国承認によりビール輸出も相当期待し得る」に至った[74]。「宇垣総督の勧請」[75]を含めて地元民の熱烈な希望はもとより、総督府の北鮮開発計画によって朝鮮産ホップの供給も可能となることが予測された[76]。そこで、大日本麦酒は総督府殖産局の了解を得て、工場建設に着手した。

一九三二年一〇月一五日には馬越恭平社長が京城を訪問し、総督や政務総監との会見を行って、総督府のビール専売の実施意向を確認するなど、最終的折衝を終えた。当初は大日本麦酒の朝鮮分工場を設置する計画であったが、朝鮮の特殊事情、すなわち「朝鮮の産業開発の見地よりしても鮮内実業家との提携は望ましい」という総督府の方針も参酌して大日本麦酒の傍系子会社として別個の麦酒会社を新設した[77]。新会社の設立については馬越社長に

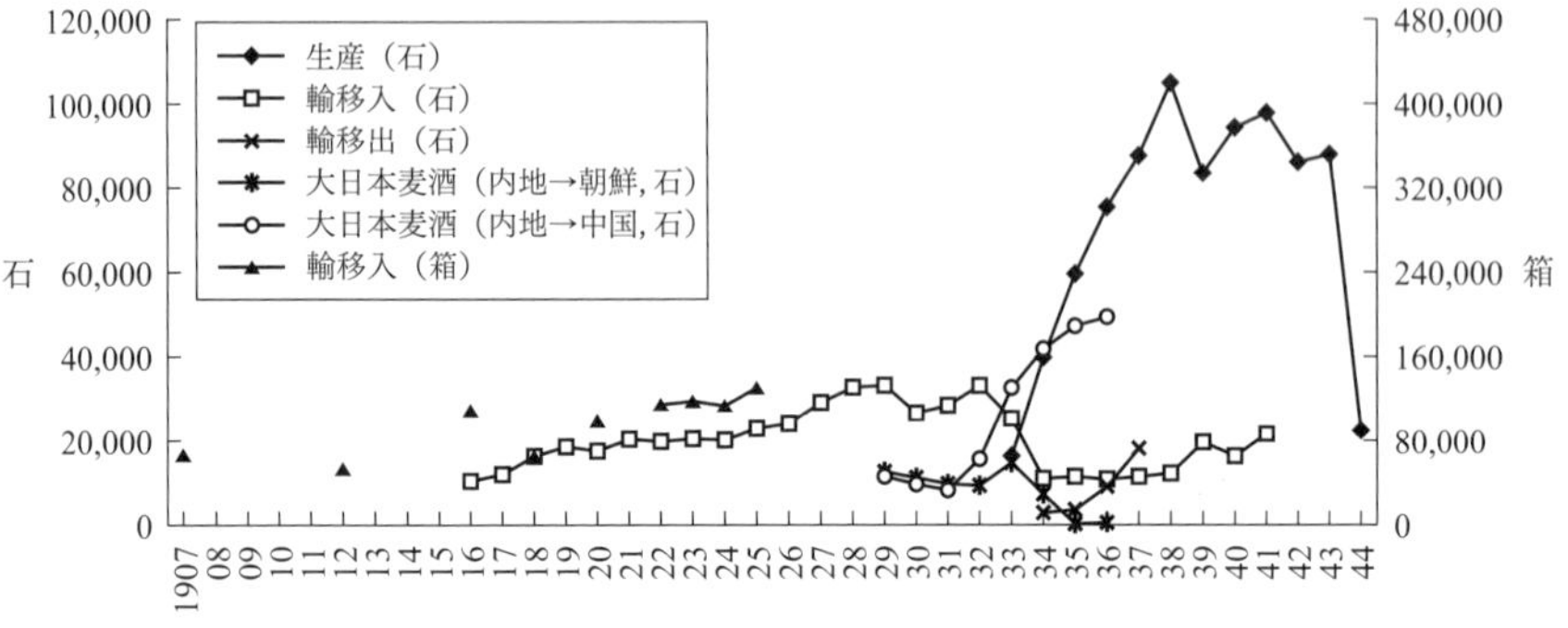

図 8-3　植民地朝鮮のビール生産と輸移出入

出所）朝鮮総督府『朝鮮総督府統計年報』各年度版；「朝鮮における麦酒需給状況」『朝鮮経済雑誌』116，1925 年；清水武紀「朝鮮に於ける酒造業（1）」『日本醸造協会雑誌』34-4，1939 年，342-347 頁；平山與一『朝鮮酒造業界四十年の歩み』友邦協会，1969 年；朝鮮総督府財務局「昭和 20 年度 第 84 回帝国議会説明資料」『朝鮮総督府帝国議会説明資料』第 10 巻，不二出版，1994 年；サッポロビール株式会社『サッポロビール 120 年史』1996 年，282-283 頁；麒麟麦酒株式会社『麒麟麦酒株式会社五十年史』1957 年，123-125 頁。

注）1938 年以降の輸移出は不詳。1944 年度の生産量は朝鮮麦酒と昭和麒麟麦酒のそれぞれの生産量の合計。『朝鮮総督府統計年報』の生産量と各社の『営業報告書』の数値は，当然集計期間などが異なるため，一致しない。

随行していた小林取締役によって設立目論見が作成され、資本金六〇〇万円、四分の一払込で、新会社への出資は内地資本七と朝鮮内資本三の割合とし、設立当初より六分配当を行おうとした。新会社の設立に対してその賛同が懸念されていた朝鮮内実業関係者の反応はむしろ「快諾」というところであって、閔大植、朴栄喆、韓相龍が発起人となっており、株式関係では服部系、大橋系、大倉系などが参加した。また、大日本麦酒が資本金の半額以上を保有する形となった。

　大日本麦酒の馬越恭平社長は、一〇月二七日、朝鮮ホテルで京城経済記者団に対して、朝鮮麦酒会社創立計画内容を発表した[78]。「創立計画大要」によれば、「財界不況の際である故株式公募はなさず大日本麦酒会社が総株中六万株は引受ける」「資本金は六百万円で四分の一払込とする」「本社は朝鮮に置く」「最初の製造高は一ケ年十万箱程度とする現在の朝鮮における総需要は十七万箱であるから十万箱とせば需用の大部分新会社の製品で充てることになる」「原料は朝鮮で不足なれば内地から移入する、それでは総督府の配慮を乞ふ筈である」「新製品の名称等まだきまらぬがレッテルは変へたいと思ふ」

「職工は約二百人位を要しようが熟練工は内地からつれて来る主として朝鮮で採用する」「機械は精巧なるものを独逸から購入することになろう」「社名は朝鮮麦酒株式会社とす」という方針であった。

工場建設は一九三三年の解氷期より大倉組に発注して取りかかり、年産一〇万箱規模の第一期工事を完了し、朝鮮内の自給自足を図り、のちには満洲をも商圏に入れて第二、第三期工事を行い、満洲方面にも進出する計画であった。原料においては総督府の斡旋を得て北鮮原野で増産すべきホップを充用して後には契約栽培を実施し、それに日本内地工場からモルトを加えた(79)。大麦は忠南産の丸麦を利用したこともあるが、一九二四年に日本よりとりよせたゴールデン・メロン種を試作し始め、のちに全国的に契約栽培を実施した(80)。容器の生産も黄海道の安価な原料を利用して製造することにした。朝鮮内でビールを酒造すれば、諸税、運賃の節約によって一箱につき平均三円安くできあがると期待された(81)。

これに対抗し、大日本麦酒とともに朝鮮市場を勢力範囲に入れていた麒麟麦酒でも、朝鮮進出を計画し、同社専務磯野長蔵が一九三二年一二月三〇日に東京を出発し、来朝して朝鮮ホテルに投宿しながら、総督府当局をはじめ関係方面の意向を聴取し、とくにビール専売の再燃はないという総督府当局の方針を確認した(82)。磯部が麒麟麦酒特約店の吉川太市と相談したところ、大日本麦酒の工場敷地の隣に、駅に近く鉄道引込線もある煉瓦工場の敷地があったため、その二万坪を即決で買収し、傍系会社（後に昭和麒麟麦酒）の設立を前提に総督府の工場設置認可を得た(83)。長年にわたって事業進出を準備してきた大日本麦酒とは異なって、時間的余裕をもたなかった麒麟麦酒は短期間での海外からの機械購入が難しいことから、仙台工場の一部設備を移転させて据え付けることにした。

それによって、大日本系と麒麟系が京城の周辺に工場を構え、引き続き相対峙する形となった。その一方、朝鮮ビール界を三分して相当の地歩を占めていた桜麦酒は窮地に立つこととなった。従来の販売戦で低価格を強みに相当の地盤を確保したが、移入税、運賃などの削減によって大日本系と麒麟系が一箱当たり二円五〇銭から三円まで安くなり、桜麦酒の強みは失われた(84)。さらに、一九三三年六月に大日本麦酒がユニオン酒造の麦酒鉱泉と合同する

資料図版 8-2　朝鮮麦酒の永登浦工場

出所）朝鮮酒造協会『朝鮮酒造史』1936年，11章，18頁。

と、一九二〇年代末の販売協定に反発していたユニオンが大日本麦酒の勢力下に入った。日本内地では大日本麦酒と麒麟麦酒とのあいだに共販会社が組織され、販売数量の九五％をカバーすることとなり、同様に朝鮮でも市場安定化が期待されて、一九三三年六月に大日本麦酒（朝鮮麦酒）七〇一対麒麟麦酒（昭和麒麟麦酒）二九九の比率で調印された共同販売会社の設立をみただけでなく、場合によっては将来的に工場合併も進展する可能性を有していると予測された。[85] しかし、朝鮮では企業合同が実現されることはなく、むしろ満洲において、一業一社主義にしたがって両者の合資による日満合弁会社、満洲麦酒株式会社（資本金二五〇万円）が一九三四年に設立された。[86] この、満洲麦酒の設立は朝鮮麦酒や昭和麒麟麦酒のビール販売を主に朝鮮内に限定することを意味した。

朝鮮麦酒は大橋新太郎を取締役会会長として一九三三年九月に設立され、本社を永登浦に、営業所を京城南大門通に設け、さらに大日本麦酒からの工事中の敷地売却を受けて、総建築費一〇〇万円をもって工場建設に取りかかり、一年も経たない一九三三年一二月九日に竣工をみた。[87] 本社、工場、事務所の建坪八五八坪、工場は六階建で高さ一三八尺の塔があり、延坪一八五四坪に達し、他にも社宅七棟三〇〇坪があった。[88] 工場の原動力ボイラー室にはランカシア型三菱製の汽缶が二基あり、一台の火熱面積三三平方インチ、常用気圧一二〇ポンドで工場内の過熱と暖房に使った。電動力は半馬力以上一〇〇馬力までのもの五五台もあって、工場の諸機械を運転しており、冷却装置のため製氷機械があるが、製氷の必要がないため、冷たい空気を送るのに使われていた。

酒造過程をみれば、「選粒された麦芽は除塵機、精選機を経て麦芽破砕機にかけられ、仕込釜、仕込槽、煮釜の工程から麦芽汁濾過機を通り、ホップを添加して苦味と芳香が附けられ、防菌沈殿、沈殿物濾過槽などを通って冷却室へ入り込み、冷却がすむと白煉瓦の槽の沢山槽に入り一槽が八十石、二十時間沈殿物を静置する構造ができて居り、次で愈々醱酵工程となり、摂氏四度――冷い醱酵室には一槽四十石の槽が幾つも悩みをつづけて、九分通り出来上ったビールは地下室の貯蔵室に貯蔵されるが、この室は零度から一度までの寒冷さで七十五石を容れるタンクがズラリと並ひ約三ヶ月貯蔵して成熟する」工程であった[89]。この仕込を一九三四年一月六日から始め、酒造されたビールは瓶詰あるいは樽詰され、四月二〇日に麒麟麦酒と日を同じくしてサッポロの商標をもってデビューし、朝鮮内各地へ送られたのである。

一方、麒麟麦酒側も当初は分工場の設置であったが、「朝鮮総督府の勧めによって、別会社にして、地もとから金季洙、朴承稷の二氏を役員に加え、一九三三年一二月昭和麒麟麦酒株式会社（資本金二〇〇万円、払込一二〇万円）を設立した[90]」。重役陣をみれば、伊丹二郎を取締役会会長として常務取締役には磯野長蔵と山岸敬之助が就き、朴承稷、金季洙、平沼亮三、松本新太郎、浅野敏郎、大河原太郎が取締役となり、監査役は水谷幸太郎、浜口担の二人が担当した[91]。工事は突貫作業で行い、機械は前述のように仙台工場の一部を移転して据え付けた。商品名はキリンビールとして一九三四年四月より販売した[92]。

原料調達においてホップは外国産、大麦は内地産に限られたが、朝鮮産業開発のため、最初のステップとして大麦の試作が一九三三年より京畿、忠北、全南、慶北、咸南の各道において行われ、一九三四年からは忠南を加えた。試作は、各道の試験場および各郡に一戸を割り当てて実施し、奨励方法として①予定額以上に達するまでの「減収補償」、②反当たり二円の「肥料代の補償」、③「価格」面での補助（地方価格の二割高）を支給した。品種は従来のザールス、チェコスロバキア種を栽培させたが、一九三四年よりゴールデン・メロンに注力した[93]。そのなかで、忠清南道の大田付近でビール麦の栽培を指導して成果を得た。ホップについては水原試験場長の湯川又夫の勧

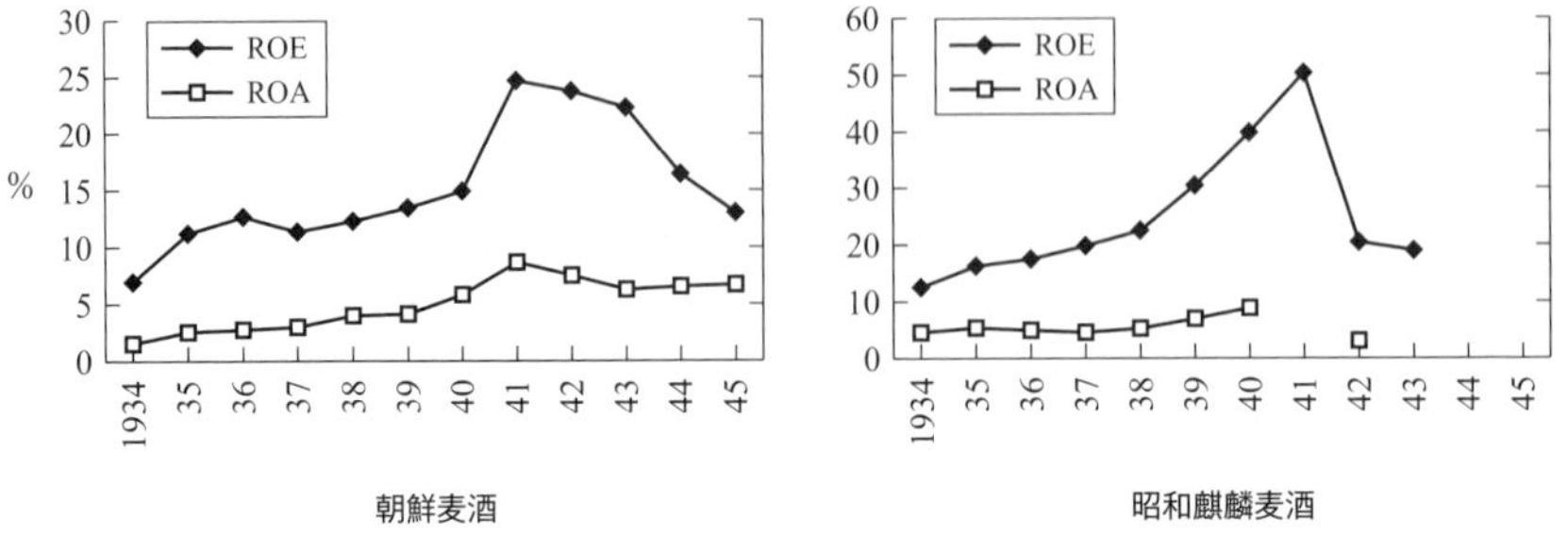

図 8-4　朝鮮麦酒と昭和麒麟麦酒の経営成績

出所）朝鮮麦酒株式会社『営業報告書』各期版；昭和麒麟麦酒『営業報告書』各期版；東洋麦酒株式会社『OB麦酒二十年史』1972 年，63 頁。

告を朝鮮麦酒とともに受け、総督府の北鮮開発計画に従って一九三五年に咸鏡北道恵山鎮の地を選び、その翌年より栽培を始めた。その後、両社は地域協定を交わして契約栽培に入った(94)。こうした現地での原料調達方針は朝鮮麦酒とも共通し、一定の成果もあげることができた。とりわけ戦時中に日本内地からの原料輸送が困難となったときに、非常に有効であった。

朝鮮麦酒・昭和麒麟麦酒ともに、年間一〇万箱、一万七千石を限度とし、後に工場の建設や製品の増産にともなって、「一々當局の許可を受けしむる事を条件として、製造の免許が與へられた」が、図8-4でみられるように、一九三〇年代に入って植民地工業化が進展し、朝鮮内の購買力も上昇して「一般消費界の好況に乗つて異常の進展を遂げ」た(95)。一九三五年には天候に恵まれ、例年より二割の売上増加が生じて、なかでもキリンビールの場合、四割以上も増加し、朝鮮工場の製造のみでは不足したため、本社横浜工場より二万箱の補給が行われるほどであった(96)。「朝鮮人方面の嗜好が著しく増し」ビールの消費量が一年間に三五万箱に達した(97)。こうした「鮮内消費や輸移出に応ずる為製麦室や貯蔵倉の増設を行ひ、［一九三七年には］八万余石の生産一万八千余石の輸移出を行った(98)」。とくに、輸移出量が輸移入量を上回っていた。資料上、一九三八年以降の輸移出は不詳であるものの、生産量が急激に増えたことから、朝鮮内の需要を充たしたことはもとより、中国輸出をはじめとする輸移出も増えたと考えられる。

このような「異常の発展」は朝鮮人の嗜好が薬酒よりビールに変わっていく傾向が強く現れ、植民地住民の購買力が上昇すれば、「何程でも増嵩するもの」と予測され、洋風化が進んでいたことがわかる。当初の共販会社による販売比率においては朝鮮麦酒が圧倒的な優位にあったものの、実際の生産比率をみれば、一九三〇年代末までは昭和麒麟麦酒が五三〜五六%を占め、朝鮮麦酒に対して優位を示した（ただし、一九三九年の大旱魃によって原料の入手難が甚だしくなり、ビールの生産量が頭打ちになると、一九四〇年は朝鮮麦酒の生産シェアが五〇%を超えた）。すなわち、昭和麒麟麦酒は朝鮮麦酒に遅れて工場建設に取り組んだが、その後、急速な生産拡大を通じてシェアを広げ、むしろ朝鮮麦酒に対してやや優位に立った。

ともあれ、こうした両社の体制に対して、金融恐慌の最中に鈴木商店が倒産したため、朝鮮工場を設ける余力をもたなかった桜麦酒は、アウトサイダーとして「共販側の販売合理化の裏をくぐり価格競走《ママ》で統制破りに虎視眈々の形で愈よ本格的需要期を前に泡ふく共販対サクラの販売戦」が展開された。桜麦酒は積極的に販売店に働きかけて地盤を固めるとともに、製品も大々的に見越し移入し、京仁地方で一万箱以上のストックを擁して、販売に際しては、①「共販側が割戻し低下等の引締め策で小売側からの反感を買ってうる《ママ》に際して地盤を割込む」、②「サッポロ、キリン両社とも共販の拘束で飲食店への積極的進出を手控へざるを得ないのに乗じこの方面へ積極進出をはかる」、③「価格では表面上一致して進む事となっているので、王冠その他の懸賞を行ふ」ことにした。[99] しかし、市中卸値は双方とも秘密にし、シーズンに入ると、露骨な価格競争に移った。

実は朝鮮麦酒と昭和麒麟麦酒の共販による市場安定策は「単なる価格の紳士的協定」に過ぎず、各地において依然として競争を惹起していた。この実態を踏まえ、一九三七年春に協定期間が終了するに際して、この延期を実施すると同時に、共販の強化を行った。「単なる価格協定」から一歩進んで出荷統制下で販売数量を割り当てて市価の安定を確保することに決定した。日本内地において「両者提携の実をあげた福岡支店長をそれぞれ京城に兼任」させ、「協定遵守」を申しあわせた。これは二回の値上げでも増税と原料高をカバーできないため、「販売合理化」

によってその実をあげようとするものであった。[100]前掲図8-1にみられるように、ビール価格は一九三〇年代中頃を経て上昇し、戦時下では急激な上昇傾向を示した。一九三七年一〇月の共同販売価格は四打入一七円二〇銭、二打入八円六〇銭、小売一本三九銭であった。共販によって価格安定化はもとより、ビール価格の引上げが実現され、これがビール会社の経営安定化をもたらしたのである。

朝鮮麦酒の場合、「半島財界の好況を反映」して販売高が激増し、一九三六年には一〇〇万円を突破して、その後も増え続けた。[101]それにともなって収益も増加し、前掲図8-4のようにROEが一〇%を超えており、ROAも一九四一年まで改善した。販売量の増加に対応し、社内留保を用いて毎期生産能力の拡大を図った。自己資本比率は七七・五%を記録し、資産の内容も堅実であって、均衡状態にあった。資本金六〇〇万円に対する払込は設立時の一五〇万円から一九三七年下半期二四〇万円へ増加し、四〇年下半期に三〇〇万円となってこれが敗戦時まで維持された。生産能力が昭和麒麟麦酒とほぼ同規模であったことを勘案すれば、比較的堅実な資本構成であったといえよう。さらに、毎期、資産の切下げに利益の半ばを振り向けてきた結果、興業費は非常に弾力性をもっていた。そのため、配当率は一九三四年に五%であったが、翌年から八%となり、その後やや低下することもあったが、一九四一年から四五年までは九%を記録した。

昭和麒麟麦酒も毎年能力拡充を続けたが、供給力の不足から親会社たる麒麟麦酒の補給を受けざるを得なかった。売上高もこれを反映して増加し、一九三六年には一七一万円を記録、朝鮮麦酒を上回る旺盛さを示した。配当率は一九三四年から八%を記録し、一九四〇年に九%となった。実は、経営成績上はそれ以上の配当ができたものの、「統制後常に独占利潤を擅にするものとして白眼視される傾向があるだけに当局への気兼もあって」増配を控えたと評価できよう。ただし、能力拡張を図るためには、資金調達が必要とされるが、「同社は殆ど麒麟麦酒の支店同様の立場にある為め原料、販売、拡張、金融等の問題は一切親会社で賄って呉る為め其の方面の心配は全然する必要がないし勿論低金利の今日払込徴収を急ぐ必要もない然しバランス上で借入金乃至親会社勘定で現れるところから」自己資本が六七・九％に過ぎないなど「資本構成では当然不均衡に陥る」こととなった。[102] 運転資金も不足しており、資本金の払込が必要とされた。しかし、資料上『営業報告書』によって確認できる一九四三年九月までに未払込資本金一八〇万円（資本金三〇〇万円）が払い込まれることはなかった。こうして昭和麒麟麦酒は前掲図8-4のように朝鮮麦酒に比べて払込資本金が小さかったにもかかわらず、売上高がむしろ大きかったため、ROEはより良好なものであった。

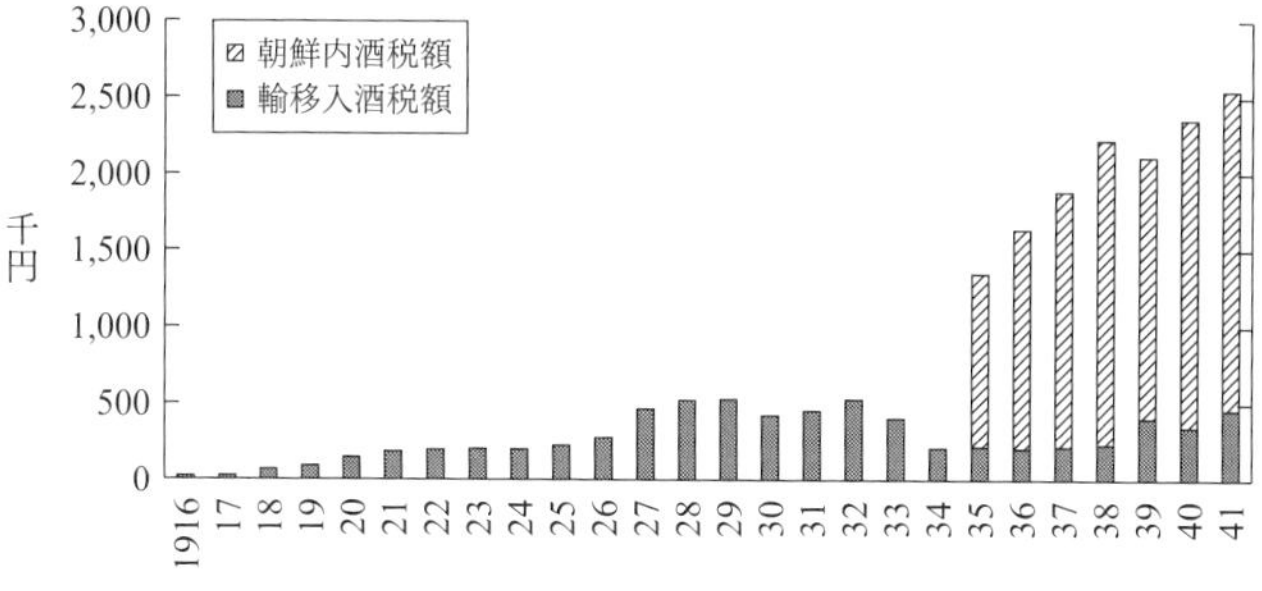

図 8-5　朝鮮総督府のビール関連税収

出所）朝鮮総督府『朝鮮総督府統計年報』各年度版。

「大衆景気のバロメーターとして麦酒は半島景気の大衆層浸潤を如実に現はし、増俸増給の声に愈々沸騰せんとしている」[103] ため、ビール事業の拡張は総督府財政にもフィードバックされた。図8-5にみられるように、ビールの現地化が実現されたあとの一九三四年よりビール酒税収が急激に増加し、それ以前とは対照的であった。一九三三〜三四年あたりで酒税額の減少がみられるのは工場建設に際して一時的に酒税が免除されたからである。しかしながら、戦時下で原料難が深刻化し、賃金上昇が続いたにもかかわらず、一九四〇年よりビール公定価格制度[104]が実施され、原料と製品のあいだで価格シェレー現象が甚だしくなると、ビール会社も経営悪化を余儀なくされた。すなわち、一九三九年の大旱魃以降ビール酒造量が頭打ちになり、一九三九年から一九四三年まで八〜一〇万石を推移したが、アジア・太平洋戦争の勃発後の一九四二年になると、朝鮮麦酒のROAとROEは低下し始めており、昭和麒麟麦酒は詳しいデータを欠くものの、一九四二年には収益性の悪化が確認できる（前掲図8-4）。とりわけ、朝鮮中央酒類配給組合が一九四一年一二月に発足して、ビールも配給制となり、日本内地において中央麦酒販売株式会社が一九四二年九月に設立されると、その二カ月後朝鮮でも朝鮮中央麦酒販売株式会社が設立されて、代理販売を開始し、配給組合や販売会社とともに、ビールの需給調整を期した。[105]とはいえ、ビール工場では、酒造能力の半分を軍需用アルコール生産に充てなければならず、一九四四年には生産がピーク時の五分の一（前掲図8-3）に過ぎなくなり、一九四四年三月一日より「享楽機関全面的停止に依り麦酒配給分野に相当の変化を来た」した。[106]ビールはもはや軍需品を第一として配給されることとなり、その不足のため、闇取引の対象となって、重要工場では働く労働者への特配品目として扱われた。[107]

おわりに

ビールの消費は居留地において日本人を含む外国人によって始まり、朝鮮内での普及が進んでいった。当然、日本内地からの移入品が多く、植民地化の後にはビール会社の販売促進が図られた。とりわけ、第一次世界大戦中に京城を中心にビール消費が増えると、ビール会社はそれぞれの流通網を構築し、朝鮮人の味覚の洋風化を促した。一九二〇年代に入ると、激しい販売競争が展開され、価格低下が傾向的に現れ、需要増加は著しくなった。そこで、大日本麦酒と帝国麦酒は朝鮮工場の建設を検討し始め、市場支配的な存在であった大日本麦酒が先に永登浦地域に敷地を確保した。

しかしながら、朝鮮内の需要が約一〇万箱に過ぎず、満洲を入れても朝鮮工場は採算があわないために工場建設は遅れていた。一方、帝国麦酒は鈴木商店の倒産もあり、工場の設置はもはや不可能となった。そのため、朝鮮内ビール会社の競争は流通業者に対する価格の引下げをともないながら、展開された。価格協定の動きもあったものの、ユニオンなどのアウトサイダーが存在したため、それは困難であった。ビールの需要期になると、販売戦が繰り返された。そのなかで、朝鮮総督府により財源確保のためのビール専売の試みがあったが、内閣の協議で否定された。これらの動きが大日本麦酒の朝鮮進出を不透明にすることになる。

一九三〇年代に入って満洲事変が起こり、朝鮮だけでなくそれを上回る規模の満洲市場が開かれ、朝鮮総督による勧誘がなされると、朝鮮進出が一気に進み、競争者の麒麟麦酒も急いで進出した。当初会社は分工場を建設しようとしたが、総督府の朝鮮開発方針を反映して、朝鮮麦酒（大日本麦酒系）、昭和麒麟麦酒（麒麟麦酒系）といった子会社の設立をみた。結局、満洲には大日本麦酒と麒麟麦酒の共同投資で満洲麦酒会社が別途に設立されたものの、植民地工業化の進展にともない朝鮮内の需要が爆発的に増加し、現地生産のみでは需要を充たすことができないほどであった。桜麦酒も不利な立場にもかかわらず、朝鮮への営業を強化したが、朝鮮麦酒と昭和麒麟麦酒の共販会社が置かれると、朝鮮市場は二社体制へと再編されたといえよう。

会社経営はきわめて安定し一定の配当も可能となった。大日本麦酒は資本金の払込を通じて設備投資金を調達したのに対し、昭和麒麟麦酒は親会社に頼る形で資金調達を行い、昭和麒麟麦酒のＲＯＥは当然高くなった。このようなビール消費の拡大が総督府財政を拡充する財源となったことも重要である。しかし、戦時下で原料難、材料難が甚だしくなると、収益性の悪化は避けられず、ビール生産も減産を余儀なくされた。

ビール業界の税収上の意義は、戦後韓国になってより大きくなった。日本人の引揚後、在庫をもって工場稼動を再開したが、朝鮮戦争によって多くの機械施設が戦災を被り、日本やアメリカなどから各種設備を導入して、工場の復旧に取りかかった。その過程で、戦前両社の経営に携わった朝鮮人取締役の関係者が新会社の経営陣として登場し、ドイツなどから技術を取り入れた。とはいえ、消費市場の規模は狭く、さらに外国産ビールの闇市場が会社経営にとって障害要因となったが、これが韓国内の消費を拡大させる契機ともなった。そこで、激裂な競争の結果、朝鮮麦酒が事実上倒産した経験から、東洋麦酒（昭和麒麟麦酒の後身）と朝鮮麦酒の両社はカルテル体制を構築するに至り、ビールの大衆化と相まって経営が安定した。これが酒税額全体の六〇％以上を賄うビール酒造業の基盤となったのである。

以上のように、居留民を中心に始まったビールの消費は都市部を中心に普及し、ビール会社の競争とその結果としての価格低下によって拡大した。満洲事変後の市場拡大がビールの現地化を促し、さらに会社経営だけでなく総督府財政の安定化をもたらし、このプロセスは戦後韓国でより著しくなった。新しい酒類としてのビールは「生産者と消費者の分離」を前提として導入され、資本蓄積行動によって朝鮮内で産業化し、在来の酒類を代替するものとして戦後韓国で定着した。その結果として、現地住民の味覚は洋風化し、ビール消費の慣習は不可逆的なものになっていったのである。

第九章　白い煙の朝鮮と帝国
――煙草と専売――

はじめに

一七世紀初めに朝鮮に煙草が伝来してから、朝鮮王朝の度重なる規制にもかかわらず、喫煙の風習は社会全般に浸透した。済州島に漂着し、一六六六年に長崎へ脱出するまで一三年間朝鮮に滞在したオランダ人のハメル（Hendrick Hamel）は四〜五歳の子供も喫煙したと記録を残している。(1) 開発途上国で見られるようなユース・スモーキング現象が煙草の有害性を知らなかった朝鮮でも生じていたのである。こうした煙草の朝鮮社会への浸透は、喫煙の中毒性にもよるものではあったが、煙草はもはや「必需」嗜好品となっていた。

これに着目して、日本がイニシアティブを握っていた韓国政府やその後の総督府は朝鮮の植民地化に際し、植民地統治に必要とされる財源を確保するため、葉煙草の耕作と煙草の製造・消費に対して税金をかけ、さらに三・一運動後に「文化政策」を進める必要が生じると、煙草業を専売とし、専売収入の拡大を図った。それによって、朝鮮内でも日本や台湾のように、製造専売が始まり、葉煙草の耕作から煙草の製造に至る国家独占が確立した。(2) その経済効果はたんに財源の確保に止まらず、煙草業におけるすべての事業段階にわたるものであった。戦後韓国でも専売業の収入が租税収入とともに政府財政を支える主軸であったことから、煙草専売業の形成は当時の植民地期だけでなく戦後に対しても重要な意味を有する。

それにもかかわらず、既存研究はこれらの経済効果についてあまり注目していない。朝鮮総督府専売局自身によって編纂された『朝鮮専売史』（一九三六）では朝鮮煙草産業への課税と専売事業の実施にともなう葉煙草の耕作・収納から煙草の製造・販売に至る総体的変化が明らかにされたものの、ネガティブなものも含めた経済効果が全面的に論じられておらず、その分析期間も戦前期に限定された。[3] 戦後韓国専売庁によって編纂された『韓国専売史』（一九八〇～八二）もこの通史をそのまま利用している。このような専売局自身による歴史記述を批判し、李永鶴は植民地期朝鮮の煙草産業における経済的侵奪過程とその意味を解明、専売制度の実施が製造業者の没落、栽培業者と販売業者の破局をもたらしたとみている。[4] 一方で、その経済効果はもとより、日本や台湾の専売事業と較べた差別性やその制度的特徴が充分に吟味されず、戦時下の煙草専売事業については検討すら行われていない。

また、柴田善雅も中国での日系煙草産業を分析するにあたって、その前史として東亜煙草株式会社の朝鮮事業を考察し、英米煙草トラスト（ＢＡＴ）と東亜煙草との競争関係、東亜煙草の事業展開、経営状況などを明らかにした。[5] さらに、勝浦秀夫[6]によって初めて指摘された東亜煙草への鈴木商店の投資と経営介入についても分析された。とはいえ、柴田は朝鮮における煙草産業それ自体をとりあげてはおらず、当然専売事業についてはまったく検討していない。

そこで、本章は戦前期だけでなく戦時期に至るまでの植民地全期間を分析の射程に入れ、植民地期朝鮮の煙草専売の展開がいかなる経済効果をもたらし、どのように帝国圏の煙草供給地となり得たのかを分析し、朝鮮ならではの特徴を検証することにする。

1　総督府の産業育成と煙草専売の実施

日露戦争中の一九〇四年八月に第一次日韓協約が締結されると、目賀田種太郎は外国人財政顧問として赴任し、韓国の財政整理事業に着手した。朝鮮植民地化の施策は日露戦後の第二次日韓協約（乙巳保護条約）などを通じて強化されたことは周知の通りであるが、財政整理事業の結果は『韓国財政整理報告』として五回にわたって公刊された。[7]そのなかで煙草は製塩、水産、造酒とともに、新しい財源として調査された。当時日本政府は日露戦争を契機として拡張した軍事費を捻出するため、葉煙草に限定されていた専売業、いわゆる需要独占を製造煙草にまで拡張し、国家独占を完成させた。それを台湾でも実施したため、日本側にとって新たな植民地とみなされた朝鮮においても、統治財源として煙草が当然注目されることになった。

朝鮮では「煙草の嗜好旺盛にして中年以上の者は殆ど之を口にせざる者なき状態なると朝鮮の地味は概して煙草の耕作に適し居るが為到る所に於て耕作せられ」ていた。[8]とはいえ、煙草の多くは産業用というよりは自家用として耕作され、製造煙草の購入による喫煙がそれほど普及していなかったことから、間接税として課税する方法が講じられた。[9]すなわち、「生産者と消費者の分離」はあまり進まず、市場購入であっても、非常設市場で葉煙草や荒刻煙草を購入し、朝鮮伝統の長いキセルをもって喫煙が行われたのである。これを前提に、日本側によって牛耳られた韓国政府は一九〇九年一二月に煙草税法を公布し、煙草の耕作と販売に対する課税を実施した。耕作税は植付根数九〇〇以下五〇銭、同九〇一以上二円、販売税は卸売一〇円、小売二円という税率であった。とはいうものの、図9-1の朝鮮財政収支をみれば明らかであるとおり、植民地内部からの統治資金の完全調達は困難であった。

そのため、総督府は財源たる煙草業の育成を促すため、主要な産地に司税局出張所を設置するとともに、煙草耕作組合を設立させ、組合員に対し農工銀行からの無担保低利融資を斡旋し、耕作者への実地指導、褒賞、講話およ

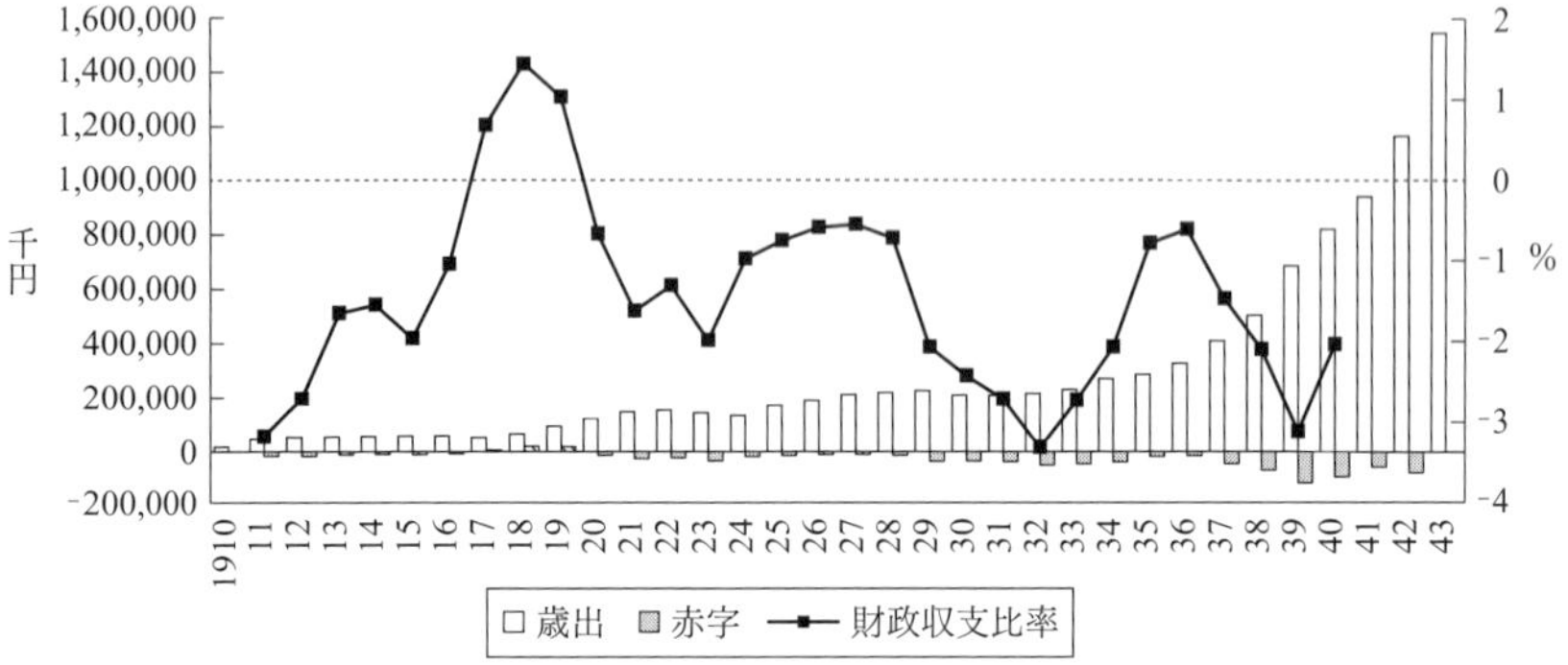

図 9-1　植民地朝鮮における財政収支の状況

出所）朝鮮総督府『朝鮮総督府統計年報』各年度版；金洛年編『植民地期朝鮮の国民経済計算 1910-1945』文浩一・金承美訳，東京大学出版会，2008 年。

注 1）1910～42 年度は決算額，1943 年度は予算額。

2）赤字額は朝鮮総督府特別会計の歳入超過より日本の中央財政からの公債，借入金，立替金，補充金を取り除くもの。

3）財政収支比率＝赤字額÷ GNP × 100。

び講習、刊行物の配布などによる煙草耕作の改良指導を実施した。[10] とくに、一九一二年より葉煙草種類整理事業が開始され、在来種の中で種子の存廃を決め、存置すべき種の種子を無償配付し、廃止種の廃棄を誘導し、外国種の試験栽培を通じてその普及を図った。日本種は日本内地の煙草専売の実施（一九〇五年）によって葉煙草の輸出に対して制限が加えられたため、朝鮮においても日本種の耕作が必要とされ、大邱、密陽および三浪津付近で試作の上、普及され始めた。[11] また、黄色種は韓国政府によって一九〇七～一〇年の三年間、成川、大邱および大田において試作されたが、総督府はその成績をみて、北米バージニア州の地質、地勢、位置、気象などが類似する忠州地方が産地として適すると判断し、度支部司税局出張所を開設して、民間への耕作用資材および種子を無償配付した。

一九一四年に至ると総督府はついに「朝鮮財政独立計画」を樹立して六カ年実施し、中央政府の一般会計からの補給を要しない財政構造を定着させようとし、間接税の増徴を実施したが、その一環として煙草消費税の増税が決定された。本来、日本内地や台湾のような煙草専売の実施も検討され得るものの、朝鮮の植民地化に際して、イギリスとの協議で一〇年間の関税据置期間内に煙草専売を実施しないことにしたため、煙草税の増徴による財源拡充案が講じられた[12]。総督府は一九一四年七月に既存の法律を廃止し、新しく煙草税令を制定した[13]。耕作税と販売税の税率を引き上げるとともに、煙草製造業の発達に応じて、従来とは異なり煙草製造地を京城はじめ九カ所に限定し、煙草製造税を設けた。それだけでなく、製造煙草消費税をも新設した。これは製造煙草業者の登場にともなって「生産者と消費者の分離」が進展しているのに対し、税収源の確保の観点から製造煙草の専門化を促す措置であった。

煙草税令が施行されると、まず、税率の引上げは耕作面積の減少をもたらし、一九一三年の一万九六四一町から一四年には一万九九九町へと縮小した。もちろん、その後、葉煙草の需要が増加して一九一九年には一万九二〇七町へと回復したものの、税率の引上げは当時として大きな影響を有した。煙草税令のショックがより大きかったのは製造部門であった。指定都市外の製造業者は廃業あるいは移転するしかなかったので、製造業者の減少が避けられなかった。一九一四年七月の煙草税令の実施に際して製造免許者として五一人が指定された[14]。このとき、朝鮮において東亜煙草とともに、有力な製造業者であったBATは煙草製造税の負担を回避するため、煙草在庫を満洲へ送り、朝鮮内の製造事業を諦めた[15]。その後も免許取消者が生じ、一九一五年には四一人、一六年には四〇人となった。また注意すべきなのは、一九一五年に京城府において広江沢二郎が廃業した際、同工場について東亜煙草株式会社に新規免許を与えたことからわかるように、表9-1の製造業者数は工場を基準として、同一業者が重複してカウントされたことである。

表9-1　朝鮮における煙草製造業者（1916年）

	製造業者数	工場		職工数		
		箇所数	坪数	日本人	朝鮮人	計
京城	8	8	3,655	115	2,738	2,853
大田	3	3	39	8	14	22
全州	1	1	496	10	254	264
大邱	7	7	432	25	350	375
馬山	6	6	79	11	24	35
釜山	9	9	464	47	271	318
平壌	3	3	527	13	352	365
元山	3	3	34	3	2	5
計	40	40	5,726	232	4,005	4,237

出所）朝鮮総督府『煙草産業調査涵養事跡』1916年度版。

第一次大戦期の好況が続き、朝鮮内の製造・消費も増える一方、税率の引上げが続いた。その結果、煙草消費税はその税率が小売指定価格の二五％に達し、それ以上の引上げは製造煙草の消費増加を抑制するおそれがあった。そのため、一九一八年にはさらに煙草税令の改正を行い、従来の耕作税を廃止し、その代わりに税率二五％の葉煙草消費税を設けて製造煙草との均衡をはかった。ただし、自家用煙草に限っては耕作税を設けた。このような煙草税の増徴をはじめとして第一次大戦期の好況にともなう税収の増加が続き、総督府の財政は年々赤字が縮小し、一九一七年から一九一九年までの三年間、財政黒字を記録するに至った。当然、日本からの補充金も減り、一九一九年にはそれがゼロとなり、財政独立が達成された。

とはいえ、一九一九年三・一運動の発生による総督の更迭とともに朝鮮統治方式が「武断」から「文化」へと変わり、積極的な「朝鮮開発」が決定された。そのためには大規模財源が必要とされたが、戦後恐慌も発生したので、中央政府の一般会計からの補充金を要請する一方、総督府は「関税ノ十年据置期間」の満了に際して、煙草専売の実施案を検討した。煙草消費税の税率を二五％以上へ引き上げれば、消費者の経済負担が過重となり、むしろ製造煙草の消費が減少し、またBATの製品輸入による市場の蚕食も懸念された。さらに、総督府は煙草製造者の競争によって原材料の価格が騰貴しており、一方で販売価格をすえおいて経営収支の補塡を図ろうとする結果、品位の低下がもたらされるとみた。激しい競争に耐えられない家内工業水準の零細業者はむしろ「専売ノ実施ヲ渇望」していた。

朝鮮でも日本のように、まず葉煙草専売を実施し、そこから製造煙草へと専売業を拡大すべきところ、総督府は葉煙草の密売が多かったため、葉煙草専売を実施しても所期の目的を達成できないと見、総督府が直接製造専売に乗り出した。当初は一九二〇年より実施するつもりであったが、三・一運動後「一般の民心尚静謐に帰し居」らなかったため、その実施を一年延期し、一九二一年四月に朝鮮煙草専売令を発布し、同年七月に専売業を開始した。前掲図9-1にみられるように、財政収支比率が戦後恐慌の発生後急降下し、財源事情が悪化するなか、煙草製造業者の利益分を独占する専売業の実施は「朝鮮開発」のためきわめて重要なものであった。

そのため、総督府に外局として再設置された専売局[16]は、民間煙草製造工場の中で比較的設備が完全であった京城所在の東亜煙草会社、朝鮮煙草会社、東西商会、全州、大邱、平壌所在の東亜煙草会社各工場の敷地、建物、煙草製造専用器具機械、原料たる葉煙草を接収した。さらに、包嚢その他の用紙印刷のため、京城印刷会社工場の敷地、建物、器具、機械を買収し、一九二一年七月より煙草製造を始めた[17]。この際、大きな問題として浮上したのが、朝鮮内の最大の製造業者であった東亜煙草会社への補償の問題であった。総督府からは補償金と交付金が支給されたが、それに際して東亜煙草は政府の補償価格と申告価格との差額（一二二万余円）、ＢＡＴへの対抗、製造業者の統合などのために使われた費用（四三八万円）、商標の補償金（九二万円）、朝鮮内の営業権や海外事業などを顧慮して補償金と交付金を算出することを追加的に要求したのである[18]。この要求が総督府への陳情、衆議院や貴族院への請願書の提出として繰り返されたものの、基本的に総督府案にそって会社資産の接収に対する補償金と廃業への交付金（煙草一カ年の売渡金二二％）のみが認められ、一九二五年一月二六日に衆議院で表９‐２のような補償金および交付金が決定された。

表 9-2　東亜煙草会社への補償金および交付金

事項		金額（円）
補償金	土地	297,368
	建物	749,270
	機械器具	522,140
	葉煙草	3,822,424
	材料	281,381
	計	5,672,583
交付金		2,282,245
合計		7,954,828

出所）朝鮮総督府専売局「第 51 回帝国議会説明資料」（1925 年）『朝鮮総督府帝国議会説明資料』第 14 巻，不二出版，1998 年。

こうして煙草の製造を総督府専売局の事業としたが、例外として一人当たり三〇坪内の自家用煙草耕作の許可、民間荒刻煙草の製造および販売の許可、全葉喫用煙草の売渡しなどが認められた[19]。煙草をめぐるフードシステムの再編に際して「生産者と消費者の分離」を人為的に進めれば、それまで自由に葉煙草の耕作と購入が可能であった朝鮮民衆から生じ得る反発を勘案し、煙草専売業の一部猶予措置をとったのである。実際には自家用耕作および無許可耕作による葉煙草の密売や民間荒刻煙草製造などといった犯則が続いたので、これらの例外を撤廃し、専売業の完全を期する必要が生じた。全葉喫用の慣習を製造煙草に変えるため、専売局は一九二三年には低廉な荒刻煙草（長寿煙一五匁入一〇銭、七匁入五銭、囍煙二五匁入一〇銭）を供給した。自家用耕作者も著しく減少し、例外を認める必要がなくなったと判断し、一九二七年一月に朝鮮煙草専売令を改正し、全葉喫用煙草の払下を中止し、一九二九年に至っては自家用煙草ならびに民間荒刻煙草の製造を完全に禁止した。その結果、制度的に完全な国家独占が確立し、朝鮮内では「生産者と消費者の分離」が完全に行われ、そのフードシステムは国家機構によって制御されることとなったのである。

以上のように、財政的要請から煙草税令が制定され、税金の新設・廃止と税率の調整によって煙草税の増徴が行われたが、「文化政治」の一環として「朝鮮開発」という政策課題が生まれると、もはや税金によっては充分な財源が確保できず、総督府は煙草業の専売化を断行した。このような煙草業の国家事業化は葉煙草の耕作から煙草の製造と販売に至るまで、収益性の向上のために効率化が進められる契機ともなったのである。

2　煙草専売の経済効果――耕作、製造、財政

煙草専売制度が強化されるに従って、耕作から製造・販売に至る全過程にわたって合理化措置が実施された。煙草耕作は旧煙草税令によって免許されたものを容認していたが、これらの産地は各地に散在し、検査、収納および取締りが不便であっただけでなく、品質も不良であり、生産量が僅少であったため、産地として不適当な地方も少なくなかった。そのため、総督府は一九二二年より葉煙草の持越数量、製造原料用、輸出用、全葉喫用、荒刻原料用などの需要数量に鑑み、交通の便宜や品質の優劣を考慮し、産地整理方針を採り、耕作農民に対しては耕作方法の改善、技術指導を強化した。一九二二年に耕作面数一三四カ所、面積二二〇三町歩、二三年には朝鮮種の耕作面

数五七カ所、面積六九八町歩を整理した。一九二四年に朝鮮種と黄色種の葉煙草に対する需要が増加すると見込まれると、専売局はその耕作面積を増やした。産地整理の結果、小面積の耕作者が著しく減少し、産地拡張の必要がある場合でも、現産地内またはこれに隣接する場所の耕作面積を増加させた。その反面、口付煙草の需要が減少したため、その原料たる日本内地種の産地を縮小し、さらに品質不良であるトルコ種の縮小を誘導した。葉煙草の耕作ではその産地の集約だけでなくその種類の縮小策も講じられた[20]。

資料図版 9–1　解放後の煙草栽培の様子

出所）韓国公報処弘報局写真担当官「담배農事」1958 年（CET0043638）。

このような耕作改良のチャンネルとなったのが、一九一三年以来設置された煙草耕作組合であった[21]。専売局によって煙草の植付検査、収量調査および収穫葉煙草の収納が実施されなければならなかったが、既存の耕作組合を利用することがもっとも緊要であると認められ、組合への補助金の支出が決定されて、年々実施された[22]。煙草専売体制の下で期待された業務は、①政府の方針にもとづく煙草耕作の改良、②肥料購入および乾燥設備に要する耕作資金の融通、③種子の採取並びに内地原産地の優良種子の配付、④肥料または農具の共同購入、⑤苗床、本圃、収穫葉煙草の品評会の開催、⑥犯則の予防、⑦優良耕作者の表彰および耕作改良に関する講話、⑧その他煙草耕作に関する調査および専売官署の発する一般の命令、指示、注意事項の周知実行などであった。耕作組合が専売業務の執行や煙草耕作の指導啓発に大きく寄与できたことはいうまでもない。それによって、図 9–2 のように、平均一反歩当たり収穫キログラム、すなわち土地生産

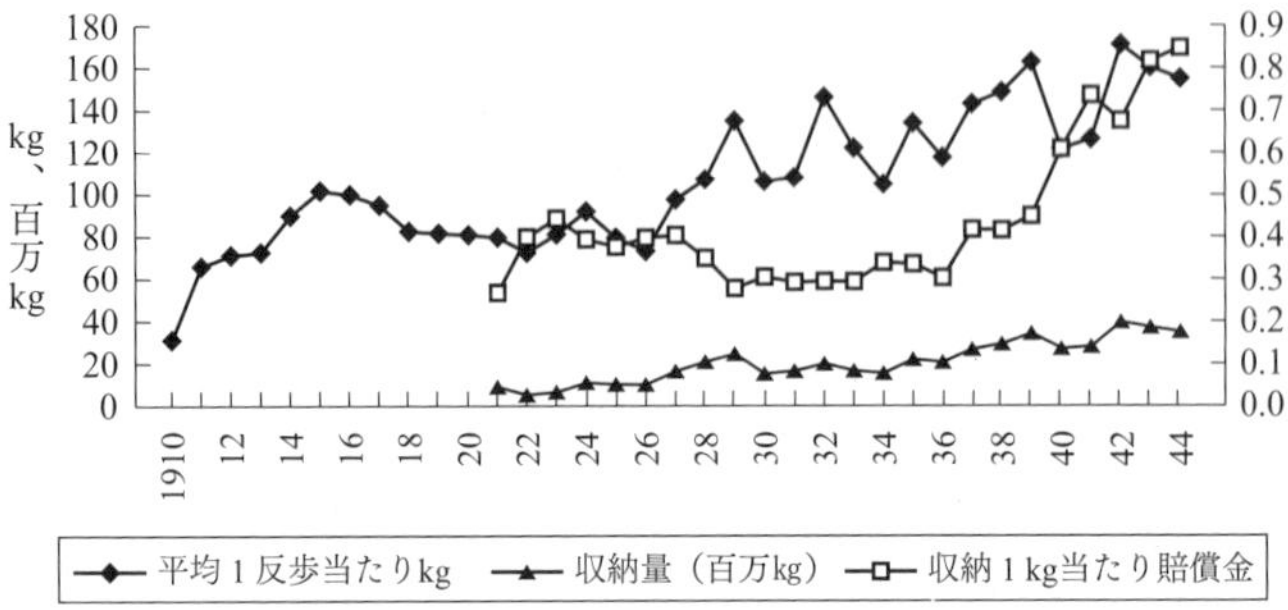

図 9-2　葉煙草耕作における土地生産性と賠償金の推移

出所）朝鮮総督府専売局『専売局年報』各年度版；朝鮮総督府『朝鮮総督府統計年報』各年度版；朝鮮総督府『朝鮮総督府帝国議会説明資料』第 1-10 巻，不二出版，1994 年。

注）平均 1 反歩当たり kg は 1910〜20 年は収穫量を基準とするが，その後は収納量を基準とする。そのため，1920 年までは商品性の低い自家用葉煙草が含まれている可能性があり，一方で 1921 年以降は葉煙草の商品性と製造煙草の売行きに応じて専売当局によって収納されなかった可能性がある。

性が一九二〇年代中頃以降、急上昇した。

葉煙草は一九二九年までの自給用を除いてはすべて専売局によって収納され、それへの収納賠償金が葉煙草の品質、従来の価格、対抗作物との収支の比較などに鑑み、対抗作物よりいくぶん有利に決定され、その基準を前年度に公示した。[23] それによって、従来のように収穫の際の価格下落の懸念がなくなり、農民からみれば安心して耕作できるようになった。その結果、葉煙草の耕作熱が旺盛となった。専売局は耕作地の状況や交通の便などに鑑み、適宜区割りを行って葉煙草収納官署（一九二五年には一三カ所であったが、その後増加）を配置し、これにその耕作に係る葉煙草を納付させた。それでも耕作地から遠距離に位置した場合、葉煙草の運搬が困難であったため、収納官署営内適当の場所に収納取扱所を置き、収納時期に一定の期間、収納官署より職員を出張させ、収納事務を取り扱わせた。それによる収納葉煙草の収納賠償金をみれば、一九二〇年代中頃以降低下し、一九二三年の水準を回復するのは戦時下の一九三九年になってからであった。土地生産性は向上したものの、その分収納賠償金が低下し、朝鮮農民にとって大きな収入改善はなかっただろう。

日本や台湾に比べても、朝鮮の収納賠償金は低い水準であった。一九二八年に一キログラム当たり賠償額が日本七七・七銭、台湾六四・一銭であったのに対し、朝鮮では三四・九銭に過ぎなかった。この点について近藤康男は一人当たり収納賠償金を基準として「朝鮮は内地及び台湾に比し約三分の一の地位を占めるに過ぎない」とみた。[24] これは朝鮮農民のほうが「対抗作物トノ収支ノ比較」と称される機会費用が低いことから、低い収納賠償額を余儀なくされたのである。[25] それに比べて同じく植民地であった台湾では稲作、甘蔗との競争関係があり、台湾農民が朝鮮農民より有利であったと、近藤は指摘した。とはいえ、葉煙草の耕作が利益をださないものとは認識されなかった。葉煙草作一反歩当たり収支（表9-3）をみれば、トルコ種[26]を除いてすべて黒字であったが、収益率は日本種がもっとも高く、その次が黄色種であり、量的にもっとも多かった朝鮮種の収益率は低かった。

表9-3　葉煙草作1反歩当たり収支計算表（1924年調査）

	朝鮮種	日本種	黄色種	トルコ種
平年反当収量（貫）	22.4	28.4	35	16
査定1貫当価格（円）	1.253	2.114	2.3	2.5
収入金（円）	28.105	60.282	80.5	40
支出金（円）	26.668	48.309	75.015	40.733
利益（円）	1.437	11.973	5.485	−0.733
収益率（%）	5.11	19.86	6.81	−1.83

出所）朝鮮総督府専売局「第51回帝国議会説明資料」（1925年）『朝鮮総督府帝国議会説明資料』第14巻，不二出版，1998年。
注）支出は公費，地代，人夫賃金，苗床肥料代，本圃肥料代，器具損料および雑費などからなる費目について産地内の平均的耕作者を対象として調査する。収益率＝損益÷収入金×100。

煙草製造でも効率化が進められたことはいうまでもない。専売局は既述のように民間製造業者の工場の中で優良なものを接収したものの、いずれも狭隘かつ不完全であった。それを官営工場一般の水準まで向上させるため、作業の開始と同時にそれぞれ食堂、休憩室、洗面所を新設し、事故予防や保健上、必要な設備を設置するなど応急改善を加え、かねて散在する小工場を廃止して管理経営の便を図った。なかでも、大邱工場がとくに狭隘であったため、一九二二年に新工場を起工し、一九二四年三月に竣工した。[27] 京城義州通工場の増築竣成を進める一方、不完全な太平通工場を廃止して京城工場の統一管理を実施した。煙草製造用器具・機械も当初は接収品をもって充当したが、電動機の使用を筆頭にこれらを刷新し、設備能力の増進も推し進めた。

職員においては道府郡島庁または税関において煙草税事務に従事した職員のほかにも、特別任用を通じて民間製造業の事務員や技術者を採用し

表 9-4　専売煙草工場の職工総数（1925 年 9 月末現在）

		印刷工場	京城支局 仁義洞工場	同 義州通工場	全州支局 工場	大邱支局 錦町工場	同 東雲町工場	平壌支局 工場	合計
工長	全体	2	13	6	9	4	1	10	45
	内，女工		1	1	1			1	4
	日本人	1	6	2	2	2	1	2	16
工手　功程	全体		291	17	150	123		70	651
	内，女工		99		23	38		35	195
	日本人								–
工手　日給	全体	47	340	331	129	207	72	135	1,261
	内，女工	2	34	33	18	65	14	18	184
	日本人	3	16	10	3	21	1	2	56
見習	全体	17	17	59		29	37	17	176
	内，女工	3	13	8			1	3	28
	日本人					5			5
計	全体	66	661	413	288	363	110	232	2,133
	内，女工	5	147	42	42	103	15	57	411
	日本人	4	22	12	5	28	2	4	77
対在籍出動歩合		0.970	0.864	0.983	1.021	0.934	0.973	0.961	0.940
前年同月出勤歩合		0.971	0.925	1.293	0.974	0.865	0.991	0.938	0.977

出所）朝鮮総督府専売局「第 51 回帝国議会説明資料」（1925 年）『朝鮮総督府帝国議会説明資料』第 14 巻，不二出版，1998 年。

た。[28] 製造作業に当たる職工は民間製造業者の従業員より希望者を採用した。とはいえ、専売以前には年齢、学歴を考慮せずに採用したので、無学者が職工の八〇%を占めるなど、「素質低劣」であった。[29] これに対し、専売工場では日本人は義務教育の修了者、朝鮮人もそれに準ずる者を採用し、一九二五年には無学者の比率が五〇%内外へ低下した。職工に対しては精神講話、書籍・筆墨の提供、普通学校課程の教育（修身、日本語）を施し、労働力の質的向上を図った。工場内の労働ヒエラルキーをみれば、表9-4のように工長—工手—見習からなっており、数少ない日本人は工長あるいは日給工手として配置され、出来高給を受ける「功程工手」には一人もいなかった。身分制度において雇員、官吏（判任官以上）ではそのほとんどが日本人であって、日本人は現場労働力の主力である朝鮮人職工を管理する位置に置かれていた。とはいえ、注目すべきなのは朝鮮人でも工長が二九人に達し、工手から工長への昇進ルートが制度的に設けられたことである。

労働時間は一日一〇時間を原則として、所定時間以上の勤務者に対して、食事とともに一時間の休憩時間を与えた。女子と一五歳未満者の「過剰」で危険な労働を禁止し、分娩休暇制度を設けた。賃金は日給払と「功程払」（出来高賃金）を実施し、定時を超えた勤務に対しては割増給を実施した。(30) そのうち、功程払は昭和恐慌期に入って後掲図9-4のように作業量が減り、該当職工の所得がむしろ低下したため、一九三〇年九月に功程払が全廃され、日給払のみとなった。(31) 日給払に対しては年四回の勉励賞を給与するほか、特別賞、技術奨励賞を支給した。各工場別には毎年春秋二回の慰安会を催した。工場医と看護手を常置し、職工の健康管理に力を入れるとともに、現業員共済組合を組織し、相互救済を図った。専売支局レベルでは日常必需品の共同購買、貯金の奨励、職工家族の診療などを行い、福祉の増進に努めた。これら措置が表9-4のように定着率を高め、一九三〇年代初めまでは勤続年数の増加と年齢構成の壮年化が進行した。

煙草の製造にあたって、専売局は作業工程の効率化を進めた。煙草製造は、①各種類の葉煙草を配合する「葉組作業」→②葉柄・主脈・砂塵を除去して配合原料を均一に混合する「葉拵作業」→③原料を一定の幅に刻み上げる「裁刻作業」→④紙巻煙草の製造に際して刻を鞘紙で巻き上げる「巻上作業」→⑤刻あるいは巻を包装容器に詰め、荷造りする「装置作業」となる。(32) そのため、これらの工程に対して工場設備の改善や手作業の機械化を進めるとともに、男子職工を減らし、その代わりに女子を多く配置して、女子の比率が一九三〇年代半ば以降六〇%を上回った。(33) 要するに、機械化が進んだ作業には低賃金かつ手先の器用な女子を多く配置したのである。また、製造品種を減らし、製品規格の統一化を図った。専売前には民間工場で製造された煙草が一〇〇種にも達したので、それを口付紙巻四種、両切紙巻五種、刻三種に限定し、その後は消費者側の需要に応じて製造の品種を調整し、一九三五年頃には一八種となった。(34) それによって、図9-3のように、専売業が実施されてから煙草製造工場の労働生産性が急激に上昇した。

資料図版 9-2　ピジョン煙草包匣

出典）清渓川文化館『清渓川，1930』2013 年，22 頁。

とくに、口付の需要が減少し、両切の販売が増えるにつれ、一九二二年には高級品の両切ジージーシー（ＧＧＣ）を新たに製造し、また朝鮮人の購買力と嗜好を念頭において下級荒刻および囍煙の製造を開始した。口付紙巻、両切紙巻、刻の煙草が生産されたが、そのなかでも他の地域のように両切紙巻が急増した（図９‐４）。生産額の構成をみれば、一九二一年には両切五九％、口付三八％、細刻二％、荒刻一％であったが、二三年にはそれぞれ両切六五％、口付三〇％、細刻三％、荒刻二％となった。その後自家用葉煙草耕作および民間刻製造の廃止、その取締りの励行、奥地の販路開拓によって荒刻の消費が急増し、一九三一年にそれぞれ四五％、六％、一％、四八％へと変わり、両切の消費を増やしながら、一九四〇年にはそれぞれ七六％、一％、〇％、二三％の構成となった。朝鮮内の煙草消費が長期的に両切紙巻へ収斂したのである。また、煙草消費では輸移入品のことも考えなければならないが、朝鮮は在来的に煙草の生産・消費が多かった上、一九一〇年代になると、東亜煙草などによって朝鮮内で製造された煙草の消費が圧倒的であったため、輸移入品の比率は当初より小さかった。製造煙草の輸移入は主として高級品に限られていた。

　このような生産性の向上と生産規模の拡大が煙草専売業の経営にもポジティブなフィードバックをもたらしたことはいうまでもない。まず、生産費の動向に注目して、製品一万本当たり実績をみれば、朝日は一九二一年一八七六万五千円、一九二二年二〇五二万九千円、一九二三年一六一七万一千円、一九二四年一五四八万六千円、メープ

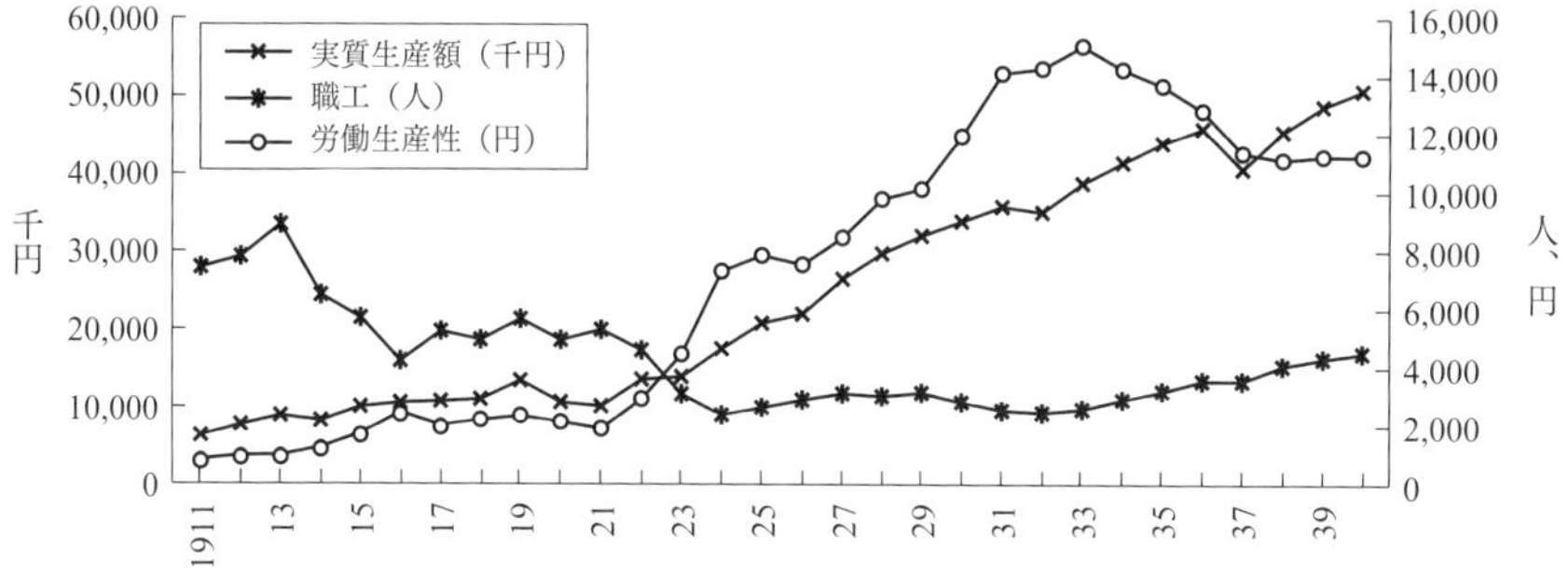

図 9-3 煙草専売工場における実質生産額，職工，労働生産性

出所）朝鮮総督府専売局『専売局年報』各年度版；朝鮮総督府『朝鮮総督府統計年報』各年度版；李永鶴『韓国近代煙草産業研究』新書苑，2013 年，183 頁。

注 1 ）実質生産額＝名目生産額÷煙草物価デフレータ。ただし，煙草物価デフレータ（1935 年度基準）は以下の方法によって推計する。①朝鮮内の製造販売額と数量から口付，両切，細刻，荒刻の種類別価格シリーズを得る。②これらをもって製造数量にかけて名目生産額を推計し，さらに煙草の種類別ウェイトを得る。③これを各煙草価格指数（1935 年度＝1）に反映し，煙草全体の物価指数を推計する。

2 ）労働生産性＝実質生産額÷工員数。

3 ）1911〜20 年のデータは李永鶴『韓国近代煙草産業研究』新書苑，2013 年，183 頁を利用する。原資料は『朝鮮総督府統計年報』［横尾信一郎『朝鮮金融事項参考書』1923 年，307 頁］。

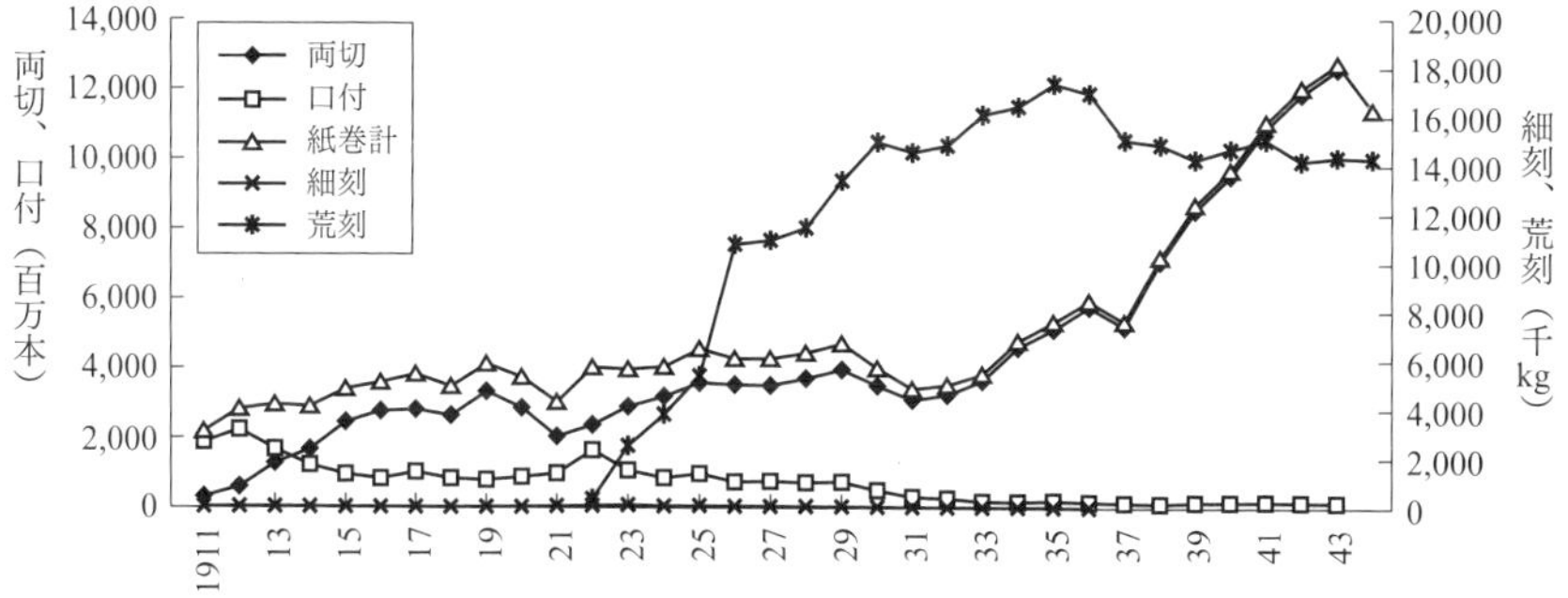

図 9-4 朝鮮専売局の煙草製造

出所）朝鮮総督府専売局『専売局年報』各年度版；朝鮮総督府『朝鮮総督府統計年報』各年度版；李永鶴『韓国近代煙草産業研究』新書苑，2013 年，183 頁。

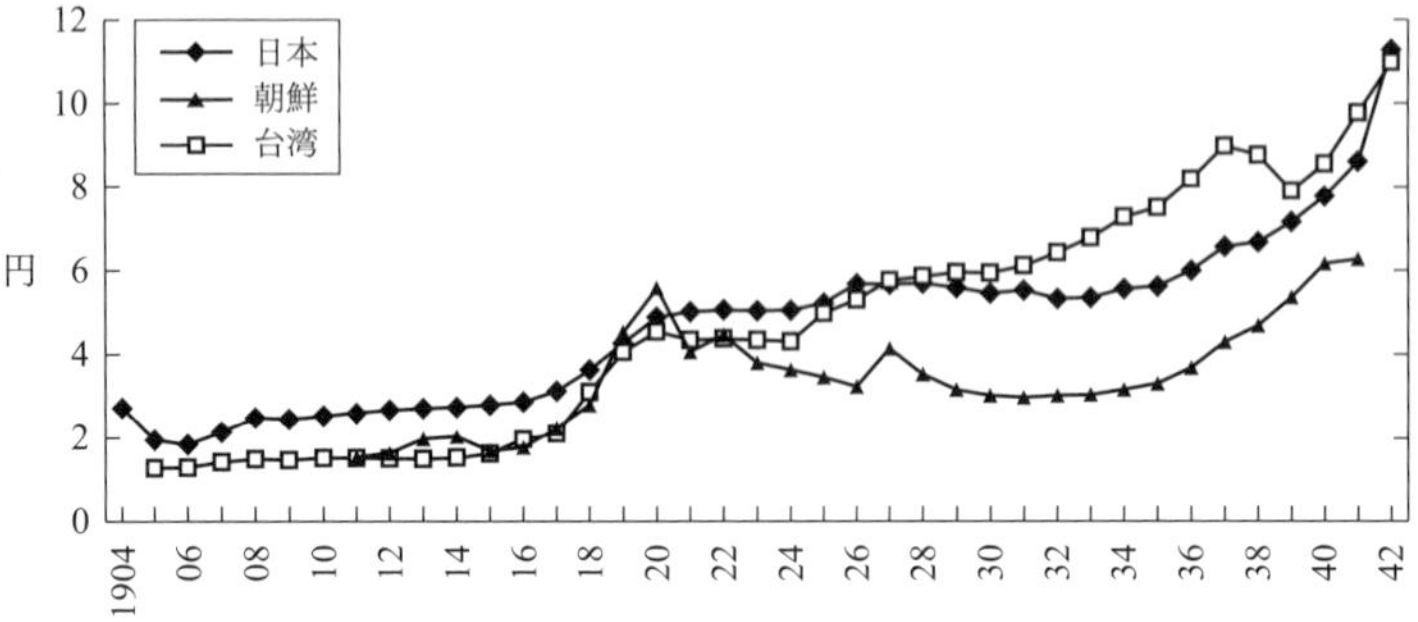

図 9-5　製造煙草の販売価格

出所）大蔵省専売局『専売局年報』各年度版；台湾総督府専売局『台湾総督府専売事業年報』各年度版；畠中泰治『台湾専売事業年鑑』台湾と海外社，1941 年；台湾総督府専売局『台湾総督府統計書』各年度版；朝鮮総督府専売局『朝鮮総督府専売局年報』各年度版；同『朝鮮総督府専売局事業概要』1939 年度版；朝鮮総督府『朝鮮総督府帝国議会説明資料』第 1-10 巻，不二出版，1994 年；同『朝鮮総督府統計年報』各年度版。
注）煙草種類別販売金額をウェイトとして反映して推計。

ルは一九二一年一〇九四万五千円、一九二二年一〇二一万二千円、一九二三年九一四万九千円、一九二四年八五八万円と、年々低下した(35)。このことが戦時下で原材料の価格や賃金の上昇が著しくなるまでは、製造煙草の販売価格にも影響を及ぼした。要するに、図 9-5 のように、朝鮮の煙草価格は一九二〇年までは台湾と同様の動きを示したが、専売以降むしろ低下し、戦時下に入ってから再び上昇した(36)。ただそれにしても、他の地域に比べて圧倒的に低価格であったのである。専売の実施によって「全体として煙草専売の為めにその値段が高くなったのであるから、朝鮮人は此の専売には却々怨を持って」いたという懸念もあった(37)が、原料たる葉煙草価格が低かった上、生産性の向上によって生産費が低下し、さらに朝鮮人の購買力を考慮して刻煙草を中心として政策的な考慮が施されたから、他の地域に比して低廉な販売価格が設定できたのである。

総督府側は煙草専売の実施によって財源の拡大を期待したものの、それは直ちに有利なものにはならなかった。図 9-6 のように、一九二〇年の煙草税額が六二八万三千円であったのに対し、一九二一年には煙草専売の収益は一三五八万一千円に達したが、専売事業の支出があったため、その益金は三二一万二千円に過ぎなかった。戦後恐慌が発生し、その後不況が続いた

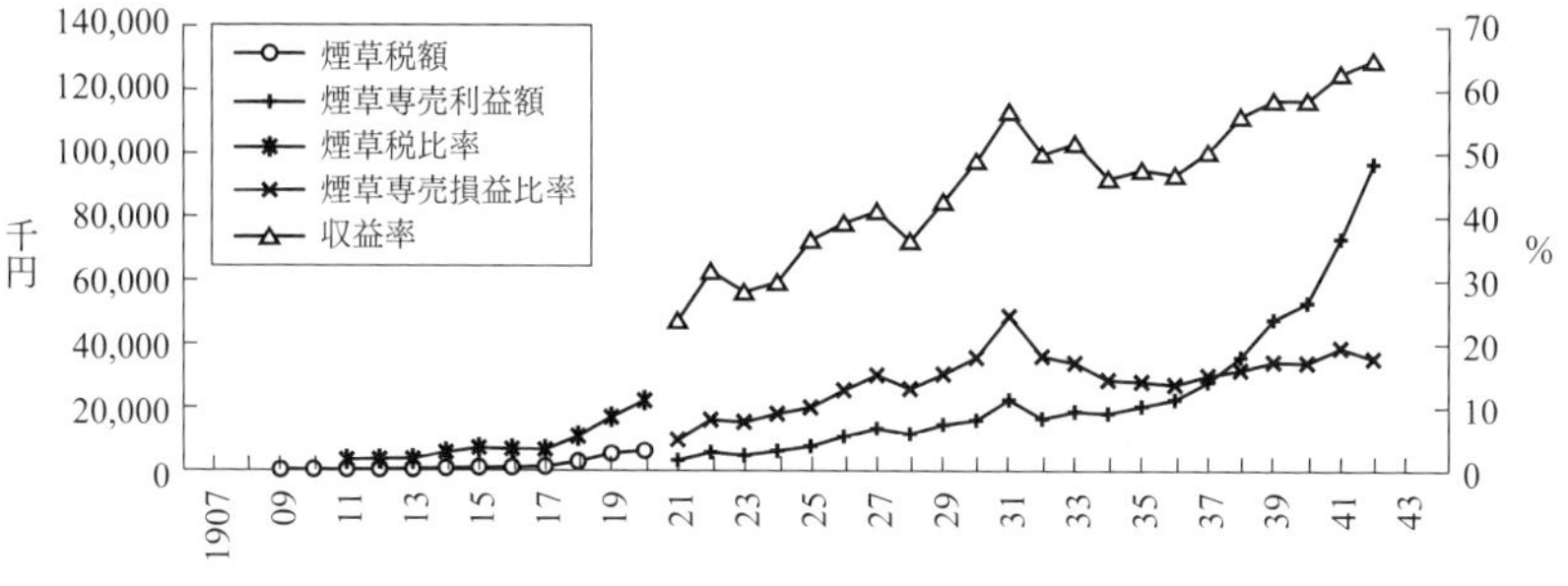

図 9-6　煙草専売業の収益率

資料）朝鮮総督府専売局『朝鮮総督府専売局年報』各年度版；同『朝鮮総督府専売局事業概要』1939 年度版；朝鮮総督府『朝鮮総督府帝国議会説明資料』第 1-10 巻，不二出版，1994 年；同『朝鮮総督府統計年報』各年度版；大蔵省『明治大正財政史』第 18 巻，1939 年，531-532 頁；朝鮮総督府専売局『朝鮮専売史』第 3 巻，1936 年，1538-1539 頁。

注 1）収益率＝益金÷収入。
　2）煙草専売損益比率＝煙草専売損益÷（経常部－官業・官有財産収入＋官業・官有財産利益）× 100。一般財政への煙草専売業の寄与度を示す。
　3）煙草税比率＝煙草税÷（経常部－官業・官有財産収入＋官業・官有財産利益）× 100。

ため、煙草の販売額が計画を下回ったのである。煙草益金が一九二〇年の煙草税額を超えるのは一九二五年になってからである。それとともに、収益率も急激に増加し、一九四〇年代初頭には六〇%を超えている。「一般財政」における煙草専売損益比率は年によってやや変動するが、一四〜二〇%の水準を推移した。専売収入全体の中で占める煙草の比率は八〇%以上であり、専売益金での比率は大体九〇%を上回って、財政的にみて煙草専売業は重要な位置を占めた。これが総督府財政収支の改善に大きく寄与したことはいうまでもない。

　この時期の販売方法は日本内地における専売制度に倣い地方ごとに煙草元売捌人を設置し、小売商を通して消費者に販売していた。朝鮮では煙草元売捌人の合同が進められ、一九二七年一一月に朝鮮煙草元売捌株式会社の創立をみた。日本内地や台湾に比べてきわめて統制が効いた組織となっていたが、日本内地での販売の直営化にあわせて、朝鮮でもその措置が一九三一年七月に実施された[38]。それによって、元売捌会社の営業場がそのまま専売局販売所と改められた。とはいえ、日本内地の煙草専売のように、煙草配給の直営化が財政的効果をともなったとみることはなかなか難しい。

　以上のように、日本内地から始まった専売制度が朝鮮にも導入され、国家独占の下で葉煙草の耕作や煙草製造の効率化が大きく進められた。その上、葉煙草の低価格での調達と煙草の低廉な供給が帝国内で可能となり、総督府は植民地住民の嗜好を充たしながら、統治および開発の財源を確保できたのである。

3　戦時下の朝鮮煙草と帝国圏

一方、戦争の勃発は朝鮮煙草専売業に対し新しい役割を要請し、盧溝橋事件の発生とそれに次ぐ戦況の拡大は煙草専売業にとって大きな変容のきっかけとなった。すなわち、戦場や占領地たる中国への煙草を送出しながら、日本、台湾を除いた海外からの煙草の供給が断たれた。そのため、朝鮮専売局は増産計画を立てて、葉煙草耕作から煙草の製造に至るまでの煙草業を強化しなければならなかった。耕作面積を拡大し、葉煙草の生産量を増やすとともに、製造施設を拡充する必要が生じたのである。

まず、葉煙草の耕作からみれば、輸出用を含めて両切煙草の需要増加が著しくなり、外貨不足を補うため、外国葉の輸入防遏、黄色種の海外輸出を企図した。その結果、耕作面積は一九三七年の一万八六七二町歩から一九四一年に朝鮮種一万四二六二町歩、日本種一五〇〇町歩、黄色種七八〇〇町歩、計二万三五六二町歩へと増加した。しかし、戦時下で食料不足が著しくなったため、緊急食料対策に順応して煙草耕作面積の減反措置が取られ、一九四二年には朝鮮種四四四町歩、日本種一〇町歩の減反を余儀なくされた。そのなかでも、輸出用としての需要が増えた黄色種三二二町歩の耕作拡張が決定され、差引一三一町七反歩のみが減反され、一九四二年の耕作面積は二万三四三〇町三反歩となった。既定の産地拡張計画による予定面積二万三九〇七町歩に比すれば、四七六町七反歩の減反であった(39)。そのため、専売局は極力反当たり収量を増やすこととし、需給調節方針の下に多収穫品種への転換、欠損株補植の励行、自給肥料の品質改善、二番葉採取の奨励を図り、とくに従来反当たり収量が比較的少なかった地方の成績向上に力を注いだ。それによって、葉煙草の二四〇万キログラムの増産が期待されたが、葉煙草の生育に適した気候も続き、実際の葉煙草の収納量は一九四一年の二八〇五万三千キログラムから四二年には三九六三万四千キログラムへと一千万キログラム以上の増産が可能となった。

このような増産体制のなかで、耕作農民はどのような状況に置かれていたのだろうか。既述のように、戦前期には経営収支が黒字を維持できたが、戦時下では煙草作はもはや利益をだせなくなった。表9-5をみれば、朝鮮種の利益率がもっとも低かったものの、赤字を記録した損益の絶対額は日本種や黄色種に比べてむしろ小さかった。これに比べて対抗作物たる大豆、大麻、蕃椒はそれぞれ損益が〇・五〇円、〇・二四円、〇・二一円といずれも利益を示し、ただ粟において－〇・二九円と損失を示したものの、その程度は僅少であって、煙草作に比べて著しく有利であった。これは戦前期とはまったく異なっており、収支赤字を農家の自家労働力で補うしかなかったことをあらわす。また、耕作組合への補助金の比率も、一九二四年には全体経費の六八・九%に達したものの、一九四〇年に五三・二%、四二年四七・〇%へと低下した[40]。このことは専売当局が葉煙草の需要独占という統制力を利用し、耕作農民たちの犠牲の上で葉煙草耕作を強要したことを示している。

表 9-5　煙草作 1 反歩当たり収支計算表（1941 年 1 月調）

	朝鮮種	日本種	黄色種
平年反当たり収量（kg）	136.4	172.2	190.1
査定 1 kg 当たり価格（厘）	352	512	768
収入金（円）	48.01	88.17	146.00
支出金（円）	61.77	112.98	165.90
利益（円）	−13.76	−24.81	−19.90
利益率（%）	−28.7	−28.1	−13.6

出所）朝鮮総督府専売局「昭和 16 年 12 月 第 79 回帝国議会説明資料」『朝鮮総督府帝国議会説明資料』第 6 巻，不二出版，1994 年。

もちろん、これに対し、対抗作物の価格や賃金の高騰、そして一般経済界の状況を考慮し、等級別キログラム当たり賠償価格を引き上げることで、専売局は対応しようとした。それでも、朝鮮での葉煙草一キログラム当たり収納賠償額は日本や台湾に対して常に低かった。一九三八〜四〇年の葉煙草収納実績による一反歩当たり収入をみれば、朝鮮が台湾、日本に比べて著しく

表 9-6　朝鮮，日本，台湾の煙草耕作 1 反歩当たり収入

	日本種						黄色種								
	朝鮮			日本			朝鮮			日本			台湾		
	反当たり収量（kg）	1 kg 当たり（厘）	反当たり賠償金（円）	反当たり収量（kg）	1 kg 当たり（厘）	反当たり賠償金（円）	反当たり収量（kg）	1 kg 当たり（厘）	反当たり賠償金（円）	反当たり収量（kg）	1 kg 当たり（厘）	反当たり賠償金（円）	反当たり収量（kg）	1 kg 当たり（厘）	反当たり賠償金（円）
1938	190	377	72	171	715	123	146	795	116	163	993	161	148	1.068	158
1939	205	375	77	206	851	175	203	639	130	184	1.222	225	161	1.19	192
1940	125	455	57	208	885	184	150	924	139	189	1.316	248	168	1.24	208

出所）朝鮮総督府専売局「昭和 16 年 12 月 第 79 回帝国議会説明資料」『朝鮮総督府帝国議会説明資料』第 6 巻，不二出版，1994 年。

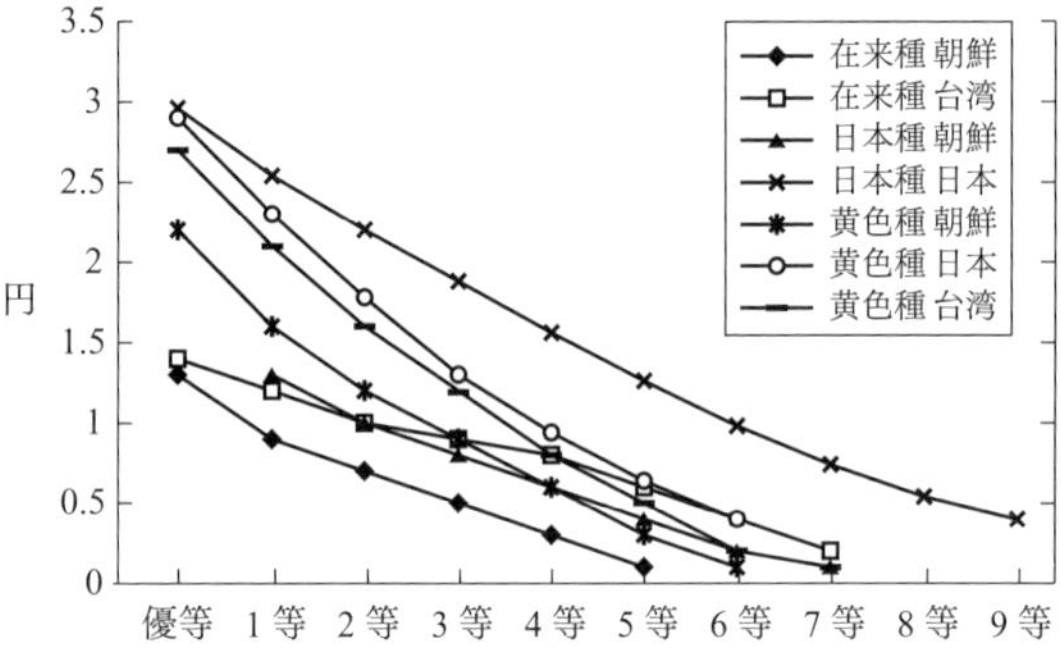

図 9-7　朝鮮，日本，台湾の葉煙草賠償価格（1943 年度）

出所）朝鮮総督府専売局「昭和 19 年 12 月 第 84 回帝国議会説明資料」『朝鮮総督府帝国議会説明資料』第 9 巻，不二出版，1994 年。

少額であったが、これは反当たり収量においてはおおむね遜色がなかったにもかかわらず、一キログラム当たり収納賠償金が甚だ低価格であったからである（表9-6）。ここで、在来種を勘案して収納賠償価格を表示したのが図9-7である。一九四三年度の価格であって、朝鮮専売局として収納賠償価格の引上げをすでに重ねて行ったものであったが、在来種を含むすべての種類において朝鮮のほうが低かったといえよう。農家からみれば、従来より煙草作は魅力を失っており、戦時下の産地拡充計画は経済的合理性を欠いたため、農家の犠牲、すなわち家族労働力の「燃焼」によって支えられたといわざるを得ない。

図9-8の葉煙草の輸移出入を

みれば、年間一〇〇万キログラム以上の葉煙草が毎年輸入され、朝鮮内の煙草製造の原料として使われた。その規模は一九二六年と三四年には八〇〇万キログラムを超えるようになり、それぞれ朝鮮内の収納量に対して八三・二%と五四・八%に達した。とはいえ、その購入先はまったく異なり、一九二六年までは日本専売局からの購入が多かったのに対し、それ以降は米国、インド、中国、フィリピンからの輸入が増えた。とくに、マニラ産と称されたフィリピンからの輸入が一九三六年まで大きなシェアを占めた。海外からの葉煙草の供給は高級品に限られず、朝鮮内で荒刻煙草の売行きが激増し、朝鮮産煙草不足を生じると、やむなく下級外国産煙草の供給を受けていた。しかしながら、日中全面戦争が勃発してからは外貨節約のため、朝鮮への輸入は途絶えてしまい、戦時中は日本と台湾からに限って、葉煙草が外部より調達されることとなった。朝鮮産葉煙草の品質改善、数量の増加に努めつつ、漸次朝鮮産葉煙草をもって代用する方針を採った[41]。その反面、満洲と中国への葉煙草輸出は急激に増えており、エジプトやドイツに対しても数十万キログラムの輸出があったが、日米開戦後には完全に不可能になった。一九四〇年と四二年には輸移出量が四〇〇万キログラムを超え、全収納量の一〇%を上回った。

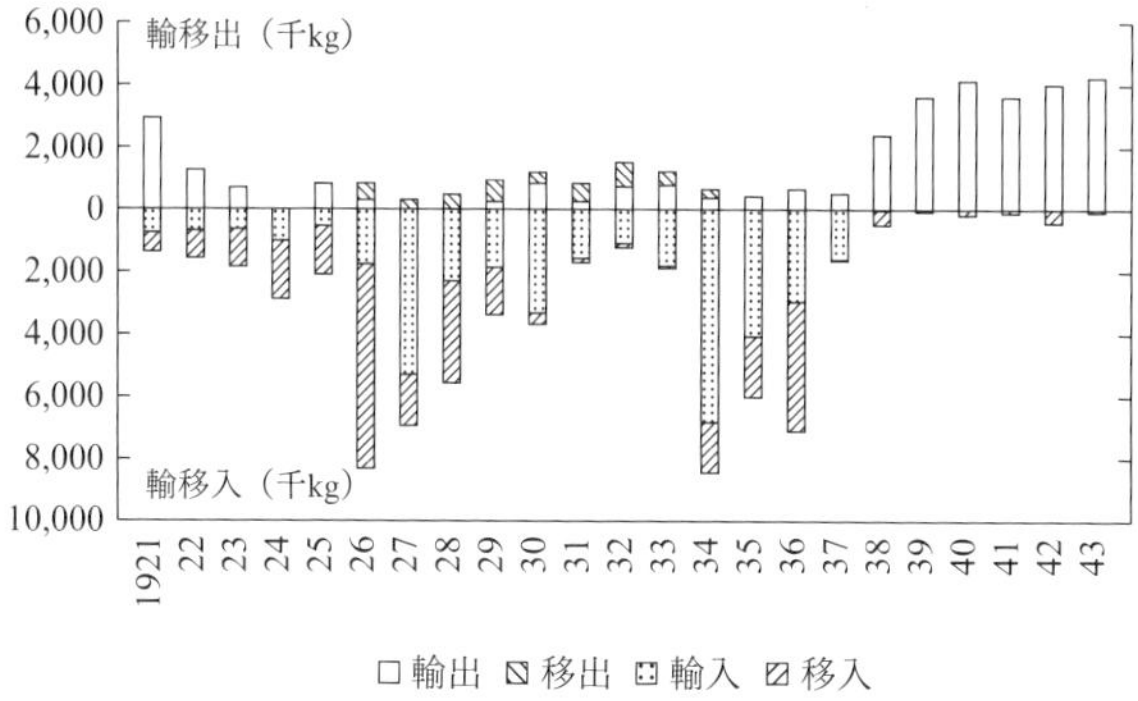

図 9-8　朝鮮における葉煙草の輸移出入

出所）朝鮮総督府専売局『朝鮮総督府専売局年報』各年度版；朝鮮総督府専売局「昭和 19 年 12 月 第 84 回帝国議会説明資料」『朝鮮総督府帝国議会説明資料』第 9 巻，不二出版，1994 年。

　朝鮮内で耕作された葉煙草は専売局によって収納され、表9-7のような官営工場で煙草製品として生産された。煙草製造工場は京城二カ所、全州二カ所、大邱一カ所、平壌一カ所、計六カ所あり、売行きが増える両切の生産能力を拡大してきた。とくに、専売当局は高価な機械設備を拡大するより、低賃金で採用の容易な若年女子

表 9-7　煙草工場の年産製造能力（1943 年 11 月末現在）

（単位：千本，千 kg）

	京城		全州		大邱	平壌	計
	仁義町工場	義州通工場	高砂町工場	相生町工場			
両切煙草		4,300,000	700,000	1,800,000	2,100,000	1,900,000	10,800,000
口付煙草					160,000		160,000
荒刻煙草	4,200		2,300		4,200	2,300	13,000

出所）朝鮮総督府専売局「昭和 19 年 12 月 第 84 回帝国議会説明資料」『朝鮮総督府帝国議会説明資料』第 9 巻，不二出版，1994 年。

労働力をもって労働集約的な工場運営を図った。煙草製造用機械数をみれば、一九三二年に五七〇台であったものが、三六年にはむしろ減って四七三台となり、その後四〇年に五五四台へと増えた。ただし同期間中の稼働中の機械台数は三八五台から一貫して増えて四〇二台、四六六台となった。これに対し、職員数は同時期に二四五二人から三五六九人、四五一一人へと二千人以上増え、稼働中の機械一台当たり職員数が急増したのである。

とはいえ、共済組合資料を利用して採用率と離職率をみれば、一九三一年にそれぞれ一一・二%、一七・八%に過ぎなかったものが、三八年には六五・七%、五五・二%へと急増し、定着率が急降下して、労働力の流動化が著しくなったことがわかる。これにともない、年齢構成の若年化と勤続年数の短期化が避けられなかった。職工の九九%を占める朝鮮人、なかでも職工の六〇%以上を占める低賃金の女子においてこの現象が著しかった(42)。これらの要因が影響し、全体的生産額は上昇し続けたが、前掲図9-3の労働生産性は戦時下でやや停滞せざるを得なかった。そうしたなか、専売当局は需要の増加に対応できず、一九四一年九月から咸興府（咸鏡南道）で製造能力一五億本の工場建設に着手することとなった(43)。

煙草の品種においては、政府の奢侈贅沢品の抑制方針に従って、高級煙草たる「コンゴウ」「かをり」の製造を一九四〇年八月以降中止し、また規格統一を図るため、一九四一年度中には輸移出用の興亜、メープルおよび荒刻煙草の囍煙の製造を廃止し、煙草の品種は一六種（口付二、両切一三、荒刻一）へと集約された(44)。煙草の品種が多ければ、生産過程が複雑になり、能率が上がらないため、増産計画を蹉跌に追いこむ可能性があるからであった[45]。軍需産業の殷賑、諸工事の推進、地下資源の開発促進並びに農山漁村における購買力の増加にともない、荒刻から両切への嗜好転換の傾向が顕著になった[46]。その販売価格をみれば、引上げ（前掲図9-5）が続いたものの、他の地域に比べれば低価格であった。高級品から低級品までの販売価格（表9-8）をみても、全体的に朝鮮のほうが低価格であった。この利点を生かして軍需用煙草、皇軍慰問煙草の製造、中国向煙草の新製などが多くなり、これらを含む両切の輸移出が両切の全生産量の一〇％内外（一九三八～四二年）を記録した。

既述のように、朝鮮内で販売される煙草のうち、輸移入品は売渡額を基準としてほとんど一%に満たない水準であった。そのうち、輸入品は一九三七年以降にはなくなり、日本からの紙巻煙草も一九三八年の六〇〇万本を最後に移入されなくなって、戦時下では日本からの刻と台湾からの葉巻が移入されるのみであった。その代わりに、両切紙巻煙草の輸移出は一九三五年に一一〇四万六千本であったが、一九三八年以降はほとんど毎年一〇億本を超えるほど、爆発的な増加ぶりを示した（図9-9）。その輸移出先をみると、一九四〇年度には華北九〇〇〇万本、蒙古三億七七九七万四千本、軍隊直接売渡三億八〇五四万本、皇軍慰問用一三六〇万本、南洋諸島二一九七万六千本、合計八億八四〇九万本であった。煙草の輸出はほとんど中国占領地と軍隊への供給であった。日米開戦後には正確な数値は確認できないものの、朝鮮専売局の煙草が南方占領地を含む「大東亜共栄圏」各地にまで送られた[47]。このように、戦時下の朝鮮専売局は朝鮮内で増え続ける煙草需要を充たす自給自足を達成しただけでなく、日本専売局とともに帝国圏内の供給地として位置づけられ、葉煙草を主に満洲と中国関内に、製造煙草を中国・南方の占領地と軍隊に対して調達したのである。

表9-8　朝鮮，日本，台湾の製造煙草価格

（単位：銭）

製品名		朝鮮	内地	台湾
敷島	20本入	30	35	35
朝日	同	21	25	25
白梅	30g入	55	55	55
あやめ	同	30	30	30

出所）朝鮮総督府専売局「昭和16年12月 第79回帝国議会説明資料」『朝鮮総督府帝国議会説明資料』第6巻，不二出版，1994年。

注）1941年11月現在。

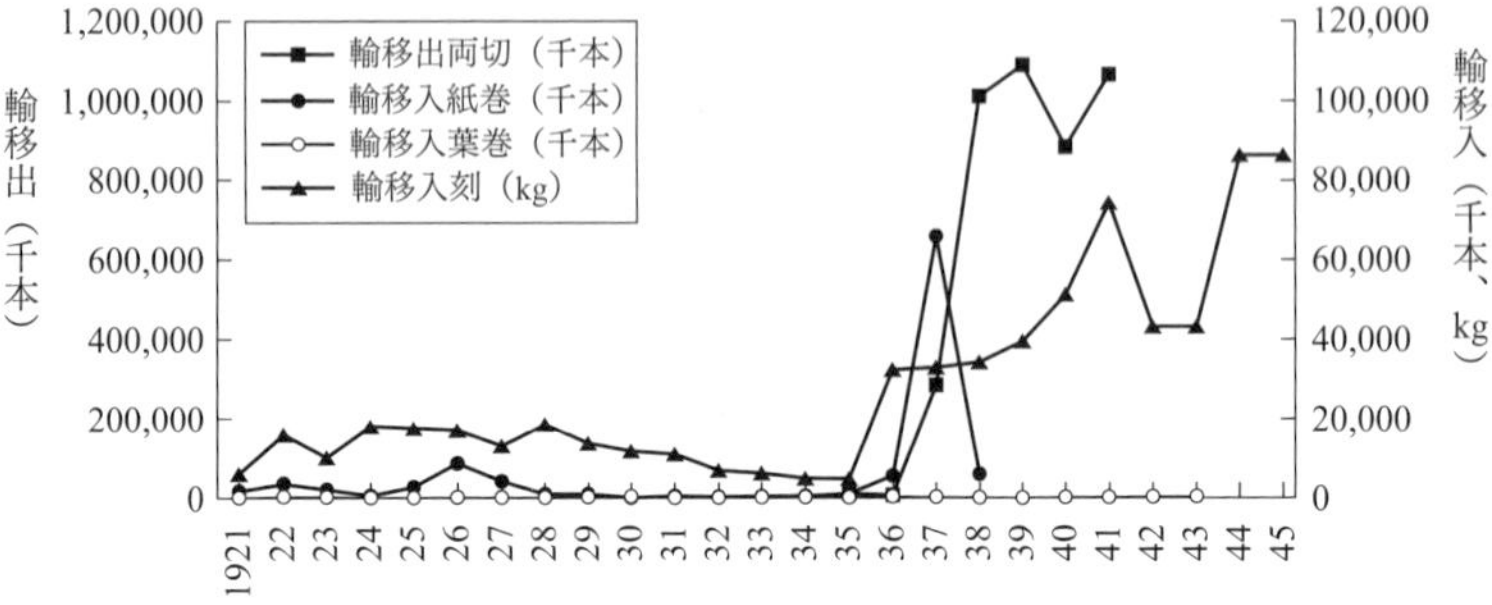

図 9-9　朝鮮における製造煙草の輸移出入

出所）朝鮮総督府専売局『朝鮮総督府専売局年報』各年度版；朝鮮総督府専売局「昭和 19 年 12 月 第 84 回帝国議会説明資料」『朝鮮総督府帝国議会説明資料』第 9 巻，不二出版，1994 年；朝鮮総督府『朝鮮総督府統計年報』各年度版；大蔵省専売局『執務参考書』1945 年度版。
注 1）1941～42 年の葉巻は専売局の売渡基準。1943～45 年の葉巻は把握できない。
　2）1941 年の製造煙草の輸移出は 1941 年 12 月時点の見込みである。

以上のような葉煙草・煙草の生産・販売に対して、戦時下で総督府側の取締体制が強化された。図9‐10をみれば、専売令が実施された当初には自家用煙草耕作の許可、民間荒刻煙草の製造および販売の許可、全葉喫用煙草の売渡しが認められたが、これらの例外事項が廃止され、一九二九年には完全な専売が実施された。その過程で、刻煙草を中心として一般農民や零細業者による違反があったものの、一九三〇年代中頃には違反者はおおむね年間一万人以下の水準となった。これが上からの「生産者と消費者の分離」に対する朝鮮民衆の抵抗であったことは確かであるが、この抵抗と密接な関係をもつ葉煙草の密耕作違反は急激に少なくなり、一九四〇年ごろには微々たる違反人数にとどまった一方で、国境地帯における葉煙草の輸移入の違反がやや増えており、その他、製造煙草・専用器具機械・巻紙の所持・譲渡・譲受が主な違反行為となった。このような違反行為の変遷は製造煙草市場の人為的創出に対する民衆の抵抗というよりは、独占市場の中で市場競争の自然的あり方が部分的に姿をみせたものであろう。ともあれ、取締措置による違反者の減少傾向は一九四一年にも確認できるが、犯則手段も巧妙になったので、犯則予防映画の制作・上映、郡の教化活動、面長、区長、小学校長への犯則予防の嘱託依頼が励行された[48]。

こうして、煙草に対する内外需要は増えつつあったが、それを充たすほどの機械設備や輸送能力を確保できず、むしろ「煙草飢饉」が発生した。この中毒性のある嗜好品に対し、総督府は一般消費を抑制し、重要産業への配分を確保しようとした。それによって成年男子一人当たり一日一一本の配給を行った。とくに、労務強化の一対策として一九四三年一一月より煙草特配を一元的に統制し、軍・軍管理ならびに総督府の指定または専売局長において必要と認める工場、事業場、その他団体の労務者に対して配給数量を確保し、一カ年一人当たり巻煙草換算二四〇〇本を基準として定価によって特配した[49]。しかし、「煙草飢饉」は緩和されず、日本において一九四四年一一月に煙草配給制が実施されると、これに際して総督府の水田直昌財務局長が朝鮮においては煙草配給制を絶対実施しないと言明したにもかかわらず、朝鮮でもついに一九四五年五月には煙草配給制の実施を余儀なくされた。専売局が毎月一〇日あるいは一カ月ごとに一日一人当たり七本[50]を基準として小売商を通じて愛国班に煙草を配給すると、愛国班はそれを班員に分配したのである[51]。

以上のように、戦時下で煙草増産政策が実施され、その生産と取引に対する取締りも強化されて、朝鮮は帝国内で葉煙草・煙草の供給地として浮上したが、それだけに、朝鮮内の「煙草飢饉」を回避できず、需給調整を余儀なくされた。

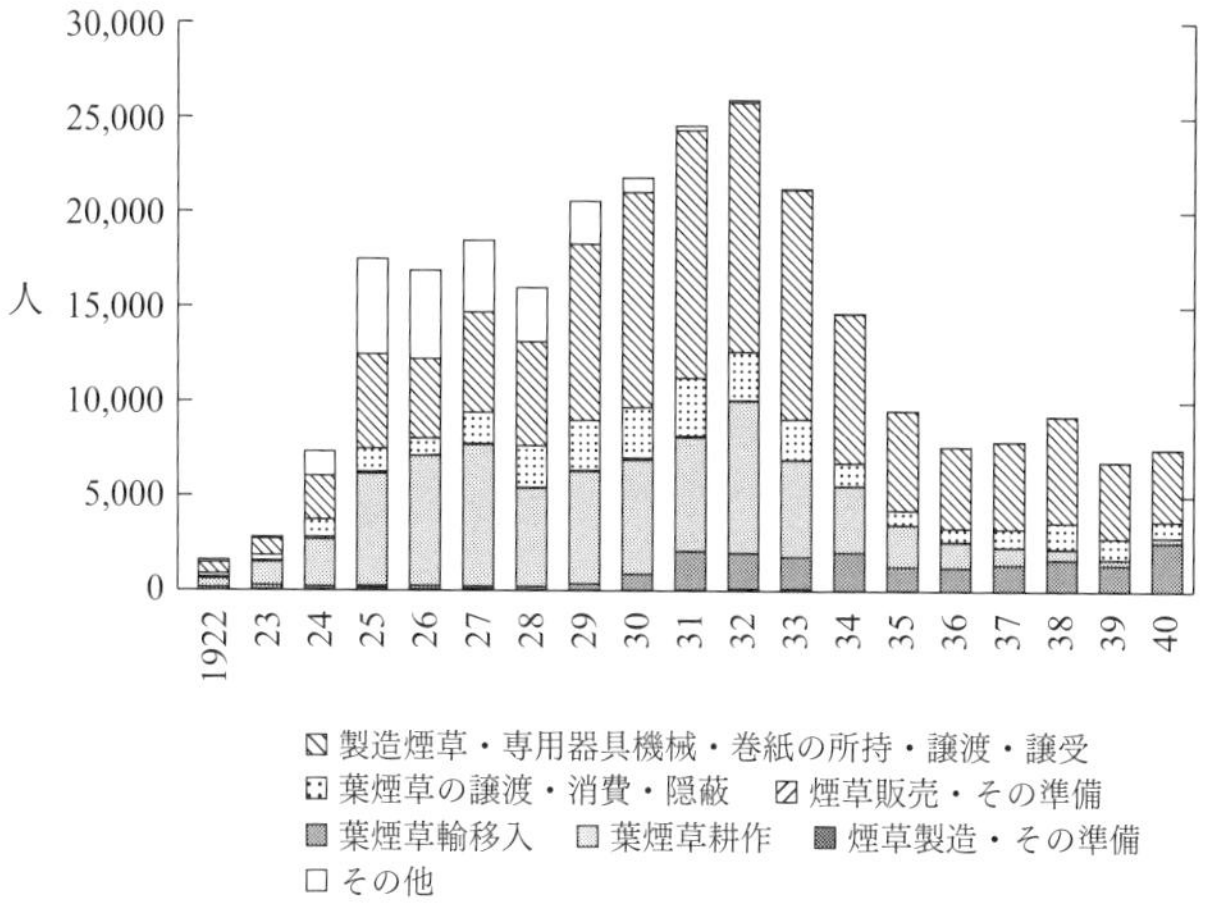

図 9-10　煙草専売令違反者の行為別人員数

出所）朝鮮総督府専売局『専売局年報』各年度版。

おわりに

朝鮮では、日本や台湾とは違って、その植民地化に際し関税据置期間中に専売業を実施しないことになっていたため、煙草税による財源の確保が総督府によって試みられた。とくに、財政独立計画の実施にともない、新しい煙草税令が制定され、煙草消費税が小売価格の二五%に達する増徴措置がとられ、朝鮮の財政健全化に大きく寄与した。ところが、三・一運動の発生によりその後の総督府政策が大きく変わり、「朝鮮開発」という政策課題が浮上すると、これに対する財源の確保が要請され、関税据置期間の満了にあわせて煙草専売が朝鮮でも実施された。「生産者と消費者の分離」を人為的に進め、そのフードシステムを制御することで、総督府は新しい財源の創出を図ったのである。

東亜煙草をはじめ民間業者からの工場設備と従業員を引き受け、再設置された専売局が葉煙草の収納から煙草の製造・販売に至るまでの煙草専売業を国家独占として掌握した。とはいえ、朝鮮人の多くが自給用煙草作を行っており刻煙草として消費していたので、このような「生産者と消費者の未分離」が暫定的に認められた。ともあれ、それにともない、葉煙草の耕作においては産地整理方針を採り、さらに品質改良、葉乾燥などについての技術指導を行った。そのなかで中心的な役割を果たしたのが煙草耕作組合であり、その運営には総督府からの補助金が交付された。その結果、土地生産性が向上し、他の地域に比べて低価格の収納が可能であった。

煙草製造においては工場の整理統合、製造設備の拡充、手作業の機械化を進めるとともに、人的資源面では男子労働力に代えて低賃金の女子労働力を六〇%以上配置し、さらに教育などを通じて労働力の質的向上を図った。それに加えて、共済組合制度、医務施設、分娩休暇制度、慰安会など官営工場並みの付加給付（フリンジベネフィット）の提供を強化した。煙草の品種を大幅に減らし、製造工程の規格化を進めており、口付の需要減少、両切および刻の消費増加に対応して品種調整を行い、販売の拡大を追求した。労働生産性が大きく改善したことも重要で、生産費の低下が実現でき、朝鮮専売局の煙草販売価格は日本や台湾に比べて低廉であった。これらの対策が専売業の収益性を高め、結果的に総督府財政に大きく寄与した。

戦争の勃発は帝国内で煙草専売業の位置づけを大きく変えるものであった。原料たる葉煙草については耕作面積の拡張、それが不可能な場合には煙草作の改良を通じて増産を図り、戦前期とは違って海外からの輸移入分を自給化し、満洲・中国山海関以南への葉煙草の供給を担当した。そのなかで、農民の煙草作は赤字を免れず、家族労働力の「燃焼」によって低廉な葉煙草が生産されたのである。一方、煙草工場で激しい労働力の流動化が発生するなか、朝鮮専売局は女子を中心に労働力の配置を増やし、生産拡大に力を入れ、中国・南方の占領地と兵隊へ煙草を供給した。しかし葉煙草の耕作と煙草の製造に対する戦時中の取締り体制は強化されたものの、もはや「煙草飢饉」は避けられず、煙草の配分をめぐって戦時統制が講じられた。

資料図版 9-3　韓国専売庁煙草工場における包装作業中の女工

出所）韓国公報処弘報局写真担当官「復興産業工場煙草部順次撮影 13」1956 年（CET0030743）。

解放後、当初の米軍政庁下では、日本人技術者の引揚と原料葉煙草の枯渇により、煙草製造が急減せざるを得ず、ようやく葉煙草耕作体制が整えられると、一定の回復が期待された。とはいえ、朝鮮戦争の戦災を被り、煙草専売業は施設復旧の傍ら、外国産煙草および私製煙草との競争に晒された。独占市場の自由競争化が行政力の弱体化の下で進められたのである。これにより、消費者の選好が外国製煙草によって刺激され、大きく変わると、専売当局も工場施設の近代化と新製品の開発を通じて対応した。これが一九六〇年代の経済開発に際して強化され、耕作規模の拡充と土地生産性の向上を政策的に進めるとともに、東洋最大級の工場建設を見、また安定的労使関係の下で生産性の改善を実現した。この過程で、煙草専売業は再び国家財政にとっての強力な手段となっていった。

このように、煙草専売業は煙草産業の合理化と収益化に対して肯定的に作用し、総督府財政の中心軸となるとともに、国家独占として戦時統制に整合的な側面を有した。そこから、朝鮮専売局の煙草は朝鮮半島を超え、「大東亜共栄圏」へ広がったが、このような制度設計は戦後にも依然として有効なものであり、分断体制の下で新生国家の経済建設を支える財政基盤となった。

終　章　食料帝国と戦後フードシステム

本書は植民地期朝鮮における九つの食料産業を分析対象として捉え、帝国の視点からそのフードシステムを考察した。それぞれの食料産業が形成され、あるいは変容するなかで、朝鮮内外から食料を調達し、また帝国の食料確保の一翼を担った。それはまた、個別企業・農漁家の経営基盤あるいは総督府の財政基盤を構築したことを明らかにした。終章においては以上の分析結果を踏まえて、個別産業の枠を超えて植民地食料の経済史的意義を検討し、解放後の展望を探ってみたい。

1　朝鮮の食料から帝国の食料へ――市場としての帝国

朝鮮の植民地化は、朝鮮内の経済資源が帝国レベルで処理されることを意味する。朝鮮の食料が新たな市場として帝国を得て、帝国の食料となったのである。とはいうものの、朝鮮と日本内地の両地域が当初一つの経済圏として統合されたわけではなく、関税が設定されていた。一九一六年に至って外地からの移入品に対する関税軽減措置が取られ、さらに一九二一年になってからようやく関税撤廃措置が実施されて、両地域間の食料の出入にとって嗜好（＝市場）と運賃が重要なファクターとなった。もし特定の住民の嗜好にあう生産費の低い食料をみつけられれば、採算性をともなって市場取引が成り立った。

朝鮮と日本内地・台湾・満洲などとのあいだでその流通網を形成したのは、総合商社をはじめとする日本人の流通業者であったが、朝鮮人もそのフードシステムにおいて単に農家としてではなく、現地の流通業者としても一定の役割をはたした。朝鮮米についてみれば、日本人の嗜好を念頭においた品種改良が行われ、「産米増殖」の影響を受けながら、地主や農民からの移出米が購入され、市場外取引や市場取引などの朝鮮内ルートを経て仁川、釜山、群山、鎮南浦、元山等の移出港まで送られた。そこから日本内地へ運ばれて、卸売業者と小売業者を経由して消費者に届けられたのである。これにともない、朝鮮と日本内地の米市場は統合され、地域間価格差も縮小した。さらに、朝鮮からの米移出を埋めあわせ、補完するための満洲粟が大量に満鉄・朝鮮国鉄によって朝鮮へ運ばれ、消費されたのである。

朝鮮からの食料移出については穀物が主に検討されたが、朝鮮にとって生産財であり食肉の供給源であった牛も日本内地や満洲へ移出された。日本帝国圏への朝鮮の編入は「天は祖国に一大好牧場を恵与」するものと認識されたのである。その移出規模をみれば、一九世紀末から徐々に拡大し、第一次大戦後には毎年四〜六万頭に達した。両地域間の牛の価格差が取引の根拠となったことはいうまでもなく、なかでも安価であり増殖も可能な牝牛が朝鮮内の牛市場で多く購入され、鉄道や船舶によって日本内地まで運ばれた。それは牛耕地域を中心に購入され、農耕と運搬などの農作業に投入された。朝鮮牛は飼育牛の一五％（一九二五年）を占めており、さらにその多くが牛肉としても消費され、蛋白質の供給源となった。朝鮮の牛移出は日常化し、牛疫の経験から検疫の重要性が認識されるようになって、獣疫予防令が実施され、検疫と防疫の対策が講じられ、それを支えるため、朝鮮内で教育機関の設置や農民への講習会が持続的に行われた。

さらに、日本からの農業移民によって始まった国光、紅玉、倭錦などの西洋りんご栽培は、朝鮮内で定着し、平南、黄海、咸南、慶南が主産地として浮上すると、日本内地や満洲・山海関以南の中国へと進出を始めた。当初は試行錯誤しながら、同業組合の設置をおこなって、品質の改良や病虫害の予防、包装、販売に力を入れ、市場調査も実施、良質の朝鮮りんごを慶尚道からは近距離の西日本へ移出し、青森産りんごと市場で競争するとともに、北鮮および西鮮からは満洲を含む中国へ輸出した。青森りんごからみて朝鮮より遠くに位置する満洲と華北においては、朝鮮りんごが圧倒的な優位に立ち、現地の満洲りんごと競合した。とりわけ、朝鮮内で土産地別に道当局による検査制度が導入され、さらに鉄道局とのあいだで特定割引運賃が適用されたため、日本内地への移出はもはや嶺南地域に限らず、北鮮や西鮮からも可能となった。青森りんごにとって朝鮮りんごは総督府からの支援を得て内地市場で強力な力をもつライバルとして認識された。このような日本内地との競合関係は朝鮮米の移出でもみられ、昭和恐慌の影響により、産米増殖計画が中止され米穀統制法が成立すると朝鮮米移出も制限を受けることになった。

一方、内地市場に競争相手のない朝鮮産食料もあり、それが明太子であった。スケトウダラは日本ではあまり好まれず、グチ、ヒラメ、イワシなどとともに、蒲鉾として消費される白身魚であるが、朝鮮では多様な料理として好まれている。そのなかでも、本来はスケトウダラの魚卵を意味する明太子が高級な食料として認識され、これを味わった在朝日本人によってもち帰られ、出身地の西日本で普及して新しい市場を形成した。そのため朝鮮からの移出が増え、とりわけ世界大恐慌に際して朝鮮内の加工価格と移出価格の格差が広がり、日本内地に向けられる量が相対的に増えたのである。明太子においても、りんごのように、輸出業者と朝鮮鉄道局（およびその通運業者たる朝鮮運送）とのあいだで払戻契約が締結され、運送費の節減とともに迅速な輸送が可能となり、さらに検査制度が導入されることで内地市場で好評を得て、地域特産物の商品化が進行した。

以上のような食料に対して、紅蔘加工は中国をターゲットにするものであった。事業主体たる朝鮮総督府専売局は紅蔘の流通には立ち入らず、三井物産が払下人として指定され、独占販売が実施された。紅蔘は長期貯蔵が可能であり、交通の便がよく気候が保管に適した三井物産芝罘支店倉庫に送られて、上海支店をはじめ、各支店や事務所の販売動向に応じて中国各地へと送られた。三井物産は中国内の銀相場や「荷動き」を勘案し、販売価格および数量を調整したが、価格などの変動が三井物産に大きな損害をもたらす場合、その負担を専売局も分担した。いずれにせよ、紅蔘の独占販売は三井物産にとって長期にわたる安定的な収入源であったことは間違いない。紅蔘の輸出先は中国にとどまらず、香港、マライ海峡植民地、台湾、インドネシア、仏領インドシナ、ビルマ、フィリピンにも及んでいた。朝鮮紅蔘の販売先は三井物産のネットワークを利用して南方まで広がったのである。また、煙草において朝鮮専売局は戦時下で地域内の自給自足だけでなく、日本専売局とともに帝国圏内の供給地として位置づけられ、葉煙草を主に満洲と中国関内に、製造煙草を中国・南方の占領地と軍隊に対して供給した。

こうして、日本帝国圏への朝鮮の編入は、フードシステムを多様化させ、朝鮮内の食料需要を満たすだけでなく、帝国内のフードシステムを拡大し、朝鮮の食料から帝国の食料への歴史的プロセスが進行する過程であった。そのなかで新しいビジネスチャンスが発生し、その事業化、個別産品にとっては「商品化」が進んだのである。その一方で、帝国の食料が朝鮮の食料となり、朝鮮内では在来と近代が並存する過程でもあった。

2　在来と近代の並存——植民地在来産業論の可能性

在来部門に対して新たな食料とそれを生産する新しい技術が登場すると、在来部門は変容を被り、朝鮮内の食料産業は在来と近代が併存するものへと再編された。その代表的な事例となるのが酒造業ではないだろうか。

朝鮮では、朝鮮酒といわれた濁酒、薬酒、焼酎が伝統的に酒造され、自家用を含めて現地消費されていたが、新式焼酎＝酒精式焼酎やビールのような近代工場の登場によって在来部門は収縮を余儀なくされた。これに対し、在来の焼酎酒造業の場合、本来は泡盛の醗酵に使われた黒麹を利用することで、焼酎の垂歩合を改善し、生産費を抑えて採算性を維持できた。また、一九三〇年代に低価原料である糖蜜を酒精式焼酎が購入できなくなると、生産費の上昇を免れえず、在来焼酎と新式焼酎の価格差は縮まったのである。なお、濁酒の場合、長期保存が不可能であるため、当時の冷蔵技術では全国ブランドの成立が期待できなかったことからもわかるように、製品の特徴も全国的競争関係において重要性を有すると指摘できる。さらに、在来と近代との競争関係は清酒の普及にともなって薬酒と清酒のあいだにもみられたものの、焼酎のような全面的再編をみるほどではなかった。

技術的水準においては在来式焼酎と酒精式焼酎とのあいだでは均衡が取れたかにみえたが、流通過程において新式焼酎業者が三井物産を通じたカルテル合意を結び、これが日本内地や台湾にまで拡大すると、酒精式焼酎の販売価格と数量は非常に安定化し、当時の朝鮮内の酒類消費の増加もあり、経営収支は大きく改善した。これに対し、全国の在来式焼酎においても三井物産による販売統制案が立案され、全国的に実現されるなか、平壌の一部業者が販売統制案に反対し、これが朝鮮内外において反響を呼び起こしたため、焼酎酒造業の「私設独占」が実現されることはなかった。このような競合関係と全国的流通網の構築、そして焼酎価格の低廉化が進むにつれ、北朝鮮に限って主に夏季中消費されていた焼酎は、朝鮮半島の南部でも日常的に飲まれるものに変わったのである。

一方、煙草の場合、自家用葉煙草が煙草専売の実施以前に認められ、葉煙草の自由耕作が行われて、これらを原料とする東亜煙草をはじめとする製造煙草業者が登場し、市場の支配的存在となっていた。その傍らに群小業者も存在し、一般農民の自家消費も広範囲に存在した。このような在来と近代の並存に対し、専売業が実施されると、もはや在来部門は葉煙草耕作に限定され、近代的な製造工場に対して原材料を供給する役割に限られた。このような特徴は、密造の形で法律違反として競争関係が成立しなかったわけではないが、厳しい取締りの対象となったのである。朝鮮紅蔘専売はそれ自体が在来的なものであって、開城蔘業組合に限って原料蔘の供給が認められ、きわめて簡単な在来の工程によって朝鮮紅蔘が生産された。ただし、これが近代的総合商社たる三井物産のネットワークと資金力にもとづいて東アジア全域にわたり流通していったことに注目しなければならない。さらに、紅蔘製造以外には朝鮮内の各地域において水蔘や白蔘の自由な取引が可能であった。

明太子は水産資源の副産物を利用し、基本的に塩蔵の上、自由に販売される商品であったが、その加工のあり方はまさに在来の方式であり、それが工場体制を整えるようになるのは戦後を待たなければならなかった。そのネットワークが鉄道や汽船を通じて日本内地にまで広がり、消費が増えたため、商品としての価値が高くなり、朝鮮人に限定されていた生産業者に日本人も参入したのである。そのなかで、全国的ネットワークに結び付くものとしての明太卵製造組合などの役割がきわめて重要である。このような在来のものが流通網を通じて新しい商品として再認識されるあり方は、すでに指摘した穀物や家畜でもみられる現象である。西洋りんごは植民地朝鮮にとってまったく新しい近代的果実であり、その技術が定着するのには長い時間を要したものの、梨とともに、商業性が強く日本内地の果物との競争が可能な部門であった。日本内地や中国などにおける市場価値を高める方法として検査制度は段階的に導入され、道検査を経て最終的には総督府検査に収斂していった。

以上、在来と近代の並存は酒造業のように同一産業部門で競争関係として現れることもあり、煙草製造のように在来部門にもとづいて近代部門が成立する場合もあった。さらに、紅蔘、明太子、牛、米のような在来の食料が近代的な交通・流通（さらに、朝鮮牛の場合、家畜衛生機構）を通じて植民地朝鮮にはない高い価値をもつ食料として配分されたのである。新しく移植された西洋りんごもほぼ同様の傾向がみられる。ともあれ、植民地朝鮮は人口的にみても第一次産業部門、なかでも農民が圧倒的な比重を占めており、またGDPの産業別構成においても第一次部門が一九一〇年代の六〇%台から一九三〇年代に四〇~五〇%台へ減るものの、解放後の一九六〇年代前半まではほぼ同様の傾向が変わることはなかった。在来産業部門が本格的に縮小していくのは高度成長を経験してからであろう。

3　総督府財政への寄与——国家収入としての食料システム

植民地支配の基盤を整え、本国との政治経済的統合を強化するためには膨大な資金が調達されなければならない。そのためには本国からの財政支援が必要とされるが、それと同時に植民地においても新しい財源の確保が要請される。日本政府は朝鮮の植民地化を進めるに際して目賀田種太郎を外国人財政顧問として赴任させ、国家財政を皇室財政から分離して財政整理事業を進めた。そのなかで従来の朝鮮紅蔘専売が再検討されるほか、煙草、製塩、水産、酒造などが新しい財源として注目された。農業、漁業、製造業、サービス業といった国家のあらゆる経済活動が課税対象となるのはいうまでもないが、このような税収とともに、とりわけ専売は日本帝国における重要な財政基盤となっていた。

清朝との貿易において朝鮮紅蔘は主要な商品であったこともあり、朝鮮王朝では一九世紀末から紅蔘が皇室の収入源になっていたが、一九〇七年の財政改革によって皇室財政から分離されて度支部の管轄になり、国家独占として成立した。これを担当する蔘政局が開城に設置され、それが総督府の設置にともなって専売局開城出張所となり、それ以来、紅蔘専売業を担当することとなった。専売局は特別耕作区域を中心として過剰生産を防ぎながら、耕作者に対して土地生産性の向上を図らせ、製造に際しては商品としての紅蔘の価値を高めようとした。さらに、三井物産に対して独占販売権を与えることで、総督府としては安定的な収入を確保した。もちろん、中国での販売不振が深刻化すると、紅蔘払下げの価格と数量を調整することで、販売側たる三井物産の経済的負担を緩和したこともあるが、これが総督府財政に寄与したことはいうまでもなく、煙草専売が実施される一九二〇年代前半にはおよそ全専売収入の一〇％、全専売益金の一五％を占めた。また戦時下で朝鮮紅蔘は、その希少性のため、占領地の治安が安定するにつれ取引が活発になり、値段が跳ね上がって、総督府財政に対してよりいっそう寄与するようになった。

とはいえ、紅蔘、塩、阿片、煙草、硫酸ニコチンなどといった専売品のなかで総督府財政に対する寄与度がもっとも大きかったのは煙草であった。朝鮮の植民地化に際してのイギリスとの協議により、一〇年間の関税据置期間内には煙草専売が実施できなかったため、総督府は煙草税の増徴や、一九一四年の新しい煙草税令の制定を通じて財源拡充案を講じた。耕作税と販売税の税率を引き上げるほか、煙草製造地を九カ所に限定し、煙草製造税を設け、さらに製造煙草消費税をも新設した。これが朝鮮の財政健全化に寄与したことは再論を俟たないが、三・一運動後の「朝鮮開発」を進めるため、追加的財源の確保案として関税据置期間の満了にあわせて煙草専売が朝鮮でも実施された。それによって、煙草製造は国家独占となり、総督府財政の中心軸をなした。日本内地や台湾に比べて収納葉煙草の収納賠償価格が低いという原料の低廉さに加えて、産地整理や耕作組合などを通じた技術指導などが施され、さらに製造工場における生産合理化が進められた。

その結果、製造煙草の相対的低廉さにもかかわらず、煙草専売業の収益率が大きく改善し、一九四〇年代初頭には六〇％を超えた。専売収入全体のなかで占める煙草の比率が八〇％以上であり、専売益金での比率は大体九〇％を上回り、財政的にみて煙草専売業は重要な位置を占め、総督府財政への煙草専売寄与度は年によってやや変動するものの、一四〜二〇％を記録した。経済発展が全般的に進んでおらず、租税による財源確保が充分ではないところでは、たとえば、塩のように人間の生存に欠かせない商品あるいは煙草、アルコール、阿片のような中毒性の強い商品が専売商品として国家によって指定され、そこから財源の確保が追求されたものの、希少性をもつ紅蔘や大量に消費される煙草以外は大きな収益を収められず、常に供給不足に晒され、外部からの供給を必要とした塩は一般常識とは異なって赤字経営であった。

これに対し、総督府側からみて、新しい専売対象として注目されたのが酒類であった。朝鮮における酒造業の近代化は政策側からみると、徹底的に酒税の確保のためであった。酒税法の発布や朝鮮酒税令の実施にともなって財務当局の市場介入が可能となり、総督府は零細業者の合同集約を図って製造場の設備を整え、一定の資力と知識をもつ業者を合同酒造場の経営にあたらせ、生産費の節減と優良酒の酒造を期待した。これが結果的に焼酎を含む朝鮮酒造業の再編を来した。朝鮮酒税令の実施とその度重なる改正によって酒税は増え、総督府財政の最大の税収源の一つとなったが、なかでももっとも重要であったのが焼酎であった。技術の革新とともに、酒精式焼酎を中心とする安い酒が普及すると、酒税収入がよりいっそう拡大したのである。さらに、三井物産の働きによってカルテルが成立し、流通過程でも酒精式焼酎業者が在来式焼酎業者に対して優位を占めた。

一方、大日本麦酒の場合、朝鮮進出を計画し、土地購入も終えたが、消費需要の不足を理由に工場建設にはなかなか踏み切れなかった。これに対し、総督府財務局は昭和恐慌のため一般租税収入が減少したにもかかわらず、恩給負担金や減債基金などを捻出しなければならなかったことから、台湾総督府酒類専売のように、一九二九年より酒類専売制を検討した。酒類専売にあたって、在来の焼酎、薬酒、濁酒とは異なり、朝鮮内に酒造業者がいないビールの場合、内外からの反発が少ないため、実施しやすいと判断された。とはいえ、工場買収などのため、膨大な資金が要求されるが、緊縮財政のなか、公債発行が難しかったため、酒類の販売権を買収し、まず需要独占として実施しようとしたのである。そのため、斎藤実総督により一九三一年度からのビール専売案が拓務省に提出され、審議の上、大蔵省に回付されたが、大蔵省は日本内地の財政政策との矛盾が大きいことから反対の意向を示した。業界でもビール会社からの反対がなされ、ビール専売案は閣議で「不承認」とされた。このような事態の展開や満洲事変後の満洲という市場の登場が、ビール会社の朝鮮進出を促した。その後、朝鮮内のビール消費が急増し、ビール会社の経営は良好なものとなり、関連税収も大きく増え、曲がりなりにビール酒造業も総督府財政に寄与した。

以上のように、植民地期朝鮮におけるフードシステムの形成と再編は国家独占および租税と相まって総督府財政と密接な関係を有し、植民地統治を支える財源にもなった。このような特徴は解放後韓国にとっても経済開発が進められるまでみられる現象でもあった。

4 食料供給と植民地住民の身体——体格変化の一背景

食料供給は植民地住民の身体に対しても変化をもたらした。人体の維持と生存のためには外部から一定の食料を確保し、最低限の栄養要素と熱量を摂取しなければならない。人間にとって摂取栄養分は新陳代謝、労働、疾病への抵抗、身体の成長といった四つの目的のために使われる。栄養分の確保が充分でないと、児童は成長発育が阻害されたり、成人の場合、体重が減量したりする。栄養不足が甚だしければ飢餓による疾病や死亡の発生に至る。

朝鮮の一人当たり米消費量は朝鮮戦争の勃発前まで長期的に下がっていった。日本内地では一九一〇年代まで一人当たり米消費量が増えたあと、一・三〜一・四石という一定の水準を維持したのに対し、朝鮮ではそれよりはるかに低い〇・九石程度の水準であったが、一九三〇年代半ばにかけてさらに下がったのである。この点からみると、米不足であったはずの朝鮮から米が移出され、日本内地の米消費を支えたといわざるを得ない。一見不合理と考えられる現象も植民地地主制があったからこそ可能であっただろう。この米不足を補うのが他の穀物や豆類、芋類であった。しかし熱量をベースにみて、食料が積極的に輸移出された朝鮮で、それを補うほど外部からの雑穀の輸移入が行われたわけではない。この点で、地域内の食料増産が人口増加をも念頭に置いて行われなければならなかった。朝鮮の人口は植民地期中ほぼ二倍に増えたため、少なくとも二倍以上の食料増産が必要とされる。

一九三三〜三五年平均で栄養摂取の九一・一%を占める穀物・豆類・芋類をもって食料消費状況をみれば、食料増産とそれにともなう地域内消費量の増加が確認できる。しかし、年齢別熱量消費を考慮して一人当たり消費指数に換算してみると、一九一〇年代に改善はあったが、一九三五年までは長期的低下を示し、その後一九三七年から一九四一年にかけて若干改善するような動きはあったものの、戦時下の一九四二年以降は一九三四～三五年水準を大きく下回った。趨勢的にみて、初期の改善はあったとはいえ、長期的には栄養状況の悪化が鮮明であった。この傾向は残りの栄養源八・九％を含めた全食品に拡大して一人当たり食料消費を推計しても変わらない。もちろん、これは民族別・社会階層別格差を勘案せず、その平均値のみを取り上げているから、個々人の栄養摂取はまったく異なる。とはいうものの、民族別に圧倒的に多数であった朝鮮人の状況が反映されていることは間違いない。このような状況が朝鮮人の身体発育に大きな影響を残した。

身体測定学（anthropometry）の方法論にもとづいて、崔ソンジンは医療保険管理公団の被保険者・被扶養者の健康診断記録や韓国産業資源部技術標準院の「国民標準体位調査」データを活用し植民地期朝鮮人の平均身長を推計した[1]。脊髄の骨密度は身長と「正」の相関関係をもっており、男子はおおむね五〇歳から毎年約〇・四％ずつ骨密度を喪失することから、身長の減少趨勢を計算したのである。それによれば、成人男子の身長は一九〇〇年代から一九二〇年代半ばにかけて約二センチメートル増加したが、一九二〇年代半ばから一九四五年まで約一～一・五センチメートル減少した。一人当たり食料消費指数の動向でみられるような青少年期までの栄養摂取が身長の発達に影響を及ぼし、タイムラグをもちながら、成人男子の平均身長の変化に反映されたのである。

以上のように、植民地期朝鮮のフードシステムの再編は日本内地への食料基地として朝鮮を位置づけ、帝国内の食料需給を調整して朝鮮内では二倍近くの人口増加を支えたが、同時に、それは帝国内の栄養摂取の不均衡化を再編する過程でもあった。もちろん、京城の女工・娼妓（一九三六年）と京城の女学生（一九四〇年）を比較して一〇センチメートルの身長差があることからわかるように、同じ朝鮮人であっても、どのような社会階層に属するかによって栄養摂取や睡眠・休息などが異なり、それが身長に大きな影響を及ぼしたことも判明している[2]。また、地域別には身長差は大きく、今日とはまったく異なって朝鮮北部、なかでも当時としては東洋で最先端の工場が位置していた咸興などの咸鏡南道が高身長であり、朝鮮南部は低身長であった[3]。

体位の変化は人間に限定されず、海外への輸移出が多く行われた朝鮮牛にもみられる。まず、頭数においては朝鮮では一九一四年の一三四万頭から一九四一年の一七五万頭に増えた後減ったが、日本においては一九一四年に朝鮮とほぼ同じであった一三九万頭から増え続け、一九四四年に二一六万頭にも達した。受胎出産率からみて、朝鮮牛のほうが一貫して日本より高かったにもかかわらず、日本の頭数が多くなった。これが朝鮮牛の内地移出の結果である。さらに、朝鮮牛の体格にも変化が生じて、資料上観測できる一九二〇年代から四〇年代初頭にかけて一貫して体格が低下している。総督府が畜牛改良を強調したにもかかわらず、実際には畜牛改悪が続けられた。移出牛が九八%以上優良な牝牛であったため、朝鮮牛の劣等化が進行したといわざるを得ない。牛疫をはじめさまざまな獣疫に対する検疫・防疫システムが稼動し、朝鮮内の知的蓄積が進められてきて、朝鮮牛の衛生は大きく改善されたものの、牛自体は劣等化してしまったのである。

こうして、朝鮮内のフードシステムが日本帝国圏に編入され、朝鮮の食料がもはや朝鮮のみに限定されなくなった結果、食料需給が再編されて植民地住民の身体を変え、さらに家畜の体格をも変えるようになったのである。

5　戦時経済と食料統制——需給調整の成立

帝国に広がった朝鮮のフードシステムは、日中全面戦争の勃発にともなって大きな変化を経験した。農業恐慌を受け、外地からの食料移入に対する制限措置が唱えられたが、その主張とは異なって戦時下では食料不足が著しくなったため、主な熱量の摂取源たる米穀への戦時統制が加えられた。大旱魃が発生した一九三九年には、日本内地で米穀取引所の代わりに半官半民の日本米穀株式会社が設立されたように、朝鮮でも朝鮮米穀市場株式会社が設立され、移出米に対する統制を始めており、大旱魃の影響が出る一九四〇年になると、米穀の移出量を減らさざるを得なかった。朝鮮米穀配給調整令と「米穀配給統制に関する件」にもとづいて、朝鮮総督府は米穀過剰の道に対し必要な量を割り当て道知事の責任として農民からの供出を実行させ、朝鮮米穀市場株式会社と道配給組合（後、道糧穀物株式会社）を通して米の現物取引を始めたのである。さらに一九四〇年七月には朝鮮雑穀等配給統制規則の公布を通じて雑穀への配給統制を始め、配給統制が米穀を中心にその他穀物にも拡大されつつあった。朝鮮食糧管理令がいよいよ一九四三年八月に実施されるにしたがって、主要食料の国家管理が全面的に実行されることとなり、農民は生産量より自家消費量を除いてその全部を総督府に渡さなければならなかった。それを担当する朝鮮米穀市場株式会社と道糧穀物株式会社も廃止され、朝鮮食糧営団（一九四三年一〇月）によって代えられた。

このような戦時統制は穀物に限定されず、食料のなかでも優等品ともいえる果実でもみられた。りんごの場合、全国的な出荷統制の必要性がいわれてきたものの、道レベルの検査制度を超えることはなかなかできなかったが、特割鉄道運賃の廃止に対する各地の苹果同業組合の反発が、朝鮮苹果業者大会を通じて特割運賃廃止を阻止するとともに、一九三九年に社団法人朝鮮果実協会の設立をみた。半官半民の組織ではあったものの、苗木の購入から果物の販売・輸移出に至るまでの「斡旋」を行い、出荷統制も担当した。朝鮮果実協会の業務打合会には総督府、果実協会、主産地の関係者が参加し、りんごの検査、特売取扱、輸出統制会社の設立、対内地出荷状況の把握、統制市場外出荷、海外出荷などにわたる幅広い意見が出され、全国一元的な出荷統制を行った。朝鮮内外のりんごに対抗して市場シェアを増やすために要請された出荷統制が戦争勃発後、戦時経済運営に統合され、もはや朝鮮りんごは帝国の中で統制対象となったのである。

本書が検討した市販用明太子の加工も日中全面戦争の勃発後には許可制となり、自由な販売ができず、漁業組合連合会を通じて販売が委託され、その上、総合商社を含む朝鮮内外の水産物取扱会社からなる明太子魚卵販売統制組合を通じて日本内地への移出が行われた。国内販売は朝鮮漁業組合中央会が独占的に行い、各地の荷受組合の手を経由して卸商、小売業者、消費者の順に明太子が販売された。販売価格も明太子魚卵販売委員会によって適正利潤や各種手数料を勘案して決定された。すなわち、魚卵の漬物の一種たる明太子の販売も価格と数量の両面において統制を受けるようになった。これが零細業者の共同作業化を促すなど、業界再編が主産地の咸鏡南道より始まり、咸鏡北道や江原道といった他の道にも広がって、一九四二年に至っては明太子の全朝鮮での配給統制が総督府の主催する統制協議会などを通じて実施された。その結果、北鮮の主産地から下関を流通の拠点とする西日本の消費地までの配給ネットワークが整えられたのである。

一方、財政基盤の一つたる酒類においては当初一番大きな問題となったのは原料不足であった。半官半民の朝鮮酒造協会が朝鮮酒造組合中央会に改められ、朝鮮焼酎統制委員会を開催し、焼酎生産数量および配分方法を決定した。その結果、焼酎需給の事前的調整が行われた。この委員会を通じて全鮮新式焼酎連盟会というカルテル組織をもっている酒精式焼酎業者だけでなく、在来式焼酎業者も統制下に入った。酒精式焼酎業者は価格と数量の調整を戦前から実施したため、戦時統制の実施がきわめて容易であった。原料難に対して新式焼酎連盟会は朝鮮醸造原料配給株式会社を設立して一定の対応ができた。とはいえ、アジア・太平洋戦争勃発による原料不足のため、減産を余儀なくされ、酒精式焼酎業者の収益性も悪化せざるを得なかった。経営収支の悪化は二社体制からなるビール業界でも確認できる。原料不足に加えて、一九四〇年より公定価格制度が実施されており、一九四二年には朝鮮中央麦酒販売株式会社が設立され、ビールの需給調整が行われて、ビールは特配品として扱われたのである。

特定の産業構造が戦時統制に対して強い整合性を示したのは専売業である。煙草の場合、戦場や占領地たる中国への葉煙草および製造煙草を送出するため、朝鮮専売局は増産計画を立てて、葉煙草耕作から煙草の製造に至るまでの煙草業を強化した。専売局は葉煙草を需要独占として葉煙草の収納賠償価格を日本内地や台湾に比べて低く抑えただけでなく、耕作農民たちの赤字経営を強いてまでも、葉煙草耕作の拡大を図った。それを通じて日本内地や台湾に比べて低い価格で、中国・南方へと製造煙草を供給できた。しかしながら、これが朝鮮内の「煙草飢饉」をもたらし、一般消費を抑制し、成人男子一人当たり配給量を制限して供給したが、それが改善されることはなく、ついには日本内地のように煙草配給制が実施されざるを得なかった。

以上のように、朝鮮内のフードシステムにおいて総督府は戦時下の需給不均衡に対して業界の自律的統制に加えて、国家統制も行うことで、需給調整を図った。いちおう増産方針は出されたものの、内外からの需要増加を埋めることはできず、生産者、なかでも農民の犠牲が強いられた側面がある。こうした戦時下の再編が行われた後、日本側の敗戦にともなって帝国内のフードシステムは崩壊し、続く朝鮮半島の南北分断はさらなるショックとなった。

6　食料経済の戦後史への展望──「連続・断絶論」を超えて

戦後韓国は植民地支配からの解放とともに独立したのではなく、三年間の米軍政庁の統治を受け、ようやく独立したものの、さらに三年間の朝鮮戦争を経験し、戦災からの経済復興をはからなければならなくなった。当然、植民地期に日本帝国圏に広がった朝鮮のフードシステムは朝鮮内に限定されたのみならず、海外、とくにアメリカの食料調達がなければ国民の生存すら維持できない状況になっていた。朝鮮から日本や満洲・山海関以南へ食料を輸移出した様相とはまったく異なり、逆に食料不足国となったのである。

極限的な食料不足のなかで、アジア・太平洋戦争期に出来上がった食料管理制度は解放後にもその有効性を有したものの、米占領軍にとって当初それは理解できないものであった。米軍側は朝鮮への進駐後、米穀の自由販売を決定したため、既存の流通網が作用せず、米価が跳ね上がり、買占め・売惜しみが著しくなったのである。食料不足は著しく、小作農民さえ悩まされる状況となったため、軍政庁は法令第四五号米穀収集令（四六年一月二五日）を公布し、食料の配給統制に乗り出したが、すでに収穫期を過ぎていたため、その実績は生産量の五・三%、計画量の一二・四%に過ぎなかった(4)。この現象は米穀統制に限定されず、当初の経済全般において生じたので、駐韓米軍政庁は初期の政策なき自由市場方針を改め、米穀の全面的統制、重要物資の配給統制、新韓公社の設置など、一連の経済措置を断行したのである。

すなわち、一九四六年五月に朝鮮生活品管理院（旧食糧営団）の任務の一部を改定し、行政機関として中央食糧行政処を設置し、一九四六年産夏穀収集を実施し、目標量の四八％という当時としては「比較的良好な成績」を示した。その後、一九四七年度糧穀年度（一九四六年一二月～一九四七年一一月）に入り一切自由市場を禁止し、秋穀収集を実施して、警察力の強化とも相まって目標量の八二・九％を達成した。それにもかかわらず、食料不足を避けられず、軍政庁は消費穀物の四四％を海外より調達した。また、配給統制のほかにも闇市場が存在し、食料の配分が行われた。このような実態は韓国政府が樹立されても変わることはなかった。一九五〇年二月に糧穀管理法が制定され、従前の全面統制を止揚し、重点配給制度と穀類自由取引許容制度を実施したが、朝鮮戦争の勃発のため、政府管理糧穀で国内消費を賄えず、外国からの食料輸入を余儀なくされた。

こうして、食料不足の点で植民地期とは異なる特徴をもつものの、アジア・太平洋戦争期の食糧管理制度は後に「秋穀収買制度」と改称され、食料自立の兆しがみえる一九七二年まで続いたことは、歴史的連続性を示すものである。このような制度的側面は韓国政府財政でも確認できる。朝鮮戦争の勃発により財政収支の不均衡が拡大、それを中央銀行からの借入金や国債発行そして見返り資金によって賄ったが、煙草をはじめとする専売からの転入金が非常に大きかった(5)。煙草、紅蔘、製塩などを対象とする専売業が維持され、その中で煙草がもっとも重要な財源であった点は変わることがなかった。また租税のなかでも酒税が一時的に清涼飲料税（酒税収納額の一％程度）と統合されて飲料税と改称されることもあったが、これも依然としてその比率は大きく、所得税に次ぐ最大の税収であった。酒税の場合、それを支える産業的基盤においてもさらなる変化が加えられた。

酒造原料としての米穀使用禁止が続くなか、これを原料とする清酒、薬酒、濁酒などは沈滞せざるをえなかったのに対し、焼酎のみが平壌から疎開した焼酎業者の開業によって朝鮮戦争期にも生産量を伸ばしており、なかでも糖蜜や切干藷を利用できる酒精式焼酎が急激に増えたのである。[6] 廃糖蜜から作られたラム酒がイギリス労働者階級によって飲酒されたように、韓国では焼酎といえば、大衆化された安価の酒精式焼酎を意味するようになり、日本の本格焼酎に相当する在来式焼酎を意味することはきわめて稀である。また、植民地期に建設されたビール工場に対して財務部所管事項として設備や原料の調達のため外貨割当が行われ、戦災を被ったものの、復旧をおこないつつ生産を続けた。これは、米軍部隊から流出した缶ビールが氾濫して市場で取引され、国産ビール業界にとって「一大脅威」になりかねなくなり、酒税収入に破局をもたらすことが懸念され、財務部司税局が介入したものである。その後、ドイツからの技術導入を通じて品質向上が図られるとともに、所得増加により「優等財」への需要が拡大し、ビールは戦後最大の酒税源となった。その一方、寡占体制下のビールと異なって「乱立」の濁酒・薬酒、焼酎、清酒などについては植民地期よりはるかに強力な統制合同が加えられ、地域独占体制が整えられた。

小麦粉や脱脂粉乳に代表されるアメリカ余剰農産物が大量に導入され、また米軍部隊から乳製品や嗜好品が流れて闇市で流通し、これが食生活の西洋化を促した。朝鮮戦争時には無料給食所が設置され、脱脂粉乳にトウモロコシ粉を入れた「牛乳粥」がお握りの代わりに提供された。[7] これが一般庶民にとって「文明的滋養」たる牛乳を味わえる機会となり、牛乳への消費拡大に繋がったのである。京城牛乳同業組合は一九四五年九月にソウル牛乳同業組合へと再編され、軍政庁の乳牛屠殺禁止令が出されたが、同業組合の正常な運営はできず、販売不振のため大量の牛乳が廃棄処分されることもあったが、緊急対策がとられた、いわゆる「革新総会」を経て一九四九年に需給バランスが取れるようになった。[8] しかし、朝鮮戦争によって多大な被害を受けており、さらに脱脂粉乳が闇市に出回ったため、同組合の経営は厳しいものであったが、市中販売とともに、製菓業界からの需要が増え、その消費が増加して経営も安定化した。その後、新たな牛乳業者も登場し、韓国内の消費はさらに拡大していった。

一方、りんご生産において南北分断のショックは韓国にとって平南、黄海のりんご主産地の喪失を意味したものの、慶北の大邱、達城などの既存産地が生産量を伸ばし、また忠南・礼山、忠北・忠州が新たに主産地として浮上して、韓国内の自給で賄えるようになった。(9) この現象は明太子においても同様であって、明太が取れる地域が咸鏡南北両道であったため、朝鮮南部の生産はきわめて限定されたが、朝鮮戦争にともなって大勢の咸鏡道民が移住し、故郷の味を再現した。(10) 韓国での魚卵調達は限界があったため、北太平洋漁業や米露両国からの輸入に頼り、明太子加工業が成長した。戦後にも明太子は高級食材として受け止められて消費されており、またその一部が日韓両国の国交正常化の以前から日本にも輸出された。しかしながら、その量は微々たるものであったため、日本では北海道あるいはロシアでとれたスケトウダラの魚卵をもって明太子が製造されて世界一消費され、その味が現在でも残っており、赤牛とともに、食文化の交流史の一頁にもなっている。

このように、解放後の韓国におけるフードシステムは植民地時代、とくにアジア・太平洋戦争期の制度的枠組みが強く残りつつも、帝国圏の崩壊と朝鮮半島の分断、そして朝鮮戦争といった一連のショックを受けて再編された。韓国側は大規模な飢餓発生をもたらす可能性のあった食料不足をアメリカの余剰農産物援助に頼って乗り越えた。そのなかでも、植民地期の制度的枠組みや新味は強く残っており、これがアメリカ援助や闇市場に刺激され、植民地期以来の変化たる「産業化」「近代化」「西洋化」が加速化された。そこで、海外からの食料供給による飽食をともない、今なお身体に否応なしの変化を起こしている。

以上のような朝鮮のさまざまな食料を対象として分析された帝国の中の「食」経済史は、東アジア社会経済史にとっていかなる意味をもつのだろうか。次のような概念図にもとづいてその研究史上の意義について議論してみよう（図終-1）。

多くの人々が「自家生産を行う生産者＝消費者」であった自給自足の前近代社会経済が、開港を経て、日本帝国内に統合されると、生産過程から分離された消費者は市場を経由して食料を確保するようになった。もちろん、前近代社会でも「生産者と消費者の分離」がなかったわけではない。農民や地主階層などは「場市」とよばれる非常設市場で食料の販売や生産用品との交換を日常的に行ったり、田税と貢納などの形で米、地方特産品を政府機構に

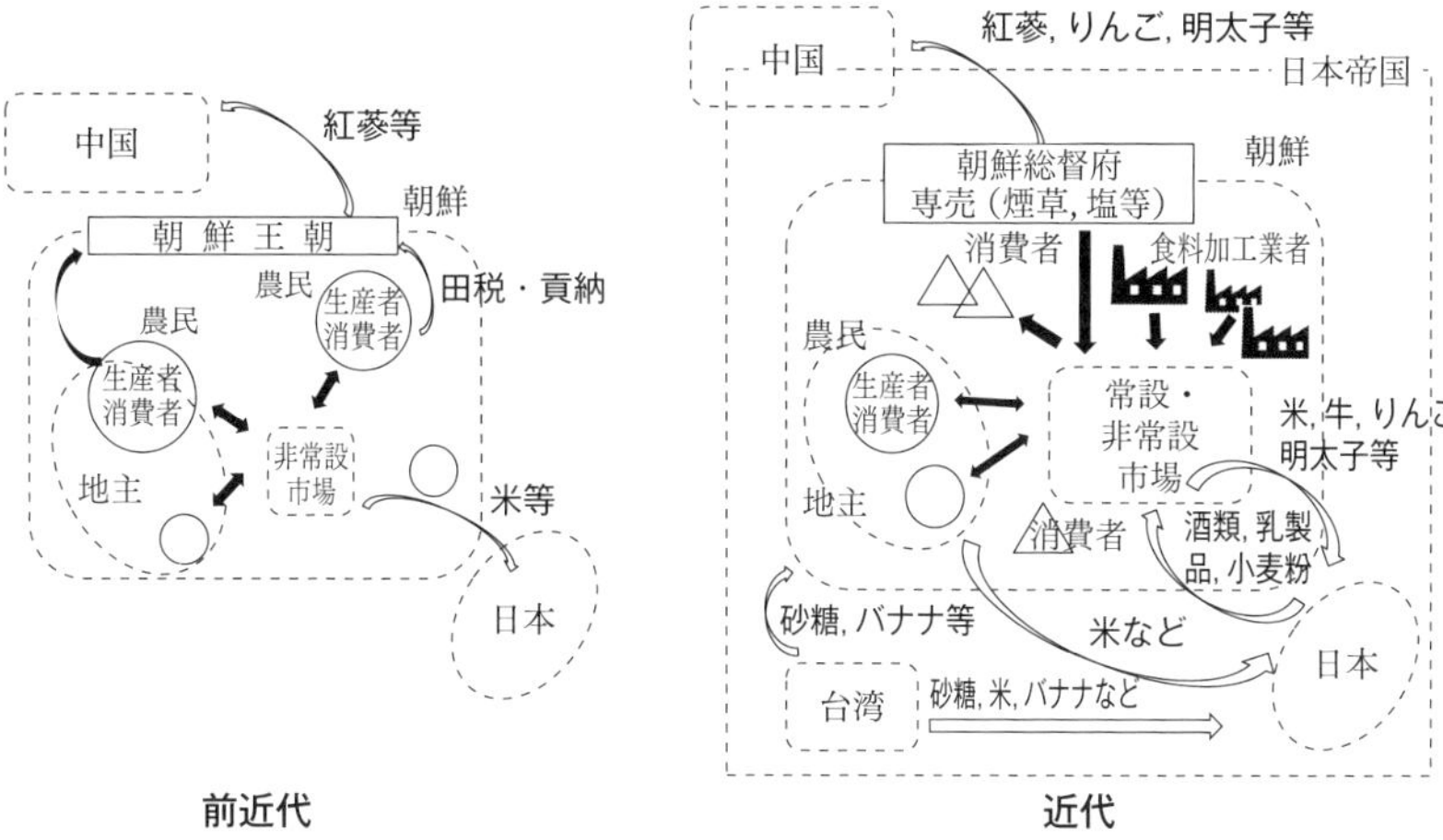

図終-1　朝鮮のフードシステムの歴史的展開図

出所）筆者作成。

納めたりした。とはいうものの、食料の市場取引や政府への物納は全体の収穫量からみて限定されたものであり、人口の多数を占める農民は自作農であれ小作農であれ、「自家生産を行う生産者＝消費者」であった。そこでは食料だけでなく酒類、煙草などといった嗜好品の大半が自給され、それが取引されるといっても、その範囲がほぼ現地やその周辺に局限されていた。もちろん、穀物の一部が日本へ輸出されており、紅蔘などの特産品がその薬効のため高い商品性を認められ、「使行貿易」を通じて中国へ輸出されていた。そのなかでの開港は前近代朝鮮のフードシステムにとって大きなインパクトをもたらした。開港地を通じてより多くの米、大豆、牛などが日本などへ輸出される一方、海外からはビール、乳製品、コーヒー、煙草などが外来品として導入され、りんごなどの西洋果樹が栽培され始めた。もとより、これらの外来品は当初は一部の階層によって消費されたのである。

　このようなフードシステムが東アジアレベルで大規模に展開されたのは、朝鮮が日本帝国に包摂されてからである。その際、在来的な食料と新しい食料とのあいだではフードシステムの形成と展開のプロセスがやや異なっている。植民地地主制にもとづいて米など食料の対日輸出が拡大されており、さらに既存の市場を通じても食料や牛などが大量輸出され、日本内地の「生産者と消費者の分離」を支えた。朝鮮内部でも「生産者と消費者の分離」は都市化と植民地工業化にともなって部分的に進められたが、人口のマジョリティが農村部に住んでいることから、完全な分離はまだ進んでいないとみてよい。この現象は朝鮮牛についても看取され、生産財としての農牛は農作業に欠かせないことから、朝鮮農民は生産者であると同時に消費者として位置づけられ、非常設市場を経由して牛のライフサイクルや農家経営にあわせて周期的取引を行っていた。この周期的取引を利用して大量の牛が日本内地に流出した。これに比べて、明太子の商品化には日本人業者の参入もあり、北鮮地域の自家用を除いて朝鮮の主要都市と日本内地の消費者を対象とするフードシステムが形成され、「生産者と消費者の分離」は大きく進んでいた。

一方、焼酎と煙草の事例は「上から」の強力な統制が加えられて「生産者と消費者の分離」が人為的に行われた。さらに生産業者を統合の上、近代的産業化ないし事業化が進められた。そのなかでの「生産者と消費者の分離」は、まさに財政の源となっていた。この分離によって、焼酎の場合、日本人の醸造業者の進出が可能となったのに対し、煙草の場合、すべての業者の排除を前提に成り立つ国家独占であった。これに対して朝鮮民衆からの抵抗もあり、密売による独占市場の事実上の競争化が行われたことも見逃してはならない。さらに、紅蔘は在来的なものであっても、前近代にすでに特殊な薬効のため国際的商品となり、いち早く「生産者と消費者の分離」が進んだが、東アジアレベルでの商品化を実現した担い手は、在来の開城商人や「使行」ではない、財閥の三井物産であった。在来的な食料に対して政策当局と関連業者は「生産者と消費者の分離」を促し、そのフードシステムを帝国内外で展開することで、「食料の分配と消費」自体が市場経済化したのである。

これらの在来的なものに対し、乳製品、りんご、ビールといった新しい食料の導入は最初から「生産者と消費者の分離」を前提に朝鮮内の事業化を図るものであった。その主体が搾乳業者の出現、りんご専門業者の登場、ビール会社の進出であった。なかでも、ビール酒造業が資本主義的生産方式にもとづいて成立し、事実上寡占的市場が創り出されたが、搾乳業者とりんご業者は個人経営の域をまだ脱していなかった。そこで、生産者間に同業組合など業界団体が成立し、市場競争を制限することで生産および販売の安定化が図られた。とりわけ、りんごはその市場を朝鮮内部に限定せず、日本と中国を含む市場創出に乗り出したのである。

こうして、朝鮮人口の過半を占める農民たちが依然として米などの基本食料の調達において「自家生産を行う生産者＝消費者」であることは変わらないものの、紅蔘、明太子、酒、煙草、りんごなどといった嗜好品あるいは嗜好品に近い高級食材については、すでに「消費者」の役割に限定され、「生産者と消費者の分離」が著しく進んでいた。注意すべきなのはフードシステムが帝国内で日常的なものとして拡張されて、さらにその境界にある中国にまでも広がったことである。いわば「食料帝国」の成立というべき事態に違いない。「消費者の登場」については経済成長の富を分かちあえる「大衆消費社会の到来」を連想しがちだが、その始まりは場合によっては国家の物理的強制力をともない得る生産過程からの「消費者の分離」であったといえよう。密売への取締りからわかるように、それは国家暴力的な過程でもあった。このような経験は東アジアでも全般的にみられる歴史的過程であっただろう。

この「生産者と消費者の分離」が独立後の韓国においてより進展したことはいうまでもないが、朝鮮・韓国は日中全面戦争、アジア・太平洋戦争、朝鮮戦争といった三つの戦争を先に経験しなければならなかった。戦時下の食料不足は朝鮮に限られず、日本、台湾、中国でもみられた。今なお、食料危機は中東やアフリカで続く紛争下で深刻化している。戦時・戦後には東アジアも同様の食料危機を経験しているが、本書が解明する帝国日本のフードシステムは、その歴史的前提をなしており、今日の食料危機を考えるうえでも手掛かりになるだろう。そのなかで「食物の分配と消費」への国家の規定力が食料、酒類、専売においてさらに拡大し、「生産者と消費者の分離」はよりいっそう進行した。戦時期は朝鮮から日本へ送られる食料の移出が一時的に制限されており、戦後にはアメリカの余剰農産物が韓国に導入され、食料危機が乗り越えられた。これが食生活の西洋化や食料加工業の洗練化という

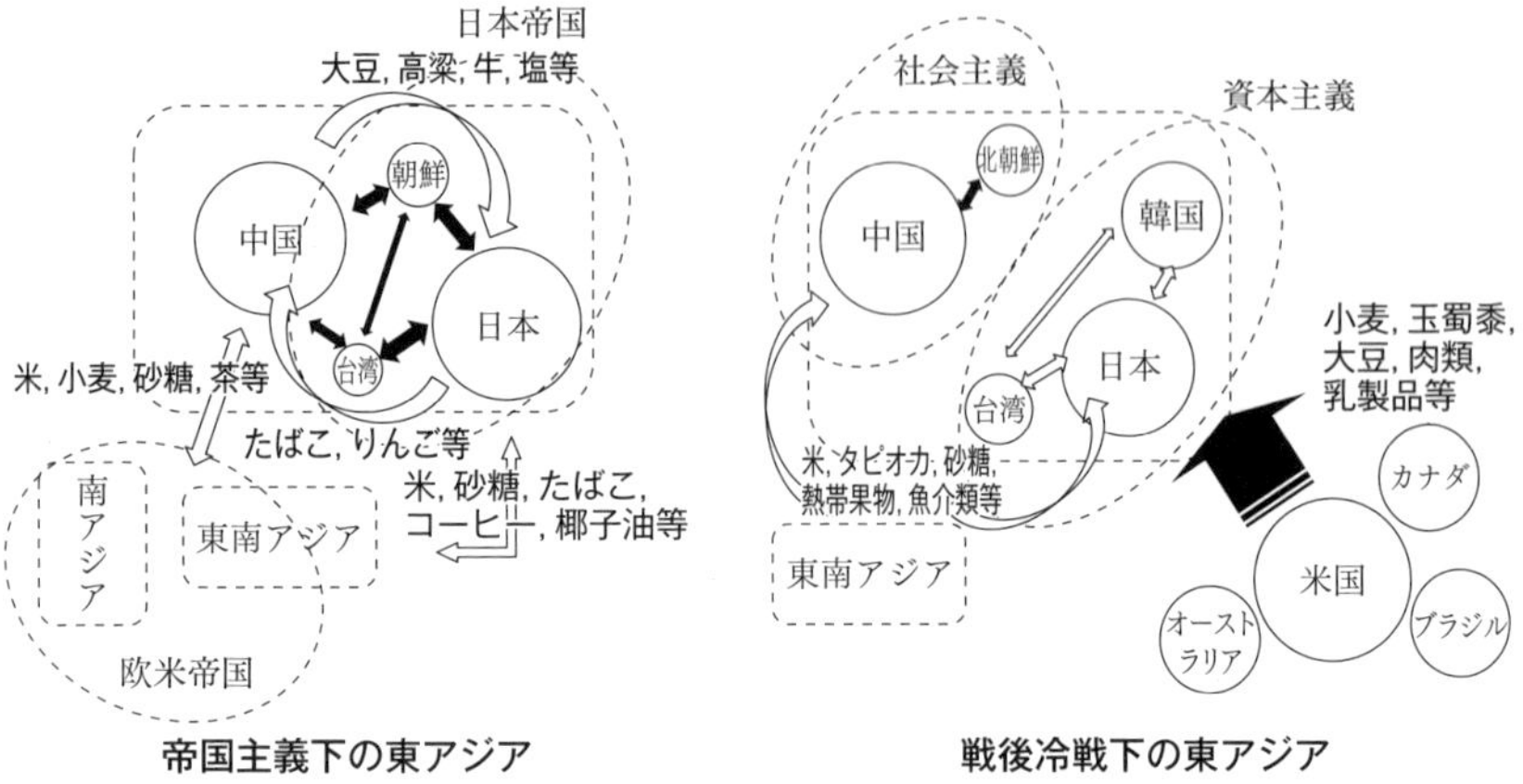

図終-2　東アジア・フードシステムの戦後再編の概念図

出所）筆者作成。

アイロニカルな効果をもたらしたことも事実である。このようなアメリカからの食料調達は援助時期に限定されず、経済成長にともなってより必要とされ、その調達先も拡大しつつあった。それが国際収支上の負担になることは事実であるが、それを十分に賄えるほどの国民経済を輸出指向工業化によって建設したのである。

図終-2は東アジアにおけるフードシステムの戦後再編を示しているが、冷戦体制の成立にともなって社会主義諸国と資本主義諸国に二分され、両陣営間の食料調達が断たれただけでなく、帝国体制の中でのフードシステムも魚介類や果物などに限定され、急激に弱化したことがわかる。韓国りんごが市場としての西日本や中国を失ったように、国境の成立にともなって食料の輸移出が困難となったこともあるだろうが、より根本的には日本、韓国、台湾では人口の増加とともに離農が進行し、購買力の高い膨大な都市人口を形成したため、国内生産のみではそれを支えるほどの食料調達が不可能となったからである。米、牛、明太子などでは「生産者と消費者の分離」が完全に進んでおり、国内市場を基盤とする肉牛、乳製品、りんご、ビールなどが産業的に確立したのである。もちろん、「緑の革命」によって米作における日本との生産性格差が消滅したものの、もはや食料自給は米穀に限られ、フードシステムがグローバルな市場メカニズムに埋め込まれたことから、「生産者と消費者の分離」は空間的にも拡大され、次元的にも多岐にわたっている。この現象は韓国に限定されず、日本や台湾、後には改革開放後の中国をも含み、東アジアは、人口扶養のためにアメリカ、オーストラリア、カナダ、ブラジルなどから廉価の食料をグローバルに調達することになったのである。

あとがき

片渕須直監督の『この世界の片隅に』という劇場アニメーション映画を見たことがある。ちょうど本書の原稿を準備しているさなかで、そもそも研究テーマが戦時経済とかかわりをもっていたため、戦争がどのように描かれているかが気になり、ともかくみてみようという気持ちになったのである。人生を時代によって翻弄される主人公とともに、日本社会を支えた底辺の人々の熾烈な生き方を、その時代の重さとはきわめて対照的に水彩画のような雰囲気で淡々と描いている。そのなかの敗戦時の光景で、朝鮮国旗を掲揚するシーンとともに、「海の向こうから来たお米……大豆……そんなもんでできとるんじゃなあ、うちは」と言う主人公のセリフが聞こえた。当時は「国旗」のみが話題となり、またそのセリフはどうも原作にはなかったはずであったが、むしろこの短いセリフが筆者にとって戦前日本列島と朝鮮半島を繋げる歴史性を示すものとして強く印象に残っている。

近年、歴史認識をめぐるさまざまな論争が日本だけでなく広く東アジア諸国で展開されている。植民地近代化や戦時動員の議論は否応なく過熱化の要因となっているが、このような状況下にあって、一次史料を全面的に利用し、史実にもとづいた客観的な歴史理解が内外で要請されているのであり、本書では食料を素材として戦前日本の朝鮮支配の経済的意味を客観的に捉えようとした。まもなく迎える二〇二〇年の「日韓併合」一一〇周年を前に、歴史問題の解決に一定の前進があるにもかかわらず、対立の局面ばかりが目立つ状況を変えていく必要がある。「愛するに時があり、憎むに時があり、戦うに時があり、和らぐに時がある」（伝道書三：八）。

筆者はインフラストラクチャーやエネルギーに注目し、戦争を挟んで戦前から戦後へと至る経済のシステムが、いかに移行していったのかを東アジアの枠組みのなかで考察してきた。しかしその後分析の焦点はそのような歴史的激変に翻弄されて、それに何とか対応していく人間そのものへと移り、労使関係や労働衛生を再検討し、身体を構成する栄養の供給源たる食料に着目している。本書の執筆にあたっては日本国内はもとより、韓国の国家記録院、国立中央図書館、ソウル大学校図書館、慶北大学校図書館、慶北りんご組合、釜慶大学校図書館、台湾の国立台湾図書館などを訪問して資料収集を行い、食料供給の維持・新しい食料生産および加工技術の伝播・食生活の変化などに光をあてるアプローチを、一次資料によって行った。

具体的には、蛋白質の供給源としての朝鮮牛の分析がまず先行し、それによって搾乳業が分析の射程に入った。さらに戦前の鉄道や逓信と同じく官業の一つであり、分析方法としても馴染み深い専売業が架け橋となり、財政的観点から酒税の対象となる酒類を分析した。その後、分析の対象は果物や海産物に拡がり、最終的には筆者にとって経済史研究の始まりであった米の再検討へと展開したのである。なお、これらの研究成果の一部は"Korean Cattle and Colonial Modernization in the Japanese Empire : From 'Cattle of the Peninsula' to 'Cattle of the Empire'," (*KOREA JOURNAL*, Vol. 55, No. 2, 2015, pp. 11-38)；「植民地期朝鮮における煙草専売業の展開とその経済効果」(『立教経済学研究』七〇—三、二〇一七年、七一〜九四頁) として発表された。

これらの成果をもとに、本書は歴史的視点から朝鮮をめぐるフードシステムを分析することで、今日にまで至る経済構造の生成過程を明らかにしてみようとしたものである。上梓にあたり、朝鮮経済史に携わる研究者のみならず、アジア経済史、農業経済史、食料産業史、そして戦前・戦後の生活史を研究している専門家をはじめとする方々からの率直なコメントと厳しい批判を乞う次第である。

浅学菲才の身でありながら、自己の能力の範囲を超えてこうして研究対象を拡げえたのは、博覧強記というべき知識をもっておられる恩師の原朗先生からの影響を、捻じまげた形であれ受けとった結果かもしれないが、ひとつには、日本留学前に水原で農業史を専攻し、植民地干拓事業の推計をおこない、また農場経営を分析したことから、食物に関する産業史的分析についての違和感がそもそもなかったためであろう。大学院入試の面接時になぜ農業経済史を続けないのかと故西田美昭先生に尋ねられ、慌ててその場を逃れる気持ちで、あとでやりますと答え、面接に参加された先生方にひとしきり笑っていただいた思い出がある。いまになってようやく筆者なりに約束を守ることができたとの思いがある。

本書の執筆にあたっては、多くの方々のご好意や援助をいただいた。各章ごとの実証研究は研究会、学会などを通じて報告してきたが、とりわけ、現代日本経済史研究会では原朗先生をはじめ、加瀬和俊、金子文夫、柳沢遊、山崎志郎、植田浩史、渡辺純子の諸先生から、たびたびテーマが変わっていく筆者の食料産業の研究発表に対して、普段ならなかなか聞けない貴重なコメントをいただき、本書の執筆に際して少なからぬ改善をはかることができた。農業、水産業、食料加工業に非常に詳しい加瀬先生からは、流通過程だけでなく生産過程をも重視すべきであると言われたことが脳裏に残る。研究会の方々のご指摘をたいへん有難く思う。また具体的な出版作業に入るなかで、拙い原稿を読んでいただき貴重なご指導を下さった武田晴人先生にも感謝申し上げる。

本書は、以上のような方々のご支援といただいた刺激があったからこそ、ようやく形をなしたものである。なお、名古屋大学出版会の三木信吾氏には本書の刊行に際して大変お世話になった。本書が一般読者にとってより読みやすいものになっているとすれば、資料図版の掲載をはじめ三木氏の様々な助言があったからであろう。また、本書は平成三〇年度独立行政法人日本学術振興会科学研究費補助金（研究成果公開促進費「学術図書」18HP5155）の支援を受けており、ここに謝意を表明する。

二〇一八年一二月三一日

林　采　成

湯澤規子著
胃袋の近代
—食と人びとの日常史—
四六・354 頁
本体 3,600 円

石川亮太著
近代アジア市場と朝鮮
—開港・華商・帝国—
A5 ・ 568 頁
本体 7,200 円

山本有造著
「満洲国」経済史研究
A5 ・ 332 頁
本体 5,500 円

山本有造編
帝国の研究
—原理・類型・関係—
A5 ・ 406 頁
本体 5,500 円

春日豊著
帝国日本と財閥商社
—恐慌・戦争下の三井物産—
A5 ・ 796 頁
本体 8,500 円

韓載香著
パチンコ産業史
—周縁経済から巨大市場へ—
A5 ・ 436 頁
本体 5,400 円

高槻泰郎著
近世米市場の形成と展開
—幕府司法と堂島米会所の発展—
A5 ・ 410 頁
本体 6,000 円

宝剣久俊著
産業化する中国農業
—食料問題からアグリビジネスへ—
A5 ・ 276 頁
本体 5,800 円

並松信久著
農の科学史
—イギリス「所領」知の革新と制度化—
A5 ・ 480 頁
本体 6,300 円

橋本周子著
美食家の誕生
—グリモと〈食〉のフランス革命—
A5 ・ 408 頁
本体 5,600 円

《著者略歴》

林《いむ》　采《ちぇ》成《そん》

1969 年　韓国・ソウル市に生まれる
1995 年　ソウル大学校農業経済学研究科修士課程修了
2002 年　東京大学大学院経済学研究科博士課程修了
2004 年　韓国培材大学校外国語大学専任講師
同助教授，ソウル大学校日本研究所助教授等をへて，
現　在　立教大学経済学部教授，博士（経済学）
著　書　『戦時経済と鉄道運営――「植民地朝鮮」から「分断韓国」への歴史的経路を探る』（東京大学出版会，2005 年）
『華北交通の日中戦争史――中国華北における日本帝国の輸送戦とその歴史的意義』（日本経済評論社，2016 年）
『鉄道員と身体――帝国の労働衛生』（京都大学学術出版会，2019 年）

飲食朝鮮

2019 年 2 月 15 日　初版第 1 刷発行

定価はカバーに
表示しています

著　者　林　　采　成

発行者　金　山　弥　平

発行所　一般財団法人　名古屋大学出版会
〒 464-0814　名古屋市千種区不老町 1 名古屋大学構内
電話(052)781-5027 / FAX(052)781-0697

© Lim Chaisung, 2019　Printed in Japan

印刷・製本　亜細亜印刷㈱　ISBN978-4-8158-0940-9

乱丁・落丁はお取替えいたします。

JCOPY〈出版者著作権管理機構　委託出版物〉

本書の全部または一部を無断で複製（コピーを含む）することは，著作権法上での例外を除き，禁じられています。本書からの複製を希望される場合は，そのつど事前に出版者著作権管理機構（Tel：03-5244-5088，FAX：03-5244-5089，e-mail：info@jcopy.or.jp）の許諾を受けてください。

索　引

ア　行

カ　行

サ　行

タ　行

ナ　行

マ　行

ヤ　行

ラ・ワ行

図表一覧

参考文献

1　内部資料および公刊資料

①日本語

青森県農林局りんご課『昭和前期りんご経営史』1972 年。

アサヒビール株式会社社史資料室『Asahi100』1990 年。

池田龍蔵『朝鮮経済管見』大阪岩松堂，1925 年。

井沢道雄『開拓鉄道論 上』春秋社，1937 年。

石原保秀『米価の変遷 続篇』乾浴長生会，1935 年。

今村鞆『人蔘神草』朝鮮総督府専売局，1933 年。

梅原久壽衛「移入酒類の酒税及移入税に就きて」『酒』7-2，1935 年。

漆山雅喜編『朝鮮巡遊雑記』1929 年。

老田祥雄「焼酎の脱色脱臭並に銅分鉄分除去試験」『酒』6-9，1934 年。

大蔵省『明治大正財政史』第 18 巻，1939 年。

大蔵省専売局『執務参考書』1945 年度版。

大蔵省専売局『専売局年報』各年度版。

大村卓一『朝鮮鉄道論纂』朝鮮総督府鉄道局庶務課，1930 年。

奥隆行『南方飢餓戦線——一主計将校の記』山梨ふるさと文庫，2004 年。

小田島嘉吉「焼酎製造に対する一考察」『酒』9-6，1937 年。

梶山茂雄「平安北道に於ける黒麹焼酎醸造改善の一考察」『酒』6-7，1934 年。

梶山茂雄「焼酎製造上必要なる機械其の他に就て」『酒』7-6，1935 年。

梶山茂雄「焼酎蒸留機改善に就ての弊見」『酒』7-11，1935 年。

龜岡栄吉・砂田辰一『朝鮮鉄道沿線要覧』朝鮮拓殖資料調査会，1927 年。

木村金次「種黒麹比較試験に就て」『酒』6-6，1934 年。

旧関東州外果樹組合連合会『満州のリンゴを語る——解散記念』1941 年。

麒麟麦酒株式会社『営業報告書』1935 年 9 月 30 日。

麒麟麦酒株式会社『麒麟麦酒株式会社五十年史』1957 年。

金漢栄「焼酎製造業者に呈す」『酒』7-4，1935 年。

金容夏「統計から見た北鮮の移入焼酎」『酒』8-9，1936 年。

久次米邦藏「朝鮮の苹果」『朝鮮経済雑誌』105，1924 年。

熊本県阿蘇郡畜産組合『熊本県阿蘇郡畜産組合三十年小史』1929 年。

京畿道警察部長「経済統制ニ関スル集会開催状況報告」京経第 1737 号，1940 年。

慶尚南道畜産同業組合連合会『慶尚南道之畜牛』1918 年。

慶尚北道『農務統計』1935 年度版。

慶尚北道果物同業組合『慶尚北道果物同業組合事業成績書』1930 年。

元山鉄道事務所「明太漁業に及ぼす鉄道輸送の影響」『貨物彙報』3-1，1940 年。

黄海道『農務統計』1935 年度版。

黄海道農務課「黄海道に於ける苹果収支計算調査」『朝鮮農会報』10-9，1936 年。

高知県庁「土佐あかうしを知ってください！」（http://www.pref.kochi.lg.jp）2018 年 12 月 25 日接続。

肥塚正太『朝鮮之産牛』有隣堂書店，1911 年。

小早川九郎編『朝鮮農業発達史 発達編』朝鮮農会，1944 年。

小早川九郎編『補訂 朝鮮農業発達史 発達編』1960 年。

小林林藏「京城人の嗜好から見た蔬菜と果実」『朝鮮農会報』10-8，1936 年。

古里「『西鮮地方の焼酒業者は鬼？ 神？』の名論を読みて」『朝鮮酒造協会雑誌』3-4，1931 年。

佐田吉衛「泡盛白種試験成績に就て」『酒』6-3，1934 年。

佐田吉衛「糖蜜並に黒麹混用焼酎の醸造法」『酒』6-6，1934 年。

サッポロビール株式会社『サッポロビール 120 年史』1996 年。

佐藤栄技『大量貨物はどう動く』近沢印刷，1932 年。

榛葉獣医官「朝鮮牛内地移出の事情」『朝鮮及満州』1925 年。

清水武紀「焼酎業の統制に就て」『朝鮮酒造協会雑誌』2-5，1930 年。

清水武紀「酒造の統制と酒造組合の強力化に就て」『酒』7-5，1935 年。

清水武紀「朝鮮に於ける酒造業（1）」『日本醸造協会雑誌』34-4，1939 年。

清水千穂彦「西鮮地方焼酎業者の視察所感」『朝鮮酒造協会雑誌』2-3，1930 年。

清水千穂彦「朝鮮酒製造業者救済の最大急務」『朝鮮酒造協会雑誌』2-5，1930 年。

清水千穂彦「朝鮮における焼酎業の将来」『朝鮮酒造協会雑誌』2-6，1930 年。

清水千穂彦「咸南に於ける焼酎蒸留の変遷」『朝鮮酒造協会雑誌』3-2，1931 年。

清水千穂彦「西鮮地方の焼酒業者は鬼？ 神？」『朝鮮酒造協会雑誌』3-3，1931 年。

清水千穂彦「焼酎蒸留器に付いて」『朝鮮酒造協会雑誌』3-6，1931 年。

清水千穂彦「朝鮮に於ける酒造の現状」『朝鮮酒造協会雑誌』3-7，1931 年。

清水千穂彦「焼酎製造工場と精製塔の設備に就て」『酒』6-2，1934 年。

清水千穂彦「焼酎の製造に当り特に注意すべき事項に就て」『酒』6-6，1934 年。

清水千穂彦「焼酎雑談」『酒』7-10，1935 年。

清水千穂彦「焼酎界の此頃」『酒』9-10，1937 年。

昭和麒麟麦酒株式会社『営業報告書』各期版。

菅沼寒洲「京城における搾乳業の沿革」『朝鮮の畜産』3-2，1924 年。

全国経済調査機関連合会朝鮮支部編『朝鮮経済年報』改造社，1941・1942 年版。

全日本あか毛和牛協会「あか毛和牛の種類」（http://www.akagewagyu.com）2018 年 12 月 25 日接続。

大韓帝国度支部司税局『韓国煙草ニ関スル要項』1909 年。

大韓帝国度支部臨時財源調査局『韓国煙草調査書』1910 年。

大鮮醸造株式会社『営業報告書』各期版。

台湾総督府専売局『台湾総督府専売事業年報』各年度版。

台湾総督府専売局『台湾総督府統計書』各年度版。

畜産業協同組合中央会『畜産統計総覧』1998 年度版。

朝鮮果実協会「社団法人朝鮮果実協会設立趣意書並定款」1939 年。

朝鮮銀行調査部『朝鮮経済年報』1948 年度版。

朝鮮銀行調査部『朝鮮年鑑』1949年度版。

朝鮮興業株式会社編『朝鮮興業株式会社三十周年記念誌』1936年。

朝鮮事情社『朝鮮の交通及運輸』1925年。

朝鮮酒造協会編『朝鮮酒造史』1936年。

朝鮮酒造協会平壌支部「焼酎に関する座談会」『酒』9-11，1937年。

朝鮮殖産銀行調査課『朝鮮ノ明太』1925年。

朝鮮総督府『黄色葉煙草耕作事業報告』1913年。

朝鮮総督府『煙草試作成績』1915年度版。

朝鮮総督府『朝鮮国勢調査報告』1925，30，35，40，44年度版。

朝鮮総督府『朝鮮水産統計』各年度版。

朝鮮総督府『煙草産業調査涵養事蹟』各年度版。

朝鮮総督府『朝鮮総督府帝国議会説明資料』第1-10巻，不二出版，1994年。

朝鮮総督府『朝鮮総督府統計年報』各年度版。

朝鮮総督府『農業統計表』各年度版。

朝鮮総督府「物価」『朝鮮総督府統計年報』各年度版。

朝鮮総督府『大正八年朝鮮旱害救済誌』1925年。

朝鮮総督府『施政三十年史』1940年。

朝鮮総督府『朝鮮事情 昭和十七年度版』1941年。

朝鮮総督府勧業模範場『朝鮮牛の内地に於ける概況』1922年。

朝鮮総督府警務局（後，農商局）『朝鮮家畜衛生統計』各年度版。

朝鮮総督府財務局「昭和20年度 第84回帝国議会説明資料」『朝鮮総督府帝国議会説明資料』第10巻，不二出版，1994年。

朝鮮総督府殖産局『朝鮮の特用作物竝果樹蔬菜』1923年。

朝鮮総督府殖産局『朝鮮の農業』1927年。

朝鮮総督府水産試験場『朝鮮のメンタイ漁業に就て』1935年。

朝鮮総督府水産製造検査所『咸南ノ明太魚製品ニ就テ』（調査研究資料第7輯）1942年。

朝鮮総督府水産製造検査所『咸北ノ明太魚製品ニ就テ』（調査研究資料第9輯）1943年。

朝鮮総督府専売局『局報号外 自大正十二年度至昭和八年度煙草売上状況調』1934年。

朝鮮総督府専売局『煙草製造創業三十年誌』1935年。

朝鮮総督府専売局『朝鮮専売史』第1-3巻，1936年。

朝鮮総督府専売局「昭和16年12月 第79回帝国議会説明資料」『朝鮮総督府帝国議会説明資料』第6巻，不二出版，1994年。

朝鮮総督府専売局「昭和19年12月 第84回帝国議会説明資料」『朝鮮総督府帝国議会説明資料』第9巻，不二出版，1994年。

朝鮮総督府専売局「第51回帝国議会説明資料」（1925年）『朝鮮総督府帝国議会説明資料』第14巻，不二出版，1998年。

朝鮮総督府専売局『朝鮮総督府専売局事業概要』各年度版。

朝鮮総督府専売局『朝鮮総督府専売局年報』各年度版。

朝鮮総督府鉄道局『朝鮮鉄道四十年略史』1940年。

朝鮮総督府鉄道局『年報』各年度版。

朝鮮総督府農商工部『朝鮮農務彙報』2，1910年。

朝鮮総督府農商工部『朝鮮農務彙報』3，1912年。

朝鮮総督府農林局『朝鮮家畜伝染病統計』各年度版。

朝鮮総督府農林局『朝鮮畜産統計』各年度版。

朝鮮総督府農林局『朝鮮米穀要覧』各年度版。

朝鮮第二区機船底曳網漁業水産組合十年史『朝鮮第二区機船底曳網漁業水産組合十年史』1940 年。

朝鮮麦酒株式会社『営業報告書』各期版。

朝鮮物産協会大阪出張所「大阪に於ける苹果に関する調査」『朝鮮農会報』20-8，1925 年。

對馬政治郎「第 6 章 朝鮮，満州の林檎」『りんごを語る』楡書房，1951 年。

對馬東紅『りんごを語る』楡書房，1961 年。

T・M・生「平壌局に於て実施せる焼酎工場建築要領」『酒』7-11，1935 年。

帝国農会『農業年鑑』各年度版。

鄭文基「朝鮮明太魚（一）」『朝鮮之水産』128，1936 年。

鄭文基「朝鮮明太魚（二）」『朝鮮之水産』129，1936 年。

東亜経済時報社編『朝鮮銀行会社組合要録』各年度版。

富田精一『富田儀作伝』富田精一，1936 年。

西村保吉「朝鮮米の真価」『朝鮮』78，1921 年。

日本銀行統計局『明治以降本邦主要経済統計』1966 年。

日本専売公社専売史編集室『たばこ専売史 第 2 巻 専売局時代 その 2』日本煙草公社，1964 年。

日本中央競馬会『農用馬にかかわる歴史』1989 年。

日本統計協会『日本長期統計総覧』2006 年。

農商務省農務局『畜産統計 第 1-3 次』1909-12 年度版。

農林省畜産局『畜産提要』1948・1949 年度版。

農林省畜産局『本邦内地ニ於ケル朝鮮牛』1927 年。

農林省畜産局『畜産摘要』各年度版。

農林省畜産局『本邦畜産要覧』各年度版。

農林省農政局『家畜衛生統計』各年度版。

農林省農政局『畜産統計』各年度版。

農林省農務局『米穀要覧』東京統計協会，各年度版。

農林省農林経済局統計調査部『農林省統計表』各年度版。

農林省米穀局『朝鮮米関係資料』1936 年。

農林省米穀部『米穀要覧』1933 年。

農林大臣官房統計課『蔬菜及果樹栽培之状況』東京統計協会，1927 年。

農林大臣官房統計課『農林省累計統計表 明治 6 年-昭和 4 年』東京統計協会，1932 年。

農林大臣官房統計課『米統計表』各年度版。

農林大臣官房統計課『農林省統計摘要』東京統計協会，各年度版。

農林大臣官房統計課『農林省統計表』東京統計協会，各年度版。

農林大臣官房統計課『ポケット農林統計』内閣印刷局。

畠中泰治『台湾専売事業年鑑』台湾と海外社，1941 年。

畑本實平編『平安南道大観』1928 年。

林茂樹「朝鮮酒造協会の創立を祝す」『朝鮮酒造協会雑誌』1-1，1929 年。

林繁蔵「酒税令の改正について」『酒』6-4，1934 年。

平山與一『朝鮮酒造業界四十年の歩み』友邦協会，1969年。

藤本修三「税務と酒造業」『朝鮮酒造協会雑誌』1-1，1929年。

釜山府税務課長「酒税令の研究 2」『朝鮮酒造協会雑誌』2-1，1930年。

釜山府財務課長「酒税令の研究 7」『朝鮮酒造協会雑誌』2-6，1930年。

平安南道苹果検査所『苹果検査成績』各年度版。

平壌焼酎醸造組合理事「平壌生産黒麹種菌に就て」『酒』6-7，1934年。

防長海外協会（山口県山口町）編『朝鮮事情 其一』（『防長海外協会会報』第9号附録）1924年。

朴永燮「種黒麹及同製品比較試験成績」『酒』6-1，1934年。

朴鳳淳「焼酎業者の醸技研究には理論上の酒精収得量を知れ」『酒』6-7，1934年。

松丸志摩三『朝鮮牛の話』岩永書店，1949年。

黛右馬次「焼酎工場建築に就て」『酒』6-7，1934年。

黛右馬次「黒麹焼酎製造法講話要領」『酒』7-6，1935年。

黛右馬次「焼酎の酒質釐正に就て講話要領」『酒』7-11，1935年。

黛右馬次「十三年前の黒麹焼酎研究と指導に就て」『朝鮮之酒』12-6，1940年。

三木清一「酒造業の進路」『朝鮮酒造協会雑誌』1-2，1929年。

三井物産『事業報告書』各期版。

三井物産『取締役会決議録』。

三井物産株式会社京城支店『朝鮮総督府施政二十年記念朝鮮博覧会三井館』1929年。

民主主義科学者協会農業部会編『日本農業年報 第1集』月曜書房，1948年。

森省三「黒麹製麹上の注意」『酒』6-7，1934年。

森省三「黒麹焼酎仕込上の注意」『酒』7-3，1935年。

森生「酒造十訓」『酒』7-6，1935年。

山下生「朝鮮焼酎発達の跡を顧みて 六」『朝鮮之酒』12-3，1940年。

山口孝太郎編『朝鮮煙草元売捌株式会社誌』1931年。

山脇圭吉『日本帝国家畜伝染病予防史 明治編』獣疫調査所，1935年。

吉田雄次郎編『朝鮮の移出牛』朝鮮畜産協会，1927年。

李宣均「鮮内在来焼酎業の既往の実状並今後繁栄策に就て」『酒』8-2，1936年。

臨時財源調査局第三課『京畿道果川，慶尚南道栄山，平安北道嘉山郡煙草調査参考資料』1909年。

②韓国語（漢字音読みの50音順）

禹仁基編『大韓民国行政幹部全貌』国会公論社，1960年。

韓国海洋水産部『海洋水産統計年報』各年度版。

韓国銀行『経済統計年報』各年度版。

韓国銀行調査部『経済年鑑』各年度版。

韓国銀行調査部『物価総覧』1968年。

韓国公報処弘報局写真担当官「復興産業工場煙草部順次撮影 13」1956年（CET0030743）。

韓国公報処弘報局写真担当官「담배農事」1958年（CET0043638）。

韓国国税庁『国税庁二十年史』1986年。

韓国国税庁『国税統計年報』各年度版。

韓国国立水産振興院『国立水産振興院六十年史』1981年。

韓国財政 40 年史編纂委員会編『韓国財政 40 年史 第 4 巻 財政統計 1』韓国開発研究院，1991 年。

韓国産業銀行調査部『韓国産業経済十年史』1955 年。

韓国水産庁『韓国水産史』1968 年。

韓国専売庁『専売事業白書』1970 年度版。

韓国専売庁『専売事業白書』1971 年度版。

韓国専売庁『韓国専売史』第 1 巻，1980 年。

韓国専売庁『韓国専売史』第 2 巻，1981 年。

韓国専売庁『韓国専売史』第 3 巻，1982 年。

韓国専売庁『専売統計年報』各年度版。

韓国農業協同組合中央会『農業年鑑』1963 年。

韓国農水産部『韓国糧政史』1978 年。

韓国農水産部・韓国畜産団体連合会『畜産年鑑』1975 年。

韓国農村経済研究院『韓国農業・農村 100 年史』（上・下）農林部，2003 年。

韓国農村経済研究院『食品需給品』各年度版。

韓国農村振興庁『韓牛飼育』1974 年。

韓国農村振興庁畜産技術研究所『畜産研究를 위한〔のための〕統計資料集』2001 年。

韓国農村振興庁畜産技術研究所『畜産研究 50 年史』2002 年。

韓国農村振興庁農業科学院『国家標準食品成分表 I 第 9 改正版』2017 年。

韓国農林水産食品部『農林水産食品統計年報』各年度版。

韓国農林水産食品部遠洋産業科『遠洋漁業 50 年発展史』2008 年。

韓国農林水産部『農林水産統計年報』各年度版。

韓国農林部『農林統計年報』各年度版。

韓国農林部『農林統計年報 糧穀編』各年度版。

韓国農林部水産局（後，農水産部）『水産統計年報』各年度版。

慶尚北道中央開発『慶北능금〔りんご〕百年史　1892～1996』慶尚北道，1997 年。

慶北능금〔りんご〕農業協同組合『慶北능금〔りんご〕』1990 年。

慶北능금〔りんご〕農業協同組合編『慶北능금〔りんご〕農協 80 年史 1917. 10. 22～1997. 10. 22』1997 年。

孔聖学『中遊日記』1923 年。

孔聖求『香臺紀覽』1929 年。

国立民俗博物館『밥상지교〔飯膳の交わり〕』2016 年。

真露그룹〔グループ〕七十年史編纂委員会編『真露그룹〔グループ〕七十年史』1994 年。

青雲出版社編輯部編『大韓民国人物聯監』青雲出版社，1967 年。

清渓川文化館『清渓川，1930』2013 年。

서울〔ソウル〕牛乳協同組合『서울〔ソウル〕牛乳六十年史』1997 年。

서울〔ソウル〕牛乳協同組合『画報로〔で〕보는〔みる〕서울〔ソウル〕牛乳』2014 年。

東草文化院『東草의〔の〕文化象徴 50 選』東草文化院，2012 年。

大韓民国建国十年誌刊行会『大韓民国建国十年誌』1956 年。

東洋麦酒株式会社『OB 麦酒二十年史』1972 年。

毎日乳業十年史編纂委員会『毎日乳業十年史 1971-1981』毎日乳業株式会社，1983 年。

南朝鮮過渡政府『朝鮮統計年鑑』1943 年度版。

2　雑誌および新聞

①日本語

（雑誌）京城商業（商工）会議所『朝鮮経済雑誌』，朝鮮及満州社『朝鮮及満州』，朝鮮酒造協会『酒』，朝鮮酒造協会『朝鮮酒造協会雑誌』，朝鮮酒造組合中央会『酒之朝鮮』，朝鮮獣医畜産学会『朝鮮獣医畜産学会報』，朝鮮水産会編『朝鮮之水産』，朝鮮専売協会『専売通信』，朝鮮総督府『朝鮮』，朝鮮総督府『朝鮮彙報』，朝鮮総督府鉄道局『貨物彙報』，朝鮮畜産協会『朝鮮の畜産』，朝鮮農会『朝鮮農会報』，日本醸造協会『日本醸造協会雑誌』

（新聞）朝鮮総督府『官報』，『釜山日報』『間島新報』『京城日報』『群山日報』『西鮮日報』『大阪時事新報』『大阪朝日新聞 鮮満版』『大阪朝日新聞 朝鮮版』『大連新聞』『中外商業新報』『朝鮮毎日新聞』『朝鮮民報』『平壌毎日新聞』『北鮮時事新報』『北鮮日報』

②韓国語

（新聞）『朝鮮日報』『朝鮮新聞』『朝鮮中央日報』『畜産新聞』『大韓毎日申報』『東亜日報』『独立新聞』『皇城新聞』『京郷新聞』『毎日経済』『毎日申報』

3　著書および論文

①日本語

荒瀬進・小浜基次・島五郎・西岡辰蔵・田辺秀久・高牟礼功・川口利次「朝鮮人ノ体質人類学的研究」『朝鮮医学会雑誌』24-1，1934年。

安秉直・李大根・中村哲・梶村秀樹編『近代朝鮮の経済構造』日本評論社，1990年。

飯沼二郎『朝鮮総督府の米穀検査制度』未来社，1993年。

今西一・中谷三男『明太子開発史――そのルーツを探る』成山堂書店，2008年。

エッカート，カーター・J.『日本帝国の申し子――高敞の金一族と韓国資本主義の植民地起源 1876-1945』小谷まさ代訳，草思社，2004年（C. J. Eckert, *Offspring of Empire*, University of Washington Press, 1991）。

遠藤湘吉『明治財政と煙草専売』御茶の水書房，1970年。

小田義幸『戦後食糧行政の起源――戦中・戦後の食糧危機をめぐる政治と行政』慶應義塾大学出版会，2012年。

梶村秀樹『朝鮮における資本主義の形成と展開』龍渓書舎，1977年。

梶村秀樹「朝鮮近代史における内在的発展の視角」勝維藻ほか編『東アジア世界史探究』汲古書院，1986年。

春日豊『帝国日本と財閥商社――恐慌・戦争下の三井物産』名古屋大学出版会，2010年。

加瀬和俊「太平洋戦争期食糧統制政策の一側面」原朗編『日本の戦時経済――計画と市場』東京大学出版会，1995年。

勝浦秀夫「鈴木商店と東亜煙草社」『たばこ史研究』118，2011年。

河合和男『朝鮮における産米増殖計画』未来社，1986年。

菊地哲夫『食品の流通経済学』農林統計出版，2013年。

木村和三朗『米穀流通費用の研究』日本学術振興会，1936 年。

木山実『近代日本と三井物産——総合商社の起源』ミネルヴァ書房，2009 年。

姜仁姫『韓国食生活史』玄順恵訳，藤原書店，2000 年。

許粹烈『植民地朝鮮の開発と民衆——植民地近代化論，収奪論の超克』保坂祐二訳，明石書店，2008 年。

許粹烈『植民地初期の朝鮮農業——植民地近代化論の農業開発論を検証する』庵逧由香訳，明石書店，2016 年（許粹烈『日帝初期朝鮮의〔の〕農業——植民地近代化論의〔の〕農業開発論을〔を〕批判한다〔する〕』한길사〔ハンギルサ〕，2011 年）。

金秀姫「朝鮮植民地漁業と日本人漁業移民」東京経済大学経済学博士学位論文，1996 年。

金明洙「近代日本の朝鮮支配と朝鮮人企業家・朝鮮財界——韓相龍の企業活動と朝鮮実業倶楽部を中心に」慶應義塾大学経済学研究科博士論文，2010 年。

金洛年『日本帝国主義下の朝鮮経済』東京大学出版会，2002 年。

金洛年編『植民地期朝鮮の国民経済計算 1910–1945』文浩一・金承美訳，東京大学出版会，2008 年。

久保文克『近代製糖業の発展と糖業連合会——競争を基調とした協調の模索』日本経済評論社，2009 年。

久保文克『近代製糖業の経営史的研究』文眞堂，2016 年。

倉沢愛子『資源の戦争——「大東亜共栄圏」の人流・物流』岩波書店，2012 年。

近藤康男『煙草専売制度と農民経済』西ケ原刊行会，1937 年。

佐々木道雄『焼肉の文化史』明石書店，2004 年。

佐々木道雄『キムチの文化史——朝鮮半島のキムチ・日本のキムチ』福村出版，2009 年。

柴田善雅『中国における日系煙草産業 1905–1945』水曜社，2013 年。

朱益鍾『大軍の斥候——韓国経済発展の起源』堀和生監訳，金承美訳，日本経済評論社，2011 年。

庄司吉之助『米騒動の研究』未來社，1957 年。

戦前期官僚制研究会編『戦前期日本官僚制の制度・組織・人事』東京大学出版会，1981 年。

高崎宗司『植民地朝鮮の日本人』岩波書店，2002 年。

高橋亀吉『現代朝鮮経済論』千倉書房，1935 年。

滝尾英二『日本帝国主義・天皇制下の「朝鮮牛」の管理・統制——食肉と皮革をめぐって（年表）』人権図書館・広島青丘文庫，1997 年。

竹内祐介「日本帝国内分業における朝鮮大豆の盛衰」堀和生編『東アジア資本主義史論 II——構造と特質』ミネルヴァ書房，2008 年。

竹内祐介「穀物需給をめぐる日本帝国内分業の再編成と植民地朝鮮——鉄道輸送による地域内流通の検討を中心に」『社会経済史学』74–5，2009 年。

竹内祐介「植民地期朝鮮における鉄道敷設と沿線人口の推移」『日本植民地研究』23，2011 年。

田中正敬「植民地期朝鮮の専売制度と塩業」『東洋文化研究』13，2011 年。

玉真之介『近現代日本の米穀市場と食糧政策——食糧管理制度の歴史的性格』筑波書房，2013 年。

常木晃編『食文化——歴史と民族の饗宴』悠書館，2010 年。

鄭在貞『帝国日本の植民地支配と韓国鉄道 1892–1945』三橋広夫訳，明石書店，2008 年。

涂照彦『日本帝国主義下の台湾』東京大学出版会，1975 年。

東畑精一・大川一司『朝鮮米穀経済論』日本学術振興会，1935 年。

中島常雄『現代日本産業発達史 食品』現代日本産業発達史研究会，1967 年。

中村欽也『韓国の和食 日本の韓食——文化の融合・変容』柘植書房新社，2007 年。

中村哲・安秉直編『近代朝鮮工業化の研究』日本評論社，1993 年。

中村哲編『東アジア資本主義の形成——比較史の視点から』青木書店，1994 年。

野田公夫編『日本帝国圏の農林資源開発——「資源化」と総力戦体制の東アジア』京都大学学術出版会，2013 年。

野田公夫編『農林資源開発の世紀——「資源化」と総力戦体制の比較史』京都大学学術出版会，2013 年。

野間万里子「帝国圏における牛肉供給体制——役肉兼用の制約下での食肉資源開発」野田公夫編『日本帝国圏の農林資源開発——「資源化」と総力戦体制の東アジア』京都大学学術出版会，2013 年。

芳賀登「朝鮮牛の日本への移入」『風俗史学』16，2001 年。

萩尾俊章『泡盛の文化誌』(改訂版) ボーダーインク，2016 年。

橋谷弘『帝国日本と植民地都市』吉川弘文館，2004 年。

八久保厚志「戦前期朝鮮・台湾における邦人酒造業の展開」『人文学研究所報』(神奈川大学) 36，2003 年。

ハメル，ヘンドリック『朝鮮幽囚記』生田滋訳，平凡社，1969 年。

原朗「日本戦時経済分析の課題」『土地制度史学』151，1996 年。

ハルツェロヴィチ，レシェク『社会主義，資本主義，体制転換』家本博一・田口雅弘訳，多賀出版，2000 年。

菱本長次『朝鮮米の研究』千倉書房，1938 年。

平井健介『砂糖の帝国——日本植民地とアジア市場』東京大学出版会，2017 年。

平井廣一『日本植民地財政史研究』ミネルヴァ書房，1997 年。

フィールドハウス，ポール『食と栄養の文化人類学』和仁皓明訳，1991 年，中央法規 (Paul Fieldhouse, *Food and Nutrition : Customs and Culture*, Springer, 1986)。

藤本武「戦前日本における食糧消費構造の発展」『労働科学』38-1，1962 年。

藤原辰史『稲の大東亜共栄圏——帝国日本の「緑の革命」』吉川弘文館，2012 年。

フレイザー，エヴァン／アンドリュー・リマス『食糧の帝国——食物が決定づけた文明の勃興と崩壊』藤井美佐子訳，太田出版，2013 年 (Evan D. G. Fraser and Andrew Rimas, *Empires of Food : Feast, Famine, and the Rise and Fall of Civilizations*, Free Press, 2010)。

朴橿『阿片帝国日本と朝鮮人』小林元裕・吉澤文寿・権寧俊訳，岩波書店，2018 年 (朴橿『20 世紀前半 東北亜 韓人과〔と〕阿片』先人，2008 年)。

堀和生「朝鮮における植民地財政の展開——1910-30 年代初頭にかけて」飯沼二郎・姜在彦編『植民地期朝鮮の社会と抵抗』未来社，1982 年。

堀和生『朝鮮工業化の史的分析——日本資本主義と植民地経済』有斐閣，1995 年。

堀和生編『東アジア資本主義史論 I——形成・構造・展開』ミネルヴァ書房，2009 年。

真嶋亜有「朝鮮牛——朝鮮植民地化と日本人の肉食経験の契機」『風俗史学』20，2002 年。

松本武祝『植民地期朝鮮の水利組合事業』版元，1991 年。

松本俊郎『侵略と開発——日本資本主義と中国植民地化』御茶の水書房，1988 年。

三浦洋子『朝鮮半島の食料システム——南の飽食，北の飢餓』明石書店，2005 年。

水島朝穂『戦争とたたかう——憲法学者・久田栄正のルソン戦体験』岩波書店，2013 年。

溝口敏行・梅村又次編『旧日本植民地経済統計——推計と分析』東洋経済新報社，1988 年。

宮内泰介・藤林泰『かつお節と日本人』岩波書店，2013 年。

宮嶋博史・松本武祝・李栄薫・張矢遠『近代朝鮮水利組合の研究』日本評論社，1992 年。

盛田常夫『ハンガリー改革史』日本評論社，1990 年。

盛田常夫『体制転換の経済学』新世社，1994 年。

ヤーノシュ，コルナイ『経済改革の可能性』盛田常夫訳，岩波書店，1986 年。

谷ヶ城秀吉『帝国日本の流通ネットワーク——流通機構の変容と市場の形成』日本経済評論社，2012 年。

柳田卓爾「戦前の日本ビール産業の概観」『山口経済学雑誌』57-4，2008 年。

山内一也「牛疫根絶への歩み」『モダンメディア』57-3，2011 年。

吉田敬市『朝鮮水産開発史』朝水会，1954 年。

ラヴィーニュ，マリー『移行の経済学——社会主義経済から市場経済へ』栖原学訳，日本評論社，2001 年。

李圭洙『近代朝鮮における植民地地主制と農民運動』信山社出版，1996 年。

李熒娘「植民地朝鮮における米穀検査制度の展開過程」一橋大学博士学位論文，1995 年。

李熒娘『植民地朝鮮の米と日本』中央大学出版部，2015 年。

李憲昶『韓国経済通史』須川英徳・六反田豊訳，法政大学出版局，2004 年（李憲昶『韓国経済通史』法文社，1999 年）。

李昌玟「朝鮮米の取引制度の変化と米穀商の対応」同『戦前期東アジアの情報化と経済発展——台湾と朝鮮における歴史的経験』東京大学出版会，2015 年。

李炳南「青少年期朝鮮人体格及体能ニ関スル研究」『朝鮮医学会雑誌』30-6，1940 年。

林采成『戦時経済と鉄道運営——「植民地」朝鮮から「分断」韓国への歴史的経路を探る』東京大学出版会，2005 年。

林采成「植民地期朝鮮における煙草専売業の展開とその経済効果」『立教経済学研究』70-3，2017 年。

②韓国語（カナダラ順）

姜冕熙『韓国畜産獣医史研究』郷文社，1994 年。

金東哲「京釜線開通前後 釜山地域日本人商人의〔の〕投資動向」釜山大学校韓国民族文化研究所『韓国民族文化』28，2006 年。

金洛年・朴基炷・朴二沢・車明洙編『韓国〔の〕長期統計』海南，2018 年。

金명수〔Kim Meongsu〕「日本捕鯨業의〔の〕近代化와〔と〕東海捕鯨漁場」『日本研究』8，2008 年。

金배경〔Kim Baekyung〕「韓末〜日帝下東海의〔の〕捕鯨業과〔と〕韓半島捕鯨基地変遷史」『島嶼文化』41，2013 年。

金柄夏『韓国農業経営史研究』韓国精神文化研究院，1993 年。

金秀姫『近代日本漁民의〔の〕韓国進出과〔と〕漁業経営』景仁文化社，2010 年。

金秀姫『近代의〔の〕멸치〔片口鰯〕，帝国의〔の〕멸치〔片口鰯〕』아카넷〔アカネット〕，2015 年。

金勝「植民地時期 釜山地域酒造業의〔の〕現況과〔と〕意味」『歴史와〔と〕境界』95，2015 年。

金英明・金銅洙編著『韓国의〔の〕젓갈〔塩辛〕——그〔その〕原料와〔と〕製品』韓国食

品開発研究院，1990 年。

金容燮『朝鮮後期農業史研究』一潮閣，1970 年。

金容燮『韓国近代農業史研究』一潮閣，1980 年。

金寅煥『韓国〔の〕緑色革命』農業振興庁，1978 年。

金載旲「政府部門」金洛年編『韓国의〔の〕長期統計』(改訂版)，서울〔ソウル〕大学校出版文化院，2012 年。

金泰仁「1930 年代日帝의〔の〕정어리〔鰯〕油肥統制機構와〔と〕韓国정어리〔鰯〕油肥製造業者의〔の〕対応」忠北大学校修士学位論文，2015 年。

南知賢・張회숙〔Jang Hweisuk〕「仁川精米業을〔を〕中心으로 한〔とする〕産業遺産群의〔の〕形成에〔に〕関한〔する〕研究」『建築歴史研究』23-2，2014 年。

朴九秉「韓国明太漁業史」釜山水産大学校『論文集』20，1978 年。

朴九秉「韓国정어리〔鰯〕漁業史」釜山水産大学校『論文集』21，1978 年。

朴基炷「朝鮮에서의〔における〕金鉱業発展과〔と〕朝鮮人鉱業家」서울〔ソウル〕大学校大学院博士学位論文，1998 年。

朴燮『韓国近代의〔の〕農業変動――農民経営의〔の〕成長と農業構造의〔の〕変動』一潮閣，1997 年。

朴燮「植民地期韓国農業統計修正再論」『経済史学』59，2015 年。

朴潤栽『韓国近代医学의〔の〕起源』慧眼，2005 年。

朴二沢『韓国通信産業에〔に〕있어서〔おける〕支配構造와〔と〕雇用構造 1876-1945』韓国学術情報，2008 年。

朴柱彦「近代馬山의〔の〕日本式清酒酒造業研究」慶南大学校大学院修士論文，2013 年。

朴玄埰『民族経済論』한길사〔ハンキルサ〕，1978 年。

釜慶大学校海洋文化研究所『朝鮮時代海洋環境과〔と〕明太』国学資料院，2009 年。

손정수〔Son Jeangsu〕・김나라〔Kim Nara〕・정연학〔Jeang Yeonhak〕・강현우〔Kang Heonwu〕・김은진〔Kim Eunjn〕・김영광〔Kim Youngkwang〕『明太와〔と〕黄太徳場』国立民俗博物館，2017 年。

申東源『韓国近代保健医療史』한울〔ハンウル〕，1997 年。

愼鏞廈『朝鮮土地調査事業研究』知識産業社，1982 年。

安秉直編『韓国成長経済史――予備的考察』서울〔ソウル〕大学校出版部，2001 年。

梁晶弼「近代開城商人의〔の〕商業的伝統과〔と〕資本蓄積」延世大学校史学科博士学位論文，2012 年。

呂博東『日帝의〔の〕朝鮮漁業支配와〔と〕移住漁村形成』宝庫社，2002 年。

呉鎮錫「韓国近代 電力産業의〔の〕발전과〔と〕京城電気㈱」延世大学校大学院博士学位論文，2006 年。

呉浩成『朝鮮時代의〔の〕米穀流通시스템〔システム〕』国学資料院，2007 年。

呉浩成『日帝時代 米穀市場과〔と〕流通構造』景仁文化社，2013 年。

禹大亨「日帝下米穀生産性의〔の〕推移에〔に〕関한〔する〕再検討」『経済史学』58，2015 年。

陸소영〔Ryuk Soyoung〕「食品需給表分析에〔に〕의한〔よる〕20 世紀 韓国 生活水準 変化에〔に〕対한〔する〕研究」忠南大学校大学院経済学博士学位論文，2017 年。

李佑成『実学研究入門』一潮閣，1972 年。

李琦烈監修・李基婉・朴英心・朴太瑄・金恩卿・張美羅『韓国人의〔の〕食生活 100 年評価

(I)――20 世紀를〔を〕中心으로〔として〕』新光出版社，1998 年。
李明輝「植民地期朝鮮의〔の〕株式会社와〔と〕株式市場研究」梨花女子大学校大学院博士学位論文，2000 年。

李承妍「1905 年～1930 年代初 日帝의〔の〕酒造業政策과〔と〕朝鮮酒造業의〔の〕展開」『韓国史論』32，1994 年。

李始永『韓国獣医学史』国立獣医科学検疫院，2010 年。

李永鶴『韓国近代煙草産業研究』新書苑，2013 年。

李栄薫「17 世紀後半～20 世紀前半水稲作 土地生産性의〔の〕長期趨勢」『経済論集』51-2，2012 年。

李栄薫「混乱과〔と〕幻想의〔の〕歴史的時空――許粹烈의〔の〕『日帝初期朝鮮의〔の〕農業』에〔に〕答한다〔答える〕」『経済史学』53，2012 年。

李은주〔Lee Uenju〕「1923 年 開城商人의〔の〕中国遊覧記『中遊日記』研究」『国文学研究』25，2012 年。

李鎬澈『韓国능금〔りんご〕의〔の〕歴史，그〔その〕起源과〔と〕発展』文学과〔と〕知性社，2002 年。

林采成「쌀〔米〕과〔と〕鉄道 그리고〔そして〕植民地化――植民地朝鮮의〔の〕鉄道運営과〔と〕米穀経済」『쌀〔米〕・삶〔生活〕・文明研究』1，2008 年。

張秉志「日帝下 韓国物価史研究（1)――全国消費者物価指数推計를〔を〕中心으로〔として〕」『論文集』（京畿大学校研究交流処）19-1，1986 年。

張秉志「日帝下 韓国物価史研究（2)」『論文集』（京畿大学校研究交流処）21，1987 年。

張秉志「日帝下의〔の〕韓国消費者物価와〔と〕交易条件에〔に〕関한〔する〕計量的接近」国民大学校経済学博士学位論文，1987 年。

張矢遠「日帝下 大地主의〔の〕存在形態에〔に〕관한〔関する〕研究」서울〔ソウル〕大学校大学院博士学位論文，1989 年。

田剛秀『植民地朝鮮의〔の〕米穀政策에〔に〕関한〔する〕研究――1930-45 年을〔を〕中心으로〔として〕』서울〔ソウル〕大学校大学院経済学博士学位論文，1993 年。

鄭민국〔Jeong Minkook〕「家畜保険과〔と〕政府補助의〔の〕効果」『農村研究』12-1，1998 年。

鄭在貞「韓末・日帝初期（1905～1916 年）鉄道運輸의〔の〕植民地的性格」（上・下）『韓国学報』8-3，8-4，1982 年。

朱奉圭・蘇淳烈『近代地域農業史研究』서울〔ソウル〕大学校出版部，1998 年。

朱益鍾「日帝下韓国人酒造業의〔の〕発展」『経済学研究』40-1，1992 年。

朱益鍾「日帝下平壌의〔の〕메리야스〔メリヤス〕工業에〔に〕관한〔関する〕研究」서울〔ソウル〕大学校大学院博士学位論文，1994 年。

朱益鍾「植民地時期의〔の〕生活水準」朴枝香・金哲・金一栄・李栄薫編『解放前後史의〔の〕再認識 I』책세상〔冊世上〕，2006 年。

中村哲『世界資本主義와〔と〕移行의〔の〕理論』安秉直訳，比峰出版社，1991 年。

池逸仙「焼酎의〔の〕変遷과〔と〕酒質」『酒類工業』1-1，1981 年。

車明洙『飢餓와〔と〕奇跡의〔の〕起源――韓国経済史 1700-2010』海南，2014 年。

車明洙・黄峻奭「1910 年代에〔に〕쌀〔米〕生産은〔は〕停滞했나〔したのか〕?」『経済史学』59，2015 年。

崔석태〔Choi Seoktae〕『李仲燮評傳』돌배게〔ドルベゲ〕，2000 年。

崔성진〔Choi Seongjin〕「植民地期身長変化와〔と〕生活水準 1910-1945」『経済史学』40, 2006 年。

崔성진〔Choi Seongjin〕「韓国人의〔の〕身長変化와〔と〕生活水準의〔の〕変動」서울〔ソウル〕大学校大学院修士学位論文, 2006 年。

崔羲楹「朝鮮住民의〔の〕営養에〔に〕関한〔する〕考察」『朝鮮医報』1-1, 1946 年。

沈유정〔Sim Yujeong〕・崔정엽〔Choi Jeongyeop〕「近代獣医専門機関의〔の〕設立過程과〔と〕歴史的意味」『農業史研究』10-1, 2011 年。

河智妍『日帝下植民地地主制研究』恵眼, 2010 年。

香野展一「韓末・日帝下日本人의〔の〕朝鮮水産業進出과〔と〕資本蓄積——中部幾次郎의〔の〕'林兼商店' 経営事例를〔を〕中心으로〔として〕」延世大学校大学院修士学位論文, 2006 年。

許粹烈「日帝初期萬頃江및〔および〕東進江流域의〔の〕防潮堤와〔と〕河川의〔の〕堤防」『経済史学』56, 2014 年。

洪性讃『韓国近代農村社会의〔の〕変動과〔と〕地主層』知識産業社, 1992 年。

洪性讃「韓末日帝初 서울〔ソウル〕東幕客主의〔の〕精米業進出과〔と〕経営——東一精米所의〔の〕『日記』(1919) 分析을〔を〕中心으로〔として〕」『経済史学』55, 2013 年。

③英語

Fagan, Brian, *Fish on Friday : Feasting, Fasting, and the Discovery of the New World*, Basic Books, 2007.
Higman, B. W., "Trade," in *How Food Made History*, Wiley-Blackwell, 2011.
Kimura, Mitsuhiko, "Standard of Living in Colonial Korea : Did the Masses Become Worse off or Better off under Japanese Rule?" *The Journal of Economic History*, 53-3, 1993.
Kuznets, Simon, *Modern Economic Growth : Rate, Structure and Spread*, Yale University Press, 1966.
Latham, A. J. H., *Rice : The Primary Commodity*, Routledge, 1998.
Lim, Chaisung, "Korean Cattle and Colonial Modernization in the Japanese Empire : From 'Cattle of the Peninsula' to 'Cattle of the Empire'," *Korea Journal*, 55-2, 2015.
Park, Kyoung-Hee, "Food Rationing and the Black Market in Wartime Korea," in Katarzyna J. Cwiertka ed., *Food and War in Mid-Twentieth-Century East Asia*, Ashigate, 2013.
Shin, Gi-Wook, and Michael Robinson eds., *Colonial Modernity in Korea*, Harvard University Press, 2001.
Suh Sang-Chul, *Growth and Structural Changes in the Korean Economy, 1910-1940*, Harvard University Press, 1978.
Tansey, Geoff, and Tony Worsley, *The Food System : A Guide*, Earthscan, 1995.
Tóibín, Colm, and Diarmaid Ferriter, *The Irish Famine : A Documentary*, Thomas Dunne Books, 2002.
Yamashita, Samuel Hideo, "The 'Food Problem' of Evacuated Children in Wartime Japan, 1944-1945," in Katarzyna J. Cwiertka ed., *Food and War in Mid-Twentieth-Century East Asia*, Ashigate, 2013.
WHO, *Global Status Report on Alcohol and Health*, 2014.

④中国語

李力庸『米穀流通與台湾社会（1895-1945)』稲郷出版社，2009 年。
柯志明『米糖相剋——日本殖民主義下臺灣的發展與從屬』群出版，2003 年。

注

序 章 食料帝国と朝鮮

(1) ポール・フィールドハウス『食と栄養の文化人類学』和仁皓明訳，1991 年，中央法規 (Paul Fieldhouse, *Food and Nutrition : Customs and Culture*, Springer, 1986)，124–125 頁。
(2) 庄司吉之助『米騒動の研究』未來社，1957 年。
(3) Colm Tóibín and Diarmaid Ferriter, *The Irish Famine : A Documentary*, Thomas Dunne Books, 2002；エヴァン・フレイザー，アンドリュー・リマス『食糧の帝国――食物が決定づけた文明の勃興と崩壊』藤井美佐子訳，太田出版，2013 年（Evan D. G. Fraser and Andrew Rimas, *Empires of Food : Feast, Famine and the Rise and Fall of Civilizations*, Free Press, 2010)，233–236 頁。
(4) 三浦洋子『朝鮮半島の食料システム――南の飽食，北の飢餓』明石書店，2005 年；小田義幸『戦後食糧行政の起源――戦中・戦後の食糧危機をめぐる政治と行政』慶應義塾大学出版会，2012 年。
(5) ポール・フィールドハウス前掲『食と栄養の文化人類学』124–125 頁。
(6) B. W. Higman, "Trade," in *How Food Made History*, Wiley-Blackwell, 2011.
(7) 常木晃編『食文化――歴史と民族の饗宴』悠書館，2010 年。
(8) 姜仁姫は植民地期に食生活の窮乏化が進んだとみる一方，西洋式食生活の普及が生じたとみている。姜仁姫『韓国食生活史』玄順恵訳，藤原書店，2000 年，393–416 頁。
(9) 최성진〔Choi Seongjin〕「植民地期 身長変化와 生活水準 1910–1945」『経済史学』40, 2006 年。
(10) Gi-Wook Shin and Michael Robinson eds., *Colonial Modernity in Korea*, Harvard University Press, 2001.
(11) 佐々木道雄『焼肉の文化史』明石書店，2004 年；中村欽也『韓国の和食 日本の韓食――文化の融合・変容』柘植書房新社，2007 年；佐々木道雄『キムチの文化史――朝鮮半島のキムチ・日本のキムチ』福村出版，2009 年。
(12) 熊本県阿蘇郡畜産組合『熊本県阿蘇郡畜産組合三十年小史』1929 年；高知県庁「土佐あかうしを知ってください！」(http://www.pref.kochi.lg.jp) 2018 年 12 月 25 日接続；今西一・中谷三男『明太子開発史――そのルーツを探る』成山堂書店，2008 年。
(13) 金載昊「政府部門」金洛年編『韓国의 長期統計』(改訂版)，서울大学校出版文化院，2012 年。
(14) 平井廣一『日本植民地財政史研究』ミネルヴァ書房，1997 年。
(15) 朝鮮総督府専売局『朝鮮専売史』1936 年；朝鮮酒造協会編『朝鮮酒造史』1936 年。
(16) 倉沢愛子「米と戦争」同『資源の戦争――「大東亜共栄圏」の人流・物流』岩波書店，2012 年，89–225 頁。
(17) 奥隆行『南方飢餓戦線――一主計将校の記』山梨ふるさと文庫，2004 年；水島朝穂『戦争とたたかう――憲法学者・久田栄正のルソン戦体験』岩波書店，2013 年。
(18) 金容燮『朝鮮後期農業史研究』一潮閣，1970 年；金容燮『韓国近代農業史研究』一潮

閣，1980 年；李佑成『実学研究入門』一潮閣，1972 年；朴玄埰『民族経済論』한길사，1978 年；梶村秀樹『朝鮮における資本主義の形成と展開』龍渓書舎，1977 年；梶村秀樹「朝鮮近代史における内在的発展の視角」勝維藻ほか編『東アジア世界史探究』汲古書院，1986 年。

(19) 愼鏞廈『朝鮮土地調査事業研究』知識産業社，1982 年。

(20) 凃照彦『日本帝国主義下の台湾』東京大学出版会，1975 年。

(21) 朴玄埰前掲『民族経済論』；梶村秀樹前掲「朝鮮近代史における内在的発展の視角」。

(22) カーター・J・エッカート『日本帝国の申し子――高敞の金一族と韓国資本主義の植民地起源 1876-1945』小谷まさ代訳，草思社，2004 年（C. J. Eckert, *Offspring of Empire*, University of Washington Press, 1991）；朱益鍾『大軍の斥候――韓国経済発展の起源』堀和生監訳，金承美訳，日本経済評論社，2011 年；金明洙「近代日本の朝鮮支配と朝鮮人企業家・朝鮮財界――韓相龍の企業活動と朝鮮実業倶楽部を中心に」慶應義塾大学経済学研究科博士論文，2010 年。

(23) 松本俊郎『侵略と開発――日本資本主義と中国植民地化』御茶の水書房，1988 年，8 頁。

(24) 中村哲『世界資本主義와 移行의 理論』安秉直訳，比峰出版社，1991 年。

(25) 安秉直・李大根・中村哲・梶村秀樹編『近代朝鮮の経済構造』日本評論社，1990 年；中村哲・安秉直編『近代朝鮮工業化の研究』日本評論社，1993 年；中村哲編『東アジア資本主義の形成――比較史の視点から』青木書店，1994 年。

(26) 堀和生『朝鮮工業化の史的分析――日本資本主義と植民地経済』有斐閣，1995 年；金洛年『日本帝国主義下の朝鮮経済』東京大学出版会，2002 年；車明洙『飢餓와 奇跡의 起源――韓国経済史 1700-2010』海南，2014 年。

(27) 朱益鍾「日帝下平壤의 메리야스工業에 관한 研究」서울大学校大学院博士学位論文，1994 年；朴基炷「朝鮮에서의 金鉱業発展과 朝鮮人鉱業家」서울大学校大学院博士学位論文，1998 年；李明輝「植民地期朝鮮의 株式会社와 株式市場研究」梨花女子大学校大学院博士学位論文，2000 年；呉鎮錫「韓国近代 電力産業의 발전과 京城電気㈱」延世大学校大学院博士学位論文，2006 年；鄭在貞『帝国日本の植民地支配と韓国鉄道 1892-1945』三橋広夫訳，明石書店，2008 年；朴二沢『韓国通信産業에 있어서 支配構造와 雇用構造 1876-1945』韓国学術情報，2008 年。

(28) 溝口敏行・梅村又次編『旧日本植民地経済統計――推計と分析』東洋経済新報社，1988 年。

(29) 金洛年編『植民地期朝鮮の国民経済計算 1910-1945』文浩一・金承美訳，東京大学出版会，2008 年。

(30) Simon Kuznets, *Modern Economic Growth: Rate, Structure and Spread*, Yale University Press, 1966.

(31) 許粹烈『植民地朝鮮の開発と民衆――植民地近代化論，収奪論の超克』保坂祐二訳，明石書店，2008 年。

(32) 許粹烈『植民地初期の朝鮮農業――植民地近代化論の農業開発論を検証する』庵逧由香訳，明石書店，2016 年（『日帝初期朝鮮의 農業――植民地近代化論의 農業開発論을 批判한다』한길사，2011 年）；李栄薫「17 世紀後半～20 世紀前半水稲作 土地生産性의 長期趨勢」『経済論集』51-2，2012 年；李栄薫「混乱과 幻想의 歴史的時空――許粹烈의『日帝初期朝鮮의 農業』에答한다」『経済史学』53，2012 年；禹大亨「日帝下米穀生産

性의 推移에 関한 再検討」『経済史学』58，2015 年；朴燮「植民地期韓国農業統計修正再論」『経済史学』59，2015 年；許粹烈「日帝初期萬頃江 및 東進江流域의 防潮堤와 河川의 堤防」『経済史学』56，2014 年；車明洙・黃峻奭「1910 年代에 쌀 生産은 停滞했나？」『経済史学』59，2015 年。

(33) 張矢遠「日帝下 大地主의 存在形態에 관한 研究」서울大学校大学院博士学位論文，1989 年；洪性讃『韓国近代農村社会의 変動과 地主層』知識産業社，1992 年；金柄夏『韓国農業経営史研究』韓国精神文化研究院，1993 年；朱奉圭・蘇淳烈『近代地域農業史研究』서울大学校出版部，1998 年；李圭洙『近代朝鮮における植民地地主制と農民運動』信山社出版，1996 年；河智妍『日帝下植民地地主制研究』恵眼，2010 年。

(34) 河合和男『朝鮮における産米増殖計画』未来社，1986 年；飯沼二郎『朝鮮総督府の米穀検査制度』未来社，1993 年。

(35) 田剛秀『植民地朝鮮의 米穀政策에 関한 研究——1930-45 年을 中心으로』서울大学校大学院経済学博士学位論文，1993 年。

(36) 李熒娘「植民地朝鮮における米穀検査制度の展開過程」一橋大学博士学位論文，1995 年；李熒娘『植民地朝鮮の米と日本』中央大学出版部，2015 年。

(37) 東畑精一・大川一司『朝鮮米穀経済論』日本学術振興会，1935 年；同，1937 年；菱本長次『朝鮮米の研究』千倉書房，1938 年。

(38) 真嶋亜有「朝鮮牛——朝鮮植民地化と日本人の肉食経験の契機」『風俗史学』20，2002 年；野間万里子「帝国圏における牛肉供給体制——役肉兼用の制約下での食肉資源開発」野田公夫編『日本帝国圏の農林資源開発——「資源化」と総力戦体制の東アジア』京都大学学術出版会，2013 年，139-175 頁。

(39) 李鎬澈『韓国능금의 歴史，그 起源과 発展』文学과知性社，2002 年。

(40) 吉田敬市『朝鮮水産開発史』朝水会，1954 年；呂博東『日帝의 朝鮮漁業支配와 移住漁村形成』宝庫社，2002 年；金秀姫『近代日本漁民의 韓国進出과 漁業経営』景仁文化社，2010 年；金秀姫『近代의 멸치，帝国의 멸치』아카넷，2015 年；金泰仁「1930 年代日帝의 정어리 油肥統制機構와 韓国정어리 油肥製造業者의 対応」忠北大学校修士学位論文，2015 年。

(41) 今西一・中谷三男前掲『明太子開発史——そのルーツを探る』。

(42) 洪性讃「韓末日帝初 서울 東幕客主의 精米業進出과 経営——東一精米所의『日記』(1919) 分析을中心으로」『経済史学』55，213-247 頁，2013 年；金東哲「京釜線開通前後 釜山地域日本人商人의 投資動向」釜山大学校韓国民族文化研究所『韓国民族文化』28，2006 年，37-72 頁；南知賢・張희숙「仁川精米業을 中心으로 한 産業遺産群의 形成에 関한 研究」『建築歴史研究』23-2，2014 年，7-24 頁。

(43) 朱益鍾「日帝下韓国人酒造業의 発展」『経済学研究』40-1，1992 年，269-295 頁；李承妍「1905 年-1930 年代初 日帝의 酒造業政策과 朝鮮酒造業의 展開」『韓国史論』32，1994 年，69-132 頁；八久保厚志「戦前期朝鮮・台湾における邦人酒造業の展開」『(神奈川大学) 人文学研究所報』36，2003 年，13-24 頁；朴柱彦「近代馬山의 日本式清酒酒造業研究」慶南大学校大学院修士論文，2013 年；金勝「植民地時期 釜山地域 酒造業의 現況과 意味」『歴史와 境界』95，2015 年，63-142 頁；李永鶴『韓国近代煙草産業研究』新書苑，2013 年。

(44) 木山実『近代日本と三井物産——総合商社の起源』ミネルヴァ書房，2009 年；春日豊『帝国日本と財閥商社——恐慌・戦争下の三洋物産』名古屋大学出版会，2010 年。

（45）谷ヶ城秀吉『帝国日本の流通ネットワーク——流通機構の変容と市場の形成』日本経済評論社，2012 年。
（46）Geoff Tansey and Tony Worsley, *The Food System : A Guide*, Earthscan, 1995, pp. 1–2.
（47）フードシステムは食料連鎖（food chain）や食料経済（food economy）の意味合いを包括する概念である。*Ibid.*
（48）堀和生編『東アジア資本主義史論 I——形成・構造・展開』ミネルヴァ書房，2009 年。
（49）野田公夫編『農林資源開発の世紀——「資源化」と総力戦体制の比較史』京都大学学術出版会，2013 年；野田公夫編『日本帝国圏の農林資源開発——「資源化」と総力戦体制の東アジア』京都大学学術出版会，2013 年。
（50）エヴァン・フレイザー，アンドリュー・リマス前掲『食糧の帝国』。
（51）高橋亀吉『現代朝鮮経済論』千倉書房，1935 年，159–298 頁。
（52）藤原辰史『稲の大東亜共栄圏——帝国日本の「緑の革命」』吉川弘文館，2012 年。
（53）金寅煥『韓国 緑色革命』農業振興庁，1978 年；韓国農村経済研究院『韓国農業・農村 100 年史 下』農林部，2003 年。
（54）竹内祐介「日本帝国内分業における朝鮮大豆の盛衰」堀和生編『東アジア資本主義史論 II——構造と特質』ミネルヴァ書房，2008 年，85–111 頁。竹内は朝鮮大豆が日本内地に移出され，満洲大豆と競争したが，満洲大豆が欧州需要の減退によって日本市場により多く輸出されると，朝鮮大豆はその競争力を失い，日本内地市場から追い出されたと見，朝鮮大豆の内地移出は日本帝国の分業体制にとって不必要な取り組みであったと評価している。
（55）流通の社会的役割については，菊地哲夫『食品の流通経済学』農林統計出版，2013 年，2–3 頁を参照されたい。
（56）中島常雄『現代日本産業発達史 食品』現代日本産業発達史研究会，1967 年；柳田卓爾「戦前の日本ビール産業の概観」『山口経済学雑誌』57–4，2008 年，523–559 頁。
（57）植民地期朝鮮の阿片については朴橿『20 世紀前半 東北亜 韓人과 阿片』선인, 2008 年（朴橿『阿片帝国日本と朝鮮人』小林元裕・吉澤文寿・権寧俊訳，岩波書店，2018 年）が注目される。朴橿は植民地朝鮮自体が阿片・麻薬の供給地として機能したと見，朝鮮人が日本の植民地・占領地に進出して国際法違反たる阿片・麻薬販売に従事し，莫大な利益となった麻薬の密輸出に寄与したことを指摘している。とはいえ，本書の課題となる朝鮮に限ってみれば，総督府は阿片の中毒性を考慮してその取締りを期するとともに，薬用阿片の供給を確保するため，1919 年よりその収納販売を専売事業として始めたが，産額の縮小にともなって 1925 年に阿片専売を中止し，その生産を大正製薬に委ねた。しかし，モルヒネの中毒問題が著しくなると，1929 年よりその製造販売を再開した（朝鮮総督府専売局編『朝鮮専売史』第 3 巻，1938 年，1542–1544 頁）。その利益は赤字を記録する年もあり，専売利益全額の平均 0.6 %（1921〜25 年，1929〜40 年の平均）に過ぎなかったことからみて，総督府への財源的寄与としてはきわめて微々たるものであり，過大評価できない（朝鮮総督府専売局『朝鮮総督府専売局年報』各年度版）。
（58）台湾からの対日移出の砂糖・米については次の研究を参照されたい。柯志明『米糖相剋——日本殖民主義下臺灣的發展與從屬』群出版，2003 年；李力庸『米穀流通與台湾社会（1895–1945）』稲郷出版社，2009 年；久保文克『近代製糖業の発展と糖業連合会——競争を基調とした協調の模索』日本経済評論社，2009 年；久保文克『近代製糖業の経営史的研究』文眞堂，2016 年；平井健介『砂糖の帝国——日本植民地とアジア市場』東京

大学出版会，2017年。
(59) 小田義幸前掲『戦後食糧行政の起源』。
(60) 玉真之介『近現代日本の米穀市場と食糧政策——食糧管理制度の歴史的性格』筑波書房，2013年。
(61) 原朗「日本戦時経済分析の課題」『土地制度史学』151，1996年。
(62) 日本の戦時経済に関する研究史の整理は，林采成『戦時経済と鉄道運営——「植民地」朝鮮から「分断」韓国への歴史的経路を探る』東京大学出版会，2005年を参照されたい。
(63) コルナイ・ヤーノシュ『経済改革の可能性』盛田常夫訳，岩波書店，1986年；盛田常夫『ハンガリー改革史』日本評論社，1990年；同『体制転換の経済学』新世社，1994年；レシェク・ハルツェロヴィチ『社会主義，資本主義，体制転換』家本博一・田口雅弘訳，多賀出版，2000年；マリー・ラヴィーニュ『移行の経済学——社会主義経済から市場経済へ』栖原学訳，日本評論社，2001年。
(64) Samuel Hideo Yamashita, "The 'Food Problem' of Evacuated Children in Wartime Japan, 1944–1945," in Katarzyna J. Cwiertka ed., *Food and War in Mid-Twentieth-Century East Asia*, Ashigate, 2013, pp. 131–148.
(65) 加瀬和俊「太平洋戦争期食糧統制政策の一側面」原朗編『日本の戦時経済——計画と市場』東京大学出版会，1995年，283–313頁。
(66) Kyoung-Hee Park, "Food Rationing and the Black Market in Wartime Korea," in Katarzyna J. Cwiertka ed., *Food and War in Mid-Twentieth-Century East Asia*, Ashigate, 2013, pp. 29–52.

第一章　帝国の朝鮮米

(1) A. J. H. Latham, *Rice : The Primary Commodity*, Routledge, 1998.
(2) 西村保吉「朝鮮米の真価」『朝鮮』78，1921年，17頁（河合和男『朝鮮における産米増殖計画』未来社，1986年，26頁より再引用）。
(3) 林采成「쌀과 鉄道 그리고 植民地化——植民地朝鮮의 鉄道運営과 米穀経済」『쌀・삶・文明研究』1，2008年；竹内祐介「穀物需給をめぐる日本帝国内分業の再編成と植民地朝鮮——鉄道輸送による地域内流通の検討を中心に」『社会経済史学』74–5，2009年，447–467頁。
(4) 藤本武「戦前日本における食糧消費構造の発展」『労働科学』38–1，1962年。
(5) 東畑精一・大川一司『朝鮮米穀経済論』日本学術振興会，1935年；同，1937年。
(6) 菱本長次『朝鮮米の研究』千倉書房，1938年。
(7) 河合和男『朝鮮における産米増殖計画』未来社，1986年。
(8) 田剛秀『植民地朝鮮의 米穀政策에 関한 研究——1930–45年을 中心으로』서울大学校大学院経済学博士学位論文，1993年。
(9) 飯沼二郎『朝鮮総督府の米穀検査制度』未来社，1993年。
(10) 李熒娘「植民地朝鮮における米穀検査制度の展開過程」一橋大学博士学位論文，1995年；李熒娘『植民地朝鮮の米と日本』中央大学出版部，2015年。
(11) 呉浩成『朝鮮時代의 米穀流通시스템』国学資料院，2007年；呉浩成『日帝時代 米穀市場과 流通構造』景仁文化社，2013年。
(12) 米穀国家管理が戦後日本だけでなく韓国でも食料流通システムの基本となったことから，単なる米穀市場の解体とは把握できないと考えられる。すなわち，市場と統制を相

容れないものとして認識するよりは，戦後「秋穀収買制度」の歴史的起源として戦時下の変容を考察しなければならない。
(13) 井沢道雄『開拓鉄道論 上』春秋社，1937 年，320-321 頁。
(14) 同上，321 頁；李憲昶『韓国経済通史』法文社，1999 年（李憲昶『韓国経済通史』須川英徳・六反田豊訳，法政大学出版局，2004 年），290 頁。
(15) 高崎宗司『植民地朝鮮の日本人』岩波書店，2002 年，87-93，123-124，132-133 頁。
(16) 鄭在貞「韓末・日帝初期（1905～1916 년）鉄道運輸의 植民地的性格」（上・下）『韓国学報』8-3，8-4，1982 年，117-139，146-172 頁；竹内祐介「植民地期朝鮮における鉄道敷設と沿線人口の推移」『日本植民地研究』23，2011 年，48-61 頁。
(17) 橋谷弘『帝国日本と植民地都市』吉川弘文館，2004 年，66-72 頁。
(18) 韓国農村経済研究院『韓国農業・農村 100 年史 上』農林部，2003 年，496-499 頁。
(19) 朝鮮総督府鉄道局『朝鮮鉄道四十年略史』1940 年，11 頁。
(20) 農林省米穀局『朝鮮米関係資料』1936 年，166-171 頁。
(21) 朝鮮総督府『大正八年朝鮮旱害救済誌』1925 年；「昭和十四年の旱害と対策」全国経済調査機関聯合会朝鮮支部編『朝鮮経済年報』改造社，1941・1942 年版，59-62 頁。
(22) 朝鮮総督府『朝鮮総督府統計年報』各年度版；朝鮮銀行調査部『朝鮮経済年報』1948 年；韓国銀行調査部『経済年鑑』各年度版；農林水産食品部『農林水産食品統計年報』各年度版；日本統計協会『日本長期統計総覧』2006 年。
(23) 金洛年編（金洛年編『植民地期朝鮮の国民経済計算 1910-1945』文浩一・金承美訳，東京大学出版会，2008 年）の植民地期 GDP 推計について許粹烈（許粹烈『植民地朝鮮の開発と民衆――植民地近代化論，収奪論の超克』保坂祐二訳，明石書店，2008 年）が 1910 年代の農業付加価値の過剰推計の可能性を指摘して批判すると，その検証のため，1910 年代朝鮮米の土地生産性をめぐる論争が両者の陣営によって展開されている（許粹烈『植民地初期の朝鮮農業――植民地近代化論の農業開発論を検証する』庵逧由香訳，明石書店，2016 年［許粹烈『日帝初期朝鮮의 農業――植民地近代化論의 農業開発論을 批判한다』한길사，2011 年］；李栄薫「17 世紀後半-20 世紀前半 水稲作 土地生産性의 長期趨勢」『経済論集』51-2，2012 年；李栄薫「混乱과 幻想의 歴史的時空――許粹烈의『日帝初期朝鮮의 農業』에 答한다」『経済史学』53，2012 年；禹大亨「日帝下米穀生産性의 推移에関한 再検討」『経済史学』58，2015 年；朴燮「植民地期韓国農業統計修正再論」『経済史学』59，2015 年；許粹烈「日帝初期萬頃江 및 東進江流域의 防潮堤와 河川의 堤防」『経済史学』56，2014 年；車明洙・黄峻奭「1910 年代에 쌀 生産은停滞했나?」『経済史学』59，2015 年）。
(24) 木村和三朗『米穀流通費用の研究』日本学術振興会，1936 年，129-130 頁。
(25) 佐藤栄技『大量貨物はどう動く』近沢印刷，1932 年，207 頁。
(26) 朝鮮総督府鉄道局『年報』各年度版。
(27) 李昌玟（「朝鮮米の取引制度の変化と米穀商の対応」同『戦前期東アジアの情報化と経済発展――台湾と朝鮮における歴史的経験』東京大学出版会，2015 年）は電信・電話を利用した米穀取引が定着し，仲買人の地位低下をもたらしたと指摘している。
(28) 龜岡栄吉・砂田辰一『朝鮮鉄道沿線要覧』朝鮮拓殖資料調査会，1927 年，217-218 頁。
(29) 総督府鉄道局は釜山到着の縦貫鉄道輸送貨物に有利な運賃体制，いわゆる釜山集中主義を取り，釜山へ多くの移出米を集中させた。しかし，各港の整備が行われると，鉄道局においても各港平等主義を採用するようになり，もっとも近い港への輸送が多くなっ

て，仁川と群山が移出港として重要となり，1934 年には釜山を上回った（同上，219 頁）。

(30) 大村卓一「米の輸送上より観たる朝鮮鉄道」『朝鮮鉄道論纂』朝鮮総督府鉄道局庶務課 1930 年，320-321 頁；佐藤栄技前掲『大量貨物はどう動く』218 頁。

(31) 木村和三朗前掲『米穀流通費用の研究』159-160 頁。

(32) 鉄道が敷設されると，牛馬車を利用する場合に比べ荷主が負担すべき運賃は少なくとも 10 分の 1 水準以下へ低下すると計算された。それによって，木材，薪炭，石炭，鉱物，そして穀類など在来の一次産品の多くがより広い地域で商品化できた。大村卓一『朝鮮鉄道論纂』朝鮮総督府鉄道局庶務課，1930 年，189-190 頁。

(33) 朝鮮事情社『朝鮮の交通及運輸』1925 年，208-210 頁。

(34) 麦類はその一部が二毛作として水田を利用して耕作されており，降雨量の影響も稲作とともに受けていた。さらに麦類の場合，輸移出入が米や粟に比べて少ないため，朝鮮内生産量と消費量との差が少なかった。そのため，麦類消費量と米穀生産量・米穀消費量との相関関係が強かったといえよう。

(35) 東畑精一・大川一司前掲『朝鮮米穀経済論』。

(36)「鮮米の顕著なる移出減 上」『大阪時事新報』1939 年 6 月 6 日；「鮮米の顕著なる移出減 下」『大阪時事新報』1939 年 6 月 7 日；「米穀市場会社設立問題（1）設立理由와問題의焦点打診」『東亜日報』1939 年 10 月 15 日。

(37)「輸送不円滑関係로 朝鮮米停滞不可避」『東亜日報』1937 年 11 月 19 日；「酒造米로서의 朝鮮米 各方需要를 喚起」『東亜日報』1937 年 10 月 16 日；「今年度朝鮮米作況 豊作確実로 観測一致」『東亜日報』1938 年 7 月 17 日；「朝鮮米，六個月間七百万石을 移出」『東亜日報』1938 年 5 月 4 日。1937 年には稲作だけでなく麦類などの他の穀物も大豊作であった。「朝鮮の麦作超記録の豊産か」『中外商業新報』1937 年 6 月 22 日。

(38)「南朝鮮各地에 旱魃 麦作，播種에 大打撃」『東亜日報』1939 年 5 月 5 日；「旱魃은 依然継続」『東亜日報』1939 年 6 月 21 日。

(39) 崔羲楹「朝鮮住民의 営養에 関한 考察」『朝鮮医報』1-1，1946 年。

(40) これに関連し，筆者が出版作業を進めている折に，陸소영「食品需給表分析에 의한 20 世紀 韓国 生活水準 変化에 対한 研究」忠南大学校大学院経済学博士学位論文，2017 年が発表された。韓国農村経済研究院の『食品需給表』で使われた推計方法を 1962 年より前の食品データに適用し，1 人 1 日当たり摂取熱量を推計している。とはいえ，データの欠落が多い 1910 年代と 1940 年代がどのように推計されているのかが明確ではなく，1961 年までの推計結果を韓国政府公式統計（1962 年以降）にリンクする際，1962 年を基準に 500 kcal 以上を下方修正している。その結果，植民地期の 1 人 1 日当たり供給熱量は 2,000 kcal を超えることはほとんどなく，朝鮮北部より朝鮮南部のほうがさらに低くなっている。相当の人口が平時でも慢性的栄養不足に悩まされていたことになる。しかし当時の間歇的な調査（「旧韓末・日帝時代의 食生活 및 栄養実態」李琦烈監修・李基婉・朴英心・朴太瑄・金恩卿・張美羅『韓国人의 食生活 100 年 評価（I）——20 世紀를 中心으로』新光出版社，1998 年，20-44 頁）によれば，下層でも 1 人 1 日当たり摂取熱量は 2,000 kcal を超えている。通常，供給される熱量は実際の摂取熱量より高いことからみれば，陸소영の研究は，長期間にわたる，朝鮮内の全食料にもとづいた栄養摂取に関する分析としてその意義は大きいものの，再検証が必要なものといわざるを得ない。これについては，別稿で議論することにしたい。

(41) 脊髄の骨密度は身長と「正」の相関関係をもっており，男子は約 50 歳から毎年約 0.4 % ずつ骨密度を喪失することから，身長の趨勢を計算できることを意味する。

(42) 崔성진「韓国人의 身長変化와 生活水準의 変動」서울大学校大学院修士学位論文，2006 年。

(43) 崔は身体の変化と営養摂取との関連性を説明しながら，朱益鍾「植民地時期의 生活水準」林枝香・金哲・金一栄・李栄薫編『解放前後史의 再認識 I』책세상，2006 年，を利用している。朱益種は 1 人当たりカロリー摂取量が 1912〜39 年まで約 8 % 減少し，芋類を通じてそれを補っていると説明し，一人当たり肉類消費と魚介類の摂取がそれぞれ 1.2 倍，3.3 倍に増えて食料消費構造はむしろ高級化したとみた。ところが，本章の推計で明らかにされたように，このような記述は懐疑的である。なぜならば，米穀中心の熱量の低下を補うほどの栄養摂取が可能であれば，身長の低下は現れないからである。

(44) Suh Sang-Chul, *Growth and Structural Changes in the Korean Economy, 1910–1940*, Harvard University Press, 1978 ; Mitsuhiko Kimura, "Standard of Living in Colonial Korea : Did the Masses Become Worse off or Better off under Japanese Rule?" *The Journal of Economic History*, 53-3, 1993, pp. 637-640.

第二章　帝国の中の「健康な」朝鮮牛

(1) 崔석태『李仲燮評傳』돌베개，2000 年。

(2) 肥塚正太『朝鮮之産牛』有隣堂書店，1911 年。

(3) 松丸志摩三『朝鮮牛の話』岩永書店，1949 年。

(4) 滝尾英二『日本帝国主義・天皇制下の「朝鮮牛」の管理・統制——食肉と皮革をめぐって（年表）』人権図書館・広島青丘文庫，1997 年。

(5) 芳賀登「朝鮮牛の日本への輸入」『風俗史学』16，2001 年。

(6) 真嶋亜有「朝鮮牛——朝鮮植民地化と日本人の肉食経験の契機」『風俗史学』20，2002 年。

(7) 野間万里子「帝国圏における牛肉供給体制——役肉兼用の制約下での食肉資源開発」野田公夫編『日本帝国圏の農林資源開発——「資源化」と総力戦体制の東アジア』京都大学学術出版会，2013 年。

(8) 李始永『韓国獣医学史』国立獣医科学検疫院，2010 年。

(9) 沈유정・崔정엽「近代獣医専門機関의 設立過程과 歴史的意味」『農業史研究』10-1，2011 年。

(10)「朝鮮牛に就て」『朝鮮経済雑誌』154，1928 年。

(11) 肥塚正太前掲『朝鮮之産牛』。

(12) 同上。

(13)「①土地の面積に比して人口希薄なること，②朝鮮は全然農本主義にして最も畜牛の利用を要すること，③朝鮮の農業は粗笨にして最も畜牛の利用を要すること，④畜牛現在数は比較的多大なること，⑤畜牛の性能及体格は頗る優良なること，⑥飼育費極めて少なく従て牛価の甚だ低廉なること，⑦畜牛蕃殖率の多大旺盛なること，⑧未墾地多く且つ田畑山野（韓国の山野は多く雑草を生ず故に放牧の範囲大なり）の状態は牧牛業に最も適すること，⑨畜牛の発育に対し風土気候の適順なること，⑩住民は畜牛の飼養管理及使役に最も堪能なること，⑪朝鮮内地に於ける畜牛及生産物の需用大なること，⑫朝鮮内地到る処畜牛の飼養蕃殖に適すること，⑬畜牛の造出は農家の副産として最も有利

なること，⑭畜牛及其生産物は重要なる輸出品たること，⑮畜牛改良の余地存在すること，⑯畜牛増殖の余地綽々たること，⑰農事の改良上益々畜牛を使役し廐肥を利用せしむへき必要多大なること，⑱従来習得せし事業にして危険少なく成功せしめ得べきこと，⑲産牛事業は内地普ねく奨励施行し得べきこと」。同上，2-3 頁。

(14) 前掲「朝鮮牛に就て」5 頁。

(15) 市場の経営は市場規則によって地方公共団体に限られたため，面または府が経営に当たっており，そのほかに市場規則の制定前に設けられた個人経営約 10 カ所もあったが，市場認可期限が切れると廃止されることとなっていた。前掲「朝鮮牛に就て」。

(16) これに対し，李始永前掲『韓国獣医学史』は何の疑問も提起せず，「彼らは朝鮮半島を植民地化した後，彼らの搾取の結果，朝鮮半島では非常に畜産が発展し，朝鮮牛のみでも 1911 年に 90 万頭を数えたのがわずか 5 年後の 1916 年には 135 万頭へと増えた」と指摘した。搾取によって 5 年間に 45 万頭が増えたのは当時の資料を読みこなさなかったからであるが，もしそうだとすれば，それはもはや搾取ではなく開発である。しかし，なぜその後にはこのようなマジックが再び実現されることはなかったのかについて疑問をもつべきであった。

(17) 前掲「朝鮮牛に就て」3 頁。

(18) この問題は小早川九郎編『補訂 朝鮮農業発達史 発達編』1960 年，187-189 頁でもみられる。

(19) 1926 年度の道別牛の飼育頭数と屠殺頭数をみれば，京畿 105,933 頭／49,171 頭，忠北 61,092 頭／9,154 頭，忠南 51,558 頭／19,380 頭，全北 51,105 頭／14,717 頭，全南 127,441 頭／18,037 頭，慶北 183,663 頭／26,362 頭，慶南 161,847 頭／24,136 頭，黄海 129,281 頭／14,925 頭，平南 101,969 頭／22,010 頭，平北 193,598 頭／22,629 頭，江原 172,661 頭／13,782 頭，咸南 169,548 頭／19,699 頭，咸北 85,198 頭／9,780 頭，合計 1,594,894 頭／263,782 頭であった。朝鮮総督府『朝鮮総督府統計年報』各年度版；朝鮮総督府農林局『朝鮮畜産統計』各年度版。

(20) 前掲「朝鮮牛に就て」。

(21) 小早川九郎編前掲『補訂 朝鮮農業発達史 発達編』402-408 頁。

(22) 1933 年には仲介業者への手数料支払いが農家に加えて，移出業者と移入業者の負担にもなったので，朝鮮農会畜産業係が日本側の畜産組合や県農会と呼応して移出牛の販売を斡旋することにした。「移出牛販売を積極的に斡旋」『北鮮日報』1933 年 9 月 9 日；「移出牛の斡旋計画中間搾取排除を目指し」『京城日報』1933 年 9 月 16 日。

(23)「春耕期 앞두고 山東牛輸入 杜絶로 朝鮮牛積極移入」『東亜日報』1938 年 1 月 29 日。

(24)「間島目指す朝鮮牛数千頭」『間島新報』1937 年 4 月 10 日；「内地와 満州에서 朝鮮牛에 注目集中 農林省도 朝鮮牛移入」『毎日申報』1938 年 1 月 28 日；「朝鮮牛満州進出鮮満拓殖集団農場으로」『東亜日報』1938 年 3 月 19 日。

(25)「今年朝鮮牛輸移出十万余頭突破予想　満州向二倍増金額総計二千万円 牛輸出額의 新記録」『東亜日報』1939 年 11 月 1 日。

(26) 港湾別移出牛の頭数をみれば，1919 年には仁川 1,714 頭，釜山 26,475 頭，元山 1,292 頭，城津 2,529 頭，木浦 10,666 頭，1939 年には仁川 5,562 頭，浦項 1,655 頭，釜山 52,586 頭，鎮南浦 5,387 頭，元山 9,667 頭，城津 2,247 頭であった。朝鮮総督府農林局（後，農商局）『朝鮮家畜衛生統計』各年度版。

(27) 1927 年から 1934 年，1942 年にかけての道別移出頭数をみれば，京畿 3,690 頭→ 7,417

頭→ 4,717 頭，忠北 296 頭→ 1,520 頭→ 2,728 頭，忠南 821 頭→ 4,227 頭→ 6,064 頭，全北 46 頭→ 472 頭→ 675 頭，全南 340 頭→ 2,342 頭→ 2,524 頭，慶北 8,481 頭→ 8,991 頭→ 5,020 頭，慶南 10,595 頭→ 14,250 頭→ 10,967 頭，黄海 5,777 頭→ 7,242 頭→ 13,366 頭，平南 760 頭→ 5,578 頭→ 58 頭，平北 827 頭→ 1,094 頭→ 64 頭，江原 5,047 頭→ 6,754 頭→ 8,709 頭，咸南 4,273 頭→ 5,258 頭→ 3,433 頭，咸北 175 頭→ 4,246 頭→ 0 頭であった。朝鮮総督府農林局（後，農商局）『朝鮮家畜衛生統計』各年度版。

(28) 慶尚南道畜産同業組合連合会『慶尚南道之畜牛』1918 年，10 頁。

(29) 釜山移出牛検疫所榛葉獣医官「朝鮮牛内地移出の事情」『朝鮮及満州』1925 年，39 頁。

(30)「日本에 移出된 朝鮮牛二十四万 各地에서 荷車와 農耕에 使用되고 毎年四五万頭渡航」『東亜日報』1934 年 2 月 7 日。

(31) 肥塚正太前掲『朝鮮之産牛』。

(32) 釜山移出牛検疫所榛葉獣医官前掲「朝鮮牛内地移出の事情」37-38 頁。

(33) 朝鮮総督府勧業模範場『朝鮮牛の内地に於ける概況』1922 年；前掲「朝鮮牛に就て」。

(34) 農林省畜産局編『本邦内地ニ於ケル朝鮮牛』1927 年，8 頁；「日本에 移出된 朝鮮牛二十四万 各地에서 荷車와 農耕에 使用되고 毎年四五万頭渡航」『東亜日報』1934 年 2 月 7 日。

(35) 日本中央競馬会『農用馬にかかわる歴史』1989 年。

(36) 前掲「朝鮮牛に就て」。

(37) 1926 年から 1940 年にかけての移入牛の県別頭数は，山形 20 頭→ 211 頭，福島 128 頭→ 0 頭，茨城 744 頭→ 183 頭，群馬 63 頭→ 0 頭，埼玉 45 頭→ 33 頭，千葉 641 頭→ 0 頭，東京 1,966 頭→ 12,717 頭，神奈川 172 頭→ 573 頭，新潟 161 頭→ 695 頭，富山 56 頭→ 0 頭，石川 9 頭→ 0 頭，福井 3,151 頭→ 10,399 頭，長野 23 頭→ 1,669 頭，静岡 142 頭→ 251 頭，愛知 105 頭→ 0 頭，大阪 3,584 頭→ 3,547 頭，兵庫 4,839 頭→ 9,898 頭，奈良 723 頭→ 2,190 頭，岡山 904 頭→ 597 頭，広島 7,289 頭→ 14,578 頭，山口 7,733 頭→ 10,957 頭，徳島 0 頭→ 16 頭，香川 13,238 頭→ 9,534 頭，愛媛 62 頭→ 170 頭，高知 1,053 頭→ 954 頭，福岡 173 頭→ 560 頭，大分 280 頭→ 0 頭，合計 47,304 頭→ 79,732 頭であった。朝鮮総督府農林局『朝鮮家畜伝染病統計』各年度版。

(38) イギリス（1924 年）15.78 kg，アメリカ（1924 年）19.79 kg，ドイツ（1922 年）6.66 kg，フランス（年度不詳）11.00 kg，イタリア（1922 年）6.14 kg，ベルギー（1924 年）10.84 kg，欧州ロシア（年度不詳）6.50 kg，オーストラリア（1922 年）21.50 kg，日本（1924 年）0.50 kg，カナダ（1923 年）19.15 kg であった。

(39)「蛎崎千晴博士は牛疫感染牛の脾臓乳剤にグリセリンを加えてウイルスを不活化したワクチンを開発」した。山内一也「牛疫根絶への歩み」『モダンメディア』57-3，2011 年。

(40) 前掲「朝鮮牛に就て」。

(41) 李始永前掲『韓国獣医学史』252-463 頁。

(42) こうした畜牛政策のため，①牛種保存，②保護牛規則制定，③種付奨励，④原種牛生産地区の設定，⑤妊牛及犢屠殺の取締，⑥野草刈取奨励，⑦牧草栽培奨励，⑧牧野の保護利用，⑨畜産組合及同連合会の設置，⑩牛契，⑪勧業模範場畜産部，⑫獣疫予防，⑬移出牛検疫が推進された。前掲「朝鮮牛に就て」。

(43) 体格は，優良なものとして体尺 4 尺以上，毛色は赤を標準として種牛を指定した。前掲「朝鮮牛に就て」。

(44) 姜冕熙『韓国畜産獣医史研究』郷文社，1994 年，266-270 頁。

(45) そのための対策としては①資質維持改善，②生産奨励，③飼牛救済向上，④飼育普及，⑤取引改善，⑥指導奨励機関の改善充実，⑦試験研究機関の拡充，⑧その他朝鮮牛の指導上必要なる事項があげられた。朝鮮総督府財務局「昭和 20 年度 第 84 回帝国議会説明資料」『朝鮮総督府帝国議会説明資料』第 10 巻，不二出版，1994 年，363-364 頁；「朝鮮牛増殖計画目標数量 順調進捗 二百五十万頭 突破無難」『東亜日報』1940 年 1 月 25 日。
(46) 敗戦直後，日本では約 200 万頭の牛が飼われていたが，そのうち約 30 万頭がホルスタイン種の乳牛であり，約 50 万頭が朝鮮牛であった（松丸志摩三前掲『朝鮮牛の話』21 頁）。
(47)「内地移出で朝鮮牛減る一方」『京城日報』1933 年 2 月 10 日。
(48) その際，朝鮮牛の年齢別発育状態を考慮しなければならない。『朝鮮家畜衛生統計』から資料的に得られる 1937 年と 1942 年の年齢別移出牛構成をもって年齢別牝牛の発育データ（1 歳，2 歳，3 歳，4 歳，5 歳以上，農村振興庁『韓牛飼育』1974 年，13 頁）に代入して，平均体重と平均体格を推計した結果，1942 年の体格が 1937 年に比べてわずかに大きいものだった（900 g，1 mm）。すなわち，移出牛年齢構成が及ぼす影響はほとんどみられない。
(49) 前掲「朝鮮牛に就て」。
(50) 全日本あか毛和牛協会「あか毛和牛の種類」（http://www.akagewagyu.com）2018 年 12 月 25 日接続。

第三章　海を渡る紅蔘と三井物産

(1)「紅蔘専売事業に就て 専売課長平井三男氏談」『京城日報』1916 年 3 月 10 日。
(2) 朝鮮総督府専売局『朝鮮総督府専売局事業概要』1939 年，28 頁。
(3) 同上，30-31 頁。
(4) 同上，28-29 頁。
(5) 朴東昱は孔聖求『香臺紀覽』1929 年を翻訳し，「開城松商의 紅蔘로드開拓記」という副題をつけて，太学社より 2012 年に出版した。
(6) 朝鮮総督府専売局『朝鮮専売史』第 1-3 巻，1936 年。それにほとんど依拠して専売庁『韓国専売史』1980 年が公刊された。
(7) 朝鮮総督府専売局前掲『朝鮮専売史』第 3 巻，3-5 頁。
(8) 紅蔘製造をみれば，1888 年 25,735 斤，1896 年 21,596 斤，1897 年 27,380 斤，1898 年 22,923 斤，1899 年 27,840 斤，1900 年 28,000 斤，1901 年 35,000 斤，1902 年 56,608 斤，1903 年 32,091 斤，1904 年 74,400 斤，1905 年 19,060 斤，1906 年 17,554 斤，1907 年 14,232 斤，1908 年 5,134 斤，1909 年 2,941 斤，1910 年 895 斤，1911 年 2,300 斤，1912 年 5,886 斤であった。梁晶弼「近代開城商人의 商業的伝統과 資本蓄積」延世大学校大学院史学科博士学位論文，2012 年，191 頁。
(9) そのうち，注目すべきなのは，歴史的実態は梁晶弼の指摘と異なり，当時蔘賊の問題が日本人に限られなかったことである。中国人，朝鮮人の蔘賊も存在しており，朝鮮人が日本人に協力して共同で行う場合もあった。「구월 십구일 쇼쟝 김셔영씨가 군부에 보고」『独立新聞』1896 年 9 月 24 日；「삼근심」『独立新聞』1899 年 5 月 3 日；「潜蔘處役」『皇城新聞』1900 年 3 月 21 日；「云捕蔘賊」『皇城新聞』1901 年 11 月 13 日；「蔘賊捉上」『皇城新聞』1905 年 11 月 9 日；「蔘賊贓物」『皇城新聞』1905 年 11 月 17 日；「預防蔘賊」『皇城新聞』1906 年 5 月 5 日；「蔘盜逮捕」『皇城新聞』1906 年 8 月 20 日；「蔘病預防」

『皇城新聞』1908年5月28日；「蔘賊處役」『皇城新聞』1909年3月14日；「内照外部」『大韓毎日申報』1905年11月18日；「蔘賊防禦」『大韓毎日申報』1906年8月14日；「警備蔘賊」『大韓毎日申報』1906年9月4日；「開城居金生이 國民新報社에 寄書全文을」『大韓毎日申報』1907年1月11日；「蔘病講究」『大韓毎日申報』1908年5月29日。

(10)「蔘病講究」『大韓毎日申報』1908年5月29日。

(11)「赤病」とは，東学農民戦争のため錦山地方で蔘種を採集できず，日本種を輸入したが，「赤病」が発生し，その後流行したことを指す。朝鮮総督府専売局前掲『朝鮮専売史』第3巻，84頁。

(12)「開城居金生이 国民新報社에 寄書全文을」『大韓毎日申報』1907年1月11日。

(13) 朝鮮総督府専売局前掲『朝鮮総督府専売局事業概要』29頁。

(14) 朝鮮総督府専売局前掲『朝鮮専売史』第3巻，42–43頁。

(15) 朝鮮総督府専売局前掲『朝鮮総督府専売局事業概要』29–30頁。

(16) 朝鮮総督府専売局「昭和16年12月 第79回帝国議会説明資料」『朝鮮総督府帝国議会説明資料』第6巻，不二出版，1994年。

(17) 植付の単位が「間」から「坪」に変わった。

(18) 三井物産株式会社取締役会議案 第3611号「開城蔘業組合に対する人蔘耕作資金融資限度増額の事」1939年5月2日（三井物産『取締役会決議録』）。

(19) 朝鮮総督府専売局『朝鮮総督府専売局年報』各年度版；朝鮮総督府『朝鮮総督府統計年報』各年度版。

(20) 朝鮮総督府専売局前掲「昭和16年12月 第79回帝国議会説明資料」。

(21) 朝鮮人の開城蔘業者については梁晶弼前掲「近代開城商人의 商業的伝統과 資本蓄積」などを参照されたい。

(22) 耕作者が水蔘を選別して開城出張所に搬入し，片級と品質に区分して納付すると，出張所では技術官が鑑定し，選別が不当であるものは再選納付させて，紅蔘の原料として適しないものは納付者に還付し，納付者はこれを白蔘として製造して販売した。朝鮮総督府専売局「第51回帝国議会説明資料」（1925年）『朝鮮総督府帝国議会説明資料』第14巻，不二出版，1998年。

(23)「人蔘耕作者の純益は六年かかり一反歩に付き七百円即ち一年に百円余の純益がある」とし，このような「利益のある栽培事業は恐らく世界一だろう」。漆山雅喜編『朝鮮巡遊雑記』1929年，36頁。

(24) 政府によって収納されなかった水蔘と指定耕作区域外で耕作された水蔘は民間において白蔘として製造，販売された。

(25) 朝鮮総督府専売局前掲『朝鮮専売史』第3巻，201–211頁。

(26) 満洲事変後の日貨排斥や日中全面戦争初期における対日感情悪化によって集中貯蔵には危険があると懸念し，芝罘倉庫を廃止し，従来の包装の上に，ブリキ盒をもって外包し，これに真空装置を施し，朝鮮より需要地に直送し，分散貯蔵させたところ，成績が良好であったので，この方式を引き続き実施した。朝鮮総督府専売局前掲「昭和16年12月 第79回帝国議会説明資料」。

(27) 春日豊『帝国日本と財閥商社——恐慌・戦争下の三井物産』名古屋大学出版会，2010年，403，407頁。

(28) 朝鮮総督府専売局前掲『朝鮮専売史』第3巻，220–235頁。

(29) 同上。

(30)「上海事変으로 紅蔘全部가 積還 三井은 対策講究中에 苦心中이다 本年分引受가 問題」『毎日申報』1932 年 2 月 25 日；「上海事変勃発後 紅蔘売買는全無 専売局八年度收入은大減 三井과의 契約도 前途가 問題」『毎日申報』1932 年 3 月 1 日。
(31)「紅蔘販路가 막히여 種蔘植付를 縮減 종래보다 三분의 一을 감하기로 専売局에서 決定」『毎日申報』1933 年 2 月 5 日；「日中関係悪化以後 朝鮮蔘業大打撃」『中央日報』1933 年 2 月 8 日。
(32)「옛날에는 極刑에 所하든 紅蔘密造가 恒茶飯事」『毎日申報』1933 年 11 月 5 日。
(33)「紅蔘 輸出取締」『毎日申報』1921 年 2 月 26 日；「潜造人蔘行商, 각 県에 取締方針依頼, 官製品 声価를 떨어친다고」『毎日申報』1925 年 4 月 14 日。
(34) 開城蔘業組合の孔聖学，孫鳳祥，趙明鎬，朴鳳鎮，金元培，三井物産京城支店長代理の天野雄之輔が三井物産の支援のもとで 1923 年 4 月 1 日から 5 月 14 日に中国上海の 5 大蔘号に会うなど，三井物産の紅蔘販売ネットワークを辿りながら，中国を遊覧した。このような遊覧の台湾・香港バージョンが 1928 年 4 月 30 日から 6 月 10 日までの 42 日間にわたって行われた。孔聖学『中遊日記』1923 年；孔聖求『香臺紀覧』1929 年；李은주「1923 年 開城商人の中国遊覧記『中遊日記』研究」『国文学研究』25，2012 年，183-215 頁。
(35) 朝鮮総督府専売局前掲『朝鮮専売史』第 3 巻，101 頁。
(36) 三井物産株式会社取締役会議案 第 1861 号「開城蔘業組合へ資金融通の件」1931 年 2 月 3 日（三井物産『取締役会決議録』）。
(37) 三井物産株式会社取締役会議案 第 1916 号「開城蔘業組合貸金増額の件」1931 年 4 月 1 日（三井物産『取締役会決議録』）；同 第 2718 号「開城蔘業組合融資限度増額並融資方法一部変更認可の件」1935 年 3 月 20 日；同 第 3611 号「開城蔘業組合に対する人蔘耕作資金融資限度増額の事」1939 年 5 月 2 日；同 第 3975 号「開城蔘業組合に対する人蔘耕作資金（昭和 16 年度分）融資限度増額の事」1940 年 7 月 9 日；同 第 5243 号「開城蔘業組合に融資の件」1943 年 9 月 14 日。
(38) 三井物産株式会社取締役会議案 第 1855 号「開城府記念博物館建設費中へ寄付之件」1931 年 1 月 27 日（三井物産『取締役会決議録』）；同 第 3832 号「開城府道路舗装工事計画基金中へ寄附の件」三井物産株式会社取締約会議案，1940 年 3 月 5 日；同 第 4000 号「朝鮮人蔘協会基本財産中に寄附の件」1940 年 7 月 30 日；同 第 4041 号「開城神社改築費中へ寄附方の件」1940 年 9 月 17 日；同 第 4048 号「朝鮮人蔘協会人蔘研究費中へ寄附の件」1940 年 9 月 24 日；同 第 4061 号「朝鮮専売局へ病院新築費寄附の件」1940 年 10 月 8 日；同 第 4305 号「朝鮮人蔘品種改良研究費寄附の件」三井物産株式会社取締約会議案，1941 年 5 月 27 日。
(39) 朝鮮総督府専売局前掲「昭和 16 年 12 月 第 79 回帝国議会説明資料」。
(40) 同上。
(41) 朝鮮総督府財務局「昭和 20 年度 第 84 回帝国議会説明資料」『朝鮮総督府帝国議会説明資料』第 10 巻，不二出版，1994 年。
(42) 図 3-9 の 1939 年度の平均払下価格が 1 斤当たり 44.9 円だったので，これを 4 倍にすると 179.6 円となる。

第四章　「文明的滋養」の渡来と普及

(1) 申東源『韓国近代保健医療史』한울，1997 年；朴潤栽『韓国近代医学의 起源』慧眼,

2005 年。
（2）菅沼寒洲「京城における搾乳業の沿革」『朝鮮の畜産』3-2，1924 年。
（3）서울牛乳協同組合『서울牛乳六十年史』1997 年。
（4）Lim Chaisung, "Korean Cattle and Colonial Modernization in the Japanese Empire : From 'Cattle of the Peninsula' to 'Cattle of the Empire'," *Korea Journal*, 55-2, 2015, pp. 11-38.
（5）「一〇．朝鮮の搾乳事業及び乳製品」肥塚正太『朝鮮之産牛』有隣堂書店，1911 年，67-81 頁。
（6）菅沼寒洲前掲「京城における搾乳業の沿革」。
（7）同上。
（8）「例えば貴重な財宝を水中に投するに異ならず」。同上。
（9）時重初熊は 1885 年に駒場農学校を卒業し，同校の助教授を経て教授となり，1898 年にドイツに留学，帰国後獣医学博士の学位を受け，東京帝国大学教授と農商務省獣疫調査所長を務めた。
（10）「朝鮮に於ける牛乳及練乳粉乳の需給状況」『朝鮮経済雑誌』1929 年 10 月 25 日。
（11）菅沼寒洲前掲「京城における搾乳業の沿革」。
（12）肥塚正太は 1894 年に東京獣医学校を卒業し，東京での練乳製造を経て神戸において畜産会社，家畜市場，神戸屠殺会社などを経営，1908 年に来韓し，韓国畜産株式会社を設立して社長となった。1910 年には会社を辞職し，京城府蓬莱町に東亜牧場を設立して牛乳搾取業を開始するなど，朝鮮の牧畜業に携わった。
（13）そのため，単に牛乳といえば鑵入練乳を指し，生乳は新鮮牛乳と唱えなければならなかった。「一〇．朝鮮の搾乳事業及び乳製品」肥塚正太前掲『朝鮮之産牛』79 頁。
（14）朝鮮乳牛が 1 頭当たり 40～50 円であったのに対し，洋種乳牛は 250～500 円に達した。「一〇．朝鮮の搾乳事業及び乳製品」肥塚正太前掲『朝鮮之産牛』75 頁。
（15）犢牛の発育が佳良であれば，16～17 カ月後には育成牛となり，交配が行われた。
（16）農林大臣官房統計課編『農林省累年統計表 明治 6 年-昭和 4 年』東京統計協会，1932 年より日本の牛乳価格を推算する。
（17）図 4-2 の注 2 で示した問題は，小早川九郎編『朝鮮農業発達史 発達編』朝鮮農会，1944 年，192 頁では意識すらされていない。小早川は『農業統計表』にもとづいて「乳牛一頭泌乳量累計比較」は 1925 年 576 リットルから 26 年 2,103 リットルへ急増し，27 年には 1,174 リットルへと急減したとみた。しかしこれを問題にせず，「乳牛一頭の泌乳量を見るにその増進振は極めて著しく，明治四十三年の八百三十一立は，昭和十一年に二千二百十五立と二倍半近くになってをる」と指摘するのみであった。
（18）「鮮内の乳用牛」『京城日報』1917 年 4 月 25 日。
（19）Lim Chaisung, *op. cit.* "Korean Cattle and Colonial modernization in the Japanese Empire," pp. 11-38；「農学校에서 牧畜 牛乳 搾取 販売 安州農業学校의 実践教育」『東亜日報』1932 年 7 月 9 日。
（20）搾乳量と搾乳額より価格指数を推計し，それをもって日本と朝鮮の価格を比較する。日本側の統計は次のような資料より得られる。農林大臣官房統計課『農林省統計摘要』東京統計協会，各年度版；農林省畜産局『本邦畜産要覧』中央畜産会，各年度版；農林大臣官房統計課『農林省統計表』各年度版；農林大臣官房統計課『農林省累年統計表 明治 6 年-昭和 4 年』東京統計協会，1932 年。
（21）1928 年中の朝鮮内主要都市別消費高は京城 335,035 斤（9,055 箱），平壌 118,030 斤

(3,190 箱)，釜山 104,826 斤（2,830 箱），鎮南浦 24,050 斤（650 箱），大邱 18,500 斤（500 箱），群山 18,981 斤（513 箱），仁川 12,262 斤（330 箱），新義州 9,805 斤（265 箱），木浦 7,992 斤（210 箱），元山 4,800 斤（130 箱），合計 654,281 斤（17,673 箱）であった。

(22)『朝鮮総督府官報』1911 年 5 月 15 日；『朝鮮総督府官報』1913 年 11 月 11 日。

(23)「不正한 牛乳商, 설탕을 타서 팔고 科料 三十円낸자」『東亜日報』1922 年 10 月 24 日。

(24)「牛乳도 減価, 警察部와 交渉中」『東亜日報』1922 年 11 月 17 日；「牛乳価減下, 한瓶에 十三銭으로」『東亜日報』1922 年 12 月 16 日。

(25)「平壌의 梁病病源은 牛乳에, 府医師의 検査가 올타고 主張하여」『東亜日報』1922 年 11 月 11 日；「平壌伝染病統計」『東亜日報』1923 年 1 月 23 日；「防疫線突破코 牛疫侵入, 府民保健上 重大問題」『東亜日報』1933 年 4 月 19 日。

(26) もちろん，口蹄疫は人には伝染しない家畜伝染病であったが，当時としては人にも伝染すると認識されていた。

(27)「朝鮮牛乳安心, 結核保菌牛가 업다고」『東亜日報』1924 年 7 月 8 日。

(28)『朝鮮総督府官報』1925 年 2 月 28 日；「牛乳取締新制定（釜山）」『東亜日報』1925 年 4 月 26 日。

(29)「牛乳検査結果, 大概는 良好, 京畿道 警察部 衛生課에서」『東亜日報』1927 年 7 月 3 日；「危険牛乳検査, 鍾路警察署 衛生係에서」『東亜日報』1936 年 7 月 2 日。

(30)「牛乳販売組合設立不認可」『毎日申報』1930 年 8 月 20 日。

(31)「咸興府内の業者 牛乳販賣組合を組織」『北鮮時事新報』1933 年 9 月 27 日。

(32)「京畿道営의 農乳組好績 牛乳한瓶에 五銭식바더」『毎日申報』1934 年 8 月 19 日；「農家副業으로 乳牛飼養奨励」『毎日申報』1935 年 9 月 29 日；「農家의 本位로 清凉里農乳組合組織」『東亜日報』1934 年 4 月 21 日；「優良種을 購入하야 優秀牛乳繁殖努力」『東亜日報』1934 年 5 月 11 日；「農乳組合好況」『東亜日報』1934 年 8 月 19 日。

(33) 野村稔は 1908 年に東京帝国大学獣医学科を卒業し，農商務省獣医調査所に勤務，1909 年に韓国農商工部勧業模範場技師に任命されて来韓し，1910 年 8 月に朝鮮総督府農林学校助教諭を兼任した。その後帰国して広島，大阪で教諭や技師になり，内務部農商課での勤務を経て 1918 年に成歓牧場長として再び来韓国し，忠清南道評議員，東洋畜産株式会社監査役，朝鮮農会評議員となった。1922 年には海州公立農業学校長および朝鮮総督府道技師を兼任し，1924 年には沙里院公立農業学校長へ転任，1928 年には京城公立農業学校長および朝鮮総督府道技師に任命され，京畿道内務部農務課を兼務した。

(34)「農家副業으로 乳牛飼養奨励」『毎日申報』1935 年 9 月 29 日。

(35)「牛乳에 結核菌発見, 府民保健上 大問題, 高温消毒은 営養蒸発 低温은 無効, 保菌牛撲殺도 實行難」『東亜日報』1935 年 4 月 19 日。

(36)「家庭日用品常識（十二）牛乳의 成分과 鑑別法, 리트마스 試験紙가 붉어지면 나쁜것」『東亜日報』1935 年 5 月 10 日；「牛乳의 鑑別法 家庭常識」『東亜日報』1935 年 6 月 13 日；「똑똑히 알 수 잇는 牛乳의 鑑別法 보기만 해도 알 수 있는 科学的実験法」『東亜日報』1936 年 8 月 13 日。

(37)「危険牛乳検査, 鍾路警察署 衛生係에서」『東亜日報』1936 年 7 月 2 日。

(38)「精乳의 統制 品質販売価格에 統制코저 一部農家에선 大反対」『東亜日報』1935 年 12 月 8 日。

(39)「牛疫을 徹底防止코 悪質牛乳를 取締 家畜関係技術員会議開催코 防疫取締対策講究」『東亜日報』1937 年 10 月 26 日。

(40)「営養의 牛乳가 아니고 塵埃 투성이 牛乳 龍山署서 厳重警告」『東亜日報』1937 年 12 月 7 日。
(41)「伝染病期, 公公然하게 腐敗牛乳를 販売 本町署에서 営業停止」『東亜日報』1938 年 8 月 15 日。
(42)「牛乳販売統制」『毎日申報』1938 年 2 月 23 日。
(43)「牛乳消毒完全期코저 統制組合을結成 朝鮮에선 最初의 試験」『毎日申報』1938 年 5 月 8 日。
(44)「京城牛乳 同業組合 十一日附로써 認可」『東亜日報』1938 年 7 月 13 日。
(45)「農乳奨励 五個年計画 集団部落을 選定코 増産図謀 配給統制 明年度부터 実施予定」『東亜日報』1938 年 9 月 13 日。
(46)「牛乳自給을 企図 五百万立 目標로 増産에 邁進」『東亜日報』1939 年 7 月 11 日。
(47) これに関連し，서울牛乳協同組合前掲『서울牛乳六十年史』130-131 頁は上陸頭数である「乳用牛移入頭数累年」(『朝鮮家畜衛生統計』1942 年度版) をもって説明しているが，朝鮮内への真の移入頭数である「乳用牛移入地別累年」を利用しない点は理解できない。是正すべきである。
(48)「牛乳의 公定価 一合드리 한 瓶에 十一錢」『東亜日報』1940 年 5 月 2 日；「織物 洋紙 肉類 牛乳等 販売価格을 決定, 平南道告示로 発表 第 5 回」『東亜日報』1940 年 5 月 19 日；「牛乳, 清酒, 菓子, 古叺等 価格統制委員会 31 日慶南道서 開催（釜山)」『東亜日報』1940 年 6 月 2 日；「갓난애기들의 牛乳 公定価格을 制定」『東亜日報』1940 年 6 月 20 日。
(49)「牛乳営業規則 改定 三橋 警務局長談」「牛乳普及을 奨励 健康人에게도 먹여야 될 営養 十月一日부터 改正規則을 実施」『東亜日報』1940 年 5 月 1 日。
(50)「練乳粉配給 統制를 実施」『毎日申報』1940 年 11 月 17 日。
(51)「練乳도 伝票制 実施」『毎日申報』1942 年 1 月 31 日。
(52)「食堂喫茶店에 牛乳販売抑圧」『毎日申報』1941 年 12 月 21 日；「牛乳에도 配給制」『毎日申報』1942 年 2 月 24 日。
(53)「変る練乳配給法」『毎日申報』1944 年 2 月 27 日。
(54)「牛乳配給所 設置懇談会」『毎日申報』1944 年 10 月 4 日；「牛乳配達廃止 配給所서 찾아갈 일」『毎日申報』1944 年 10 月 11 日。
(55)「酪農部落을 創定 牛乳製品도 調製할 터」『毎日申報』1945 年 3 月 15 日；「酪農部落을 設定 明年夏期에 牛乳品製造」『毎日申報』1945 年 6 月 6 日。
(56) これに関連し，서울牛乳協同組合前掲『서울牛乳六十年史』131 頁は「江原道の洗浦，福渓，平康などに森永製菓などの大規模な牧場が設置され，乳牛 1000 余頭を飼育した」「黄海道新渓，谷山，平山などにも東洋拓殖，森永製菓などが大規模な牧場を設立して乳牛 600 余頭を飼育した」などと記述しているが，道別乳牛頭数（朝鮮銀行調査部『朝鮮経済年報』1948 年度版，1-64 頁）をみれば，この記述は支持できず，計画段階に終わったとみるべきである。

第五章　朝鮮の「苹果戦」

(1) りんごは戦前には「苹果」と呼ばれていた。本章では一般用語としてはりんごと表記するが，歴史用語および引用文の場合，そのまま「苹果」とする。
(2) 朝鮮総督府『農業統計表』各年度版；朝鮮総督府『朝鮮総督府統計年報』各年度版。
(3) 小林林藏「京城人の嗜好から見た蔬菜と果実」『朝鮮農会報』10-8，1936 年，46-50

頁。
(4)「林檎輸移出統制」『東亜日報』1939年3月3日。
(5) 韓国農村経済研究院『韓国農業・農村100年史』(上・下) 2003年。
(6) 李鎬澈『韓国능금의 歴史，그 起源과 発展』文学과知性社，2002年。同研究は慶北능금農業協同組合編『慶北능금農協80年史 1917. 10. 22〜1997. 10. 22』1997年を作成するために李鎬澈を研究代表として行われた共同研究（慶尚北道中央開発『慶北능금百年史 1892〜1996』慶尚北道，1997年）を発展させたものである。
(7) アジア・太平洋戦争末期までの植民地期と，解放後の分断・朝鮮戦争期を一つの時期として区分するのは，両時期の異質性を見逃し，1940年代初頭までのりんご果樹農業の発展を否定することとなる。
(8) 李鎬澈前掲『韓国능금의 歴史，그 起源과 発展』283-284頁。李鎬澈の統計利用において，280頁の「表8-1」と283頁の記述はまったく整合性がない。また，朝鮮銀行調査部『朝鮮経済年報』1948年，p. III-26を利用しているが，韓国農林部『農林統計年報』1952年版によれば，朝鮮銀行調査部の1944年度統計は韓国側のものである。
(9) 李鎬澈前掲『韓国능금의 歴史，그 起源과 発展』286頁。
(10) これに関連し，李鎬澈は「1930年代における販売量が生産量の増加とほぼ同じ趨勢で伸長したが，これがまさに『生産されるとすぐに販売される』いわば供給がただちに需要を生み出す状況であったと評価できる」(245頁) と指摘し，1930年代の海外での激しい競争体制，「苹果戦」の下で出荷統制が実施されたことを見逃している。さらに，朝鮮果実協会も「対日苹果輸出禁止」に対抗するために設立されたと李鎬澈前掲『韓国능금의 歴史，그 起源과 発展』(281-290頁) は指摘しているが，実際は「特割運賃廃止にともなう内地市場の懸念」のためであり，それは統計から確認できるように日本への移出の禁止を意味するのではなかった。
(11)「園芸講話 各種果樹性質의 解剖」『東亜日報』1934年2月9日。
(12)「朝鮮の苹果」『朝鮮経済雑誌』133，1927年，31-43頁。
(13) 久次米邦藏「朝鮮の苹果」『朝鮮経済雑誌』105，1924年，50-51頁。
(14) 同上。
(15) 同上。
(16) 前掲「朝鮮の苹果」(1927年)，31-43頁。
(17) 税関別移入苗木をみれば，釜山税関管内は消毒済証明1,233,567本，燻蒸消毒39,713本，計1,273,280本，仁川税関管内は消毒済証明113,237本，燻蒸消毒7,597本，計12,834本，新義州税関管内は消毒済証明21,907本，燻蒸消毒13,008本，計34,915本であった。
(18) たとえば，1940年代以前にも果樹の面積統計が掲載されることはあるが，果樹数から機械的に推定された面積であって，実際の面積ではない。韓国農林部『農林統計年報』1952年版。
(19) 朝鮮総督府殖産局『朝鮮の農業』1927年，133-148頁。
(20) 李鎬澈前掲『韓国능금의 歴史，그 起源과 発展』194-195，197，204-205頁。
(21) 同上，231頁。
(22) 石原正規「内，鮮苹果栽培地視察記」旧関東州外果樹組合連合会『満州のリンゴを語る——解散記念』1941年，208-209頁。
(23) 同上，209頁。

（24）李鎬澈前掲『韓国능금의 歴史，그 起源과 発展』202-204，235-238 頁。
（25）朝鮮総督府『農業統計表』各年度版；朝鮮総督府『朝鮮総督府統計年報』各年度版。
（26）「豊作朝鮮苹果配給処理問題」『東亜日報』1937 年 10 月 15 日。
（27）表 5-1 の黄海道の栽培業者である穂坂秀一については，以下のような紹介記事がある。黄州「苹果は一体誰が栽培し出したのか——曰くわが穂坂氏である」。「黄海道黄州郡黄州面礼洞里（当六十一歳）」に居住している「穂坂氏は福岡県の人で明治三十八年来鮮すると共に，朝鮮の土になる覚悟を決めた，そして黄州面に居を構え，専ら産業の開発に努力し種々研究しているうち，土質が如何にも苹果栽培に適しているのを看取して明治三十九年北海道から苗木を購入し約十町歩を栽培した」。「年々産額の増加に伴れ，収益も増加し」「初め嘲笑した人々も膝を屈して教えを乞い，或は模倣するに至った」。「穂坂氏は販路の拡張を図る必要を認め，自費を投じて極力宣伝に努力し，国内は勿論，海外各地に輸出の途を講じた」。その「結果，加速度的に郡内全般に苹果栽培は普及して山野の別なく随所に果樹園は現出し，今や栽培面積は千五百町歩年産二百三十万貫 売上げ百万円を算するに至」った。「実に氏は黄州林檎の元祖であり恩人である」。「黄州林檎の親穂坂秀一氏」『京城日報』1935 年 12 月 24 日。
（28）朝鮮総督府殖産局『朝鮮の特用作物竝果樹蔬菜』1923 年，68 頁。
（29）富田精一『富田儀作伝』私家版，1936 年，118-123 頁。
（30）平安南道の果樹園面積は 2,480.57 町歩で，その種類別樹数をみると，りんご 649,884 本，梨 13,330 本，桃 15,906 本，葡萄 14,846 本，桜桃 2,223 本，合計 696,189 本であった。平安南道苹果検査所『苹果検査成績』1932 年度版。
（31）對馬政治郎「第 6 章 朝鮮，満州の林檎」『りんごを語る』楡書房，1951 年，168-171 頁；對馬東紅『りんごを語る』楡書房，1961 年。
（32）慶尚北道果物同業組合『慶尚北道果物同業組合事業成績書』1930 年。
（33）「南浦果樹組合創立」『東亜日報』1923 年 7 月 26 日。
（34）「果物同組創立 去十日黄州서」『東亜日報』1925 年 10 月 13 日。
（35）『朝鮮総督府官報』1926 年 1 月 25 日。
（36）李鎬澈前掲『韓国능금의 歴史，그 起源과 発展』127-131 頁。原資料は『韓国中央農会報』4-5，1910 年，107 頁。
（37）黄海道農務課「黄海道に於ける苹果収支計算調査」『朝鮮農会報』10-9，1936 年，73-81 頁。
（38）石原正規前掲「内，鮮苹果栽培地視察記」210-212 頁。
（39）青森県農林局りんご課『昭和前期りんご経営史』1972 年，27-30 頁。
（40）それ以前にも移出の可能性はあるが，統計的には確認できない。
（41）李鎬澈前掲『韓国능금의 歴史，그 起源과 発展』286 頁。
（42）前掲「朝鮮の苹果」（1927 年）31-43 頁。
（43）李鎬澈前掲『韓国능금의 歴史，그 起源과 発展』207 頁。
（44）前掲「朝鮮の苹果」（1927 年）31-43 頁。
（45）1926 年の月別りんご移出高をみれば，1 月 5,986 貫，2 月 3,457 貫，3 月 376 貫，4 月 15,993 貫，5 月 105,588 貫，6 月 25,726 貫，7 月 2,668 貫，8 月 2,080 貫，9 月 67 貫，10 月 44,354 貫，11 月 81,106 貫，12 月 27,378 貫であった。
（46）朝鮮物産協会大阪出張所「大阪に於ける苹果に関する調査」『朝鮮農会報』20-8，1925 年，54-57 頁。

(47) 前掲「朝鮮の苹果」(1927年) 31–43頁。
(48) 1926年の月別りんご輸出高をみれば，1月954貫，2月2,599貫，3月22,303貫，4月14,905貫，5月2,456貫，6月184貫，7月203貫，8月2,710貫，9月87,124貫，10月276,019貫，11月188,794貫，12月13,061貫であった。
(49)「朝鮮農村의 諸団体調査」『東亜日報』1933年11月11日。
(50)「開城府，開豊郡業者会合 果物同業組合設立」『東亜日報』1939年12月22日；「瑞山果物業者網羅 果物組合設立」『東亜日報』1940年6月2日；朝鮮総督府『官報』1941年5月19日，8月9日。
(51) 前掲「朝鮮の苹果」(1927年) 31–43頁。
(52)『朝鮮総督府官報』1926年10月25日。
(53) このような品質基準は時期によって変わり，優等，特等，3等，4等という新しいランクが設けられたり，あるいはそのランク自体がなくなったりしたが，戦時下ではランクの単純化が進み，1942年には1，2，3等となった。平安南道苹果検査所『苹果検査成績』各年度版。
(54)「苹果検査制度」『東亜日報』1930年3月17日；「朝鮮総督府平安南道苹果検査規則左ノ通定ム（朝鮮総督府平安南道令第17号）／地方庁公文」朝鮮総督府『官報』第765号，1929年7月20日；「黄海道苹果検査規則左ノ通改ム（朝鮮総督府黄海道令第17号）／地方庁公文」朝鮮総督府『官報』第2624号，1935年10月10日；「咸鏡南道苹果検査規則左ノ通定ム（朝鮮総督府咸鏡南道令第33号）／地方庁公文」朝鮮総督府『官報』第3250号，1937年11月13日。
(55) 青森県農林局りんご課「朝鮮総督府の統制的移出政策」『昭和前期りんご経営史』1972年，30–31頁。
(56)「果物輸送直営説 苹果取引改善策」『東亜日報』1926年9月11日。
(57) 前掲「朝鮮の苹果」(1927年) 31–43頁。
(58)「内地市場의 苹果戦 今年은 一層猛烈? 内地苹果의 増収予想으로 朝鮮産은 楽観不許」『毎日申報』1935年7月19日。
(59) 朝鮮物産協会大阪出張所前掲「大阪に於ける苹果に関する調査」54–57頁。
(60)「朝鮮苹果輸送運賃」『朝鮮経済雑誌』129，1926年，38–42頁。
(61)「苹果輸送運賃의 特定制를 請願」『東亜日報』1929年8月31日。
(62)「朝鮮運送 三百万円増資」『東亜日報』1930年4月5日。
(63)「苹果日本輸送 運賃協定成立」『東亜日報』1933年7月19日；「豊な朝鮮林檎の秋」『京城日報』1933年10月1日。
(64)「豊作朝鮮苹果配給処理問題」『東亜日報』1937年10月15日。
(65) 青森県農林局りんご課前掲「朝鮮総督府の統制的移出政策」30–31頁。
(66)「朝鮮苹果는 輸送困難으로 豊年飢饉」『東亜日報』1937年9月6日；「朝鮮産苹果豊収価格低落은 難免」『東亜日報』1937年10月28日。
(67)「豊作朝鮮苹果配給処理問題」『東亜日報』1937年10月15日。
(68)「苹果統制貯蔵은 共同으로 輸出은 統制」『東亜日報』1936年7月15日。
(69)「満州出荷의 果統制」『東亜日報』1937年10月28日。
(70)「苹果統制로 団結」『東亜日報』1938年4月16日。
(71)「全朝鮮苹果大会」『東亜日報』1939年4月25日。
(72) 石塚峻は1888年に茨城県結城郡で生まれ，1913年に東京帝国大学農学科を卒業し，

同年9月に総督府勧業模範場（後，総督府農事試験場）技手として来朝し，木浦支場の勤務を経て忠清南道技師（1917年），総督府農政課技師（1921年）となり，1932年に穀物検査所が国営化されると，検査所長を務め，後には朝鮮米穀倉庫株式会社社長となった。
(73) 朝鮮果実協会「社団法人朝鮮果実協会設立趣意書並定款」1939年。
(74) 朝鮮果実協会の設立当時の役員は，会長は石塚峻，副会長は森幾衛，理事は福田茂穂，監事は黄州果物同業組合，鎮南浦果物同業組合，評議員は鎮南浦産業組合，黄州産業組合，咸興産業組合，金海産業組合，元山果物同業組合，慶尚北道果物同業組合，定州苹果出荷組合長池田寅吉，羅州郡果物組合長松藤中央であった。
(75) これに関連し，李鎬澈前掲『韓国능금의 歴史，그 起源과 発展』286頁は朝鮮果実協会について「対日苹果輸出禁止」に対抗するために設立されたと指摘しているが，これは事実の歪曲である。
(76) 京畿道警察部長「経済統制ニ関スル集会開催状況報告」京経第1737号，1940年。

第六章　明太子と帝国

(1) Brian Fagan, *Fish on Friday : Feasting, Fasting, and the Discovery of the New World*, Basic Books, 2007.

(2) これに関連し，宮内泰介・藤林泰（『かつお節と日本人』岩波書店，2013年）は，鰹節を分析の対象として内国植民地の北海道，沖縄，外地である植民地の台湾，ミクロネシア，占領地の南洋における鰹節の加工業を検討し，魚をめぐる食文化と植民地との関連性を明らかにした。

(3) 吉田敬市『朝鮮水産開発史』朝水会，1954年。

(4) 吉田敬市前掲『朝鮮水産開発史』は「我が鮮海漁業開発の跡を顧るに，日本側から見れば一大成果を挙げたが，一方朝鮮側から眺めれば種々の論議もあるであろう。然し朝鮮古来の幼稚粗放なる漁業を彼我両国民によって近代漁業へと発展せしめ，もって相互に利を享けたことは厳然たる事実である」(458頁）と指摘している。

(5) 呂博東『日帝의 朝鮮漁業支配와 移住漁村形成』宝庫社，2002年。

(6) 金秀姫「朝鮮植民地漁業と日本人漁業移民」東京経済大学経済学博士学位論文，1996年，のち金秀姫『近代日本漁民의 韓国進出과 漁業経営』景仁文化社，2010年。

(7) 香野展一「韓末・日帝下日本人의 朝鮮水産業進出과 資本蓄積――中部幾次郎의 ‘林兼商店’ 経営事例를 中心으로」延世大学校大学院修士学位論文，2006年。

(8) 朴九秉「韓国정어리漁業史」釜山水産大学校『論文集』21，1978年；金秀姫前掲「朝鮮植民地漁業と日本人漁業移民」；金泰仁「1930年代日帝의 정어리油肥統制機構와 韓国정어리 油肥製造業者의 対応」忠北大学校修士学位論文，2015年。

(9) 金秀姫『近代의 멸치，帝国의 멸치』아카넷，2015年。
(10) 金명수「日本捕鯨業의 近代化와 東海捕鯨漁場」『日本研究』8，2008年；金배경「韓末～日帝下東海의 捕鯨業과 韓半島捕鯨基地変遷史」『島嶼文化』41，2013年。
(11) 朴九秉「韓国明太漁業史」釜山水産大学校『論文集』20，1978年。
(12) 今西一・中谷三男『明太子開発史――そのルーツを探る』成山堂書店，2008年。
(13) 釜慶大学校海洋文化研究所『朝鮮時代海洋環境과 明太』国学資料院，2009年。
(14) 朝鮮総督府水産試験場『朝鮮のメンタイ漁業に就て』1935年，1-11頁。
(15)「塩明太魚卵製品事情」朝鮮総督府水産製造検査所『咸北ノ明太魚製品ニ就テ』（調査

研究資料第 9 輯）1943 年。

(16)「明太魚は不漁？　昨年の半分も何うか！」『朝鮮新聞』1925 年 1 月 9 日；「明太漁不漁로 東海岸漁民困難」『毎日申報』1930 年 10 月 24 日；鄭文基「朝鮮明太魚（一)」『朝鮮之水産』128，1936 年。

(17) 朝鮮殖産銀行調査課『朝鮮ノ明太』1925 年。

(18) 朝鮮総督府水産試験場前掲『朝鮮のメンタイ漁業に就て』。

(19) 1 駄は，2,000 尾である。

(20) 朝鮮第二区機船底曳網漁業水産組合十年史『朝鮮第二区機船底曳網漁業水産組合十年史』1940 年。

(21)「咸南의 明太魚（一)」『東亜日報』1930 年 3 月 3 日；「咸南의 明太魚（二)」『東亜日報』1930 年 3 月 4 日。

(22) 朝鮮水産開発株式会社と東海水産株式会社の所有漁船もあったが，これらの会社は日本人会社として分類できる。とはいえ，朝鮮第二区機船底曳網漁業水産組合に所属しているすべての機船が明太子漁に参加したとはいえず，しかも管内在住者以外に管外からくる通漁者の漁獲もあったことに注意しておきたい。朝鮮第二区機船底曳網漁業水産組合十年史前掲『朝鮮第二区機船底曳網漁業水産組合十年史』。

(23)「咸南의 明太魚（三)」『東亜日報』1930 年 3 月 5 日；「咸南의 明太魚（四)」『東亜日報』1930 年 3 月 6 日。

(24)「咸南의 明太魚（二)」『東亜日報』1930 年 3 月 4 日。

(25) 鄭文基「朝鮮明太魚（二)」『朝鮮之水産』129，1936 年。

(26) 朝鮮殖産銀行調査課前掲『朝鮮ノ明太』。

(27) たとえば，1941 年 12 月 25 日以前に咸北で獲られた明太の魚卵価格（19 kg 込 1 樽）は延縄漁獲物 9 円，刺網漁獲物 7 円，底曳網漁獲物 5 円であった。前掲「塩明太魚卵製品事情」。

(28)「塩明太魚卵ニ関スル調査」朝鮮総督府水産製造検査所『咸南ノ明太魚製品ニ就テ』(調査研究資料第 7 輯）1942 年。

(29) 原料魚卵の価格（咸北，19 kg 込 1 樽）は 1941 年 12 月 25 日を過ぎると，延縄漁獲物 9 円→ 8 円，刺網漁獲物 7 円→ 6 円，底曳網漁獲物 5 円→ 4.25 円へと低下した。

(30) 朝鮮殖産銀行調査課前掲『朝鮮ノ明太』。

(31)「北海道式助宗子製造法」としては「立塩漬」と「撒塩漬」があった。そのうち「立塩漬」は「清水 3 斗塩 2 貫 500 匁ないし 2 貫匁の割合にて食塩水を作り之に食用色素 12 匁を溶解してこの中に卵を漬込み 2-3 時間毎に静かに攪拌し 12 時間以上 1 昼夜以内に取出し水切選別後樽詰を行う。右食塩水にての製造量は 19 kg 入で 5 樽ないし 7 樽とす」。次に「撒塩漬」は「清水 3 斗色素 10 匁を溶解せしめ塩は別の容器に用意し生卵を容器 3 層になるよう並べて右用水を撒布着色せしめさらに塩を振掛けて，次に生卵を並べ右の如く漬方を繰返し漬込む方法をして漬込後 3 時間ないし 5 時間以内に静かに第 1 回の攪拌を行い塩を少量振掛け 2-3 時間ごとに之を繰返し漬込後 12 時間ないし 1 昼夜以内に取出し洗滌，摘水後樽積を行うものとす，色素と塩の配合割合は立塩漬法に準ず」。前掲「塩明太魚卵製品事情」。

(32) 前掲「塩明太魚卵製品事情」。

(33) 産地付近で消費されるものは普通大瓮に漬け込んだが，輸移出品はいったん漬けたものを 4〜5 日後さらに運送に耐えられる樽に漬け込んだ。朝鮮殖産銀行調査課前掲『朝鮮

ノ明太』。

(34) 前掲「塩明太魚卵ニ関スル調査」，前掲「塩明太魚卵製品事情」。

(35) たとえば，道別明太子の製造数量と金額は 1936 年に江原 4.9 トン・23,214 円，咸南 349.2 トン・1,169,947 円，咸北 8 トン・12,814 円，合計 362.1 トン・1,205,975 円であったが，それが 1941 年には江原 30.6 トン・252,504 円，咸南 631.4 トン・4,988,837 円，咸北 28.1 トン・207,612 円，合計 690.1 トン・5,448,953 円へと増加した。朝鮮総督府『朝鮮水産統計』各年度版。

(36) 今西一・中谷三男前掲『明太子開発史』84-85 頁。

(37) 鄭文基前掲「朝鮮明太魚（二)」。

(38)「元山明太子改良座談会」『東亜日報』1932 年 9 月 3 日。

(39)「咸南特産明卵의 品質과 容器改良」『毎日申報』1933 年 10 月 30 日。

(40) 1934 年 12 月における咸南の等級別 19 kg 入樽当価格は松級 4 円～7 円 50 銭，竹級 3 円～6 円 80 銭，梅級 2 円 50 銭～5 円，平均 5 円 50 銭であった。その 1 カ月前の 11 月はもっとも好値の月であって，明太子が 12 月の約倍額の価格で売買された。鄭文基前掲「朝鮮明太魚（二)」。

(41) 桜級は「原料，香味，及色沢優良，塩分辛味及着色適度，形態整正にして大小不同少なくかつ充塡適良なるもの」，松級は「充塡適良にしてその他の事項桜に次ぐもの」，竹級は「充塡適良にしてその他の事項松に次ぐもの」，梅級は「充塡適良にしてその他の事項竹に次ぐもの」であった。前掲「塩明太魚卵ニ関スル調査」。

(42)「検査制実施로 明卵이 高価」『東亜日報』1934 年 11 月 18 日；「咸南産明卵各地에서 好評　満州等地도 輸出増加」『東亜日報』1934 年 11 月 22 日。

(43) 朝鮮総督府『官報』1937 年 8 月 10 日。

(44)「明卵製造統制実施 生産者共同加工」『東亜日報』1937 年 8 月 28 日。

(45)「明卵検査実施로 個人工場圧迫？」『東亜日報』1937 年 9 月 29 日。

(46) 前掲「塩明太魚卵ニ関スル調査」。

(47) 明太子の生産費（100 斤当たり）は以下のようである。①原料費は生明太魚卵代 34.000 円，生明太運搬費 0.256 円，食塩 1.255 円（食塩 95 斤入 1 叺 4,474 銭，1 樽に付 1,265 匁），唐辛子 0.318 円（26 匁 1 貫に付 3 円 87.5 銭），色粉 0.221 円，②製造費は女工費 1.260 円，雑役人夫費 0.789 円，事務員給料 0.630 円，電灯水道料 0.126 円，石炭及水炭 0.379 円，③荷造費は樽 4.075 円，薄板 0.63 円，釘 0.031 円，縄 0.472 円，ラベルおよび刷込インキ 0.056 円，樽検査料 0.063 円，④浜出積込および運賃は運賃 0.158 円，保険料は火災保険料 0.095 円，⑤その他は工場修繕費 0.158 円，器具償却費 0.442 円，検査手数料 0.221 円，同業者組合費 0.116 円，公課金 0.316 円，雑費 0.693 円，金利 0.121 円，⑥合計 46.580 円であった。前掲「塩明太魚卵ニ関スル調杳」。

(48) 朝鮮総督府『官報』1941 年 10 月 2 日；前掲「塩明太魚卵製品事情」。

(49) 城津水産株式会社は資本金 5 万円で 1940 年 12 月に水産業者 7 人によって設立され，明太子と肝油の製造を主業務とし，その他に雑肥料，雲丹の製造を付帯事業とした。製造量と金額をみれば，1941 年には明太子 900 樽・12,000 円，明太肝油 1,300 缶・11,000 円，雲丹 1,500 貫・18,000 円，肝料 300 俵・5,000 円，合計 46,000 円，1942 年には明太子 1,100 樽・17,000 円，明太肝油 1,000 缶・9,000 円，雲丹 2,200 貫・27,000 円，肝料 200 俵・3,500 円，合計 56,500 円であった。城津水産物加工組合は 1940 年 11 月に北川俊一，上田亀太郎，山川富田などの地元水産有力業者 18 人によって城津明太加工組合を創設

し，明太子の製造に乗り出したが，その後城津水産物加工組合の改組と同時に組合員6人が脱退して12人となった。公称資金18万円で1940年1,648樽（21,609円），1941年819樽（12,225円），1942年1,600樽（25,000円）の明太子を製造した。前掲「塩明太魚卵製品事情」。

(50) 朝鮮殖産銀行調査課前掲『朝鮮ノ明太』。

(51) 朝鮮殖産銀行調査課（『朝鮮ノ明太』1925年）は『元山港貿易要覧』にもとづいて明太子の製造量は1921年に1,050万斤であり，そのうち輸移出数量を225万斤（21.4％）と算し，朝鮮内需要量は825万斤（78.6％）であると推計した。

(52)「明卵運賃減下」『東亜日報』1932年10月29日；「道外輸送明卵千四百余噸」『東亜日報』1933年2月20日；「明卵輸送의 運賃을 減下」『東亜日報』1933年10月5日；「明卵製造統制実施 生産者共同加工」『東亜日報』1937年8月28日。

(53)「平元線全通後엔 元山은 終端港？（六）」『東亜日報』1937年7月21日。

(54) 元山鉄道事務所「明太漁業に及ぼす鉄道輸送の影響」朝鮮総督府鉄道局『貨物彙報』3-1，1940年，89-90頁。

(55) 前掲「塩明太魚卵ニ関スル調査」。

(56) 元山鉄道事務所前掲「明太漁業に及ぼす鉄道輸送の影響」。

(57) このような流通方式は1941年になっても変わらなかった。等級別製造業者手取と小売値（1941年12月20日まで）をみれば，桜16.00円・25.50円，松15.70円・24.25円，竹14.98円・23.72円，梅13.21円・21.17円，等外8.23円・13.52円であった。

(58) 前掲「塩明太魚卵ニ関スル調査」。

(59) 前掲「塩明太魚卵製品事情」。

(60) 鮮産明太魚卵配給統制方針（1942年11月27日総督府主催，鮮産明太魚卵配給統制協議会決定）

一，集荷

1. 各道漁業組合連合会は地区内の明太魚卵生産者に対し適切なる製品の完璧なる集荷をなすこと。
2. 各道漁業組合連合会は明太魚卵の販売を社団法人朝鮮漁業組合中央会（以下単に中央会と称す）に委託するものとす。ただし純然たる道内消費を目的としたものにして已むを得ず産地買をなす要ある場合はその数量に付予め本府の了解を得置くべきものとす。

二，荷捌

1. 中央会は総督府の指示に基づき鮮産明太魚卵を各配給部門に対し公平適正に荷割をなすものとす。
2. 中央会は常に明太魚卵の生産の状況及び内外地における需給事情などを調査し道漁連よりの受託数量及び前記荷割配給数量とともに毎月本府に報告するものとす。

三，配給

1. 明太魚卵鮮内配給組合とは旧朝鮮明太魚卵組合（京城，釜山各地区配給業者の合流により設立せられたもの）をもってこれに充て中央会より配給をうけ，鮮産明太魚卵の鮮内配給のみをなすものとす。
2. 明太魚卵内地配給組合とは旧咸南明太魚卵販売統制組合，咸北小産物統配株式会社および旧朝鮮明太魚卵配給組合員にして内地移出の実績を有する者をもって組織し中央会より配給を受けたる鮮産明太魚卵の内地向品のみの配給をなすものと

す。

3. 明太魚卵輸出組合とは旧朝鮮明太魚卵販売統制組合，咸北水産物統配株式会社及旧朝鮮明太魚卵配給組合員をもってこれに充て中央会より配給を受けたる鮮産明太魚卵の関，満，支及びその他の国への輸出品のみを取り扱うものとす。
4. 各配給組合は中央会より配給を受けたる数量の配給先都市別数量及びその他本品の需給調整上参考となるべきことあらば，あわせて毎月本府及び中央会に報告するものとす。
5. 各配給組合共各消費地区における需要事情を充分調査し公平適正なる配給をなし組合員にして自己の利潤追求のため品物を偏在さず《ママ》などのことなきよう充分留意せられたきこと。

四，手数料（率）

漁業組合連合会（漁業組合を含む）	販売価格の 4 分	
朝鮮漁業組合中央会	販売価格の 1 分	
明太魚卵鮮内配給組合	販売価格の 5 分を基準とす	
明太魚卵内地配給組合	販売価格の 4 分	同
明太魚卵輸出組合	販売価格の 4 分	同
卸　鮮内	販売価格の 5 分	同
内地	販売価格の 6 分 65	同

五，1942 年度配給割当決定数量

鮮内生産見込 25 万	内地向 15 万	（6 割）	軍需を含む（全連にて決定）
	鮮内向 7 万	（2.8 割）	同
	移出向 3 万	（1.2 割）	同

備考

明太魚卵輸出組合は組合員の輸出向販売価格は卸売価格一　まで販売可能なるべきに付輸出組合の 4 % は鮮産明太魚卵生産施設などの改善費として中央会に保留せしめ本府の指示により使用するものとす。

(61) 1942 年度産の仕向地別荷捌状況（1943 年 2 月 15 日現在 19 kg 入に換算，割当基準）をみれば，清津（南陽，訓戒，灰岩，慶源，鏡城）の辻本商店 1,000 樽，清津（会寧，古茂山，富寧，上三峰）の安成商店 1,150 樽，鏡城の小売商組合 50 樽，吉州の若布荷受組合 300 樽，城津の海産物組合 400 樽，羅南の脇政六 450 樽，雄基の久江藤吉 150 樽，清津の木村駒之助 250 樽，清津の京谷政造 350 樽，城津の竹野初 600 樽，雄基の漁業組合 50 樽，大阪府水産物統制荷受組合（大阪府中央卸売市場内）15,610 樽，新潟県海産物配合統制組合 2,400 樽，福井県水産物配合統制組合 1,100 樽，京都海産物会社 4,890 樽，計 28,760 樽であった。前掲「塩明太魚卵製品事情」。

第七章　焼酎業の再調合

(1) WHO, *Global Status Report on Alcohol and Health*, 2014, p. 29

(2) 連続式蒸留器を通じてアルコールを製造し，これに水分を添加して酒造する「酒精式焼酎」は「酒精焼酎」「新式焼酎」「希釈式焼酎」と呼ばれており，今日の日本では「焼酎甲類」「連続式焼酎」と分類される。

(3) 朱益鍾「日帝下韓国人酒造業의 発展」『経済学研究』40-1，1992 年，269-295 頁；李承妍「1905 年～1930 年代初 日帝의 酒造業政策과 朝鮮酒造業의 展開」『韓国史論』32,

1994 年，69-132 頁。

（4）朱益鍾前掲「日帝下韓国人酒造業의 発展」「表 1 酒類生産量の推移」において，焼酎は在来式焼酎と新式焼酎として区分されているが，1916～33 年の統計はそもそも「朝鮮酒」の焼酎と「蒸留酒」の焼酎として区分されたものである。これらの統計をそのまま在来と新式としてみるのは問題がある。なぜならば，新式焼酎は酒精式を意味するが，「蒸留酒」焼酎の業者でも酒精式焼酎を製造しない業者がいたからである。また，1913～16 年までの統計は統計基準時が毎年 5 月 1 日であったため，前年度統計とみるべきである。植民地期の酒造年度は当年 9 月から翌年 8 月まであった。そのほかに，1939 年度焼酎生産が 933,546 石となっているが，これはその原資料たる平山與一『朝鮮酒造業界四十年の歩み』（友邦協会，1969 年，99 頁）の誤植がそのまま利用されたものである。『朝鮮総督府統計年報』を利用すれば，同年度は 533,946 石である。とくに 1939 年には大旱魃のため凶作となり，これが酒類醸造量にも影響した。

（5）李承姸前掲「1905 年～1930 年代初 日帝의 酒造業政策과 朝鮮酒造業의 展開」。

（6）同上，121 頁。

（7）酒精式焼酎への税制面での優遇を取り上げているが，その根拠として示されたのは日本との比較である。しかしその内容が制度上の比較になっておらず，また金融面での優遇として借入金の比較が試みられているものの，規模の差を無視して，借金の分布のみをみており，しかも 1933 年の 15 企業のみをもって比較している。むしろ朝鮮人のほうが経営が健全であったと評価できる可能性も残っている。また，政策的に焼酎の「低質化」が進められたとみたが，これは朝鮮人の低い購買力を念頭に置いて品質改善，合理化，大量生産などによる「低価格」の焼酎の供給が実現されたと把握すべきである。

（8）林繁蔵「酒税令の改正について」『酒』6-4，1934 年，1-6 頁。

（9）金勝「植民地時期 釜山地域酒造業의 現況과 意味」『歴史와 境界』95，2015 年，63-142 頁。

（10）同上，表 6。

（11）同上，95 頁。

（12）同上，表 6。

（13）付録 2 の「1916～1940 年焼酎の各道別生産量」（129 頁）をみれば，1939 年に 259,468 千リットルから 1940 年には 1,184,794 千リットルへと急増したが，1940 年は戦時下の原料不足のため，生産量はむしろ大きく低下し始めた年である。

（14）「新式といい旧式というも，結局資本とか経営方法の相違をいうだけのことで，新式と称するは酒精式工場であり，旧式と称するは黒麹式工場であって，ともに朝鮮式ではなく，在来の麺子焼酎は混和用として極少量造られ，清酒や薬酒の粕取焼酎は統計にも現われない程度のもの」であった（清水千穂彦「焼酎界の此頃」『酒』9-10，1937 年，1-7 頁）。

（15）林茂樹「朝鮮酒造協会の創立を祝す」『朝鮮酒造協会雑誌』1-1，1929 年，11-12 頁。

（16）清水武紀「朝鮮に於ける酒造業（1）」『日本醸造協会雑誌』34-4，1939 年，342-347 頁。

（17）「朝鮮及京城に於ける焼酎の需給」『朝鮮経済雑誌』164，1928 年。

（18）朝鮮酒造協会編『朝鮮酒造史』1936 年，158-165 頁。

（19）大韓帝国度支部司税局『韓国煙草ニ関スル要項』1909 年；臨時財源調査局第三課『京畿道果川，慶尚南道栄山，平安北道嘉山郡煙草調査参考資料』1909 年；大韓帝国度支部

臨時財源調査局『韓国煙草調査書』1910 年。

(20) 朝鮮酒造協会編前掲『朝鮮酒造史』158-165 頁。

(21) 京城（1906 年 12 月財政顧問付調査），南鮮主要地（1906～07 年顧問部，調査局調査），黄州（1909 年財源調査局報告），平壌（1906 年 2 月財政顧問付調査），義州（1896 年 5 月財政顧問付調査），元山（1910 年 8 月 11 日元山財務監督局より司税局長宛の第 1 回試験報告抄録），咸興（1909 年財源調査局調査），咸鏡北道（1909 年財源調査局調査）。

(22) 朝鮮酒造協会編前掲『朝鮮酒造史』160-161 頁。

(23) 同上。

(24) 同上，165-168 頁。

(25) 釜山府税務課長「酒税令の研究 2」『朝鮮酒造協会雑誌』2-1，1930 年，10-17 頁；釜山府財務課長「酒税令の研究 7」『朝鮮酒造協会雑誌』2-6，1930 年，74-82 頁；平山與一前掲『朝鮮酒造業界四十年の歩み』33 頁。

(26) 清水千穂彦「朝鮮酒製造業者救済の最大急務」『朝鮮酒造協会雑誌』2-5，1930 年，56-62 頁。

(27) 藤本修三「税務と酒造業」『朝鮮酒造協会雑誌』1-1，1929 年，37-40 頁；三木清一「酒造業の進路」『朝鮮酒造協会雑誌』1-2，1929 年，28-32 頁。

(28) 自家用焼酎免許人員は 1916 年 14,425 人，1917 年 15,891 人，1918 年 12,632 人，1919 年 12,524 人，1920 年 12,998 人，1921 年 12,287 人，1922 年 8,091 人，1923 年 4,313 人，1924 年 2,458 人，1925 年 2,227 人，1926 年 492 人，1927 年 206 人，1928 年 34 人，1929 年 2 人，1930 年以降 0 人であった（「財政」『朝鮮総督府統計年報』）。

(29) 朝鮮酒造協会編前掲『朝鮮酒造史』169-170 頁。

(30) ただし，「黄海道はその南部に濁酒飲用の習慣があったので，急激の変動を避けるため，整理期間を 5 年とし，特例として薬酒の製造を認め，1929 年その集約を完了した」同上，169 頁。

(31) 前掲「朝鮮及京城に於ける焼酎の需給」。

(32) 藤本修三前掲「税務と酒造業」158 頁；清水千穂彦「咸南に於ける焼酎蒸留の変遷」『朝鮮酒造協会雑誌』3-2，1931 年，15-19 頁など。

(33) 平山與一前掲『朝鮮酒造業界四十年の歩み』40-41 頁。

(34) 朝日醸造は 1919 年 10 月 12 日に設立されると，仁川松坂町の吉金喜三郎の経営する工場と仁川桃山町の宅合名会社工場とを買収して事業を開始したが，開業以来経済の不況に遭遇して事業は振るわなかった。そして松坂工場においてもっぱら清酒振天他数種の醸造をなし，1 カ年増石高は 3,000 石の能力があった。また桃山町の工場は焼酎，酒精を主として醸造してその他ウイスキー，味醂，ポートワインなどを製造し，その生産力は焼酎のみとして 2 万石，酒類のみとして 7,000 石の生産能力があった。当時，朝鮮における醸造界の最大の能率を有していると評価された。とはいうものの，1921 年 6 月には 100 万円（払込金 37 万 5 千円）の減資を余儀なくされた。東亜経済時報社編『朝鮮銀行会社組合要録』1921 年，134-135 頁。

(35) 清水武紀前掲「朝鮮に於ける酒造業（1）」342-347 頁。

(36) 平山與一前掲『朝鮮酒造業界四十年の歩み』40-41 頁。

(37) 清水武紀「焼酎業の統制に就て」『朝鮮酒造協会雑誌』2-5，1930 年，48-56 頁。

(38) 平山與一前掲『朝鮮酒造業界四十年の歩み』40-41 頁。

(39) 清水千穂彦「西鮮地方焼酎業者の視察所感」『朝鮮酒造協会雑誌』2-3，1930 年，6-16

頁。

(40) 朝鮮酒造協会平壌支部「焼酎に関する座談会」『酒』9-11, 1937 年, 25 頁。

(41) 清水武紀前掲「朝鮮に於ける酒造業（1)」342-347 頁。

(42) アミロ醗酵法はまったく麹を使用せず，アミロミセス・ルクシイ（*Amylomyces rouxii*）という黴および酵母を応用し，短時日で安価に焼酎を製造するものであって，当時黒麹焼酎業者が醪原料たる穀物の二倍に相当する価格の麹原料を使用していたことからみて，きわめて優れた酒精製造方法であったといえよう。小田島嘉吉「焼酎製造に対する一考察」『酒』9-6, 1937 年, 28-29 頁。

(43) この価格は朝鮮酒あるいは在来式焼酎を基準とするものである。これより酒精式焼酎は安くなったが，焼酎価格の長期傾向を反映しているとみてよい。

(44) 山下生「朝鮮焼酎発達の跡を顧みて 六」『朝鮮之酒』12-3, 1940 年, 32 頁。

(45) 前掲「朝鮮及京城に於ける焼酎の需給」。

(46) 同上；清水千穂彦前掲「西鮮地方焼酎業者の視察所感」6-16 頁。

(47) 清水千穂彦「焼酎雑談」『酒』7-10, 1935 年, 27-28 頁。

(48) 黒麹菌（*Aspergillus luchuensis*）は黒褐色の胞子をつけた菌のことで，その特徴としては黄麹菌（*Aspergillus oryzae*）に比べ生澱粉の分解力が非常に強いといわれ，またレモンのような酸っぱさの元になるクエン酸をたくさんつくり出している。萩尾俊章『泡盛の文化誌』（改訂版）ボーダーインク，2016 年, 46-49 頁。

(49) 清水武紀前掲「朝鮮に於ける酒造業（1)」342-347 頁。

(50) 朴永燮「種黒麹及同製品比較試験成績」『酒』6-1, 1934 年, 45-57 頁；佐田吉衛「泡盛白種試験成績に就て」『酒』6-3, 1934 年, 12-21 頁；木村金次「種黒麹比較試験に就て」『酒』6-6, 1934 年, 21-24 頁；佐田吉衛「糖蜜並に黒麹混用焼酎の醸造法」『酒』6-6, 1934 年, 25-34 頁；梶山茂雄「平安北道に於ける黒麹焼酎醸造改善の一考察」『酒』6-7, 1934 年, 29-33 頁；森省三「黒麹製麹上の注意」『酒』6-7, 1934 年, 36-44 頁；平壌焼酎醸造組合理事「平壌生産黒麹種菌に就て」『酒』6-7, 1934 年, 45 頁；森省三「黒麹焼酎仕込上の注意」『酒』7-3, 1935 年, 15-21 頁；黛右馬次「黒麹焼酎製造法講話要領」『酒』7-6, 1935 年, 57-66 頁。

(51) 道庁所在地において三週間の期間で開催。受講者は酒造業者もしくはその子弟，従業員で普通学校卒業程度の学力ある国語を解するものの内より選抜。講習ははじめ 2 日間講義を行った後，実習を教えた。

(52) 黛右馬次「十三年前の黒麹焼酎研究と指導に就て」『朝鮮之酒』12-6, 1940 年, 96-100 頁。

(53) 北鮮地方の移入比率は 1926 年 16 %, 27 年 19 %, 28 年 27 %, 29 年 31 %, 30 年 26 %, 31 年 20 %, 32 年 23 %, 33 年 23 %, 34 年 17 %, 35 年 14 % であった。金容夏「統計から見た北鮮の移入焼酎」『酒』8-9, 1936 年, 48-59 頁。

(54) 清水千穂彦「西鮮地方の焼酒業者は鬼？ 神？」『朝鮮酒造協会雑誌』3-3, 1931 年, 12-13 頁。

(55) 古里「『西鮮地方の焼酒業者は鬼？ 神？』の名論を読みて」『朝鮮酒造協会雑誌』3-4, 1931 年, 13-16 頁。

(56) 清水千穂彦前掲「西鮮地方焼酎業者視察の所感」6-16 頁。

(57) 清水武紀前掲「焼酎業の統制に就て」48-56 頁；清水千穂彦前掲「朝鮮酒製造業者救済の最大急務」56-62 頁。

(58) 清水武紀前掲「焼酎業の統制に就て」48-56 頁；清水武紀前掲「朝鮮に於ける酒造業(1)」342-347 頁。
(59) 清水武紀前掲「焼酎業の統制に就て」48-56 頁。
(60) 清水千穂彦前掲「朝鮮酒製造業者救済の最大急務」56-62 頁；清水千穂彦「朝鮮における焼酎業の将来」『朝鮮酒造協会雑誌』2-6, 1930 年, 2-6 頁。
(61) 清水武紀前掲「朝鮮に於ける酒造業（1)」342-347 頁。
(62)「財源을 捻出코자 酒類専売制採用乎」『毎日申報』1930 年 2 月 19 日；「酒類専売制 調査費計上 愼動히 研究할 計画」『毎日申報』1930 年 8 月 30 日。
(63)「三井に五社側の不評は積る」『釜山日報』1931 年 6 月 10 日。
(64) 平山與一前掲『朝鮮酒造業界四十年の歩み』66-67 頁。
(65)「焼酎共販 自三月一日実施」『毎日申報』1931 年 2 月 26 日；「焼酎共販 朝鮮参加乎」『毎日申報』1931 年 2 月 27 日；「糖蜜焼酒의 共同販売協定 釜山大鮮醸造의 参加로 今後는 時価安定」『毎日申報』1931 年 5 月 15 日；「新焼酎販売 完全히 統制 大鮮焼酒의 参加로」『毎日申報』1931 年 7 月 25 日。
(66)「三井に五社側の不評は積る」『釜山日報』1931 年 6 月 10 日。
(67) 平山與一（前掲『朝鮮酒造業界四十年の歩み』56-63 頁）は 1931 年 5 月に全鮮新式焼酎連盟会が結成されたとみたが，このときは共販制度に大鮮が加入し，新式業者らのカルテルが成立したことを意味する。資料的には「全鮮新式焼酎連盟会」が 1929 年にすでに存在していた。平山與一の記述（57 頁）は是正を要する。
(68) 李宣均「鮮内在来焼酎業の既往の実状並今後繁栄策に就て」『酒』8-2, 1936 年, 18-23 頁；清水武紀前掲「朝鮮に於ける酒造業（1)」342-347 頁。
(69) 平山與一前掲『朝鮮酒造業界四十年の歩み』56-63 頁。
(70)「新式焼酎는 継続, 三井과 契約 亦是五個年間으로」『毎日申報』1937 年 3 月 30 日。
(71)「新式焼酎의 値上을 断行」『毎日申報』1932 年 9 月 23 日；「焼酎売値引上 自三月一日実施」『毎日申報』1933 年 2 月 19 日；「税が上るだけ焼酎も値上げ 六社連盟の申合せ」『京城日報』1934 年 6 月 22 日。
(72)「新式焼酎의 統制強化 数量販売도」『毎日申報』1937 年 7 月 31 日。
(73) 酒類を日本内地より朝鮮へ移出した場合，内地税金官署では酒造税，酒精含有飲料税および麦酒税の納付義務を免除し，またその税額に相当する金額の払戻もしくは交付金の交付を行った。梅原久壽衛「移入酒類の酒税及移入税に就きて」『酒』7-2, 1935 年, 9-15 頁。
(74)「税が上るだけ焼酎も値上げ 六社連盟の申合せ」『京城日報』1934 年 6 月 22 日；平山與一前掲『朝鮮酒造業界四十年の歩み』59-61 頁。
(75) 朝鮮総督府『朝鮮総督府統計年報』各年度版。
(76) 清水武紀「酒造の統制と酒造組合の強力化に就て」『酒』7-5, 1935 年, 1-3 頁。
(77) 朝鮮の場合，1 年中操業が可能であり，糖蜜を原料とすればアルコールとしての高率の課税の対象となるが，糖蜜の不足のため満洲産高粱を原料とすることで，新式焼酎業者でも高課税を免れて移出できるとみた（「焼酎의 移出 操短도 幾分緩和」『毎日申報』1934 年 1 月 27 日；「朝鮮焼酎의 移出이 有望視 清水技師談」『毎日申報』1934 年 2 月 27 日)。結局，朝鮮からの内地への焼酎移出量は 1928 年の 94 石から急増し，29 年 1,147 石となり，31 年には 2,964 石を記録，その後減って，1935 年 1,194 石を最後に，36 年より完全になくなった。ところで，日本内地から朝鮮への移出も減ったが，完全に中止され

ることはなかったので，平山與一前掲『朝鮮酒造業界四十年の歩み』（59 頁）の日本内地から朝鮮への焼酎移入完全中止説は是正されなければならない。

(78) 平山與一前掲『朝鮮酒造業界四十年の歩み』59-61 頁。

(79) 李宣均前掲「鮮内在来焼酎業の既往の実状並今後繁栄策に就て」18-23 頁。

(80)「朝鮮焼酎大激減 二ケ年間に一万石 不況と三井に圧倒され」『釜山日報』1932 年 5 月 6 日。

(81)「在来焼酎も三井の手で統制」『京城日報』1933 年 5 月 25 日；李宣均前掲「鮮内在来焼酎業の既往の実状並今後繁栄策に就て」18-23 頁。

(82)「七割程度纏れば統制断行の意向」『平壌毎日新聞』1933 年 5 月 25 日。

(83)「在来焼酎の販売を三井物産に統制」『平壌毎日新聞』1933 年 5 月 24 日。

(84)「下層民の心需品焼酎の統制五年越の三井の念願」『京城日報』1933 年 5 月 27 日。

(85)「三井物産が計画の焼酒販売統制計画」『朝鮮新聞』1933 年 6 月 2 日。

(86)「咸南道焼酎販売統制 製造業者反対로 不成」『東亜日報』1933 年 6 月 9 日。

(87)「焼酒統制에 対하야 三井側方針変更」『朝鮮日報』1933 年 6 月 9 日。

(88)「三井物産会社의 焼酒統制에 反対」『朝鮮中央日報』1933 年 7 月 19 日。

(89)「三井財閥画策の全鮮焼酎の統制」『京城日報』1933 年 6 月 14 日。

(90)「反対業者も漸やく軟化」『平壌毎日新聞』1933 年 6 月 20 日。

(91)「着着進捗する 三井の焼酎独占」『京城日報』1933 年 8 月 26 日；「焼酒共販統制で 三井と七道組合協議」『京城日報』1933 年 11 月 28 日。

(92)「三井対他業者の焼酎販売注目朝鮮焼酎の共販は成立非共販者と対戦激化か」『朝鮮民報』1934 年 1 月 22 日。

(93)「三井の焼酎統制真っ平御免の段 平北の頑張り容易に崩れず大御所悩みあり」『京城日報』1934 年 2 月 1 日。

(94)「朝鮮焼酎販売統制 黄海道 依然反対」『朝鮮日報』1934 年 1 月 21 日。

(95)「三井と反対醸造業者との焼酒販売戦」『釜山日報』1934 年 4 月 6 日。

(96)「焼酎統制反対派敢然三井に挑戦」『大阪朝日新聞 朝鮮版』1934 年 4 月 2 日。

(97)「社会問題化する在来焼酎統制問題」『朝鮮新聞』1934 年 4 月 26 日。

(98)「鎬を削る焼酎合戦」『大阪朝日新聞 朝鮮版』1934 年 4 月 26 日。

(99)「在来焼酎の統制に三井遂に兜を脱ぐ 頑強な反対に諦めつけて平壌販売組合解散」『京城日報』1934 年 7 月 7 日；「在来焼酎共販統制に物産も手を焼く」『京城日報』1934 年 7 月 8 日。

(100) 李宣均前掲「鮮内在来焼酎業の既往の実状並今後繁栄策に就て」18-23 頁。

(101) 清水千穂彦前掲「焼酎界の此頃」1-7 頁。

(102) 金漢栄「焼酎製造業者に呈す」『酒』7-4，1935 年，61-68 頁。

(103) 前掲「朝鮮及京城に於ける焼酎の需給」。

(104) たとえば，朝鮮酒造協会の主催で開催された第 1 回全鮮酒類品評会（1930 年 10 月 9 日-19 日）では器械焼酎では仁川府朝日醸造の金剛，釜山府増永市松の日光，釜山府大鮮醸造のダイヤ，平壌府斎藤酒造の月仙，馬山府昭和酒類の明月，平壌府池周善の七星が受賞した。「品評会の開催より閉会迄」『朝鮮酒造協会雑誌』2-7，1930 年，12-60 頁。

(105) 前掲「朝鮮及京城に於ける焼酎の需給」。

(106) 清水武紀前掲「朝鮮に於ける酒造業（1)」342-347 頁。

(107)「焼酎小売人合同」『毎日申報』1942 年 10 月 4 日；「焼酒小売業者統合」『毎日申報』

1942 年 11 月 18 日。
(108) 平山與一前掲『朝鮮酒造業界四十年の歩み』76-77 頁。
(109) 清水千穂彦前掲「焼酎界の此頃」1-7 頁。
(110) 販売競争が激しくなりつつある 1928 年頃，各地の酒造業者が相まって，酒造組合，麴子組合，酒類販売組合などを結成する等，漸次酒業としての同業団体組織が整備され，1929 年秋には財政局関係官を中心に，全鮮酒造業者中主なる者 2,200 余名をもって朝鮮酒造協会を組織するに至った。この協会は 1934 年に財団法人の設立許可を得て，朝鮮酒造業の代表機関となっていた。
(111)「朝鮮酒造組合中央会第 1 回朝鮮焼酎統制委員会開催の概況」『酒』11-3，1938 年，31 頁。
(112) 平山與一前掲『朝鮮酒造業界四十年の歩み』62-63 頁。
(113)「焼酎連盟이 済州島視察」『毎日申報』1938 年 2 月 20 日；「済州島甘藷 百万貫을 引受 焼酎連盟에서」『毎日申報』1938 年 12 月 6 日；清水武紀前掲「朝鮮に於ける酒造業（1）」342-347 頁。
(114)「清酒・焼酎蔵出統制決議報告」（於第 2 回統制委員会）『酒』12-2，1940 年，78-80 頁。
(115) 平山與一前掲『朝鮮酒造業界四十年の歩み』128 頁。

第八章　麦酒を飲む植民地

(1) 朱益鍾「日帝下韓国人酒造業의 発展」『経済学研究』40-1，1992 年，269-295 頁；李承妍「1905 年-1930 年代初 日帝의 酒造業政策과 朝鮮酒造業의 展開」『韓国史論』32，1994 年，69-132 頁。
(2) 朴柱彦「近代馬山의 日本式清酒酒造業研究」慶南大学校大学院修士論文，2013 年。
(3) 金勝「植民地時期 釜山地域酒造業의 現況과 意味」『歴史와 境界』95，2015 年，63-142 頁。
(4) 八久保厚志「戦前期朝鮮・台湾における邦人酒造業の展開」『人文学研究所報』（神奈川大学）36，2003 年，13-24 頁。
(5) 林茂樹「朝鮮酒造協会の創立を祝す」『朝鮮酒造協会雑誌』1-1，1929 年，11-12 頁。
(6)「朝鮮의 麦酒需用」『毎日申報』1910 年 11 月 21 日。
(7)「麦酒会社의 園遊会」『毎日申報』1912 年 4 月 26 日；「大日本麦酒의 観劇会」『毎日申報』1917 年 8 月 9 日；「日本麦酒의 張宴」『毎日申報』1918 年 1 月 12 日；「日本麦酒新年宴」『毎日申報』1925 年 1 月 11 日。
(8)「鮮内麦酒需要」『毎日申報』1919 年 5 月 10 日。
(9) 同上。
(10)「麦酒 1 打에 50 銭을 넣다, 麦酒商의 狼狽」『毎日申報』1917 年 4 月 12 日。
(11)「日本麦酒의 躍価, 매궤에 이원식」『毎日申報』1917 年 12 月 4 日。
(12)「麦酒값도 뛰어」『毎日申報』1919 年 6 月 24 日；「麦酒値上理由」『毎日申報』1919 年 6 月 26 日；「当節의 清涼飲料, 맥주값 올린 까닭」『毎日申報』1919 年 6 月 27 日；「汽車内販売麦酒値上」『毎日申報』1919 年 7 月 6 日。
(13)「麦酒□買無勢」『毎日申報』1921 年 6 月 24 日。
(14) これを 4 合瓶で換算すると，移入 969,500 本・483,750 円，府内で 876,750 本・438,375 円であった。「京城麦酒消費 483,000 円」『毎日申報』1922 年 9 月 24 日。

(15)「京城과 麦酒, 十二年中消費量四十二万三千」『毎日申報』1924 年 5 月 7 日；「朝鮮における麦酒需給状況」『朝鮮経済雑誌』116，1925 年，9-17 頁。
(16)「京城과 麦酒, 十二年中消費量四十二万三千」『毎日申報』1924 年 5 月 7 日。
(17)「麦酒의 消費状況 逐年増加」『毎日申報』1925 年 9 月 6 日。
(18) 前掲「朝鮮における麦酒需給状況」。
(19) 同上。
(20)「麦酒 価値下, 不遠에 決定」『毎日申報』1921 年 2 月 1 日。
(21) アサヒビール株式会社社史資料室『Asahi100』1990 年，174-175 頁。
(22)「本年의 麦酒移入高 二万六千七百増加」『毎日申報』1925 年 11 月 7 日；「麦酒의 移入量 年十二万石」『毎日申報』1926 年 3 月 17 日。
(23) 前掲「朝鮮における麦酒需給状況」；「朝鮮満州 麦酒市況 需要期에 入」『毎日申報』1926 年 5 月 18 日；「麦酒移入 十万円増加」『毎日申報』1926 年 7 月 3 日。
(24)「全鮮麦酒 二万石 百七十万余円」『毎日申報』1927 年 7 月 17 日。
(25) サッポロビール株式会社『サッポロビール 120 年史』1996 年，282-283 頁；麒麟麦酒株式会社『麒麟麦酒株式会社五十年史』1957 年，123-125 頁。
(26)「分工場 新設計画，大日本麦酒会社에서 大同江 沿岸 平壌 부근」『毎日申報』1920 年 11 月 19 日。
(27)「麦酒満鮮統一」『毎日申報』1921 年 5 月 17 日。
(28)「日本 麦酒会社 京城工場 設置」『毎日申報』1923 年 1 月 27 日。
(29)「麦酒工場의 設置, 鷺梁津이나 永登浦에, 馬越恭平氏 談」『毎日申報』1924 年 10 月 10 日。
(30)「仁川에 設置될 麦酒会社　工場, 永登浦는 不合格, 総督府도 仁川을 賛成」『毎日申報』1924 年 11 月 12 日。
(31)「麦酒工場의 如何」『毎日申報』1924 年 11 月 18 日。
(32)「麦酒工場과 窯業」『毎日申報』1924 年 11 月 19 日。
(33)「麦酒工場과 仁川의 運動, 期成会를 組織」『毎日申報』1924 年 11 月 22 日。
(34) 1925 年の朝鮮内の需要 12 万箱の 8 割が京仁間で消費された（「朝鮮満州 麦酒市況 需要期에 入」『毎日申報』1926 年 5 月 18 日）と記されるほどであったが，これは京仁から他の地域へ送られるビールをも含めてしまっていて，首都圏の消費を過大評価しているのではないかと考えられる。
(35)「日本麦酒敷地 買収上 諸難関」『毎日申報』1925 年 4 月 14 日。
(36)「麦酒工場의 決定，結局永登浦로，笠松氏의 電報」『毎日申報』1924 年 12 月 3 日；「永登浦의 麦酒工場決定과 朝鮮窯業의 交渉」『毎日申報』1924 年 12 月 5 日。
(37)「大日本麦酒 朝窯会社 買収는 15 万円으로 内定」『毎日申報』1924 年 12 月 8 日。
(38)「日本麦酒敷地 買収上 諸難関」『毎日申報』1925 年 4 月 14 日。
(39)「日本麦酒의 朝窯敷地，買収問題 解決」『毎日申報』1925 年 5 月 9 日。
(40)「大日本麦酒 朝窯会社 買収는 15 万円으로 内定」『毎日申報』1924 年 12 月 8 日。
(41)「日本麦酒, 敷地는 永登浦 着手期는 遼遠」『毎日申報』1925 年 1 月 13 日。
(42) 同上。
(43)「日本麦酒会社工場 永登浦에 設置，敷地五万余坪中大部分은 買収」『毎日申報』1925 年 3 月 11 日；「日本麦酒分工場은 実現困難」『毎日申報』1925 年 9 月 13 日。工場敷地として買収された土地内にある有縁無縁の墳墓約 150 余所は移葬することとし，移葬費

を会社が補助し，無縁塚は火葬することとなった（「日本麦酒会社工場 永登浦에 設置, 敷地五万余坪中大部分은 買収」『毎日申報』1925 年 3 月 11 日）。

(44)「サツポロビールの商標でお目見得す」『大阪毎日新聞』1934 年 3 月 25 日。

(45) 前掲「朝鮮における麦酒需給状況」。

(46)「日本麦酒, 敷地는 永登浦 着手期는 遼遠」『毎日申報』1925 年 1 月 13 日。

(47)「日本麦酒分工場은 実現困難」『毎日申報』1925 年 9 月 13 日。

(48)「麦酒工場問題, 両者共히 遅延」『毎日申報』1925 年 1 月 11 日。

(49)「日本麦酒分工場은 実現困難」『毎日申報』1925 年 9 月 13 日。

(50)「麦酒工場問題, 両者共히 遅延」『毎日申報』1925 年 1 月 11 日。

(51)「帝国麦酒会社, 朝鮮에 工場設置乎」『毎日申報』1925 年 2 月 28 日。

(52)「帝国麦酒 敷地問題」『毎日申報』1925 年 3 月 24 日。

(53)「本年의 麦酒移入高 二万六千七百増加」『毎日申報』1925 年 11 月 7 日。

(54)「帝国麦酒払込 無期延期」『毎日申報』1927 年 5 月 1 日；「帝国麦酒改称」『毎日申報』1928 年 12 月 15 日。

(55)「災後의 永登浦 復興機運이 濃厚 堤防修理는 本府直営 麦酒工場도 明春着手」『毎日申報』1925 年 11 月 16 日。

(56)「大日本麦酒 朝鮮工場設置 二千五百万円을 投하야」『毎日申報』1926 年 1 月 30 日。

(57)「日本麦酒工場 不遠技工」『毎日申報』1926 年 2 月 25 日；「麦酒会社工事着手 工場은 永登浦 起工은 今三月中 神尾始興郡守談」『毎日申報』1926 年 2 月 27 日。

(58)「永登浦 麦酒工場 十日起工式挙行」『毎日申報』1926 年 3 月 13 日；「永登浦 麦酒工場 工事着着進陟」『毎日申報』1926 年 10 月 1 日；「永登浦에 麦酒工場設置 明春四月에 起工」『毎日申報』1927 年 11 月 26 日。

(59)「新税実施로 麦酒販売 困難 特히 사꾸라와 기린이 尤甚（奉天）」『東亜日報』1929 年 2 月 6 日。

(60)「財界回顧（6） 猛烈な麦酒合戦」『釜山日報』1928 年 12 月 13 日。

(61)「麦酒価協定難 販売戦猛烈」『毎日申報』1929 年 4 月 13 日。

(62)「波瀾の後を享けた朝鮮麦酒界」『釜山日報』1930 年 2 月 26 日。

(63) 同上。

(64)「麦酒売出 各社가 計画」『毎日申報』1930 年 4 月 2 日。

(65)「麦酒市勢를 府에서 調停 波瀾을 念慮」『毎日申報』1930 年 4 月 25 日。

(66)「麦酒의 販売会社 設立은 至難」『毎日申報』1930 年 8 月 9 日。

(67)「財源을 捻出코자 酒類専売制採用乎」『毎日申報』1930 年 2 月 19 日；「酒類専売制 調査費計上 慎動히 研究할 計画」『毎日申報』1930 年 8 月 30 日。

(68)「麦酒専売의 計画이 事実, 予算에 計上　다 西本専売事業課長 談」『東亜日報』1930 年 12 月 23 日。

(69)「朝鮮에 在한 麦酒의 専売案 大蔵省에서는 反対意向 実現不可能乎」『毎日申報』1930 年 12 月 21 日；「反対の声はあるが閣内の大勢は傾く」『朝鮮毎日新聞』1930 年 12 月 25 日。

(70)「朝鮮麦酒専売에 大蔵省側은 反対, 政治的 矛盾이 된다는 까닭, 予算計上이 困難」『東亜日報』1930 年 12 月 24 日。

(71)「朝鮮麦酒専売 畢竟에 決定? 反対声도 만흔 모양이다」『東亜日報』1930 年 12 月 25 日。

(72)「朝鮮麦酒専売는 憂慮結果를 招致, 酒精性 飲用을 増加일뿐, 日本 禁酒同盟이 反対」『東亜日報』1930 年 12 月 27 日。
(73)「日本麦酒の朝鮮工場愈よ実現か 需要激増満洲輸出見越等で馬越氏入城注目さる」『京城日報』1932 年 10 月 12 日；「朝鮮麦酒会社 創立経過」『京城日報』1932 年 10 月 28 日。
(74)「日本麦酒の朝鮮工場愈よ実現か 需要激増満洲輸出見越等で馬越氏入城注目さる」『京城日報』1932 年 10 月 12 日。
(75)「内鮮協力の会社とする方針」『大阪朝日新聞 朝鮮版』1932 年 10 月 28 日。
(76)「朝鮮麦酒会社 創立経過」『京城日報』1932 年 10 月 28 日。
(77)「麦酒工場計画 資本金六百万円の別箇会社? 四日頃正式発表」『京城日報』1932 年 10 月 19 日；「朝鮮麦酒会社 創立経過」『京城日報』1932 年 10 月 28 日。
(78)「朝鮮麦酒会社 計画内容けふ発表」『朝鮮新聞』1932 年 10 月 28 日。
(79)「各方面への影響甚大 日本麦酒の朝鮮工場」『京城日報』1932 年 10 月 15 日；サッポロビール株式会社前掲『サッポロビール 120 年史』282–283 頁。
(80)「忠南産の大麦は麦酒原料に最適」『京城日報』1936 年 7 月 23 日；「麦酒原料麦増産」『群山日報』1937 年 10 月 19 日。
(81)「麦酒工場計画 資本金六百万円の別箇会社? 四日頃正式発表」『京城日報』1932 年 10 月 19 日；「内鮮協力の会社とする方針」『大阪朝日新聞 朝鮮版』1932 年 10 月 28 日。
(82)「半島麦酒界に二つの対立」『京城日報』1933 年 1 月 11 日；「朝鮮麦酒創立を契機に尖鋭化? キリンとの対立」『釜山日報』1933 年 1 月 11 日。
(83)「キリン麦酒も永登浦に進出」『大阪朝日新聞 朝鮮版』1933 年 2 月 22 日；麒麟麦酒株式会社前掲『麒麟麦酒株式会社五十年史』123–125 頁。
(84)「大日本とキリンの両工場出現で泡立つ麦酒界」『京城日報』1933 年 3 月 14 日；「朝鮮麦酒界競争激化せん」『朝鮮新聞』1933 年 3 月 16 日。
(85)「内地の麦酒提携成立で朝鮮でも合同説主張される数タの根拠」『京城日報』1933 年 6 月 27 日；「内鮮満を一貫する麦酒の完全統制」『京城日報』1934 年 3 月 3 日；サッポロビール株式会社前掲『サッポロビール 120 年史』282–283 頁。
(86)「麒麟と大日本の合資で『満洲麦酒会社』」『大連新聞』1934 年 1 月 14 日。
(87) 朝鮮麦酒の設立時の幹部陣は取締役会長大橋新太郎，常務取締役小林武彦，取締役閔大植，同朴栄喆，同薬学博士馬越幸次郎，同高橋龍太郎，同渡邊得男，監査役男爵大倉喜七郎，同韓相龍，同片岡隆起，支配人山上欽三，工場長木部崎弘であった。
(88)「サツポロビールの商標でお目見得す」『大阪毎日新聞』1934 年 3 月 25 日；「朝鮮産業大観 その三 朝鮮麦酒株式会社 愈よ出来あがつた わが朝鮮ビール」『京城日報』1934 年 4 月 5 日。
(89)「サツポロビールの商標でお目見得す」『大阪毎日新聞』1934 年 3 月 25 日。
(90)「朝鮮産業大観 その五 昭和麒麟麦酒会社 昭和麒麟会社を創立 鮮産キリンビール提供」『京城日報』1934 年 4 月 18 日；麒麟麦酒株式会社前掲『麒麟麦酒株式会社五十年史』123–125 頁。
(91) 麒麟麦酒株式会社『営業報告書』1935 年 9 月 30 日。
(92) 麒麟麦酒株式会社前掲『麒麟麦酒株式会社五十年史』123–125 頁。
(93)「鮮産麦酒に鮮産原料麦酒会社が補助」『西鮮日報』1934 年 9 月 26 日。
(94) サッポロビール株式会社前掲『サッポロビール 120 年史』282–283 頁。
(95) 清水武紀「朝鮮に於ける酒造業（1）」『日本醸造協会雑誌』34–4，1939 年，342–347

頁。
(96)「麦酒の需要激増」『釜山日報』1935 年 8 月 20 日。
(97)「鮮内麦酒の消費一年間に三十五万箱」『釜山日報』1936 年 10 月 22 日。
(98) 清水武紀前掲「朝鮮に於ける酒造業（1)」342-347 頁。
(99)「注目される麦酒戦共販の堅陣を向ふにサクラ新戦術を錬る」『京城日報』1934 年 4 月 20 日。
(100)「麦酒共販協定更に強化さる」『釜山日報』1938 年 5 月 6 日。
(101)「能力拡大を計る朝鮮麦酒」『釜山日報』1937 年 6 月 30 日。
(102)「半島を二分する 昭和麒麟麦酒」『釜山日報』1937 年 7 月 8 日。
(103) 同上。
(104)「全北道内麦酒 公定価発表（群山)」『東亜日報』1940 年 5 月 28 日；「麦酒公定価格 京畿道서 今日公布」『東亜日報』1940 年 6 月 9 日。
(105) サッポロビール株式会社前掲『サッポロビール 120 年史』282-283 頁。
(106) 朝鮮麦酒株式会社『営業報告書』1944 年 5 月。
(107)「麦酒配給権 譲渡は闇助長」『朝鮮新聞』1940 年 7 月 18 日；「麦酒의 配給権을 私売타가 摘発 配給権 悪用은 不可」『東亜日報』1940 年 7 月 18 日；「麦酒買占党電撃」『毎日申報』1941 年 7 月 30 日；「麦酒의 偏売는 今後厳罰하기로」『毎日申報』1942 年 4 月 28 日；「麦酒一瓶七十銭 労務者에값싼술特配」『毎日申報』1943 年 6 月 10 日；朝鮮麦酒株式会社『営業報告書』1945 年 7 月。

第九章　白い煙の朝鮮と帝国

(1) ヘンドリック・ハメル『朝鮮幽囚記』生田滋訳，平凡社，1969 年。
(2) 遠藤湘吉（『明治財政と煙草専売』御茶の水書房，1970 年）は日本資本主義の成立と煙草産業との関係を専売制の実施という財政政策面から分析し，注目に値する。
(3) 朝鮮総督府専売局『朝鮮専売史』第 1-3 巻，1936 年。
(4) 李永鶴『韓国近代煙草産業研究』新書苑，2013 年。
(5) 柴田善雅『中国における日系煙草産業 1905-1945』水曜社，2013 年。
(6) 勝浦秀夫「鈴木商店と東亜煙草社」『たばこ史研究』118，5182-5207 頁，2011 年。
(7) 大韓帝国度支部司税局『韓国煙草ニ関スル要項』1909 年；臨時財源調査局第三課『京畿道果川，慶尚南道栄山，平安北道嘉山郡煙草調査参考資料』1909 年；大韓帝国度支部臨時財源調査局『韓国煙草調査書』1910 年。
(8) 朝鮮総督府専売局「第 51 回帝国議会説明資料」(1925 年)『朝鮮総督府帝国議会説明資料』第 14 巻，不二出版，1998 年。
(9) 朝鮮総督府専売局前掲『朝鮮専売史』第 1 巻，2 頁。
(10)「朝鮮における煙草耕作組合の沿革及事業の概況」『朝鮮彙報』1919 年 8 月号；朝鮮総督府『煙草産業調査涵養事蹟』1912 年度版；朝鮮総督府『煙草試作成績』各年度版；朝鮮総督府『黄色葉煙草耕作事業報告』1913 年。
(11) 朝鮮総督府専売局前掲「第 51 回帝国議会説明資料」。
(12) 堀和生「朝鮮における植民地財政の展開——1910-30 年代初頭にかけて」飯沼二郎・姜在彦編『植民地期朝鮮の社会と抵抗』未来社，1982 年；田中正敬「植民地期朝鮮の専売制度と塩業」『東洋文化研究』13，2011 年，400-401 頁。
(13)「朝鮮財政独立計画完成」『大阪朝日新聞 鮮満版』1918 年 8 月 4 日。

(14) 朝鮮総督府『煙草産業調査涵養事跡』1916 年度版。
(15) 朝鮮市場は BAT にとって中国などの製造工場からの輸出市場となった。朝鮮総督府専売局前掲『朝鮮専売史』第 1 巻，144–148 頁。
(16) 専売局は 1910 年 10 月 1 日に朝鮮総督府に設置されていたが，1912 年 3 月 31 日に官制改正によって廃止された。その後 1921 年 4 月 1 日に朝鮮煙草専売令（制令第 5 号）が公布され，煙草専売の実施にあわせて，同年 4 月 1 日に専売局（勅令第 53 号）が再設置された。その後，1943 年 12 月 1 日に至って官制改正によって廃止され，その業務が財務局の専売総務課と専売事業課に移管された。朝鮮総督府『施政三十年史』朝鮮総督府，1940 年；朝鮮総督府『朝鮮事情 昭和十七年度版』朝鮮総督府，1941 年；戦前期官僚制研究会編『戦前期日本官僚制の制度・組織・人事』東京大学出版会，1981 年。
(17) 朝鮮総督府専売局前掲「第 51 回帝国議会説明資料」。
(18) 朝鮮からの撤退にともなう東亜煙草株式会社の事業不振については柴田善雅前掲『中国における日系煙草産業 1905–1945』81–85 頁を参照されたい。
(19) 自家用煙草耕作人員，面積および見込産額をみれば，1920 年には 592,259 人・5,231.8 町歩・1,440,129 円であったものが，1924 年には 483,319 人・4,418.0 町歩・1,294,498 円へと減少した。朝鮮総督府専売局『朝鮮総督府専売局事業概要』1935 年度；朝鮮総督府専売局前掲「第 51 回帝国議会説明資料」。
(20) 1934 年に煙草の種類は日本内地種は秦野，水府の 2 種，朝鮮種は龍仁，清州，寧越，金城，淳昌，錦山，礼山，永川，安東，咸陽，河東，載寧，谷山，成川，陽徳および孟山の 16 種，黄色種は「ブライトエルロー」に統一された。朝鮮総督府専売局『朝鮮総督府専売局事業概要』1935 年度。
(21) 朝鮮総督府専売局前掲「第 51 回帝国議会説明資料」。
(22) 総督府専売局は耕作人員，耕作面積などによって各組合の所要職員に対する給料および賞与額を調査し，その 70％に相当する金額（A）と，この金額（A）の 25％を職員の出張旅費（B）と想定しうると見，これらの金額（A＋B）を交付し，さらに優良種子購入価格の半額をもって各耕作者に配付させ，その不足金額（C）を交付金として増給した。朝鮮総督府専売局前掲「第 51 回帝国議会説明資料」。
(23) 1925 年 9 月 1 日より 1926 年 8 月 31 日までのあいだに収納する葉煙草の 1 貫当たり収納賠償価格は 1 等級 6.00 円，2 等級 5.20 円，3 等級 4.50 円，4 等級 3.90 円，5 等級 3.30 円，6 等級 2.80 円，7 等級 2.40 円，8 等級 2.00 円，9 等級 1.60 円，10 等級 1.30 円，11 等級 1.00 円，12 等級 0.70 円，13 等級 0.50 円，14 等級 0.30 円，等外 0.10 円であった。朝鮮総督府専売局前掲「第 51 回帝国議会説明資料」。
(24) 近藤康男『煙草専売制度と農民経済』西ケ原刊行会，1937 年，181–184 頁。
(25) 朝鮮総督府専売局前掲「第 51 回帝国議会説明資料」。
(26) トルコ種は品質不良で 1927 年限りで整理された。朝鮮総督府専売局「昭和 16 年 12 月第 79 回帝国議会説明資料」『朝鮮総督府帝国議会説明資料』第 6 巻，不二出版，1994 年。
(27) 朝鮮総督府専売局前掲「第 51 回帝国議会説明資料」。
(28) 朝鮮総督府専売局前掲『朝鮮専売史』第 1 巻，885–887 頁。
(29) 朝鮮総督府専売局前掲「第 51 回帝国議会説明資料」。
(30) 日給払者の給額およびその増額は年齢，教育程度，経験，労務成績に応じて決定されたのに対し，「功程払者」については本局において当該作業に適当な年齢，労務，危険，

衛生上に及ぼす害悪の程度，その他作業の性質による職工の感情，一般労銀などを参酌し決定した工賃率にもとづいて，さらに各支局においてその事情に応じ実行工賃率を定め，個々人の「功程」に応じて支給した。

(31) 朝鮮総督府専売局前掲「昭和 16 年 12 月 第 79 回帝国議会説明資料」。

(32) 朝鮮総督府専売局『煙草製造創業三十年誌』1935 年，25–26 頁。

(33) それにともない，男子比率は 1921 年の 82.5 % から 1940 年に 39.7 % へと低下した。朝鮮総督府専売局『朝鮮総督府専売局年報』各年度版。

(34) 口付紙巻煙草は敷島，朝日，松風，両切紙巻煙草はジージーシー，コンゴウ，カイダ，ピジョン，銀河，マコー，メープル，牡丹，細刻煙草はさつき，あやめ，荒刻煙草は長寿煙，五福草，鶏煙，福煙，不老煙。朝鮮総督府専売局『朝鮮総督府専売局事業概要』1935 年度，14 頁。

(35) 朝鮮総督府専売局前掲「第 51 回帝国議会説明資料」。

(36) 1922 年には専売実施以前より持ち越した民営工場の製品が予想外に多く，極端な廉価販売を行っており，中央政府の物価調節政策に順応して一部の製品の値下げを断行した。関東大震災に際しても，煙草の売行きは好況を呈し，1923 年までは持越品もほとんど消尽されたが，1924 年には震災を受けた公共事業の中止・繰延べや民間経済界の事業整理，消費節約・勤倹貯蓄の宣伝もあり，一般の人気が極度に萎靡し，煙草の売行きも上級品から下級品（両切下級品や朝鮮人向下級荒刻煙草）に移行した。このような状況は 1925 年になっても変わらず，口付より両切へ，両切より荒刻へと下級品の売行きが増進した。その後でも，経済の不況に加えて米価も軟弱であり，旱害の影響も激甚であって，「公私経済」の「一大緊縮」を余儀なくされた上，自家用煙草耕作に関する例外的許容が撤廃され，荒刻を中心とする下級品の消費が増えた。昭和恐慌が発生し，米豊作のなかで農産物の価格が急落するなど，不況の深刻化は一挙に売上額の減退をもたらした。これらの需要，政策の諸要因が加わった結果，平均販売価格の低下が 1930 年代前半まで続くことになる。これが独占市場に対し，専売当局が価格設定者として価格を引き下げあるいは低価格の品目を増やし，売行きの拡大を図って利潤最大化を追求した合理的行動であったことはいうまでもない。その後，昭和恐慌からの回復と植民地工業化の進展にともなって一般物価が上昇し，喫煙者の購買力が向上したため，両切上級品への需要が急増し，その代わりに荒刻みの消費が減った。戦争が勃発し，原材料の価格や賃金が上昇するなか，軍用煙草や占領地への煙草供給が要請されるなど，需給関係の「不均衡」が続くと，販売価格の引上げが避けられなかった。朝鮮総督府専売局『局報号外 自大正十二年至昭和八年度煙草売上状況調』1934 年；同『朝鮮総督府専売局年報』1937 年度版，167–177 頁；同，1940 年度版，3 頁。

(37) 池田龍蔵『朝鮮経済管見』大阪岩松堂，1925 年，27 頁。

(38) 山口孝太郎編『朝鮮煙草元売捌株式会社誌』朝鮮煙草元売捌株式会社，1931 年。

(39) 朝鮮総督府専売局前掲「昭和 16 年 12 月 第 79 回帝国議会説明資料」。

(40) 朝鮮総督府専売局前掲「第 51 回帝国議会説明資料」；朝鮮総督府専売局前掲「昭和 16 年 12 月 第 79 回帝国議会説明資料」；朝鮮総督府専売局「昭和 19 年 12 月 第 84 回帝国議会説明資料」『朝鮮総督府帝国議会説明資料』第 9 巻，不二出版，1994 年。

(41) 朝鮮総督府専売局前掲「昭和 16 年 12 月 第 79 回帝国議会説明資料」。

(42) 職工平均日給額（1941 年 3 月末調）をみれば，日本人は男 2.633 円，女 1.2 円，平均 2.549 円，朝鮮人は男 1.09 円，女 0.628 円，平均 0.81 円であった。朝鮮総督府専売局前

掲「昭和 16 年 12 月 第 79 回帝国議会説明資料」。
(43) ところが，咸興工場が竣工し，生産を開始したという新聞記事が確認できない。「咸興煙草工場 九月부터 着工決定」『毎日申報』1941 年 5 月 10 日。
(44) 朝鮮総督府専売局前掲「昭和 16 年 12 月 第 79 回帝国議会説明資料」。
(45)「巻煙種類를 縮小 生産力 拡大強化키로」『毎日申報』1941 年 3 月 29 日。
(46) 朝鮮総督府財務局「昭和 20 年度 第 84 回帝国議会説明資料」『朝鮮総督府帝国議会説明資料』第 10 巻，不二出版，1994 年。
(47) 朝鮮総督府専売局前掲「昭和 19 年 12 月 第 84 回帝国議会説明資料」。
(48) 朝鮮総督府専売局前掲「昭和 16 年 12 月 第 79 回帝国議会説明資料」。
(49) その特配煙草は 1944 年度に 13 億余本に達した。朝鮮総督府財務局前掲「昭和 20 年度 第 84 回帝国議会説明資料」。
(50) 日本では，1944 年 11 月には割当配給制度が男子 1 人 1 日当たり 6 本の配給で開始され，それも 1945 年 8 月には 3 本へと半減した。日本専売公社専売史編集室『たばこ専売史 第 2 巻 専売局時代その 2』日本煙草公社，1964 年，277-279 頁。
(51)「담배・配給制絶對로 안한다 価格引下도 臆測, 水田財務局長言明」『毎日申報』1944 年 11 月 1 日；「담배 配給制 愛国班을 基準으로」『毎日申報』1945 年 5 月 18 日；「一日一人 七本씩-二十一日부터 煙草配給을 開始」『毎日申報』1945 年 5 月 22 日。

終　章　食料帝国と戦後フードシステム

(1) 崔성진「韓国人의 身長変化와 生活水準의 変動」서울大学校大学院修士学位論文, 2006 年。

(2) 李炳南「青少年期朝鮮人体格及体能ニ関スル研究」『朝鮮医学会雑誌』30-6，1940 年。

(3) 荒瀬進・小浜基次・島五郎・西岡辰蔵・田辺秀久・高牟礼功・川口利次「朝鮮人ノ体質人類学的研究」『朝鮮医学会雑誌』24-1，1934 年，111-153 頁。

(4) 韓国農水産部『韓国糧政史』1978 年。

(5) 韓国財政 40 年史編纂委員会編『韓国財政 40 年史 第 4 巻 財政統計 1』韓国開発研究院，1991 年。

(6) 韓国国税庁『国税庁二十年史』1986 年。

(7)「주먹밥代身으로 牛乳粥！」『京郷新聞』1953 年 7 月 11 日。

(8) 서울牛乳協同組合『서울牛乳六十年史』1997 年。

(9) 慶北능금農業協同組合編『慶北능금農協 80 年史 1917. 10. 22～1997. 10. 22』1997 年。
(10) 韓国農林水産食品部遠洋産業科『遠洋漁業 50 年発展史』2008 年。